# La Vie après Minuit

Andrew Parry

Published by Andrew Parry, 2024.

LA VIE APRÈS MINUIT

**First edition. October 6, 2024.**



ISBN: 979-8227560285

Written by Andrew Parry.

# Table des Matières

# Avant-propos

La vie après minuit

Life after Midnight

French Version

Ce livre a été traduit de l'anglais vers le français à l'aide de Google Translate. Toutes les précautions ont été prises pour garantir une traduction précise. Si vous trouvez des erreurs d'orthographe ou de grammaire, veuillez en informer l'auteur. Merci.

Andrew Parry est un chercheur, écrivain et cinéaste dévoué, dont les œuvres non fictionnelles sont motivées par sa profonde passion pour l'exploration de sujets qui correspondent à ses convictions et préoccupations fondamentales. En tant qu'écrivain et cinéaste, le travail d'Andrew reflète son profond engagement à résoudre certains des problèmes les plus urgents auxquels l'humanité est confrontée aujourd'hui, notamment l'avenir de notre espèce, la dégradation de l'environnement et la menace imminente d'extinction.

En plus de son écriture, Andrew est passionné par la réalisation de films et l'écriture de scénarios, considérant le cinéma comme un moyen puissant de transmettre des messages critiques à un public mondial. Il pense que la narration par le biais du cinéma a la capacité d'inspirer le changement, de favoriser l'empathie et de susciter des conversations sur les défis qui définissent notre époque. Avec un œil aiguisé pour les récits visuels, Andrew associe ses intérêts pour les problèmes mondiaux à son travail créatif, en élaborant des scénarios qui suscitent la réflexion et encouragent la collaboration au-delà des frontières.

Andrew est convaincu que l'humanité est au bord du désastre, en particulier alors que la menace d'une guerre nucléaire devient plus tangible. Son dernier livre, fruit de recherches minutieuses sur Internet et ailleurs, sert non seulement d'avertissement mais aussi d'appel à l'action. Il prône la coopération internationale, exhortant les forums et comités mondiaux à s'unir pour lutter contre les tendances violentes et égoïstes qui mettent en péril notre survie. Pour Andrew Parry, l'avenir dépend des efforts collectifs pour affronter ces problèmes de front, par le biais de la diplomatie, de l'éducation et des médias.

Résidant en Australie, Andrew mène une vie solitaire, ce qui lui permet de s'immerger pleinement dans ses recherches et ses efforts créatifs. Bien que célibataire, sa passion pour la narration le relie à un public mondial à travers ses livres et ses films, où ses idées continuent de susciter des conversations. Le dévouement d'Andrew Parry à l'écriture, à la réalisation de films et à l'écriture de scénarios témoigne de sa croyance dans le pouvoir transformateur de la narration, que ce soit sur papier ou à l'écran, pour façonner un avenir meilleur pour tous.

# Comprendre les retombées nucléaires : la science derrière le danger

Les retombées nucléaires sont le danger invisible mais omniprésent qui suit une explosion nucléaire. Ce n'est pas seulement l'explosion initiale qui provoque la dévastation, mais les particules radioactives persistantes qui contaminent l'air, l'eau et le sol pendant des mois, voire des années, après l'événement. Pour comprendre comment survivre dans un monde pollué par les radiations, il est essentiel de comprendre la science derrière les retombées nucléaires et leur impact potentiel sur l'environnement et la santé humaine.

Lorsqu'une explosion nucléaire se produit, qu'elle soit causée par une arme ou un accident dans une installation nucléaire, une immense quantité d'énergie est libérée sous forme de chaleur et de radiations. Cette explosion vaporise tout ce qui se trouve à proximité immédiate et propulse un nuage de débris radioactifs très haut dans l'atmosphère. Ces particules, composées d'isotopes extrêmement dangereux, commencent à retomber sur Terre dans les heures et les jours qui suivent l'explosion. Ce processus est ce que nous appelons les retombées nucléaires.

La taille et la propagation des retombées dépendent de divers facteurs : la taille de l'explosion, l'altitude à laquelle la détonation s'est produite et les conditions météorologiques locales, notamment la direction et la vitesse du vent. Les explosions de plus grande ampleur ou les détonations en surface ont tendance à créer davantage de retombées, car l'explosion ramasse et disperse les débris, la poussière et les cendres du sol, répandant ainsi le rayonnement sur une zone plus large. Les vents peuvent transporter ces particules sur des centaines, voire des milliers de kilomètres, contaminant de vastes régions éloignées du site d'origine de l'explosion.

Une fois que les retombées commencent à se déposer, elles s'accrochent à tout ce qu'elles touchent : bâtiments, routes, végétation et, plus dangereux encore, personnes. La principale menace des retombées nucléaires réside dans leur radioactivité, qui provient d'isotopes tels que le césium 137, l'iode 131 et le strontium 90. Ces isotopes émettent des rayonnements ionisants, capables d'endommager ou de tuer des cellules vivantes en perturbant leur ADN. Une exposition prolongée à des niveaux élevés de retombées radioactives peut provoquer une maladie aiguë due aux radiations, tandis que même de faibles niveaux d'exposition aux radiations au fil du temps peuvent entraîner des cancers, des dommages génétiques et d'autres effets à long terme sur la santé.

Il est essentiel de comprendre le concept de demi-vie radioactive lorsqu'on pense aux retombées radioactives. Chaque élément radioactif se désintègre à une vitesse spécifique, mesurée par sa demi-vie, c'est-à-dire le temps nécessaire à la moitié des atomes radioactifs d'un échantillon pour se désintégrer en une forme plus stable. Par exemple, l'iode 131 a une demi-vie d'environ huit jours, tandis que le césium 137 a une demi-vie beaucoup plus longue d'environ 30 ans. Cela signifie que si certains isotopes deviendront moins dangereux en quelques semaines, d'autres persisteront dans l'environnement pendant des décennies, continuant à présenter un risque grave pour la vie.

Les premières heures et les premiers jours qui suivent un événement nucléaire sont les plus critiques pour la survie. Immédiatement après, la concentration de particules radioactives dans l'air sera extrêmement élevée et les retombées commenceront à se déposer. C'est pendant cette période que les gens doivent chercher un abri et éviter l'exposition à l'environnement extérieur. On pense souvent à tort qu'il est possible de quitter immédiatement la zone de retombées et d'éviter la contamination, mais dans de nombreux cas, les zones environnantes peuvent être tout aussi dangereuses, voire plus, en raison des vents qui propagent les particules radioactives. Le moyen le plus efficace de survivre est de rester à l'intérieur dans un environnement fermé aussi longtemps que possible pendant la période initiale de retombées.

Les radiations des retombées radioactives sont plus fortes lorsqu'elles se déposent. Au fil du temps, les niveaux de radiations diminuent, mais elles ne disparaissent pas complètement. Par exemple, après 24 heures, le niveau de radiation peut être réduit de 80 %, mais il reste encore des quantités importantes de radiations dans l'environnement. La compréhension de ce processus de désintégration aide les survivalistes à décider quand il est plus sûr de s'aventurer à l'extérieur pour s'approvisionner ou pour vérifier l'état de leur environnement. Cependant, sans équipement de test approprié, il est difficile d'évaluer si les niveaux de radiations sont tombés à un niveau sûr.

Les effets immédiats sur la santé de l'exposition aux retombées radioactives dépendent de plusieurs facteurs, notamment du niveau de radiation, de la durée de l'exposition et du fait que les particules radioactives aient été inhalées, ingérées ou absorbées par la peau. Des doses élevées de radiations sur une courte période peuvent entraîner un syndrome d'irradiation aiguë (SRA), qui provoque des symptômes tels que des nausées, des vomissements, de la diarrhée et de la fatigue dans les heures qui suivent l'exposition. Dans les cas graves, le SRA peut entraîner une défaillance d'organe et la mort en quelques jours ou semaines. Des doses de radiations à long terme, même plus faibles, peuvent augmenter considérablement le risque de cancer, en particulier le cancer de la thyroïde dû à l'iode 131.

Pour tester les niveaux dangereux de retombées dans votre environnement immédiat, il est essentiel d'avoir accès à un équipement de détection de radiations, comme un compteur Geiger ou un dosimètre. Ces outils mesurent les niveaux de radiations dans l'environnement et aident à déterminer s'il est sécuritaire de sortir ou de consommer de la nourriture et de l'eau provenant de sources potentiellement contaminées. Un compteur Geiger mesure les radiations en coups par minute (CPM) ou en micro Sieverts par heure ($\mu$Sv/h), ce qui donne une indication de la quantité de radiations présente dans l'environnement.

Les radiations ne sont pas réparties uniformément dans les zones de retombées. Dans certaines zones, appelées « points chauds », les niveaux de radiations peuvent être dangereusement élevés, même dans des régions considérées comme à faible risque. Cette répartition inégale résulte de la façon dont les retombées se déposent, influencée par des facteurs tels que les régimes de vent et le terrain. Même dans votre abri, vous pouvez trouver des niveaux de radiations variables. C'est pourquoi une surveillance continue avec un compteur Geiger est essentielle pour la survie à long terme.

Les retombées nucléaires ne sont pas un problème temporaire qui disparaît rapidement. Selon l'ampleur de l'événement nucléaire et le type d'isotopes impliqués, les retombées peuvent persister pendant des années, contaminant les aliments, l'eau et le sol. Cela présente des défis uniques pour la survie à long terme. Les sources d'eau, en particulier, peuvent rester contaminées pendant de longues périodes, ce qui nécessite des méthodes de filtration et de purification constantes pour garantir la sécurité.

En résumé, comprendre les retombées nucléaires et leurs dangers est la première étape pour survivre dans un monde post-nucléaire. La science de la désintégration radioactive, les impacts de l'exposition aux radiations sur la santé et l'importance de la détection des radiations jouent tous un rôle essentiel dans la planification de votre stratégie de survie. Armé de ces connaissances, vous pouvez prendre des décisions éclairées sur le moment de vous abriter, de vous déplacer et de vous protéger, vous et votre famille, des dangers invisibles des retombées.

# La carte des retombées nucléaires : les endroits où les radiations seront les plus fortes

Lorsqu'une détonation nucléaire se produit, l'explosion n'est que le début de la destruction. La véritable menace à long terme vient des retombées nucléaires, qui sont constituées de particules radioactives qui sont transportées dans l'atmosphère puis retombent sur le sol sur une vaste zone. Il est essentiel de comprendre où les radiations seront les plus fortes après un événement nucléaire pour survivre. Ces connaissances permettent de déterminer où s'abriter, quand il peut être sûr de se déplacer et comment éviter les régions les plus dangereuses.

La répartition des retombées nucléaires est influencée par plusieurs facteurs, notamment la taille et le type de l'explosion, l'altitude à laquelle la détonation se produit, les régimes de vent et les conditions météorologiques. Bien que nous ne puissions pas prédire exactement où les retombées nucléaires atterriront dans chaque scénario, il existe des principes généraux et des outils, tels que les cartes des retombées nucléaires et les simulations, qui peuvent nous donner une idée précise des endroits où les radiations seront les plus concentrées.

Types de détonations nucléaires et de retombées nucléaires

Le type de détonation nucléaire joue un rôle important dans la façon dont les retombées nucléaires se propagent. Une explosion au sol, où la bombe explose à la surface de la Terre ou à proximité de celle-ci, génère beaucoup plus de retombées qu'une explosion aérienne, où la bombe explose très haut au-dessus du sol. En effet, une explosion au sol soulève de grandes quantités de saleté, de débris et de poussière, qui deviennent irradiées et se mélangent aux matières radioactives de la bombe elle-même. Ces particules montent ensuite dans l'atmosphère et retombent au fil du temps.

En revanche, une explosion aérienne, bien que dévastatrice en termes de rayon d'explosion, génère moins de retombées parce qu'elle n'aspire pas autant de matière du sol. Cependant, cela ne signifie pas qu'une explosion aérienne est sans danger de retombées – elle entraîne simplement un modèle de distribution différent.

Le nuage de retombées et les schémas de vent

Après une détonation, la matière radioactive forme un nuage en forme de champignon, qui s'élève très haut dans l'atmosphère. Ce nuage contient des millions de particules microscopiques de poussière et de débris radioactifs. Selon l'altitude et la force de l'explosion, le nuage de retombées peut atteindre la stratosphère, où les vents peuvent le transporter sur de vastes distances.

Les régimes de vent jouent un rôle essentiel dans la détermination de l'endroit où les retombées radioactives seront les plus fortes. Les vents locaux à proximité du lieu de l'explosion déterminent la direction initiale des retombées, mais les vents de haute altitude peuvent transporter des particules radioactives beaucoup plus loin, parfois sur des continents entiers. C'est pourquoi les zones éloignées d'une explosion peuvent néanmoins être exposées à des niveaux de radiation dangereux.

Par exemple, dans le cas de la catastrophe de Tchernobyl, les retombées radioactives se sont répandues dans toute l'Europe, atteignant jusqu'en Scandinavie et dans certaines régions du Royaume-Uni. Un scénario similaire pourrait se produire à la suite d'une explosion nucléaire, les retombées se propageant sur des centaines ou des milliers de kilomètres selon la direction et la vitesse du vent.

Zones de retombées radioactives : proches et lointaines

Pour mieux comprendre où les radiations frapperont le plus fort, il est utile de diviser la carte des retombées radioactives en différentes zones, en fonction de la proximité du site de détonation et des niveaux de radiation attendus.

Ground Zero (Zone d'explosion principale) : il s'agit de la zone directement touchée par l'explosion. Dans cette zone, la destruction est immédiate et totale. Les niveaux de radiations y seront mortellement élevés et la survie est improbable à moins de se trouver dans un abri souterrain spécialement fortifié. Ground Zero peut s'étendre sur plusieurs kilomètres dans toutes les directions à partir du site de détonation.

Zone de retombées radioactives graves (Zone de retombées radioactives immédiate) : cette zone entoure Ground Zero et peut s'étendre jusqu'à 10 à 20 miles du site de l'explosion, selon la taille de la bombe. Les retombées radioactives dans cette zone seront intenses, avec des niveaux de radiation mortels présents dans les premières heures. Ceux qui survivent à l'explosion mais sont exposés aux retombées radioactives dans cette zone courent un risque élevé de maladie aiguë des radiations (ARS), qui peut être mortelle sans intervention médicale immédiate.

Zone de retombées modérées (zone de retombées intermédiaires) : au-delà de la zone de retombées graves se trouve une zone où les niveaux de radiation sont plus faibles, mais toujours dangereux. Cette zone peut s'étendre de 80 à 160 kilomètres du lieu de la détonation, selon les régimes de vent et le terrain. Les retombées ici peuvent ne pas causer de décès immédiat, mais une exposition à long terme peut entraîner des maladies dues aux radiations, des cancers et des dommages génétiques. Cette zone est particulièrement dangereuse car les radiations peuvent ne pas être immédiatement perceptibles, ce qui donne aux survivants un faux sentiment de sécurité.

Zone de retombées légères (zone de retombées éloignées) : même à des centaines de kilomètres de la détonation, les retombées peuvent toujours constituer une menace. Cette zone connaîtra des niveaux de radiation bien inférieurs à ceux des zones de retombées graves ou modérées, mais il est important de noter que les radiations peuvent toujours s'accumuler dans les aliments, l'eau et le sol. Dans cette zone, la contamination des cultures, du bétail et des sources d'eau devient une préoccupation sérieuse, et la survie à long terme dépend de procédures de test et de décontamination appropriées.

Études de simulation de l'Université de Princeton

L'Université de Princeton a mené des simulations approfondies sur l'impact des retombées nucléaires, fournissant des informations précieuses sur les endroits où les radiations frapperaient le plus fort en cas d'échange nucléaire à grande échelle. Leurs simulations montrent que les grandes zones métropolitaines et les régions densément peuplées sont les plus vulnérables à la fois à l'explosion immédiate et aux retombées qui s'ensuivent.

Par exemple, dans un scénario simulé d'une détonation nucléaire au-dessus d'une grande ville, le nuage de retombées affecterait non seulement la zone immédiate, mais dériverait également sous le vent, contaminant des zones rurales à des centaines de kilomètres de distance. La simulation révèle également comment différentes configurations de vent peuvent créer des cartes de retombées imprévisibles, ce qui rend essentiel pour les survivants de rester informés et de surveiller en permanence les niveaux de radiation dans leur environnement.

Ces études suggèrent que si les villes peuvent être les principales cibles des frappes nucléaires, les zones environnantes, parfois des régions entières, peuvent être tout aussi menacées par les retombées. Par conséquent, même les personnes vivant dans des zones rurales ou suburbaines doivent se préparer à la possibilité que les retombées atteignent leur domicile.

Repérer les points chauds sur une carte des retombées

Les retombées ne sont pas réparties uniformément et certaines zones peuvent connaître des concentrations de radiations plus élevées que d'autres. On les appelle « points chauds ». Un point chaud peut se former lorsque les régimes de vent locaux ou le terrain provoquent la sédimentation de particules radioactives dans des zones spécifiques plus que d'autres.

Les montagnes, les vallées et même les bâtiments peuvent affecter la circulation de l'air et, par conséquent, l'endroit où les retombées se déposent. Par exemple, le vent qui traverse une chaîne de montagnes peut déposer des niveaux plus élevés de particules radioactives d'un côté de la chaîne tout en épargnant l'autre. De même, les environnements urbains avec de hauts bâtiments peuvent créer des canaux de vent qui dirigent les retombées vers certains quartiers tout en laissant les autres relativement épargnés.

La surveillance de ces points chauds est essentielle pour la survie à long terme. Même si les niveaux généraux de radiation dans une zone semblent faibles, les points chauds localisés peuvent néanmoins présenter un risque sérieux. Les compteurs Geiger et autres outils de détection des radiations sont indispensables pour identifier ces zones.

Savoir où s'abriter

Comprendre où les retombées frapperont le plus durement ne consiste pas seulement à savoir où éviter, mais aussi à savoir où s'abriter efficacement. En cas d'explosion nucléaire, la première préoccupation est de trouver un abri qui puisse vous protéger à la fois de l'explosion et des retombées.

Les sous-sols et les structures souterraines offrent la meilleure protection, car ils peuvent protéger à la fois des radiations et des particules de retombées. Cependant, tous les abris ne sont pas créés de la même manière, et les personnes se trouvant dans la zone de retombées devront rester à l'intérieur pendant une période prolongée, potentiellement des semaines, voire des mois, pour éviter d'être exposées à des niveaux de radiation mortels.

Après une explosion nucléaire, savoir où les radiations frapperont le plus fort peut faire la différence entre la vie et la mort. Comprendre la carte des retombées (comment les radiations se propagent, où elles s'accumulent et comment éviter les zones les plus dangereuses) vous donne un avantage stratégique pour survivre à un hiver nucléaire. Que vous soyez dans un centre urbain, une zone rurale ou quelque part entre les deux, rester informé, surveiller les niveaux de radiation et savoir quand et où chercher un abri sont des étapes essentielles pour survivre dans un monde pollué par les retombées.

# FrançaisRayonnement 101 : types, effets et menaces à long terme

Le terme « rayonnement » évoque souvent la peur et l'incertitude, surtout lorsqu'il est associé aux retombées nucléaires. Cependant, il est essentiel de comprendre les différents types de rayonnement, leurs effets sur le corps humain et les menaces à long terme qu'ils représentent pour la survie dans un monde post-nucléaire. Dans ce chapitre, nous allons décomposer les bases du rayonnement, expliquer comment il interagit avec les organismes vivants et discuter des conséquences potentielles à long terme pour ceux qui y sont exposés.

Types de rayonnement

Le rayonnement se présente sous différentes formes, chacune ayant ses propres propriétés et dangers. Les types de rayonnement les plus pertinents pour les retombées nucléaires sont les rayonnements ionisants, qui ont suffisamment d'énergie pour éliminer les électrons étroitement liés des atomes, créant ainsi des particules chargées appelées ions. Il existe trois principaux types de rayonnements ionisants à prendre en compte lors d'un événement nucléaire :

Rayonnement alpha : les particules alpha sont relativement grandes et lourdes par rapport aux autres types de rayonnement. Elles sont constituées de deux protons et de deux neutrons et sont émises par certains matériaux radioactifs, comme l'uranium 238 et le plutonium 239. Bien que les particules alpha soient hautement ionisantes, ce qui signifie qu'elles peuvent causer beaucoup de dommages aux cellules vivantes, elles ont un pouvoir de pénétration très faible. En fait, les particules alpha peuvent être arrêtées par une feuille de papier ou même par la couche externe de votre peau. Cependant, si les particules émettant des particules alpha sont inhalées ou ingérées, elles peuvent être extrêmement dangereuses, car elles peuvent causer des dommages internes importants.

Rayonnement bêta : les particules bêta sont beaucoup plus petites que les particules alpha et se composent d'électrons ou de positons à haute énergie. Elles sont émises par des matériaux comme le strontium 90 et le césium 137, qui sont tous deux des sous-produits courants de la fission nucléaire. Les particules bêta peuvent pénétrer la peau dans une certaine mesure, provoquant potentiellement des brûlures ou d'autres dommages dus aux radiations sur les tissus. Tout comme les particules alpha, les rayons bêta deviennent beaucoup plus dangereux lorsque les particules radioactives sont inhalées, ingérées ou absorbées par la peau, car elles peuvent affecter les organes et les tissus internes au fil du temps.

Rayonnement gamma : les rayons gamma sont le type de rayonnement le plus pénétrant et le plus dangereux. Ce ne sont pas des particules mais des ondes électromagnétiques à haute énergie, similaires aux rayons X mais beaucoup plus puissantes. Le rayonnement gamma est émis par de nombreux isotopes radioactifs, notamment l'iode 131, le césium 137 et le cobalt 60. Contrairement aux rayonnements alpha et bêta, les rayons gamma peuvent traverser le corps humain et pénétrer profondément dans les tissus et les organes. Cela rend le rayonnement gamma particulièrement dangereux, car il peut causer des dommages étendus aux cellules et à l'ADN. Pour vous protéger du rayonnement gamma, vous devez vous protéger d'un blindage épais, comme du béton, du plomb ou plusieurs pieds de terre.

Effets de l'exposition aux rayonnements

L'exposition aux rayonnements affecte le corps humain de diverses manières, selon le type, la quantité et la durée de l'exposition. Les effets immédiats d'une exposition à des niveaux élevés de radiations sont appelés syndrome d'irradiation aiguë (SRA), communément appelé maladie des rayons. Le SRA survient lorsque le corps absorbe une forte dose de radiations en peu de temps, généralement de type bêta ou gamma.

Les symptômes du SRAS peuvent apparaître quelques minutes ou quelques heures après l'exposition et comprennent :

Nausées et vomissements

Fatigue

Diarrhée

Brûlures ou éruptions cutanées

Perte de cheveux

Saignements ou ecchymoses

Au fur et à mesure que le SRAS progresse, il peut entraîner des symptômes plus graves tels que des lésions des organes internes, une suppression du système immunitaire et une vulnérabilité accrue aux infections. Si l'exposition est suffisamment élevée, le SRAS peut être mortel en quelques jours ou semaines.

Cependant, même l'exposition à des niveaux de rayonnement plus faibles peut être nocive, en particulier sur de longues périodes. Une exposition prolongée ou répétée aux rayonnements, même à des doses qui ne provoquent pas de symptômes immédiats, peut entraîner des problèmes de santé chroniques tels que :

Cancer : les rayonnements sont un cancérigène connu, ce qui signifie qu'ils peuvent provoquer un cancer en endommageant l'ADN des cellules. Les personnes exposées aux rayonnements présentent un risque plus élevé de développer des cancers, en particulier la leucémie et le cancer de la thyroïde. Par exemple, l'iode 131, un isotope commun présent dans les retombées nucléaires, est absorbé par la glande thyroïde, ce qui augmente considérablement le risque de cancer de la thyroïde.

Mutations génétiques : les radiations peuvent provoquer des mutations dans l'ADN des cellules reproductrices, entraînant des défauts génétiques qui peuvent être transmis aux générations futures. Ces mutations peuvent entraîner des malformations congénitales ou une sensibilité accrue à certaines maladies.

Problèmes cardiovasculaires et respiratoires : une exposition prolongée aux radiations peut augmenter le risque de maladie cardiaque, d'accident vasculaire cérébral et de problèmes pulmonaires, en particulier si les poumons ou le cœur ont été exposés à des doses importantes de radiations pendant la période initiale des retombées.

Cataractes : les radiations peuvent endommager les yeux, entraînant des cataractes et d'autres problèmes de vision au fil du temps.

Dose de radiation et mesure

Pour comprendre quelle quantité de radiation est dangereuse, il est important de savoir comment l'exposition aux radiations est mesurée. L'unité la plus couramment utilisée pour mesurer la dose de radiation est le sievert (Sv), qui reflète l'impact biologique des radiations sur le corps humain. Cependant, étant donné que même de petites doses de rayonnement peuvent avoir des effets importants, les doses de rayonnement sont souvent mesurées en millisieverts (mSv) ou en microsieverts (μSv).

Voici un guide de base sur les doses de rayonnement et leurs effets potentiels :

0 à 0,1 mSv (rayonnement de fond normal) : il s'agit de la quantité de rayonnement à laquelle vous seriez exposé dans un environnement normal, par exemple à partir de sources naturelles comme les rayons cosmiques et le gaz radon.

10 mSv (procédures de diagnostic médical) : une seule radiographie thoracique expose une personne à environ 0,1 mSv, tandis qu'un scanner peut exposer une personne à environ 10 mSv.

50 à 100 mSv (exposition de faible intensité) : bien que ce niveau d'exposition soit considéré comme relativement sûr, il augmente néanmoins le risque d'effets à long terme, comme le cancer.

500 mSv (exposition modérée) : à ce niveau, des symptômes de maladie des rayons peuvent apparaître, en particulier après une exposition prolongée. Une intervention médicale peut être nécessaire pour atténuer les dommages.

1 à 2 Sv (exposition grave) : ce niveau d'exposition peut provoquer de graves symptômes d'ARS, notamment des nausées, de la fatigue et un risque accru de cancer. La mort est possible sans soins médicaux immédiats.

4 à 6 Sv (exposition mortelle) : Sans intervention médicale immédiate, ce niveau d'exposition est généralement mortel en quelques semaines. Même avec un traitement, le taux de survie est faible.

10 Sv ou plus (exposition mortelle) : La mort est presque certaine en quelques jours ou semaines en raison de graves dommages aux organes internes et au système immunitaire.

Menaces à long terme des radiations dans un monde post-nucléaire

Après un événement nucléaire, les radiations représentent des menaces à long terme qui peuvent durer des décennies, voire des siècles, selon les isotopes spécifiques impliqués. L'un des aspects les plus préoccupants des retombées nucléaires est que les isotopes radioactifs comme le césium 137 et le strontium 90 ont une demi-vie d'environ 30 ans. Cela signifie qu'ils resteront dangereux pendant de nombreuses années après les retombées initiales.

Les menaces à long terme des radiations comprennent :

Terres et eaux contaminées : les retombées peuvent rendre de vastes zones de terres et de sources d'eau impropres à l'habitation humaine. Les terres agricoles peuvent devenir inutilisables et les réserves d'eau souterraine peuvent être contaminées par des particules radioactives, les rendant impropres à la consommation sans filtration adéquate.

Contamination des approvisionnements alimentaires : les cultures, le bétail et la faune peuvent absorber des matières radioactives, rendant les aliments dangereux à consommer. Les personnes vivant dans les zones touchées peuvent devoir compter sur les aliments stockés ou cultiver leurs propres aliments en utilisant des méthodes soigneusement contrôlées pour éviter la contamination.

Dommages environnementaux et écologiques : les radiations peuvent dévaster les écosystèmes, affectant les plantes, les animaux et l'équilibre délicat des chaînes alimentaires. Certaines espèces peuvent disparaître ou souffrir de mutations génétiques, entraînant des conséquences écologiques à long terme.

Impact psychologique et social : Vivre dans un monde post-nucléaire s'accompagne également de défis psychologiques et sociaux importants. Les survivants peuvent souffrir de traumatismes, d'anxiété et de dépression en raison de la menace constante d'exposition aux radiations et de l'effondrement des structures sociétales normales.

Les radiations sont une force invisible mais puissante qui peut avoir des effets dévastateurs sur la santé humaine et l'environnement. Comprendre les types de radiations, leurs effets immédiats et à long terme, et mesurer les niveaux d'exposition est essentiel pour survivre à un événement nucléaire. Au lendemain d'une explosion nucléaire, la menace à long terme des radiations façonnera la manière dont les gens vivront, cultiveront leurs aliments et interagiront avec leur environnement pendant des générations.

# Simulation de catastrophe : les enseignements des études nucléaires de l'université de Princeton

L'université de Princeton est depuis longtemps à l'avant-garde de la recherche nucléaire, utilisant des simulations de pointe pour modéliser les effets dévastateurs d'une guerre nucléaire. Ces simulations, souvent menées dans le cadre du programme sur la science et la sécurité mondiale de l'université, offrent un aperçu sombre mais nécessaire des conséquences potentielles d'un conflit nucléaire. En utilisant des logiciels de modélisation très sophistiqués et des ordinateurs puissants, les chercheurs de Princeton ont pu créer des scénarios détaillés de la manière dont une guerre nucléaire pourrait se dérouler, de la destruction immédiate de villes aux effets à long terme des retombées nucléaires. Dans ce chapitre, nous explorerons certaines des principales conclusions de ces simulations et ce qu'elles révèlent sur la survie à une catastrophe nucléaire.

La simulation de guerre nucléaire de Princeton

Dans l'une des études les plus largement référencées, l'université de Princeton a créé une simulation qui explorait les conséquences d'un conflit nucléaire entre l'OTAN et la Russie. Ce scénario impliquait l'utilisation de centaines d'ogives nucléaires, visant des cibles militaires et civiles à travers l'Europe et les États-Unis. Les résultats étaient effrayants. Au cours des premières heures, la simulation prévoyait que plus de 90 millions de personnes seraient tuées ou blessées, et que bien plus encore seraient affectées par les retombées nucléaires qui en découleraient.

L'objectif principal de la simulation était de mettre en évidence l'escalade rapide d'un tel conflit, commençant par une seule frappe nucléaire tactique et culminant en une guerre nucléaire totale impliquant des milliers d'ogives. Une fois ce niveau de destruction atteint, il reste peu de temps pour réagir. En quelques minutes, des villes entières seraient anéanties, et les survivants seraient confrontés à la dure réalité des retombées radioactives et de l'effondrement des structures sociales.

Bien que ce scénario particulier implique un conflit mondial à grande échelle, les enseignements tirés de la simulation s'appliquent à tout événement nucléaire, qu'il s'agisse d'un échange limité ou d'une guerre à grande échelle. Comprendre comment les retombées nucléaires se propagent, où les niveaux de radiation les plus élevés seront concentrés et quels pourraient être les effets environnementaux et sanitaires à long terme est essentiel pour quiconque se prépare à survivre à un hiver nucléaire.

Schémas de retombées nucléaires : comment les radiations se propagent

L'un des enseignements les plus importants de la simulation de Princeton concerne la manière dont les retombées nucléaires se propagent après une détonation. Comme nous l'avons vu dans les chapitres précédents, les retombées radioactives sont constituées de particules radioactives soulevées dans l'atmosphère par l'explosion, puis transportées par le vent et les conditions météorologiques, et retombant sur Terre au cours des jours, des semaines ou même plus longtemps.

La simulation de Princeton a montré que les retombées peuvent se propager bien plus loin que ce que beaucoup de gens pensent. Dans le scénario OTAN-Russie, par exemple, des nuages radioactifs ont dérivé à travers l'Europe, recouvrant de grandes parties du continent de niveaux de radiation dangereux. Les retombées des frappes aux États-Unis se sont propagées à travers l'Amérique du Nord, affectant non seulement les zones immédiates autour des sites d'explosion, mais des régions entières loin des explosions initiales.

Cela signifie que même si vous n'êtes pas situé à proximité d'une cible principale, comme une grande ville ou une installation militaire, vous pouvez toujours être exposé aux retombées. La simulation a mis en évidence que des zones situées à des centaines, voire des milliers de kilomètres des sites de détonation pourraient subir des doses mortelles de radiations si les vents portent les retombées dans leur direction. Il est donc essentiel que les survivalistes comprennent non seulement leur proximité avec des cibles nucléaires potentielles, mais aussi les vents et les conditions météorologiques dominants qui pourraient influencer la répartition des retombées.

Le temps est un facteur essentiel : l'importance d'une action immédiate

Les simulations nucléaires de Princeton ont également mis en évidence la nécessité d'agir immédiatement en cas d'attaque nucléaire. Une fois qu'une détonation se produit, il existe un très court laps de temps pour se mettre à l'abri avant que les retombées ne commencent à se déposer. Les retombées peuvent commencer à tomber dans les 15 minutes à une heure qui suivent l'explosion, en fonction de facteurs tels que l'altitude de la détonation et les conditions météorologiques locales.

La simulation a révélé que ceux qui se mettent à l'abri immédiatement, en particulier dans des zones protégées des particules radioactives comme les sous-sols ou les bunkers souterrains, ont beaucoup plus de chances de survie que ceux qui tardent. Chaque seconde compte après une attaque nucléaire, et savoir où et comment se mettre à l'abri peut faire la différence entre la vie et la mort.

Les recherches de Princeton ont également souligné l'importance de rester à l'abri pendant une période prolongée. Les niveaux de radiation sont à leur maximum dans les premières heures et les premiers jours qui suivent le début des retombées, mais ils diminuent progressivement au fil du temps. Cependant, la simulation a montré qu'il peut falloir des semaines, voire des mois, pour que les niveaux de radiations redescendent à des niveaux relativement sûrs, en fonction de l'ampleur de l'événement nucléaire et des types d'isotopes radioactifs impliqués. Cela signifie que les survivants peuvent avoir besoin de rester dans leurs abris pendant de longues périodes, ce qui les oblige à se préparer avec suffisamment de nourriture, d'eau et de provisions pour tenir des semaines.

Points chauds et zones sûres : identifier les zones à risque

L'une des conclusions les plus nuancées des simulations de Princeton a été l'identification de « points chauds » de radiations et de zones de sécurité relative. Lorsque les retombées se propagent, elles ne le font pas de manière uniforme. Au lieu de cela, les schémas de vent, le terrain et même les bâtiments peuvent provoquer une accumulation des retombées dans certaines zones plus importante que dans d'autres. Ces points chauds peuvent avoir des niveaux de radiation plusieurs fois supérieurs à ceux des zones environnantes, ce qui présente un risque accru pour toute personne qui y vit ou y voyage.

La simulation a également identifié ce que l'on pourrait considérer comme des « zones sûres », c'est-à-dire des zones qui, en raison des schémas de vent ou des caractéristiques géographiques, connaissent des niveaux de retombées nettement inférieurs. Dans certains cas, des vallées ou d'autres éléments naturels ont protégé certaines parties du paysage des pires retombées, créant ainsi des zones de refuge potentielles pour les survivants. Cependant, ces zones de sécurité peuvent être temporaires, car des vents changeants ou de nouvelles explosions nucléaires peuvent modifier la répartition des retombées au fil du temps.

Pour les survivalistes et les preppers, il est essentiel de comprendre comment identifier à la fois les points chauds et les zones de sécurité. S'appuyer sur des cartes, des bulletins météorologiques et des équipements de détection de radiations comme les compteurs Geiger peut aider à déterminer où s'abriter et quand il est sécuritaire de se déplacer. La simulation de Princeton souligne l'importance d'être mobile et adaptable, car rester trop longtemps au même endroit peut vous exposer à des schémas de rayonnement changeants.

Effets environnementaux et sanitaires à long terme

Les simulations de Princeton ne se sont pas uniquement concentrées sur les conséquences immédiates d'une guerre nucléaire : elles ont également exploré les conséquences à long terme de l'exposition aux radiations et de la contamination de l'environnement. Même après la disparition des retombées radioactives initiales, les isotopes radioactifs comme le césium 137 et le strontium 90 peuvent rester dans l'environnement pendant des décennies, empoisonnant les sources d'eau, les sols et les réserves alimentaires.

La simulation a montré que les zones touchées par de fortes retombées radioactives peuvent être inhabitables pendant des années, voire des décennies, après un événement nucléaire. Les cultures cultivées dans des sols contaminés peuvent absorber des particules radioactives, les rendant impropres à la consommation. Le bétail et la faune peuvent également être contaminés, ce qui ajoute un niveau de danger supplémentaire au paysage post-nucléaire.

La santé humaine est également affectée par une exposition prolongée aux radiations. Les survivants peuvent être confrontés à des risques accrus de cancer, de mutations génétiques et d'autres problèmes de santé chroniques en raison de leur exposition aux retombées radioactives. Les enfants et les femmes enceintes sont particulièrement vulnérables, car leur corps en développement est plus sensible aux radiations.

À long terme, survivre à un hiver nucléaire ne signifie pas seulement éviter les retombées radioactives initiales : il faut adopter une stratégie globale pour éviter les zones contaminées, garantir l'approvisionnement en eau et en nourriture propres et surveiller les niveaux de radiation dans l'environnement.

Le rôle de la réponse internationale

L'une des conclusions les plus inquiétantes des études nucléaires de Princeton est le rôle limité que peut jouer la réponse internationale immédiatement après un échange nucléaire. Dans des scénarios à grande échelle comme la simulation OTAN-Russie, les infrastructures sont si gravement endommagées que les services d'urgence traditionnels et l'aide gouvernementale peuvent être indisponibles pendant des semaines, voire des mois. Les hôpitaux et les installations médicales peuvent être débordés, voire détruits, obligeant les survivants à compter sur leurs propres ressources et leur propre préparation.

Cette conclusion souligne l'importance de la préparation individuelle. Les survivalistes et les preppers doivent être autosuffisants, non seulement en termes de nourriture et d'eau, mais aussi en termes de fournitures médicales, d'équipements de détection des radiations et de sources de communication alternatives. En l'absence d'aide gouvernementale, les communautés locales peuvent avoir besoin de s'unir pour former leurs propres systèmes de soutien, en échangeant des ressources et des compétences pour assurer leur survie mutuelle.

Les simulations nucléaires de l'Université de Princeton offrent des informations précieuses sur les conséquences catastrophiques d'une guerre nucléaire. De la compréhension de la propagation des retombées à l'identification des points chauds de radiation et des zones sûres, ces simulations fournissent des informations essentielles à toute personne se préparant à survivre à un événement nucléaire. Les simulations soulignent également l'importance d'une action immédiate, d'une planification à long terme et d'une autosuffisance dans un monde où les infrastructures traditionnelles n'existent peut-être plus.

En tirant les leçons de ces simulations, les preppers et les survivalistes peuvent mieux anticiper les défis auxquels ils seront confrontés et développer des stratégies pour se protéger et protéger leurs proches en cas de catastrophe nucléaire.

# Tests de détection des radiations : outils et techniques

Les tests de détection des radiations sont l'une des compétences de survie les plus importantes dans un monde post-nucléaire. Comprendre les outils et les techniques nécessaires pour mesurer les niveaux de radiations peut faire la différence entre la vie et la mort, car les radiations sont invisibles, inodores et indétectables sans équipement spécialisé. Dans ce chapitre, nous explorerons les différents types d'outils de détection des radiations, leur fonctionnement et les meilleures pratiques pour tester et surveiller les radiations dans l'environnement, sur les aliments et l'eau, et même sur les personnes.

Pourquoi les tests de détection des radiations sont essentiels

Les radiations ne sont pas réparties uniformément après un événement nucléaire. Les schémas de retombées dépendent de nombreuses variables, telles que la direction du vent, le terrain et l'altitude de l'explosion nucléaire. Par conséquent, certaines zones peuvent être fortement contaminées tandis que d'autres, même à proximité, peuvent avoir des niveaux de radiation relativement faibles. Sans tests appropriés, il est impossible de savoir si une zone est sûre pour l'habitation, si les aliments et l'eau sont propres à la consommation, ou si les personnes ont été exposées à des niveaux de radiation nocifs.

Même après que les retombées initiales se soient déposées, les particules radioactives peuvent persister dans l'environnement pendant des mois ou des années, ce qui rend nécessaire la réalisation de tests réguliers pour la survie à long terme. De plus, des « points chauds » de rayonnement concentré peuvent se former, en particulier dans les zones basses ou là où les retombées s'accumulent en raison des régimes de vent. Savoir comment tester les radiations vous aidera à éviter ces zones dangereuses et à assurer la sécurité de votre famille.

Outils de détection des radiations

Il existe plusieurs types d'outils de détection des radiations, chacun adapté à différentes tâches. Ces outils mesurent les radiations de différentes manières et ont des niveaux de sensibilité variables, ce qui rend certains plus adaptés à un usage personnel et d'autres mieux adaptés aux tests environnementaux.

Compteur Geiger (détecteur Geiger-Müller)

Le compteur Geiger est l'un des outils les plus couramment utilisés pour détecter les radiations et est souvent l'appareil de référence des preppers et des survivalistes. Il fonctionne à l'aide d'un tube Geiger-Müller, qui devient ionisé lorsqu'il est exposé aux radiations. Cette ionisation génère une impulsion électrique que le compteur Geiger traduit en une lecture, généralement affichée en coups par minute (CPM) ou en microsieverts par heure ($\mu$Sv/h), qui mesure le taux d'exposition aux radiations.

Les compteurs Geiger sont particulièrement efficaces pour détecter les rayonnements bêta et gamma, bien que certains modèles puissent également détecter les rayonnements alpha. Ils sont portables et faciles à utiliser, ce qui les rend idéaux pour vérifier rapidement les niveaux de rayonnement dans une zone donnée, sur des objets ou sur des personnes.

Lors de l'utilisation d'un compteur Geiger :

Assurez-vous d'un étalonnage approprié : de nombreux compteurs Geiger nécessitent un étalonnage régulier pour maintenir leur précision. Assurez-vous de consulter le manuel de l'appareil et de l'étalonner conformément aux directives du fabricant.

Testez différentes surfaces : les retombées peuvent se déposer de manière inégale, il est donc important de tester plusieurs zones, telles que le sol, les murs ou les objets avec lesquels vous pouvez entrer en contact.

Surveillez régulièrement : les niveaux de rayonnement peuvent fluctuer en fonction des régimes de vent, des conditions météorologiques et du mouvement des particules radioactives. Il est donc important de procéder à des tests fréquents, surtout si vous êtes à proximité d'une zone de retombées connue.

Dosimètre

Un dosimètre est un appareil qui mesure l'exposition cumulative aux radiations au fil du temps, plutôt que de détecter les niveaux de radiations à un moment précis comme un compteur Geiger. Les dosimètres sont généralement portés sur le corps, ce qui les rend utiles pour surveiller la quantité de radiations à laquelle une personne a été exposée au fil des jours, des semaines ou même des mois.

Il existe différents types de dosimètres :

Dosimètres électroniques : ces appareils fournissent des relevés en temps réel et peuvent être réinitialisés après chaque utilisation. Ils sont idéaux pour une surveillance continue dans les environnements où l'exposition aux radiations est une préoccupation.

Dosimètres à film : ils sont moins courants chez les survivalistes, mais sont toujours utilisés dans certaines industries. Ils fonctionnent en exposant un petit morceau de film aux radiations, qui peuvent ensuite être développées pour déterminer la dose totale de radiations reçue.

Les dosimètres sont particulièrement utiles pour la surveillance de l'exposition à long terme, vous aidant à suivre votre dose de radiations cumulée pour éviter d'atteindre des niveaux dangereux au fil du temps. Si vous prévoyez de vous aventurer dans des zones où des retombées sont présentes, le port d'un dosimètre est indispensable.

Détecteur à scintillation

Un détecteur à scintillation est un appareil plus sensible qu'un compteur Geiger et est capable de détecter même de faibles niveaux de rayonnement. Il fonctionne à l'aide d'un matériau spécial qui émet de la lumière (scintille) lorsqu'il est frappé par un rayonnement. Cette lumière est ensuite convertie en un signal électrique, qui peut être mesuré pour déterminer le niveau de rayonnement.

Les détecteurs à scintillation sont particulièrement utiles pour détecter les particules alpha, ce que les compteurs Geiger peuvent avoir du mal à gérer. Ils sont également très sensibles au rayonnement gamma, ce qui les rend idéaux pour des mesures plus précises dans les zones où même de petites quantités de rayonnement peuvent constituer une menace à long terme.

Ces détecteurs sont plus chers et moins portables que les compteurs Geiger, ils sont donc souvent utilisés en conjonction avec d'autres outils lorsque des mesures plus précises sont nécessaires, comme pour tester la contamination des aliments et de l'eau.

Dispositifs d'alerte de rayonnement personnels

Pour ceux qui souhaitent une forme plus passive de détection de rayonnement, les dispositifs d'alerte de rayonnement personnels (souvent appelés alarmes dosimétriques ou téléavertisseurs de rayonnement) offrent un moyen compact et portable de détecter lorsque les niveaux de rayonnement sont dangereusement élevés. Ces appareils sont généralement portés sur le corps et émettent une alarme sonore ou une vibration si les niveaux de rayonnement dépassent un seuil prédéterminé.

Ces appareils ne fournissent pas de relevés détaillés comme un compteur Geiger, mais sont utiles pour fournir un avertissement rapide si vous entrez accidentellement dans une zone radioactive ou si les niveaux de rayonnement augmentent soudainement dans votre environnement.

Techniques de test des radiations

L'utilisation efficace des outils de détection des radiations implique de comprendre comment tester différentes zones, surfaces et matériaux pour détecter la contamination. Les techniques que vous utilisez peuvent varier selon que vous testez l'environnement, la nourriture et l'eau, ou les personnes.

Test de l'environnement

Lorsque vous testez des zones extérieures, telles que les environs de votre abri ou les voies d'évacuation potentielles, il est essentiel d'utiliser un compteur Geiger ou un détecteur à scintillation pour scanner le sol, les murs et les autres surfaces. Les retombées ont tendance à s'accumuler plus fortement dans les zones basses, alors portez une attention particulière aux vallées, aux fossés de drainage et aux autres dépressions.

Test du sol : Commencez par tenir le compteur Geiger près du sol, en vous déplaçant lentement sur la zone que vous souhaitez tester. Il est important de scanner plusieurs endroits, car les retombées peuvent ne pas se déposer uniformément. Concentrez-vous sur les zones où la poussière et les débris peuvent s'être accumulés, comme les gouttières, les rebords de fenêtre ou les portes.

Test de l'air : Bien que moins fréquent, certaines zones peuvent encore contenir des particules radioactives en suspension dans l'air, en particulier après des retombées récentes. Si vous disposez d'un filtre à air avec un réglage HEPA, vous pouvez le faire fonctionner dans la zone concernée, puis tester le filtre avec votre compteur Geiger pour déterminer si des particules radioactives sont présentes dans l'air.

Test des aliments et de l'eau

Les retombées radioactives peuvent contaminer les sources d'alimentation et d'eau, il est donc essentiel de tester tout ce que vous prévoyez de consommer. Pour les aliments, utilisez un compteur Geiger ou un détecteur à scintillation pour scanner la surface. Si les aliments ont été cultivés dans un sol contaminé ou exposés aux retombées radioactives, des particules radioactives peuvent être présentes à la surface ou absorbées par les tissus végétaux ou animaux.

Test des aliments en conserve : les conserves sont l'une des sources alimentaires les plus sûres après un événement nucléaire, car elles sont scellées et protégées des retombées radioactives. Cependant, il est toujours judicieux de tester l'extérieur des boîtes de conserve pour détecter toute contamination avant de les manipuler.

Test de l'eau : utilisez un détecteur à scintillation ou un kit de test de l'eau conçu pour la détection des radiations pour tester les sources d'eau. L'eau filtrée peut encore contenir des isotopes radioactifs dissous, il est donc nécessaire de tester même l'eau filtrée.

Après une retombée nucléaire, il est important de vérifier régulièrement si les personnes sont contaminées par des radiations, surtout si elles ont été à l'extérieur ou exposées à la poussière et aux débris. Utilisez un compteur Geiger pour scanner les vêtements, la peau et les cheveux à la recherche de particules radioactives.

Vêtements : les retombées radioactives peuvent adhérer aux vêtements, il est donc essentiel de changer les vêtements contaminés et de les laver séparément, si possible. Un compteur Geiger peut aider à déterminer si des particules radioactives sont toujours présentes sur le tissu.

Peau et cheveux : faites très attention à la peau et aux cheveux exposés. Si une contamination est détectée, la décontamination consiste à se laver soigneusement à l'eau et au savon, en prenant soin de ne pas frotter trop fort, ce qui peut ouvrir la peau et permettre aux particules radioactives de pénétrer dans le corps.

Bonnes pratiques pour tester les radiations

Procédez à des tests réguliers : les niveaux de radiation peuvent changer au fil du temps. Il est donc essentiel de procéder à des tests fréquents, surtout si vous vivez ou voyagez dans une zone touchée par les retombées nucléaires.

Soyez cohérent : développez une routine pour tester les zones clés, la nourriture, l'eau et les personnes. La cohérence vous permet de détecter tout changement dans les niveaux de radiation dès qu'il se produit.

Restez informé : prêtez attention aux rapports des sources officielles sur les niveaux de radiation dans votre région, mais vérifiez toujours ces relevés avec vos propres outils de test. Même dans les zones à faible risque, des points chauds localisés peuvent se développer de manière inattendue.

Les tests de radiation sont une compétence essentielle pour quiconque tente de survivre dans un monde post-nucléaire. Les outils et techniques abordés dans ce chapitre offrent une approche complète pour détecter et surveiller les niveaux de radiation, vous permettant d'éviter les zones dangereuses, de protéger vos réserves de nourriture et d'eau et de vous décontaminer ainsi que les autres si nécessaire. En effectuant régulièrement des tests et en restant vigilant, vous serez mieux équipé pour relever les défis à long terme posés par les retombées nucléaires et l'exposition aux radiations.

Le compteur Geiger : votre première ligne de défense

Le compteur Geiger est peut-être l'outil le plus essentiel pour survivre dans un environnement post-nucléaire. En tant que première ligne de défense contre les radiations invisibles et mortelles, cet appareil vous permet de détecter, de mesurer et de surveiller les niveaux de radiations dans l'air, sur les surfaces, dans les aliments et l'eau, et même sur les personnes. Comprendre comment utiliser et interpréter correctement les relevés d'un compteur Geiger est une compétence de survie essentielle, en particulier dans un monde contaminé par les retombées nucléaires. Dans ce chapitre, nous allons nous plonger dans le fonctionnement du compteur Geiger, comment l'utiliser efficacement et pourquoi il est indispensable pour quiconque navigue dans un hiver nucléaire.

Comment fonctionne le compteur Geiger

À la base, le compteur Geiger détecte les radiations ionisantes, c'est-à-dire les radiations qui ont suffisamment d'énergie pour arracher des électrons aux atomes, créant ainsi des particules chargées. Il fonctionne à l'aide d'un tube Geiger-Müller (GM), qui est rempli d'un gaz (généralement un mélange de gaz inertes comme l'argon ou l'hélium) qui devient ionisé lorsqu'il est frappé par des particules radioactives. Lorsque des rayonnements ionisants, tels que des particules alpha, bêta ou gamma, pénètrent dans le tube, ils provoquent l'ionisation du gaz à l'intérieur, créant ainsi une charge électrique. Cette charge génère une impulsion électrique, que le compteur Geiger compte puis traduit en une mesure.

Le compteur Geiger mesure généralement les niveaux de rayonnement de l'une des deux manières suivantes :

Cours par minute (CPM) ou coups par seconde (CPS) : cela mesure le nombre de particules radioactives détectées par le tube GM au fil du temps. Des lectures CPM ou CPS plus élevées indiquent des niveaux de rayonnement plus élevés.

Microsieverts par heure (µSv/h) ou millisieverts par heure (mSv/h) : ces unités mesurent la dose d'exposition aux rayonnements au fil du temps. Elles vous donnent une indication de la quantité de rayonnement présente dans l'environnement et de la quantité que vous êtes susceptible d'absorber si vous restez dans cette zone.

Un compteur Geiger émet un clic lorsqu'il détecte un rayonnement, les clics plus rapides indiquant des niveaux de rayonnement plus élevés. Cette fonction audible permet d'évaluer facilement les niveaux de rayonnement même sans regarder attentivement l'écran.

Types de rayonnements détectés par un compteur Geiger

Un compteur Geiger standard est capable de détecter trois types de rayonnements ionisants : alpha, bêta et gamma. Cependant, il est important de comprendre que différents types de rayonnements nécessitent différents niveaux de protection et que certains peuvent être plus dangereux que d'autres.

Les particules alpha sont grosses et se déplacent lentement. Elles ne peuvent pas pénétrer la peau et sont généralement inoffensives à moins d'être inhalées ou ingérées. Bien que de nombreux compteurs Geiger puissent détecter le rayonnement alpha, ils peuvent nécessiter une sonde spéciale pour le faire efficacement.

Les particules bêta sont plus petites et plus rapides. Elles peuvent pénétrer les couches externes de la peau et provoquer des brûlures par rayonnement, ce qui les rend plus dangereuses. Un compteur Geiger est généralement efficace pour détecter le rayonnement bêta, bien que l'appareil doive être proche de la source.

Les rayons gamma sont la forme de rayonnement la plus dangereuse, car ils peuvent pénétrer profondément dans les tissus et les organes, provoquant de graves dommages internes. Les compteurs Geiger sont très sensibles au rayonnement gamma, c'est pourquoi ils sont si essentiels dans un scénario de retombées nucléaires.

Comprendre à quel type de rayonnement vous avez affaire peut vous aider à déterminer le niveau approprié de mesures de protection. Par exemple, le rayonnement gamma nécessite un blindage épais, tandis que les particules alpha peuvent être bloquées par quelque chose d'aussi simple qu'une feuille de papier ou un vêtement de protection.

Comment utiliser efficacement un compteur Geiger

Le compteur Geiger est un outil puissant, mais seulement s'il est utilisé correctement. Que vous testiez l'environnement qui vous entoure, que vous vérifiiez vos réserves de nourriture et d'eau ou que vous surveilliez l'exposition des personnes aux radiations, vous devez suivre certaines pratiques essentielles.

Tester l'environnement

Après un événement nucléaire, il est essentiel de tester votre environnement immédiat. Les retombées radioactives peuvent se déposer sur les bâtiments, les rues, la végétation et dans le sol. Voici comment tester l'environnement qui vous entoure :

Déplacez-vous lentement et systématiquement : maintenez le compteur Geiger à quelques centimètres au-dessus de la surface que vous testez et déplacez-vous lentement dans la zone. Étant donné que les radiations peuvent se déposer de manière inégale, en particulier dans les « points chauds », il est important de scanner plusieurs endroits pour obtenir une mesure précise.

Vérifiez les points clés : les retombées ont tendance à s'accumuler dans les zones basses comme les fossés, les caniveaux et les dépressions du sol. Concentrez-vous d'abord sur les tests de ces zones, car elles sont plus susceptibles de contenir des concentrations plus élevées de particules radioactives.

Effectuez des tests fréquents : les niveaux de radiation peuvent fluctuer en fonction des régimes de vent, des changements climatiques ou de nouvelles détonations nucléaires. Prenez l'habitude de tester régulièrement votre environnement pour vous assurer que les conditions ne se sont pas aggravées de manière inattendue.

Test des aliments et de l'eau

Les aliments et l'eau contaminés sont parmi les plus grands dangers en cas de retombées radioactives. Bien qu'il soit plus sûr de compter sur des réserves d'aliments et d'eau stockées ou scellées, il peut arriver un moment où vous devez tester ces ressources pour détecter une contamination radioactive.

Test des aliments : maintenez le compteur Geiger près de la surface des aliments, en particulier ceux qui ont été exposés à l'air après les retombées radioactives. Les produits fraîchement cultivés et les produits d'origine animale sont les plus exposés au risque de contamination. Même si les aliments sont en conserve ou emballés, vous devez quand même tester l'emballage extérieur pour vous assurer qu'il peut être manipulé en toute sécurité.

Analyse de l'eau : il peut être difficile de tester les sources d'eau, car les radiations dans l'eau peuvent être dissoutes plutôt que particulaires. Si vous avez accès à un détecteur à scintillation, il est idéal pour tester l'eau. Cependant, si vous comptez sur un compteur Geiger, vous pouvez effectuer le test en faisant passer l'eau à travers un filtre (comme un filtre HEPA) et en analysant les résidus recueillis dans le filtre.

Tests de radioactivité sur les personnes

Après avoir été exposé aux retombées radioactives, il est essentiel de vérifier si vous-même et les autres ne sont pas contaminés par des radiations. Les particules de retombées peuvent se déposer sur les vêtements, la peau et les cheveux, ce qui présente un risque important si elles ne sont pas correctement nettoyées.

Scannez le corps : utilisez le compteur Geiger pour scanner l'ensemble du corps, en commençant par les zones les plus exposées à l'air, comme les mains, le visage et la tête. Faites particulièrement attention aux cheveux, car la poussière radioactive peut s'y accrocher.

Vérifiez les vêtements : les vêtements peuvent piéger des particules radioactives, il est donc important de les tester avant de les enlever ou de les manipuler. En cas de contamination, les vêtements doivent être retirés avec précaution et jetés dans une zone sûre. Si possible, les vêtements contaminés doivent être lavés séparément des autres articles.

Effectuez des tests fréquents : si vous êtes sorti ou à proximité de zones de retombées potentielles, faites en sorte de tester régulièrement les radiations lorsque vous rentrez à l'intérieur. Même si l'exposition initiale était faible, des particules radioactives peuvent s'accumuler au fil du temps.

Interprétation des mesures du compteur Geiger

Il est tout aussi important de comprendre la signification des mesures de votre compteur Geiger que d'utiliser l'outil lui-même. Les mesures vous aideront à déterminer si une zone est sûre, si les aliments et l'eau sont contaminés ou si une personne a besoin d'une décontamination.

0,05–0,20 µSv/h : rayonnement de fond normal. Il s'agit du niveau de rayonnement auquel vous vous attendez dans la plupart des zones dans des circonstances normales. Ces mesures sont généralement sans danger.

0,20–1,00 µSv/h : rayonnement élevé. Cette plage peut être supérieure à la normale, mais ne présente généralement pas de risque immédiat pour la santé. Une exposition prolongée peut toutefois entraîner des risques accrus de cancer ou d'autres effets à long terme sur la santé.

1,00–10,00 µSv/h : rayonnement dangereusement élevé. Une exposition prolongée à ces niveaux peut entraîner une maladie due aux radiations et des problèmes de santé à long terme. Il convient de prendre des mesures immédiates pour se mettre à l'abri ou quitter la zone.

10,00 µSv/h et plus : niveaux de rayonnement critiques. À ces niveaux, une exposition immédiate peut provoquer un syndrome d'irradiation aiguë (SRA), qui peut être mortel s'il n'est pas traité. Quittez immédiatement la zone et mettez-vous à l'abri dans un endroit bien protégé.

Entretien de votre compteur Geiger

Un compteur Geiger n'est utile que s'il est bien entretenu. Comme tout outil, il nécessite un entretien et une attention réguliers pour garantir des relevés précis.

Vérification des piles : de nombreux compteurs Geiger fonctionnent sur piles, et il est essentiel de s'assurer que votre appareil dispose d'une source d'alimentation fiable. Emportez toujours des piles de rechange, car votre compteur Geiger peut être votre seul système d'alerte dans une zone à fort rayonnement.

Étalonnage : certains compteurs Geiger nécessitent un étalonnage régulier pour garantir leur précision. Consultez les instructions du fabricant pour déterminer si votre appareil doit être étalonné et à quelle fréquence.

Protégez le capteur : le tube GM à l'intérieur de votre compteur Geiger est fragile et peut être endommagé par des chocs physiques ou une exposition à l'humidité. Manipulez l'appareil avec précaution et rangez-le dans un étui de protection lorsqu'il n'est pas utilisé.

# Mesurer le danger : comment interpréter les niveaux de rayonnement

Il est essentiel d'interpréter avec précision les niveaux de rayonnement pour prendre des décisions éclairées concernant votre sécurité dans un monde post-nucléaire. Les rayonnements sont invisibles et inodores. Sans moyen fiable de les mesurer et de les comprendre, vous pourriez vous exposer sans le savoir à des niveaux dangereux. Dans ce chapitre, nous verrons comment interpréter les niveaux de rayonnement à l'aide d'unités de mesure courantes, ce que signifient les différents niveaux d'exposition aux rayonnements pour votre santé et comment prendre des décisions en fonction des relevés de votre compteur Geiger ou d'autres outils de détection.

Unités de mesure des rayonnements

Les rayonnements sont mesurés en plusieurs unités, chacune reflétant différents aspects de l'exposition aux rayonnements. La compréhension de ces unités est la première étape pour interpréter avec précision les niveaux de rayonnement.

Sieverts (Sv) et millisieverts (mSv)

Le sievert (Sv) est l'unité utilisée pour mesurer l'effet biologique des rayonnements ionisants sur le corps humain. Il rend compte du type de rayonnement et de son impact sur les tissus vivants. Cependant, comme 1 sievert représente un niveau très élevé d'exposition aux radiations, les radiations sont généralement mesurées en unités plus petites : les millisieverts (mSv), qui sont un millième de sievert, et les microsieverts (µSv), qui sont un millionième de sievert.

1 Sv = 1 000 mSv

1 mSv = 1 000 µSv

Lorsque vous utilisez un compteur Geiger, l'unité la plus courante affichée est le microsievert par heure (µSv/h), qui vous indique la quantité de radiation à laquelle vous êtes exposé par heure à cet endroit précis.

Grays (Gy)

Le gray (Gy) mesure la dose de radiation absorbée, ou la quantité d'énergie déposée dans un matériau, généralement un tissu humain. Alors que les sieverts tiennent compte des effets biologiques des radiations, les grays se concentrent uniquement sur l'absorption physique. Le gray est souvent utilisé dans les contextes médicaux et scientifiques, mais il est moins courant dans les scénarios de survie que les sieverts.

Comptes par minute (CPM) ou comptes par seconde (CPS)

Les CPM et les CPS mesurent le nombre de particules radioactives détectées par un compteur Geiger sur une période donnée. Bien que ces unités ne traduisent pas directement l'effet biologique des radiations (comme les sieverts), elles peuvent vous donner une idée approximative de la quantité de radiations présente. Les différents compteurs Geiger ont des niveaux de sensibilité différents, de sorte que le même niveau de radiation peut entraîner des lectures CPM différentes selon l'appareil.

Le CPM est souvent utilisé pour tester des objets ou des aliments spécifiques afin de détecter une contamination.

Le CPS est une unité similaire, mais compte les particules à la seconde près.

Interprétation des niveaux de radiation courants

Pour prendre des décisions éclairées dans un environnement affecté par les radiations, il est essentiel de comprendre ce que signifient les différents niveaux de radiation pour votre santé et votre sécurité. Vous trouverez ci-dessous quelques niveaux de radiation couramment rencontrés et leurs effets potentiels :

0,05 à 0,2 µSv/h (rayonnement de fond normal)

Il s'agit de la plage normale de rayonnement de fond trouvée dans la plupart des régions du monde. Il provient de sources naturelles comme les rayons cosmiques, le gaz radon et même certains matériaux de construction. Ce niveau de rayonnement est inoffensif et ne présente aucun risque pour la santé.

0,2 à 1 µSv/h (rayonnement légèrement élevé)

Des niveaux de rayonnement légèrement élevés peuvent être trouvés dans les zones où le rayonnement de fond est supérieur à la moyenne en raison de facteurs géologiques, ou dans les zones touchées par des retombées de faible intensité. Bien que ce niveau ne soit pas immédiatement dangereux, une exposition à long terme peut légèrement augmenter le risque de cancer au fil du temps. Il est important de surveiller ces niveaux, mais il est généralement sans danger de rester dans la zone pendant de courtes périodes.

1 à 10 µSv/h (dangereux au fil du temps)

Les niveaux de rayonnement dans cette plage sont préoccupants. Bien qu'une exposition à court terme (quelques heures) ne puisse pas entraîner d'effets immédiats sur la santé, rester dans une zone avec ce niveau de rayonnement pendant des périodes prolongées (semaines ou mois) peut entraîner un risque accru de cancer ou d'autres effets à long terme sur la santé. Il est important de minimiser le temps passé dans ces zones et de rechercher un abri mieux protégé si possible.

10 à 100 µSv/h (risque potentiel pour la santé)

Une exposition prolongée à des niveaux de rayonnement dans cette gamme peut entraîner des problèmes de santé notables. Passer des heures ou des jours dans cet environnement peut entraîner des symptômes de maladie des radiations, tels que des nausées, de la fatigue et un affaiblissement de la fonction immunitaire. Il est fortement recommandé d'évacuer ou de trouver un abri bien protégé.

100 à 1 000 µSv/h (exposition aiguë aux radiations)

À ce niveau, l'exposition devient de plus en plus dangereuse. Une exposition à court terme peut provoquer une maladie des radiations importante, et une exposition prolongée peut être mortelle. Même quelques heures passées dans un tel environnement peuvent entraîner de graves problèmes de santé. L'évacuation ou la mise à l'abri dans une zone fortifiée et protégée (comme un bunker souterrain) est essentielle.

1 000 à 10 000 µSv/h (niveaux mortels de rayonnement)

L'exposition à des niveaux de rayonnement dans cette gamme met la vie en danger. Des symptômes immédiats de maladie due aux radiations, tels que des vomissements, de la diarrhée et des brûlures, se produiront et la survie à long terme est peu probable sans intervention médicale. Même une exposition à court terme (de quelques minutes à quelques heures) peut être mortelle. Il est essentiel d'évacuer la zone ou de se déplacer vers l'abri le plus profond et le plus protégé disponible.

10 000 µSv/h et plus (rayonnement mortel instantané)

Les radiations à ce niveau causeront de graves dommages au corps en quelques minutes. La mort est très probable en quelques heures ou quelques jours. Les survivants d'une telle exposition auront besoin de soins médicaux immédiats et avancés pour avoir une chance de survie. Éviter complètement ces zones est crucial pour la survie.

Utilisation pratique des niveaux de radiation pour la prise de décision

Savoir interpréter les niveaux de radiation est une chose, mais appliquer ces connaissances à des situations réelles est ce qui garantit la survie. Voici quelques conseils pour prendre des décisions en fonction des relevés de votre compteur Geiger :

Quand faut-il se mettre à l'abri ?

Si vous détectez des niveaux de radiation supérieurs à 10 µSv/h, il est temps de vous mettre à l'abri. Plus le niveau est élevé, plus vous aurez besoin de protection. Les sous-sols ou les abris souterrains offrent une meilleure protection contre les rayons gamma, qui pénètrent la plupart des matériaux. Se protéger avec du béton, du plomb ou plusieurs pieds de terre battue peut réduire considérablement l'exposition.

Même si le niveau de radiation ne met pas immédiatement la vie en danger, se mettre à l'abri pendant plusieurs jours peut vous protéger des doses plus élevées à long terme. Les niveaux de radiation ont tendance à diminuer au fil du temps après un événement nucléaire, il est donc essentiel de rester à l'intérieur pendant les premiers jours.

Quand faut-il évacuer ?

Si les niveaux de radiation dépassent 100 µSv/h et ne montrent aucun signe de baisse, une évacuation peut être nécessaire. Il est important d'avoir un plan d'évacuation qui tienne compte des schémas de retombées potentielles et des directions du vent. Lors de l'évacuation, minimisez l'exposition en vous déplaçant rapidement et en couvrant la peau exposée avec des vêtements de protection, et assurez-vous d'avoir un compteur Geiger pour surveiller les niveaux de radiation le long de votre itinéraire.

Si vous devez traverser des zones à haut risque de radiation, essayez de le faire rapidement et efficacement. Prévoyez toujours un itinéraire alternatif au cas où votre chemin principal deviendrait trop dangereux.

Quand sortir en toute sécurité

Après un événement nucléaire, l'une des décisions les plus importantes est de savoir quand sortir en toute sécurité. Les niveaux de radiation ont tendance à diminuer avec le temps, en particulier au cours des premiers jours et des premières semaines après les retombées. En règle générale :

Si les niveaux de radiation sont inférieurs à 1 µSv/h, il est relativement sûr de sortir pendant de courtes périodes, bien que l'exposition à long terme doive toujours être minimisée.

Si les niveaux sont compris entre 1 et 10 µSv/h, il est préférable de limiter votre temps passé à l'extérieur aux tâches essentielles, comme la collecte de nourriture ou la vérification de votre abri.

Si les niveaux sont supérieurs à 10 µSv/h, restez à l'abri autant que possible et ne sortez qu'en cas d'absolue nécessité.

Analyser les aliments et l'eau

Il est essentiel de tester les aliments et l'eau lorsque les niveaux de radiation dans l'environnement sont élevés. Même si l'air autour de vous affiche des valeurs sûres, les retombées radioactives peuvent contaminer les cultures, le bétail et les sources d'eau. Utilisez votre compteur Geiger pour tester les aliments et l'eau avant de les consommer, en particulier s'ils proviennent d'une source extérieure exposée aux retombées radioactives.

Les niveaux de rayonnement autour des aliments devraient idéalement être inférieurs à 0,2 µSv/h. Si les niveaux sont plus élevés, il est préférable d'éviter de les consommer, sauf en cas d'urgence et si aucune autre source de nourriture n'est disponible.

Considérations sur la santé à long terme

Même après avoir réduit l'exposition immédiate aux rayonnements, des risques sanitaires à long terme subsistent, en particulier dans les zones qui ont été contaminées par les retombées radioactives. Une exposition continue à de faibles niveaux peut entraîner des risques accrus de cancer, en particulier de cancer de la thyroïde dû à l'iode 131, ainsi que des dommages génétiques, des malformations congénitales et des problèmes cardiovasculaires. Pour ces raisons, une surveillance continue des niveaux de rayonnement dans l'environnement et les sources alimentaires est essentielle à la survie à long terme.

Si vous êtes exposé aux radiations pendant des périodes prolongées, il est important de suivre votre dose cumulée à l'aide d'un dosimètre ou d'un appareil similaire. Cela vous aidera à évaluer si vous avez reçu une quantité de radiation potentiellement dangereuse et si une intervention médicale est nécessaire.

Comprendre comment mesurer et interpréter les niveaux de radiation est une compétence de survie fondamentale dans un scénario de retombées nucléaires. En sachant ce que signifient les différents niveaux de radiation et en sachant utiliser efficacement des outils comme un compteur Geiger, vous pouvez prendre des décisions éclairées sur le moment de vous abriter, d'évacuer et de sortir en toute sécurité. Interpréter ces niveaux avec précision vous aidera à affronter les dangers des retombées nucléaires et à vous protéger, vous et vos proches, de la menace invisible des radiations.

# Décontamination des personnes après exposition

La décontamination des personnes après une exposition aux retombées nucléaires est l'une des tâches les plus urgentes dans un scénario post-nucléaire. Les retombées sont constituées de particules radioactives qui peuvent adhérer aux vêtements, à la peau et aux cheveux, continuant à émettre des radiations dangereuses longtemps après l'explosion initiale. Une décontamination immédiate et efficace est essentielle pour réduire le risque d'intoxication aux radiations et limiter l'exposition ultérieure de votre entourage. Dans ce chapitre, nous aborderons le processus étape par étape de décontamination des personnes après exposition, en nous concentrant sur la façon d'éliminer en toute sécurité les particules radioactives des vêtements, de la peau et des cheveux, ainsi que sur les meilleures pratiques à suivre pour assurer la santé à long terme.

Pourquoi la décontamination est essentielle

Les retombées radioactives sont constituées de minuscules particules de poussière et de débris qui deviennent radioactives après avoir été propulsées dans l'atmosphère par une explosion nucléaire. Ces particules peuvent se déposer sur tout ce qu'elles touchent, y compris les bâtiments, les véhicules, la végétation et, plus important encore, les personnes. Lorsque des retombées radioactives touchent une personne, elles représentent un risque direct de rayonnement pour sa santé, en particulier si elle est exposée pendant une période prolongée.

L'exposition aux rayonnements par les retombées radioactives peut se produire de trois manières principales :

Exposition externe : les retombées sur la peau, les vêtements et les cheveux peuvent émettre des rayonnements qui pénètrent dans le corps.

Inhalation : l'inhalation de particules radioactives peut entraîner une exposition interne aux rayonnements, affectant les poumons et d'autres organes internes.

Ingestion : la consommation d'aliments ou d'eau contaminés peut introduire des particules radioactives dans le système digestif.

La décontamination des personnes dès que possible après l'exposition est essentielle pour minimiser les risques pour la santé associés aux rayonnements. L'élimination rapide des particules radioactives réduit la dose totale qu'une personne reçoit et empêche ces particules d'être inhalées ou ingérées. Elle permet également d'éviter la propagation de la contamination à d'autres personnes ou à des zones sûres.

Décontamination immédiate : les premières étapes

La première priorité après qu'une personne a été exposée aux retombées radioactives est de la décontaminer le plus rapidement possible pour limiter la quantité de rayonnement qu'elle absorbe. Si vous disposez de matériel de décontamination, utilisez-le immédiatement. Toutefois, même sans équipement spécialisé, il existe des moyens de réduire considérablement le risque de retombées radioactives.

Déplacez-vous vers une zone sûre

La première étape de la décontamination consiste à s'éloigner de la zone contaminée. Les particules radioactives continueront de pleuvoir dans les heures qui suivent une explosion nucléaire. Il est donc important de chercher un abri le plus rapidement possible, idéalement dans un espace clos aux murs épais, comme un sous-sol, un bunker ou une pièce intérieure d'un bâtiment.

Si possible, évitez de traverser des zones fortement contaminées, car cela ne fera qu'augmenter votre exposition. Une fois que vous êtes dans un environnement plus sûr, vous pouvez commencer le processus de décontamination.

Retirer les vêtements contaminés

L'un des moyens les plus rapides et les plus efficaces pour réduire l'exposition aux radiations est de retirer les vêtements contaminés. Des études ont montré que le simple fait de retirer les vêtements extérieurs peut éliminer jusqu'à 90 % des particules radioactives du corps. Voici comment procéder en toute sécurité :

Soyez prudent : lorsque vous retirez des vêtements, veillez à ne pas les secouer ni à perturber les particules, car cela peut les faire se disperser dans l'air et augmenter le risque d'inhalation.

Retirez d'abord les couches extérieures : commencez par les vestes, les chapeaux et les chaussures, c'est-à-dire tout ce qui a été directement exposé à l'environnement extérieur. Placez les vêtements contaminés dans un sac ou un récipient en plastique fermé pour éviter la propagation des particules radioactives.

Évitez de vous toucher le visage : essayez de ne pas toucher votre visage ou toute autre partie de la peau exposée lorsque vous retirez vos vêtements, car cela pourrait transférer des particules radioactives sur votre peau ou votre bouche.

Si vous avez de l'eau à disposition, vous pouvez rincer les vêtements avant de les retirer, mais la priorité est de les retirer de votre corps le plus rapidement possible.

Ensacher et éliminer les matières contaminées

Une fois les vêtements et autres matières contaminées retirés, ils doivent être scellés dans des sacs ou des conteneurs en plastique pour empêcher toute propagation supplémentaire des retombées. Si vous avez accès à un compteur Geiger, testez le sac ou le conteneur pour confirmer que les particules radioactives sont contenues.

Éliminez ces matières aussi loin que possible des zones d'habitation et d'abri. Si possible, enterrez les articles contaminés dans le sol pour protéger les autres des radiations persistantes.

Lavage des retombées : décontamination de la peau et des cheveux

Après avoir retiré les vêtements contaminés, l'étape suivante consiste à laver toutes les particules radioactives qui pourraient s'être déposées sur la peau ou les cheveux. Ce processus doit être effectué avec beaucoup de précautions, car frotter trop fort ou utiliser de mauvaises méthodes de nettoyage pourrait en fait aggraver la situation en exposant la peau à la contamination ou en répandant davantage les particules de retombées.

Douche avec de l'eau et du savon

Le moyen le plus efficace de décontaminer la peau et les cheveux est de prendre une douche avec de l'eau tiède et du savon doux. Suivez ces étapes pour assurer une décontamination complète :

Utilisez de l'eau tiède : l'eau chaude peut ouvrir les pores de votre peau, augmentant ainsi le risque d'absorption de particules radioactives. L'eau froide, en revanche, peut ne pas éliminer efficacement les particules radioactives. L'eau tiède est idéale pour éliminer les particules radioactives de votre peau.

Évitez de frotter trop fort : lavez délicatement votre peau avec du savon, en accordant une attention particulière aux zones les plus exposées, comme les mains, le visage et les cheveux. Ne frottez pas trop fort, car cela pourrait provoquer une irritation de la peau ou des coupures ouvertes qui permettraient aux particules radioactives de pénétrer dans la circulation sanguine.

Lavez soigneusement vos cheveux : utilisez du shampoing, mais évitez d'utiliser de l'après-shampoing, car celui-ci peut entraîner la fixation des particules radioactives sur vos cheveux, les rendant plus difficiles à éliminer.

Rincez abondamment : Assurez-vous de bien rincer votre corps et vos cheveux pour vous assurer que toutes les particules sont éliminées. Concentrez-vous sur les zones où les retombées peuvent s'être accumulées, comme le cou, les oreilles et sous les ongles.

Si vous n'avez pas d'eau courante, vous pouvez utiliser un chiffon ou une éponge humide pour essuyer la peau, mais cela ne devrait être qu'une solution temporaire jusqu'à ce que vous puissiez accéder à une douche appropriée.

Évitez de contaminer les zones propres

Lorsque vous lavez les retombées, il est essentiel d'éviter de contaminer les zones propres. Voici quelques bonnes pratiques :

Contenez les eaux de ruissellement : Si possible, confinez l'eau utilisée pour la décontamination dans une zone spécifique et jetez-la loin des espaces de vie. Si vous êtes dans un abri extérieur, éloignez les eaux de ruissellement de votre abri et de vos réserves de nourriture.

Portez des gants si possible : Si vous aidez quelqu'un d'autre à décontaminer, portez des gants pour éviter de propager les particules radioactives de la peau ou des vêtements de la personne à vos propres.

Réduisez le contact avec les surfaces contaminées : faites attention aux surfaces que vous touchez après la décontamination, car les particules radioactives peuvent se transférer vers des zones propres.

Traitement des coupures et des écorchures

Si une personne a des coupures, des écorchures ou d'autres plaies ouvertes, il est essentiel de les nettoyer soigneusement sans laisser les particules radioactives pénétrer dans la circulation sanguine. Voici comment traiter les blessures :

Couvrez les plaies ouvertes : avant de commencer la décontamination, couvrez les plaies ouvertes avec un chiffon propre et sec ou de la gaze pour empêcher les particules radioactives de pénétrer. Si vous devez nettoyer une plaie ouverte, faites-le avec de l'eau propre ou une solution antiseptique.

Lavez autour des plaies : soyez très doux lorsque vous lavez autour des zones blessées et évitez de frotter ou de frotter la peau.

Une fois la décontamination terminée, réappliquez des pansements propres et surveillez la plaie pour détecter tout signe d'infection ou d'irritation.

Surveillance de la contamination résiduelle

Après la décontamination, il est important de surveiller toute radiation résiduelle. À l'aide d'un compteur Geiger ou d'un autre appareil de détection de rayonnement, testez la peau, les vêtements et tous les objets manipulés par la personne pendant le processus de décontamination. Concentrez-vous sur les zones à haut risque, telles que :

Les mains et les poignets

Le visage, le cou et les oreilles

Les cheveux et le cuir chevelu

Les pieds et les chaussures

Si les niveaux de rayonnement sont toujours détectables, un lavage ou une décontamination supplémentaires peuvent être nécessaires. Continuez les tests jusqu'à ce que les niveaux de rayonnement reviennent dans les limites de sécurité, comme indiqué dans les chapitres précédents.

Décontamination en l'absence d'eau

Dans certains cas, il peut être impossible de disposer d'eau courante pour la décontamination. Dans ce cas, il existe d'autres méthodes pour éliminer les particules radioactives :

Utilisez des lingettes humides ou des chiffons humides : si vous n'avez pas d'eau propre, vous pouvez utiliser des lingettes humides ou des chiffons humides pour essuyer délicatement la peau. Concentrez-vous sur les zones exposées, en particulier les mains, le visage et les cheveux.

Éliminez autant de poussière que possible : si les conditions sèches rendent impossible l'utilisation d'eau ou de lingettes, éliminez autant de poussière que possible à l'aide d'un chiffon propre ou d'une brosse douce. Assurez-vous de bien vous laver dès que l'eau est disponible.

Couvrez la peau exposée : en l'absence d'installations de décontamination appropriées, couvrez autant que possible votre peau avec des vêtements, des masques ou des chiffons propres pour minimiser toute exposition ultérieure.

Prévention de la recontamination

La décontamination est un processus continu dans un environnement de retombées radioactives. Même après un lavage minutieux, il est important de prendre des mesures pour éviter toute recontamination. Voici comment rester en sécurité :

Portez des vêtements de protection : si vous devez vous aventurer à nouveau à l'extérieur, portez des vêtements de protection, notamment un chapeau, des manches longues, des gants et un masque ou un foulard pour couvrir votre bouche et votre nez.

Réduisez votre exposition : limitez votre temps passé à l'extérieur, en particulier dans les zones où les retombées radioactives sont réputées être importantes. Moins vous restez exposé aux retombées radioactives, moins vous risquez d'être contaminé.

Faites des tests régulièrement : utilisez un compteur Geiger pour surveiller les niveaux de rayonnement dans votre environnement et sur vos vêtements afin de vous assurer que vous restez dans les limites de sécurité.

# Nettoyage des aliments contaminés : ce que vous devez savoir

Après un événement nucléaire, l'un des défis les plus urgents pour la survie est de s'assurer que les aliments que vous mangez sont exempts de contamination radioactive. Les retombées radioactives peuvent se déposer sur les cultures, le bétail et les réserves alimentaires stockées, ce qui en fait un danger potentiel à consommer. Les particules radioactives présentes dans les aliments peuvent pénétrer dans votre corps, provoquant une exposition à long terme pouvant entraîner de graves risques pour la santé, notamment un empoisonnement aux radiations et un cancer. Dans ce chapitre, nous verrons comment nettoyer les aliments contaminés, comprendre les risques associés à la consommation d'articles contaminés et apprendre les mesures à prendre pour protéger votre approvisionnement alimentaire dans un environnement affecté par les retombées radioactives.

Comment les aliments sont contaminés par les retombées radioactives

Les retombées radioactives sont constituées de minuscules particules de poussière et de débris radioactifs qui sont libérées dans l'atmosphère à la suite d'une explosion nucléaire. Ces particules peuvent dériver sur des kilomètres, pour finalement se déposer sur le sol, dans l'eau et sur les plantes et les animaux. Lorsque les retombées radioactives atterrissent sur les aliments, qu'il s'agisse de cultures, de bétail ou de produits emballés, elles deviennent une menace directe pour la santé humaine si elles sont consommées.

Il existe deux principales façons de contaminer les aliments :

Contamination externe : les particules radioactives se déposent à la surface des aliments, des emballages ou des cultures. Ces particules peuvent être éliminées grâce à des méthodes de nettoyage appropriées, mais le non-respect de ces méthodes peut entraîner l'ingestion de matières radioactives.

Contamination interne : elle se produit lorsque des particules radioactives sont absorbées par des plantes ou des animaux. Les cultures qui poussent dans un sol contaminé peuvent absorber des isotopes radioactifs par leurs racines, et les animaux qui consomment des plantes ou de l'eau contaminées peuvent transmettre ces particules radioactives aux humains par l'intermédiaire de leur viande ou de leur lait. Ce type de contamination est beaucoup plus difficile à traiter car il se produit à l'intérieur même de l'aliment.

Risques liés à la consommation d'aliments contaminés

L'ingestion de particules radioactives peut être extrêmement dangereuse pour votre santé. Contrairement à l'exposition aux rayonnements externes, où le blindage et la distance peuvent réduire les risques, l'ingestion fait pénétrer les particules radioactives directement dans votre corps. Les isotopes radioactifs les plus courants retrouvés dans les retombées radioactives sont les suivants :

Césium 137 : cet isotope peut contaminer les cultures et le bétail. Une fois ingéré, il s'accumule dans les muscles, entraînant une exposition aux radiations à long terme.

Strontium 90 : absorbé par les plantes provenant de sols contaminés, cet isotope imite le calcium dans le corps et peut se déposer dans les os, où il continue à émettre des radiations.

Iode 131 : souvent présent dans le lait provenant de bétail contaminé, l'iode 131 est absorbé par la glande thyroïde, augmentant le risque de cancer de la thyroïde.

L'ingestion d'aliments contaminés par l'un de ces isotopes augmente le risque d'exposition interne aux radiations, ce qui peut entraîner divers problèmes de santé, notamment :

Intoxication aux radiations

Risque accru de cancers, notamment de la thyroïde et des os

Dommages aux organes dus à une exposition prolongée

Nettoyage des aliments contaminés de l'extérieur

Pour les aliments qui ont été exposés aux retombées radioactives mais qui n'ont pas absorbé de particules radioactives en interne, le nettoyage de la surface extérieure peut réduire considérablement le risque de contamination. Voici les étapes à suivre pour nettoyer les aliments contaminés en toute sécurité :

Manipulation et précautions

Avant de nettoyer les aliments, prenez des précautions pour éviter de propager la contamination :

Portez des gants et un masque : les particules de retombées peuvent être dangereuses si elles sont inhalées ou transférées sur votre peau. Portez toujours des gants et un masque lorsque vous manipulez des aliments susceptibles d'être contaminés par les retombées.

Évitez de secouer ou de déranger les objets contaminés : les particules de retombées peuvent se disperser dans l'air si elles sont perturbées, ce qui augmente le risque d'inhalation. Manipulez les aliments avec précaution pour éviter de propager la poussière radioactive.

Nettoyage des produits frais

Les fruits, légumes et autres produits qui ont été exposés aux retombées radioactives peuvent être nettoyés par un lavage soigneux. Suivez ces étapes :

Rincez abondamment à l'eau : utilisez de l'eau propre et filtrée pour rincer les produits frais. L'eau courante permet d'éliminer les particules radioactives de la surface. Si possible, utilisez un compteur Geiger pour tester l'eau que vous utilisez avant de la laver.

Peler la peau : pour de nombreux fruits et légumes, retirer la peau peut aider à éliminer une partie importante de la contamination. Jetez la peau dans un récipient hermétique loin de vos zones de vie et de stockage de nourriture.

Tremper dans une solution de bicarbonate de soude : pour réduire davantage la contamination, faites tremper les produits dans une solution de bicarbonate de soude et d'eau pendant 5 à 10 minutes. Le bicarbonate de soude aide à neutraliser certaines particules radioactives et permet une élimination plus facile. Rincez à nouveau à l'eau claire après le trempage.

Évitez les produits abîmés ou meurtris : les particules radioactives sont plus susceptibles de coller aux zones endommagées ou meurtries, et ces taches peuvent également permettre aux contaminants de pénétrer plus profondément dans les aliments. Il est préférable de jeter tout produit qui semble endommagé ou trop sale.

Nettoyage des aliments emballés

Les produits emballés et en conserve sont généralement plus sûrs que les produits frais, car l'emballage aide à protéger les aliments des particules radioactives. Cependant, les surfaces extérieures de ces articles peuvent toujours être contaminées.

Essuyez les emballages : utilisez un chiffon propre et humide ou une solution d'eau et de savon doux pour essuyer l'emballage extérieur des conserves, des bouteilles et d'autres aliments emballés. Soyez minutieux, en particulier autour des coutures et des ouvertures, pour éliminer les particules qui pourraient s'y être déposées.

Jetez les emballages contaminés : si l'emballage extérieur est fortement contaminé ou endommagé, jetez-le dans un sac ou un récipient fermé. Transférez les aliments dans des récipients propres avant de les stocker.

Lait et produits laitiers

Le lait de vache, de chèvre ou d'autres animaux exposés aux retombées radioactives peut contenir de l'iode 131 radioactif, qui peut s'accumuler dans la glande thyroïde lorsqu'il est consommé. Malheureusement, laver ou faire bouillir le lait ne permet pas d'éliminer la contamination interne.

Si vous pensez que le lait est contaminé, il est préférable d'éviter de le consommer jusqu'à ce qu'il puisse être testé avec un détecteur de rayonnement. Les solutions à long terme incluent l'alimentation du bétail avec des aliments et de l'eau non contaminés ou l'approvisionnement en produits laitiers provenant de zones sûres.

Viande, poisson et bétail

Le bétail et les poissons sont également exposés au risque de contamination s'ils consomment des retombées radioactives par l'intermédiaire de la nourriture ou de l'eau. Dans les cas où la contamination est externe, le nettoyage de la surface de la viande peut aider, mais la contamination interne est beaucoup plus problématique.

Éliminez l'excès de graisse : les particules radioactives peuvent s'accumuler dans la graisse des animaux. Lors de la préparation de la viande, l'élimination de la graisse peut aider à réduire le niveau de contamination.

Rincez à l'eau claire : si possible, rincez la viande sous de l'eau propre et filtrée avant la cuisson. Cela peut aider à éliminer une partie de la contamination de surface.

Bien cuire : la cuisson de la viande n'élimine pas la contamination radioactive, mais il est toujours essentiel de s'assurer que les aliments sont bien cuits pour réduire d'autres risques potentiels pour la santé, tels que les infections bactériennes.

Prévenir la contamination des aliments

La meilleure façon de traiter les aliments contaminés est d'empêcher qu'ils ne le soient. Voici quelques stratégies pour protéger votre approvisionnement alimentaire :

Conservez les aliments à l'intérieur

Conservez vos aliments à l'intérieur, loin des zones où les retombées radioactives peuvent se déposer. Les contenants, boîtes de conserve et bouteilles scellés offrent la meilleure protection contre la contamination. Stockez ces articles dans un sous-sol ou une pièce intérieure si possible, car ces zones sont moins susceptibles d'être exposées aux retombées radioactives.

Cultivez des aliments dans des serres ou des jardins intérieurs

Pour une survie à long terme, il peut s'avérer nécessaire de cultiver vos propres aliments. En cas de retombées radioactives, le jardinage en extérieur peut ne pas être sûr en raison de la contamination du sol et de l'air. Envisagez plutôt de cultiver des aliments dans des serres ou des jardins intérieurs où vous pouvez contrôler l'environnement et réduire l'exposition aux retombées radioactives.

Les systèmes hydroponiques, qui permettent de cultiver des plantes dans l'eau plutôt que dans le sol, peuvent également être un moyen efficace d'éviter la contamination des sols.

Utilisez des sources d'eau propres

L'eau utilisée pour boire et préparer les aliments doit être filtrée et testée pour détecter toute contamination radioactive. Utilisez un système de filtration d'eau de haute qualité conçu pour éliminer les particules radioactives et testez toujours votre eau avec un compteur Geiger avant de l'utiliser pour nettoyer les aliments ou cuisiner.

Test des aliments pour détecter les radiations

Même après avoir nettoyé les aliments, il est important de les tester pour vérifier qu'ils sont comestibles. À l'aide d'un compteur Geiger, vous pouvez mesurer les niveaux de radiation sur les surfaces et les emballages des aliments. Si les niveaux de radiation sont détectables, il peut être dangereux de consommer les aliments, même après les avoir nettoyés.

Voici comment tester les aliments avec un compteur Geiger :

Réglez le compteur Geiger sur la sensibilité appropriée : la plupart des compteurs Geiger peuvent détecter les rayonnements bêta et gamma, qui sont les formes de rayonnement les plus probables présentes dans les aliments contaminés par les retombées.

Testez les aliments individuellement : placez le compteur Geiger près de la surface de l'aliment ou de l'emballage et surveillez la lecture pendant plusieurs secondes. Si les niveaux de radiation sont supérieurs aux niveaux de fond normaux (généralement entre 0,05 et 0,20 µSv/h), les aliments peuvent toujours être contaminés.

Comparez avec les niveaux sûrs : en règle générale, les niveaux de radiation dans les aliments ne doivent pas dépasser 0,2 µSv/h. Si les valeurs sont plus élevées, il est préférable d'éviter de consommer les aliments, surtout si la source de contamination est interne.

Après un accident nucléaire, le nettoyage des aliments contaminés est une étape cruciale pour assurer votre survie et votre santé. S'il est possible de réduire la contamination externe de nombreux aliments en les nettoyant et en les épluchant soigneusement, la contamination interne est beaucoup plus difficile à traiter. En comprenant comment les aliments sont contaminés, en utilisant des techniques de nettoyage appropriées et en analysant les aliments pour détecter les radiations, vous pouvez réduire considérablement les risques associés à l'exposition aux retombées. Donnez toujours la priorité à votre sécurité et, en cas de doute, évitez de consommer des aliments que vous soupçonnez d'être contaminés.

# Purification de l'eau dans les zones de retombées radioactives

Après un événement nucléaire, garantir l'accès à une eau propre et potable est l'une des plus grandes priorités pour la survie. Les sources d'eau peuvent facilement être contaminées par les retombées radioactives, les rendant impropres à la consommation. Les particules de retombées radioactives peuvent se déposer sur les lacs, les rivières, les réservoirs et même les eaux souterraines, ce qui présente un risque grave pour la santé humaine. Boire ou utiliser de l'eau contaminée pour cuisiner ou pour l'hygiène peut entraîner une exposition interne aux radiations, augmentant le risque de maladie due aux radiations, de cancer et d'autres problèmes de santé à long terme. Dans ce chapitre, nous aborderons les méthodes de purification de l'eau dans les zones de retombées radioactives, la manière d'évaluer la sécurité de l'eau et de garantir un approvisionnement durable en eau propre dans un environnement contaminé.

Comment l'eau est contaminée par les retombées radioactives

Les retombées radioactives sont constituées de minuscules particules de poussière et de débris qui sont éjectées dans l'atmosphère lors d'une explosion nucléaire. Ces particules finissent par retomber sur le sol et peuvent atterrir sur des plans d'eau ouverts ou s'infiltrer dans les sources d'eau souterraines. Les retombées peuvent également être entraînées dans les systèmes d'eau par la pluie, propageant ainsi davantage la contamination.

Il existe deux principales façons de contaminer l'eau par les retombées radioactives :

Contamination externe : les particules radioactives se déposent à la surface des sources d'eau, comme les lacs, les rivières et les réservoirs. Bien que ces particules puissent flotter ou couler au fil du temps, elles peuvent néanmoins rendre l'eau dangereuse à boire ou à utiliser.

Contamination interne : au fil du temps, les particules radioactives peuvent se dissoudre dans l'eau, ce qui les rend encore plus difficiles à éliminer. Les eaux souterraines, les puits et les aquifères profonds peuvent également être contaminés par des particules radioactives qui s'infiltrent dans le sol et pénètrent dans les réserves d'eau.

Risques liés à la consommation d'eau contaminée

La consommation d'eau contaminée par des particules radioactives présente un risque sanitaire important, car elle introduit des radiations directement dans le corps. Une fois à l'intérieur, les particules radioactives peuvent se loger dans les organes, les tissus et les os, émettant des radiations et provoquant des dommages à long terme. Les isotopes radioactifs les plus courants présents dans l'eau contaminée par les retombées radioactives sont les suivants :

Iode 131 : cet isotope, lorsqu'il est ingéré, s'accumule dans la glande thyroïde et peut provoquer un cancer de la thyroïde ou d'autres problèmes de santé liés à la thyroïde.

Césium 137 : le césium a tendance à s'accumuler dans les tissus mous, en particulier les muscles, ce qui entraîne une exposition prolongée aux radiations et un risque accru de cancer.

Strontium 90 : le strontium imite le calcium et est absorbé par les os, où il peut provoquer un cancer des os et d'autres problèmes de santé graves.

L'ingestion même de petites quantités de ces isotopes radioactifs peut entraîner des effets dangereux sur la santé, en particulier au fil du temps. C'est pourquoi la purification de l'eau dans une zone de retombées radioactives est essentielle à la survie.

Avant de tenter de purifier l'eau, il est important d'évaluer sa sécurité en effectuant un test de contamination radioactive. Un compteur Geiger ou un kit de test de rayonnement de l'eau spécialisé peut aider à déterminer si une source d'eau est contaminée par des retombées radioactives.

Étapes pour tester l'eau

Réglez le compteur Geiger ou le kit de test sur la sensibilité appropriée pour détecter les rayonnements bêta et gamma, qui sont courants dans les sources d'eau contaminées.

Recueillez un échantillon d'eau dans un récipient propre et non contaminé. Idéalement, prélevez l'échantillon à une profondeur sous la surface, car l'eau de surface peut avoir une concentration plus élevée de particules de retombées radioactives.

Testez l'échantillon en tenant le compteur Geiger près de l'eau ou en utilisant le kit de test de rayonnement conformément aux instructions du fabricant. Si l'eau enregistre des niveaux de rayonnement de fond supérieurs à la normale (généralement de 0,05 à 0,20 µSv/h), l'eau peut être contaminée.

Évaluez les résultats : si l'eau est contaminée, elle devra être purifiée ou évitée complètement. Si aucune contamination n'est détectée, continuez à effectuer des tests périodiques, car les retombées peuvent se déposer au fil du temps ou être introduites par les précipitations.

Méthodes de purification de l'eau dans les zones de retombées

Si les sources d'eau sont contaminées par des retombées, il est essentiel de purifier l'eau avant de la boire ou de l'utiliser. Plusieurs méthodes peuvent aider à éliminer les particules radioactives et à rendre l'eau potable. Cependant, il est important de noter qu'aucune méthode n'est parfaite et qu'il peut être nécessaire de combiner plusieurs techniques de purification pour garantir la salubrité de l'eau.

Sédimentation

La sédimentation est le processus qui permet aux particules radioactives de se déposer au fond d'un récipient, qui peuvent ensuite être séparées de l'eau propre du dessus. Cette méthode fonctionne mieux pour éliminer les plus grosses particules de retombées de l'eau, mais n'élimine pas les matières radioactives dissoutes.

Étapes de la sédimentation :

Recueillez l'eau dans un grand récipient et laissez-la reposer sans la déranger pendant 24 à 48 heures.

Une fois que les particules se sont déposées au fond, versez soigneusement l'eau claire du dessus, en évitant de perturber les sédiments.

Poursuivez avec d'autres méthodes de purification pour vous assurer que toutes les particules dissoutes sont éliminées.

Filtration

La filtration est l'une des méthodes les plus efficaces pour éliminer les particules radioactives de l'eau. Un filtre à eau de haute qualité conçu pour éliminer les contaminants radioactifs est essentiel dans les zones de retombées. Il existe plusieurs types de filtres que vous pouvez utiliser, selon votre situation :

Filtres en céramique : ces filtres ont une structure de pores fins qui peut piéger les particules radioactives. Bien que les filtres en céramique soient efficaces pour éliminer les particules plus grosses, ils peuvent ne pas filtrer les isotopes radioactifs dissous.

Filtres à charbon actif : les filtres à charbon sont excellents pour éliminer les contaminants dissous et certaines particules radioactives. Ils fonctionnent en piégeant les particules lorsque l'eau traverse le charbon, ce qui peut également réduire le goût et l'odeur de l'eau contaminée.

Osmose inverse : les systèmes d'osmose inverse (OI) forcent l'eau à traverser une membrane semi-perméable, qui élimine une large gamme de contaminants, y compris certaines particules radioactives. Les systèmes d'OI sont très efficaces, mais peuvent nécessiter de l'électricité ou une pression importante pour fonctionner, ce qui peut être difficile dans un scénario de survie.

Ébullition

L'ébullition de l'eau est une méthode largement recommandée pour tuer les bactéries et les virus, mais elle n'est pas efficace pour éliminer les particules radioactives. En fait, l'ébullition peut parfois concentrer les matières radioactives en évaporant l'eau et en laissant des contaminants derrière elle. Par conséquent, l'ébullition ne doit pas être considérée comme la principale méthode de purification de l'eau contaminée par les retombées.

Distillation

La distillation est l'une des meilleures méthodes pour éliminer les particules radioactives de l'eau. Elle fonctionne en chauffant l'eau jusqu'à ce qu'elle se transforme en vapeur, qui se condense ensuite en eau propre et purifiée. Comme la plupart des particules radioactives ne s'évaporent pas, elles restent dans le récipient de chauffage et l'eau condensée est beaucoup plus sûre à boire.

Étapes de la distillation :

Chauffez l'eau contaminée dans une casserole ou un dispositif de distillation jusqu'à ce qu'elle bout.

Capturez la vapeur et dirigez-la vers un récipient propre où elle peut se condenser en liquide.

L'eau distillée obtenue doit être exempte de particules radioactives, même si elle peut encore manquer de certains minéraux.

La distillation peut être un processus lent et nécessite une source de chaleur, mais elle est très efficace pour la purification de l'eau à long terme.

Résines échangeuses d'ions

Les résines échangeuses d'ions sont des matériaux spécialisés qui peuvent éliminer des isotopes radioactifs spécifiques de l'eau. Ces résines fonctionnent en échangeant des ions nocifs (tels que le césium ou le strontium) avec des ions inoffensifs comme le sodium ou le potassium, filtrant efficacement les particules radioactives.

Applications : Les systèmes d'échange d'ions sont souvent utilisés dans les systèmes de purification d'eau à grande échelle, mais des filtres d'échange d'ions portables sont également disponibles pour une utilisation individuelle. La combinaison de cette méthode avec la filtration peut améliorer la sécurité globale de l'eau.

Utilisation d'eau de Javel ou d'iode

Bien que l'eau de Javel et l'iode soient efficaces pour désinfecter l'eau en tuant les bactéries et les virus, ils ne sont pas capables d'éliminer la contamination radioactive. Ces produits chimiques peuvent toujours être utilisés pour assainir l'eau après que les particules de retombées ont été filtrées, mais ils ne purifient pas l'eau des radiations elles-mêmes.

Solutions de purification de l'eau à long terme

En cas de retombées prolongées, il sera essentiel de garantir une source d'eau fiable et sûre pour la survie. Voici quelques stratégies à long terme pour garantir l'accès à l'eau potable :

Récupération des eaux de pluie

L'eau de pluie peut être une source précieuse d'eau potable si elle est correctement collectée. Les retombées peuvent contaminer l'eau de pluie lorsqu'elle tombe dans l'atmosphère, mais après la période de retombées initiales (environ 2 semaines), les pluies suivantes sont susceptibles d'être moins contaminées.

Étapes pour récupérer l'eau de pluie :

Recueillez l'eau de pluie à l'aide d'une bâche propre ou d'une autre surface non contaminée, en vous assurant qu'elle n'est pas exposée aux particules de retombées provenant des structures ou de la végétation à proximité.

Filtrez et testez l'eau de pluie collectée pour détecter toute contamination restante.

Entreposez l'eau de pluie dans des récipients hermétiques pour éviter toute contamination par de futures retombées.

Puits profonds et eaux souterraines

Les puits profonds qui puisent l'eau des aquifères souterrains sont moins susceptibles d'être contaminés par les retombées, en particulier si l'aquifère est profond et protégé par des couches de roche et de sol. Cependant, les particules de retombées peuvent toujours pénétrer dans les eaux souterraines par des fissures dans le sol ou par l'eau de pluie contaminée.

Étapes pour sécuriser un puits :

Testez régulièrement l'eau du puits avec un compteur Geiger ou un kit d'analyse de l'eau pour vous assurer qu'elle reste non contaminée.

Utilisez un système de filtration ou de purification pour traiter l'eau du puits avant de la boire, en particulier si une contamination est détectée.

Stockage d'eau d'urgence

En prévision d'un événement de retombées, le stockage d'eau propre à l'avance est l'un des meilleurs moyens de garantir l'accès à une eau potable sûre. Conservez l'eau dans des récipients hermétiques de qualité alimentaire, dans un endroit frais et sombre, à l'écart des zones susceptibles d'être exposées aux retombées radioactives.

La purification de l'eau dans les zones de retombées radioactives est une compétence de survie essentielle, car l'eau contaminée présente un risque sanitaire important. En utilisant une combinaison de sédimentation, de filtration, de distillation et d'autres méthodes de purification, vous pouvez réduire la présence de particules radioactives et garantir l'accès à l'eau propre. Des tests réguliers des sources d'eau pour détecter les radiations et des mesures pour protéger les réserves d'eau à long terme vous aideront, vous et votre famille, à survivre dans un environnement affecté par les retombées radioactives.

protéger les réserves d'eau à long terme vous aideront, vous et votre famille, à survivre dans un environnement affecté par les retombées radioactives.

# Contamination des sols : les dangers cachés des retombées nucléaires

Après un accident nucléaire, l'un des effets les plus insidieux et les plus durables des retombées nucléaires est la contamination des sols. Les retombées nucléaires ne se contentent pas de rester dans l'air ; elles se déposent sur le sol, s'incrustent dans le sol et posent des risques graves, souvent invisibles, pour la santé humaine et l'environnement. Les particules radioactives peuvent rester dans le sol pendant des décennies, contaminer les cultures, les réserves d'eau et le bétail, et rendre les terres inhabitables pendant des années. Dans ce chapitre, nous verrons comment les sols sont contaminés par les retombées nucléaires, les dangers qu'elles représentent, comment évaluer la contamination des sols et quelles mesures vous pouvez prendre pour atténuer les risques et récupérer les terres contaminées pour une utilisation sûre.

Comment les sols sont contaminés par les retombées nucléaires

Lorsqu'une explosion nucléaire se produit, des particules radioactives sont projetées dans l'atmosphère, où elles sont transportées par le vent et finissent par retomber sur Terre. Ce processus, connu sous le nom de retombées nucléaires, peut contaminer de vastes zones, bien au-delà de la zone immédiate de l'explosion. Une fois que les particules radioactives se déposent sur le sol, elles commencent à s'infiltrer dans le sol, où elles peuvent rester pendant des années, voire des siècles.

Les retombées radioactives contaminent le sol de deux manières principales :

Dépôt direct par retombées : les particules radioactives atterrissent directement sur le sol, où elles restent à la surface ou se mélangent progressivement dans des couches plus profondes par des processus naturels comme la pluie, le vent et le mouvement des animaux ou des machines.

Contamination indirecte : les retombées peuvent également pénétrer dans le sol par l'intermédiaire de sources d'eau contaminées, telles que les précipitations qui ont capté des particules radioactives dans l'atmosphère ou les eaux de surface polluées par les retombées. Cette eau s'infiltre ensuite dans le sol, emportant avec elle des particules radioactives.

Une fois que les particules radioactives sont dans le sol, elles peuvent être absorbées par les plantes, les animaux et les humains via la chaîne alimentaire, ce qui entraîne une exposition interne aux radiations. Ce type de contamination est particulièrement dangereux car il est souvent difficile à détecter sans tests appropriés et il peut persister longtemps après l'événement de retombées initial.

Types de contaminants radioactifs dans le sol

Toutes les particules radioactives ne se comportent pas de la même manière dans le sol. Les différents isotopes ont des demi-vies différentes et affectent le sol de manière unique. Les contaminants radioactifs les plus courants retrouvés dans le sol après un événement nucléaire sont les suivants :

Césium 137 : le césium 137 est l'un des isotopes radioactifs les plus courants retrouvés dans les retombées nucléaires. Il a une demi-vie d'environ 30 ans et se lie aux particules du sol, où il peut être absorbé par les plantes. Le césium 137 a tendance à s'accumuler dans les muscles des animaux et des humains, ce qui en fait un risque sanitaire important à long terme s'il est ingéré par le biais d'aliments ou d'eau contaminés.

Strontium 90 : comme le césium, le strontium 90 est un autre isotope courant dans les retombées nucléaires. Il imite le calcium et est facilement absorbé par les plantes, qui le transfèrent à leur tour dans les os des animaux et des humains. Avec une demi-vie d'environ 29 ans, le strontium 90 présente un risque sérieux de cancer des os et de leucémie s'il est consommé par le biais de cultures ou de produits animaux contaminés.

Plutonium 239 : Le plutonium est un élément lourd et hautement toxique dont la demi-vie est de 24 100 ans. Bien qu'il ait tendance à rester dans les couches supérieures du sol, il peut être inhalé s'il est perturbé, et même de petites quantités peuvent causer de graves dommages aux poumons, au foie et aux os.

Iode 131 : Bien que l'iode 131 ait une demi-vie beaucoup plus courte (8 jours), il est particulièrement dangereux immédiatement après un événement nucléaire. Il est rapidement absorbé par la glande thyroïde et peut provoquer un cancer de la thyroïde. Bien qu'il se désintègre relativement rapidement, son impact immédiat sur le sol et les plantes peut entraîner une contamination à court terme des réserves alimentaires.

Les dangers cachés des sols contaminés

La contamination des sols n'est peut-être pas immédiatement visible, mais ses dangers sont considérables. Même dans les zones où les niveaux de radiation dans l'air semblent faibles, le sol peut toujours être fortement contaminé. Les conséquences de la contamination des sols peuvent inclure :

Approvisionnement alimentaire contaminé

L'un des risques les plus importants de la contamination des sols est son impact sur l'approvisionnement alimentaire. Les isotopes radioactifs comme le césium 137 et le strontium 90 peuvent être absorbés par les plantes par leurs racines. Cette contamination peut se retrouver dans les fruits, les légumes et les céréales, qui sont ensuite consommés par les humains ou le bétail. Même si la surface de l'aliment semble propre, les particules radioactives peuvent être présentes à l'intérieur de l'aliment lui-même.

L'ingestion d'aliments contaminés entraîne une exposition interne aux radiations, qui peuvent avoir des effets dévastateurs à long terme, notamment le cancer, des mutations génétiques et d'autres problèmes de santé.

Contamination du bétail

Le bétail qui paît sur un sol contaminé ou qui boit de l'eau provenant de sources polluées présente un risque élevé d'absorption de particules radioactives. Les produits laitiers, comme le lait de vache ou de chèvre, sont particulièrement vulnérables à la contamination par l'iode 131, qui peut s'accumuler dans les glandes thyroïdiennes des animaux. La consommation de viande, de lait ou d'autres produits provenant d'animaux contaminés peut exposer les humains à des niveaux de radiation importants.

Contamination de l'eau

La contamination du sol ne reste pas confinée au sol. Les particules radioactives présentes dans le sol peuvent s'infiltrer dans les nappes phréatiques ou être transportées dans les sources d'eau de surface par le ruissellement pendant la pluie ou l'irrigation. Cela peut entraîner une contamination généralisée des réserves d'eau, aggravant encore les dangers d'un événement de retombées nucléaires.

Dommages environnementaux et écologiques

La contamination du sol n'affecte pas seulement les humains et le bétail, elle a également un impact profond sur l'environnement. Les isotopes radioactifs présents dans le sol peuvent perturber les écosystèmes, entraînant la mort de plantes, d'animaux et d'insectes. Au fil du temps, ces dommages peuvent avoir un effet en cascade, affectant la biodiversité, la fertilité du sol et la capacité de la terre à soutenir la vie.

Évaluer la contamination du sol

Il est essentiel de savoir si le sol de votre région est contaminé pour déterminer la marche à suivre après un événement nucléaire. Tester le sol pour connaître les niveaux de radiation est le meilleur moyen d'évaluer s'il est sûr de cultiver des aliments, d'élever du bétail ou d'utiliser la terre à d'autres fins.

Utilisation d'un compteur Geiger

Un compteur Geiger peut vous donner une idée générale des niveaux de rayonnement dans le sol. Pour l'utiliser efficacement :

Réglez le compteur pour mesurer les rayonnements bêta et gamma, car ce sont les formes de rayonnement les plus courantes trouvées dans les sols contaminés.

Testez plusieurs zones : les retombées ne se déposent pas uniformément, de sorte que les niveaux de rayonnement peuvent varier considérablement dans une petite zone. Testez différents emplacements, en particulier les zones basses où les particules de retombées sont plus susceptibles de s'accumuler.

Mesurez au niveau du sol : maintenez le compteur Geiger près du sol pour obtenir une lecture précise des niveaux de contamination.

Bien qu'un compteur Geiger puisse détecter le rayonnement à la surface du sol, il peut ne pas détecter la contamination dans les couches plus profondes. Pour des tests plus précis, une analyse professionnelle du sol peut être nécessaire.

Test d'échantillons de sol

Pour des résultats plus précis, prélevez des échantillons de sol dans différentes zones de votre propriété et envoyez-les à un laboratoire pour analyse. L'analyse d'échantillons de sol peut identifier des isotopes spécifiques présents dans le sol et fournir une compréhension plus détaillée des niveaux de contamination.

Prélevez des échantillons à différentes profondeurs, car les particules radioactives peuvent pénétrer plus profondément dans le sol au fil du temps.

Testez différents types de sol : les sols sableux, argileux et limoneux peuvent retenir les particules radioactives différemment, il est donc important de tester différents types de sol dans votre région.

Atténuation de la contamination des sols

Bien que les risques de contamination des sols soient graves, vous pouvez prendre des mesures pour réduire les dangers et récupérer la terre pour une utilisation sûre. Le processus de décontamination des sols peut prendre du temps, mais il peut faire une différence significative dans la réduction de l'exposition aux radiations à long terme.

Élimination de la couche arable

Dans certains cas, la meilleure façon de traiter un sol contaminé est d'enlever la couche supérieure, où les particules de retombées sont les plus concentrées. Cette méthode est particulièrement utile pour les petites zones hautement prioritaires comme les jardins ou les champs de culture.

Enlevez 2 à 4 pouces de terre végétale : utilisez une pelle ou un équipement lourd pour retirer soigneusement la couche supérieure du sol, en veillant à ne pas perturber inutilement les couches plus profondes.

Éliminez le sol contaminé en toute sécurité : placez le sol contaminé dans des conteneurs ou des sacs hermétiques et enterrez-le loin de vos habitations, idéalement dans une zone à faible trafic où il ne sera pas dérangé.

Dilution du sol

Dans les zones où il n'est pas pratique d'enlever la couche arable, la dilution du sol peut aider à réduire les niveaux de radiation. Ce processus consiste à mélanger le sol contaminé avec du sol propre pour réduire la concentration de particules radioactives.

Ajoutez de la terre propre : apportez de la terre propre d'une zone non contaminée et mélangez-la avec le sol contaminé pour réduire les niveaux de radiation globaux.

Utilisez des cultures de couverture : la plantation de cultures de couverture à racines profondes, comme le trèfle ou la luzerne, peut aider à extraire les particules radioactives du sol. Après une saison, ces cultures doivent être récoltées et éliminées comme des matières contaminées.

Phytoremédiation (utilisation de plantes pour nettoyer le sol)

Certaines plantes ont la capacité d'absorber les particules radioactives du sol par leurs racines. Ce processus, connu sous le nom de phytoremédiation, peut être un moyen efficace de nettoyer progressivement le sol contaminé au fil du temps.

Les tournesols, les feuilles de moutarde et certaines fougères sont connues pour leur capacité à absorber les isotopes radioactifs, en particulier le césium 137 et le strontium 90.

Récoltez et éliminez soigneusement les plantes une fois qu'elles ont atteint leur maturité. Ces plantes contiendront des particules radioactives et doivent être traitées comme des matières contaminées.

Stabilisation du sol

Si vous ne parvenez pas à décontaminer complètement le sol, sa stabilisation pour empêcher la poussière et l'érosion peut aider à réduire la propagation de la contamination. Couvrir le sol contaminé avec du paillis, du gravier ou une bâche en plastique peut empêcher la poussière radioactive de se propager dans l'air ou de se déverser dans les sources d'eau à proximité.

Gestion du sol à long terme

Même après la décontamination du sol, une gestion et des tests continus sont essentiels pour garantir que les niveaux de rayonnement restent sûrs. Les particules radioactives peuvent rester dans le sol pendant des années. Une surveillance régulière vous aidera donc à suivre l'efficacité de vos efforts de décontamination et à garantir que le sol reste sûr à utiliser.

Testez le sol chaque année pour surveiller les niveaux de radiation et détecter toute nouvelle contamination.

Évitez de labourer en profondeur ou de perturber le sol inutilement, car cela peut ramener à la surface les particules radioactives enfouies.

La contamination du sol est l'un des dangers cachés des retombées nucléaires, présentant des risques à long terme pour l'approvisionnement alimentaire, l'environnement et la santé humaine. Comprendre comment les particules radioactives s'infiltrent dans le sol et prendre des mesures pour évaluer et atténuer la contamination peut aider à protéger votre terrain et à le rendre plus sûr pour une utilisation future.

# Cultiver des aliments dans un monde pollué : est-ce possible ?

Dans un monde post-nucléaire où les retombées radioactives contaminent l'environnement, la question de savoir s'il est possible de cultiver des aliments sains et nutritifs devient essentielle à la survie. Les retombées affectent l'air, l'eau et, surtout, le sol, qui est la base de la productivité agricole. La contamination des cultures peut entraîner des niveaux dangereux d'exposition aux radiations internes pour quiconque les consomme. Cependant, avec les bonnes techniques et une planification minutieuse, il est possible de cultiver des aliments dans un monde pollué. Ce chapitre explore les défis de la culture des cultures dans un environnement affecté par les retombées, les stratégies pour minimiser la contamination et comment adapter les méthodes de jardinage traditionnelles pour assurer la sécurité alimentaire.

L'impact des retombées radioactives sur l'agriculture

Les retombées radioactives ont un effet profond sur l'agriculture, contaminant à la fois le sol et l'eau dont les plantes dépendent pour pousser. Les particules radioactives, en particulier les isotopes comme le césium 137, le strontium 90 et l'iode 131, peuvent être absorbées par les plantes par leurs racines et se déposer dans les parties comestibles comme les feuilles, les fruits et les céréales. Cette contamination présente des risques sanitaires importants pour quiconque consomme ces cultures, car les particules radioactives continuent d'émettre des radiations à l'intérieur du corps longtemps après que les aliments ont été consommés.

Le défi de la culture d'aliments après un événement nucléaire consiste à trouver des moyens d'éviter la contamination ou de la réduire à des niveaux sûrs. Bien qu'une protection complète contre les radiations ne soit pas toujours possible, il existe des moyens de minimiser les risques tout en produisant un approvisionnement alimentaire viable.

Évaluation de votre environnement de culture

Avant de commencer à cultiver des aliments dans une zone touchée par les retombées, il est essentiel d'évaluer le niveau de contamination de votre environnement. Cette évaluation vous aidera à déterminer s'il est sûr de cultiver des aliments directement dans le sol ou si d'autres méthodes de culture sont nécessaires.

Test du sol

Comme indiqué dans les chapitres précédents, la contamination du sol est une préoccupation majeure dans une zone de retombées. L'utilisation d'un compteur Geiger ou l'envoi d'échantillons de sol à un laboratoire pour des tests de radiation vous donnera une idée de la sécurité de votre sol pour la culture d'aliments. Portez une attention particulière aux niveaux de césium 137 et de strontium 90, car ces isotopes sont généralement absorbés par les plantes et présentent des risques sanitaires importants.

Si la contamination du sol est élevée, il peut être nécessaire d'utiliser des méthodes de culture alternatives, telles que les plates-bandes surélevées, la culture hydroponique ou le jardinage intérieur, que nous aborderons plus loin dans ce chapitre.

Test des sources d'eau

L'eau utilisée pour l'irrigation doit également être testée pour détecter une contamination radioactive. Les particules de retombées peuvent s'accumuler dans les lacs, les rivières et les eaux souterraines, ce qui rend dangereuse l'utilisation d'eau non filtrée pour l'irrigation des cultures. Si votre source d'eau est contaminée, envisagez d'utiliser de l'eau filtrée ou de recueillir l'eau de pluie une fois la période de retombées initiale passée.

Emplacement et abri

L'emplacement de votre jardin joue un rôle important pour minimiser la contamination. Cultiver des aliments dans un espace clos, comme une serre ou un jardin intérieur, peut aider à protéger les plantes des particules de retombées qui se déposent dans l'air. De plus, choisir un endroit abrité, comme un jardin près d'un bâtiment ou sous des arbres, peut réduire la quantité de retombées qui atteignent vos cultures.

Cultiver des aliments dans un sol contaminé : stratégies et techniques

Si vous déterminez que cultiver des aliments dans un sol contaminé est nécessaire, il existe des techniques que vous pouvez utiliser pour minimiser l'absorption de particules radioactives par vos plantes.

Plates-bandes surélevées avec sol propre

L'une des meilleures façons d'éviter la contamination directe par les retombées est d'utiliser des plates-bandes surélevées remplies de sol propre et non contaminé. Les plates-bandes surélevées vous permettent de contrôler le milieu de culture, réduisant ainsi le risque que les plantes absorbent les isotopes radioactifs du sol. Lors de la construction de plates-bandes surélevées :

Tapissez le fond de la plate-bande d'une barrière protectrice, comme une bâche en plastique, pour empêcher le sol contaminé de se mélanger au sol propre de la plate-bande.

Procurez-vous de la terre provenant de zones non contaminées ou achetez de la terre qui a été testée pour les radiations. Cela garantit que le milieu de culture est exempt de particules de retombées.

Les plates-bandes surélevées ont également l'avantage supplémentaire d'offrir un meilleur drainage, ce qui aide à empêcher l'eau contaminée de s'accumuler autour de vos cultures.

Additifs pour sol pour réduire la contamination

Certains additifs pour sol peuvent aider à réduire l'absorption de particules radioactives par les plantes. Ces substances se lient aux isotopes radioactifs du sol, ce qui les rend moins disponibles pour l'absorption par les racines des plantes. Voici quelques additifs efficaces pour le sol :

Engrais potassiques : le potassium entre en compétition avec le césium 137 pour l'absorption par les racines des plantes. L'ajout de potassium à votre sol peut réduire la quantité de césium absorbée par les cultures.

Calcium et phosphore : l'ajout de calcium au sol peut réduire l'absorption du strontium 90, qui imite le calcium dans les systèmes biologiques. Les engrais au phosphore peuvent également aider à atténuer l'absorption des isotopes radioactifs.

Compost et matière organique : l'augmentation de la teneur en matière organique de votre sol peut aider à diluer les particules radioactives, réduisant ainsi la concentration globale de contamination. La matière organique améliore également la structure du sol et la disponibilité des nutriments.

Planter les bonnes cultures

Certaines plantes absorbent plus efficacement les particules radioactives du sol que d'autres. En sélectionnant soigneusement les types de cultures que vous cultivez, vous pouvez minimiser le risque de contamination. Par exemple :

Les légumes à feuilles vertes, comme les épinards, la laitue et le chou frisé, ont tendance à absorber plus de particules radioactives que les plantes fruitières comme les tomates ou les courges.

Les plantes racines, comme les carottes et les pommes de terre, sont également susceptibles d'absorber les particules radioactives du sol, en particulier le césium 137 et le strontium 90.

Les fruits et les céréales, comme le maïs, le blé et les baies, sont généralement plus sûrs à cultiver dans un sol contaminé, car ils ont tendance à absorber moins de particules radioactives.

En vous concentrant sur les cultures qui sont moins susceptibles d'absorber les radiations, vous pouvez réduire le risque global pour votre approvisionnement alimentaire.

Méthodes de culture alternatives : jardinage sécuritaire dans les zones de retombées radioactives

Si la contamination du sol est trop élevée pour cultiver des aliments en toute sécurité, ou si vous souhaitez réduire davantage le risque de contamination, des méthodes de culture alternatives offrent une solution viable. Ces méthodes vous permettent de cultiver des aliments dans des environnements contrôlés, minimisant ainsi l'exposition aux retombées radioactives.

Jardinage en serre

Les serres constituent un excellent moyen de protéger vos cultures des particules de retombées radioactives en suspension dans l'air tout en maintenant un environnement de croissance contrôlé. En cultivant des aliments dans une serre, vous pouvez protéger vos plantes de la pluie, de la poussière et du sol contaminés. De plus, une serre vous permet de réguler la température, l'humidité et la qualité de l'eau, ce qui peut être crucial dans un monde post-nucléaire où les conditions météorologiques et environnementales sont imprévisibles.

Utilisez un sol propre et non contaminé dans vos plates-bandes ou conteneurs de serre.

Ventilez avec de l'air filtré si possible, pour empêcher les particules de retombées radioactives de pénétrer dans la serre.

Irriguez avec de l'eau filtrée pour garantir que vos cultures restent exemptes de contamination radioactive.

Hydroponie

Les systèmes hydroponiques vous permettent de cultiver des plantes sans sol, en utilisant à la place une solution d'eau riche en nutriments. Cette méthode élimine entièrement le risque de contamination du sol et offre un moyen très efficace de produire des aliments dans un environnement contrôlé. La culture hydroponique peut être installée à l'intérieur ou dans une serre, réduisant encore davantage le risque d'exposition aux particules de retombées.

Utilisez de l'eau filtrée dans votre système hydroponique pour éviter d'introduire des particules radioactives.

Surveillez de près les niveaux de nutriments pour vous assurer que vos plantes reçoivent les minéraux nécessaires sans dépendre d'un sol contaminé.

Les systèmes hydroponiques peuvent être gourmands en ressources, nécessitant de l'électricité pour les pompes et les lumières, mais ils offrent un moyen fiable de cultiver des aliments dans un monde affecté par les retombées.

Jardinage d'intérieur

Pour ceux qui ont un accès limité à l'espace extérieur ou à un sol propre, le jardinage d'intérieur est une solution pratique. Cultiver des aliments à l'intérieur vous permet de contrôler complètement l'environnement, protégeant vos cultures des retombées et d'autres contaminants. Vous pouvez cultiver une grande variété de fruits, de légumes et d'herbes à l'intérieur en utilisant des conteneurs, des plates-bandes surélevées ou des systèmes hydroponiques.

Utilisez un éclairage artificiel, comme des lampes de culture à LED, pour fournir la lumière nécessaire à la photosynthèse.

Arrosez avec de l'eau filtrée et utilisez un sol propre et non contaminé ou des nutriments hydroponiques pour nourrir vos plantes.

Maintenez une ventilation adéquate pour garantir que votre jardin intérieur reste sain et exempt de moisissures ou d'autres problèmes.

Le jardinage intérieur nécessite une planification et une gestion des ressources minutieuses, mais il peut fournir un approvisionnement constant en nourriture dans un environnement hautement contaminé.

Gérer et tester votre approvisionnement alimentaire

Même avec une planification minutieuse et des techniques de culture protectrices, il est essentiel de tester régulièrement votre approvisionnement alimentaire pour vous assurer qu'il est sans danger pour la consommation. Utilisez un compteur Geiger ou un kit de test alimentaire spécialisé pour surveiller les niveaux de radiation dans vos cultures avant de les consommer.

Testez les produits récoltés en tenant le compteur Geiger près de la surface du fruit, du légume ou de la céréale. Si les niveaux de radiation sont supérieurs aux niveaux de fond normaux, il se peut qu'ils ne soient pas sans danger pour la consommation.

Concentrez-vous sur le stockage à long terme des aliments : pour garantir la sécurité alimentaire, pensez à stocker des produits non périssables tels que des conserves, des aliments séchés et des fruits et légumes en conserve. Faire des réserves d'aliments propres et non contaminés avant un événement nucléaire peut vous aider à compléter votre régime alimentaire et à réduire la nécessité de dépendre uniquement des cultures locales.

Cultiver des aliments dans un monde pollué par des retombées radioactives est un défi, mais ce n'est pas impossible. En évaluant soigneusement votre environnement, en utilisant des plates-bandes surélevées ou des méthodes de culture alternatives et en sélectionnant les bonnes cultures, vous pouvez minimiser la contamination et produire des aliments sûrs et nutritifs. Que vous choisissiez de jardiner dans une serre, d'installer un système hydroponique ou de cultiver des plantes en intérieur, la clé du succès consiste à contrôler vos conditions de culture et à tester régulièrement vos aliments pour garantir leur sécurité. Avec une planification minutieuse et les bonnes stratégies, vous pouvez prospérer même dans les conditions les plus difficiles et assurer un approvisionnement alimentaire stable à long terme.

# Les radiations et les plantes : comprendre les risques

Dans un monde post-nucléaire, les radiations représentent un risque important pour la vie végétale, en particulier dans les zones touchées par les retombées radioactives. Les plantes absorbent les nutriments et l'eau du sol, ce qui les rend vulnérables aux particules radioactives qui peuvent s'y être déposées. Il est essentiel de comprendre l'impact des radiations sur les plantes, les risques qu'elles représentent pour la production alimentaire et les effets à long terme sur les écosystèmes pour quiconque tente de cultiver des aliments dans un environnement contaminé. Dans ce chapitre, nous explorerons l'impact des radiations sur les plantes, les risques associés à la culture d'aliments dans une zone radioactive et les mesures que vous pouvez prendre pour atténuer ces risques.

Comment les radiations affectent les plantes

Les radiations peuvent avoir divers effets sur les plantes, selon le type de radiation, l'intensité de l'exposition et la durée de l'exposition. Les isotopes radioactifs les plus courants trouvés dans les retombées radioactives, à savoir le césium 137, le strontium 90 et l'iode 131, présentent des risques spécifiques pour les plantes, en particulier en raison de la manière dont ils sont absorbés et concentrés dans différentes parties de la plante.

Absorption de particules radioactives

Les retombées radioactives peuvent se déposer sur les plantes de deux manières principales : en atterrissant directement sur les feuilles et les tiges, ou en étant absorbées par les racines à partir d'un sol et d'une eau contaminés. Les deux voies peuvent conduire à l'accumulation de particules radioactives dans les tissus de la plante.

Contamination de surface : Les retombées qui se déposent à la surface des plantes, comme les feuilles et les fruits, peuvent être éliminées par des méthodes de nettoyage appropriées (comme indiqué dans les chapitres précédents). Cependant, si elles ne sont pas éliminées, ces particules peuvent être ingérées lors de la consommation de la plante, ce qui présente un risque pour la santé humaine.

Absorption par les racines : La menace la plus grave vient des plantes qui absorbent les particules radioactives par leurs racines. Une fois à l'intérieur de la plante, les isotopes radioactifs comme le césium 137 et le strontium 90 imitent les nutriments essentiels (comme le potassium et le calcium) et s'intègrent dans les tissus de la plante. Cette contamination ne peut pas être éliminée par lavage ou pelage et présente un risque sanitaire à long terme lorsque la plante est consommée.

Effets sur la croissance et le développement des plantes

Les radiations peuvent perturber la croissance et le développement normaux des plantes. Une exposition à des niveaux élevés de radiations peut entraîner des dommages visibles, tels qu'un retard de croissance, une décoloration des feuilles et une diminution du rendement des cultures. Dans les cas graves, l'exposition aux radiations peut provoquer des mutations chez les plantes, entraînant des schémas de croissance anormaux, voire la mort de la plante.

Dommages cellulaires : les radiations peuvent endommager les cellules végétales en brisant les liaisons chimiques dans l'ADN de la plante. Cela peut entraîner des mutations qui altèrent la croissance et les capacités de reproduction de la plante. Dans certains cas, ces mutations peuvent être nocives, entraînant des difformités ou une réduction de la capacité de la plante à produire des graines viables.

Germination retardée : l'exposition aux radiations peut ralentir ou empêcher la germination des graines. Même si les graines germent, les plantes peuvent se développer plus lentement ou produire moins de fruits et de légumes que dans un environnement sans radiation.

Mutations génétiques à long terme : Tout comme les radiations peuvent provoquer des mutations chez les animaux et les humains, elles peuvent également entraîner des changements génétiques chez les plantes. Ces mutations peuvent affecter les générations futures de plantes, entraînant potentiellement une viabilité réduite ou des caractéristiques imprévisibles.

Accumulation d'isotopes radioactifs

Différentes parties d'une plante peuvent accumuler des particules radioactives à des concentrations variables. Comprendre où les radiations s'accumulent dans une plante peut vous aider à prendre des décisions éclairées sur les parties les plus sûres à consommer.

Racines : Les plantes à gros systèmes racinaires, comme les pommes de terre, les carottes et autres légumes-racines, sont plus susceptibles d'absorber les particules radioactives provenant du sol contaminé. Ces cultures peuvent accumuler des concentrations plus élevées de césium 137 et de strontium 90.

Feuilles : Les légumes à feuilles vertes comme les épinards, la laitue et le chou frisé sont particulièrement vulnérables à la contamination de surface, car les particules de retombées peuvent facilement se déposer sur leurs larges feuilles. Cependant, les plantes à feuilles peuvent également absorber des particules radioactives par leurs racines, ce qui rend la plante entière potentiellement dangereuse.

Fruits et céréales : Les fruits, les céréales et les graines absorbent généralement moins de radiations que les feuilles et les racines. Cependant, ils peuvent toujours être contaminés s'ils sont cultivés dans un sol radioactif, en particulier si des isotopes radioactifs sont présents dans l'eau utilisée pour l'irrigation.

Risques liés à la culture d'aliments dans une zone de retombées

La culture d'aliments dans une zone de retombées comporte des risques inhérents en raison du potentiel de contamination radioactive. Bien qu'il soit possible de cultiver des cultures en toute sécurité avec les précautions appropriées, il est important de comprendre les risques encourus et de prendre des mesures pour minimiser l'exposition aux radiations.

Exposition interne aux radiations

Lorsque vous consommez des aliments contaminés par des particules radioactives, ces particules sont absorbées par votre corps et continuent d'émettre des radiations de l'intérieur. Ce type d'exposition interne aux radiations est particulièrement dangereux car il peut entraîner des dommages à long terme aux cellules et aux tissus. Les isotopes radioactifs les plus courants trouvés dans les retombées, tels que le césium 137 et le strontium 90, peuvent s'accumuler dans les tissus mous et les os du corps, augmentant le risque de cancer et d'autres problèmes de santé graves.

Contamination à long terme

Les particules radioactives dans le sol et l'eau ne disparaissent pas rapidement. Certains isotopes, comme l'iode 131, ont une demi-vie relativement courte (environ 8 jours), ce qui signifie qu'ils se désintègrent rapidement. D'autres, comme le césium 137 et le strontium 90, ont une demi-vie d'environ 30 ans, ce qui signifie qu'ils continueront à représenter une menace pendant des décennies. Cette contamination à long terme rend essentiel de surveiller régulièrement les sols et l'eau et d'utiliser des mesures de protection pour réduire le risque de contamination des cultures.

Contamination de la chaîne d'approvisionnement alimentaire

Même si vous prenez soin de cultiver vos propres aliments dans un environnement contrôlé, la contamination peut pénétrer votre approvisionnement alimentaire à partir d'autres sources. Par exemple, le bétail qui paît sur des terres contaminées ou boit de l'eau provenant de sources polluées peut accumuler des particules radioactives dans sa viande, son lait et d'autres produits. Les aliments contaminés peuvent également se retrouver sur les marchés, ce qui représente un risque même pour ceux qui ne cultivent pas leurs propres cultures.

Atténuer les risques liés à la culture d'aliments dans un environnement radioactif

La culture d'aliments dans une zone de retombées présente certes des défis, mais il est possible d'atténuer bon nombre de ces risques grâce à une planification minutieuse et à des stratégies adaptées. Voici quelques mesures que vous pouvez prendre pour réduire l'impact des radiations sur vos cultures.

Utilisez des plates-bandes surélevées et un sol propre

L'un des moyens les plus efficaces de réduire l'exposition des plantes aux radiations consiste à les cultiver dans des plates-bandes surélevées remplies de sol propre et non contaminé. Les plates-bandes surélevées permettent d'isoler vos plantes du sol contaminé et vous permettent de contrôler l'environnement de croissance.

Choisissez un sol propre et non contaminé provenant d'une source sûre ou achetez un sol qui a été testé pour les radiations.

Couvrez le fond des plates-bandes surélevées d'une barrière protectrice, comme une bâche en plastique, pour empêcher la contamination de s'infiltrer depuis le sol.

Irriguer avec de l'eau filtrée

La contamination de l'eau est une préoccupation sérieuse dans une zone de retombées, car les particules radioactives peuvent pénétrer dans le sol par l'irrigation. L'utilisation d'eau filtrée pour l'irrigation peut aider à réduire la quantité de contamination radioactive à laquelle vos plantes sont exposées.

Utilisez des systèmes de filtration de l'eau capables d'éliminer les particules radioactives, comme l'osmose inverse ou les filtres à charbon actif.

Recueillez et stockez l'eau de pluie pour l'utiliser pour l'irrigation, mais seulement après que la période initiale de retombées est passée et que le risque de contamination par les particules de retombées dans l'air a diminué.

Choisissez des cultures plus sûres

Certaines cultures sont plus susceptibles d'absorber des particules radioactives que d'autres. En choisissant des cultures moins sujettes à la contamination, vous pouvez réduire le risque de cultiver des aliments dans un environnement radioactif.

Plantes fruitières : les cultures qui produisent des fruits, comme les tomates, les poivrons et les courges, ont tendance à absorber moins de radiations que les légumes à feuilles vertes ou les légumes-racines.

Céréales et légumineuses : le blé, l'orge, les haricots et les pois sont généralement moins susceptibles d'accumuler des niveaux élevés de radiations que les cultures-racines comme les carottes et les pommes de terre.

Utilisez des amendements du sol pour bloquer l'absorption

L'ajout d'amendements spécifiques au sol peut aider à réduire l'absorption de particules radioactives par les plantes. Par exemple, l'ajout de potassium au sol peut aider à bloquer l'absorption du césium 137, tandis que l'ajout de calcium peut aider à réduire l'absorption du strontium 90.

Appliquez des engrais riches en potassium au sol pour réduire l'absorption du césium par les plantes.

Ajoutez du calcium et du phosphore pour réduire l'absorption du strontium 90.

Testez régulièrement vos cultures pour détecter les radiations

Il est essentiel de tester régulièrement vos cultures pour vous assurer que les aliments que vous cultivez sont comestibles. Utilisez un compteur Geiger ou un kit de test alimentaire spécialisé pour surveiller les niveaux de radiation dans vos plantes avant de les consommer.

Testez les cultures au moment de la récolte : accordez une attention particulière aux plantes qui sont plus sensibles à l'absorption des radiations, comme les légumes à feuilles vertes et les légumes-racines.

Utilisez plusieurs méthodes de test : tester à la fois le sol et les plantes elles-mêmes vous donnera une image plus claire du risque global de contamination.

Effets à long terme sur la vie végétale et les écosystèmes

Si les effets immédiats des radiations sur les plantes peuvent être graves, les impacts à long terme sur les écosystèmes sont tout aussi préoccupants. Au fil du temps, les particules radioactives présentes dans le sol peuvent perturber des chaînes alimentaires entières, entraînant une réduction de la biodiversité et une altération de l'équilibre écologique. Les forêts, les prairies et les zones humides peuvent subir une dégradation à long terme en raison de la mort de plantes, d'animaux et de micro-organismes essentiels à la santé des écosystèmes.

Dans les zones fortement contaminées, il peut falloir des décennies, voire des siècles, pour que l'environnement se rétablisse complètement. Cependant, certaines espèces végétales peuvent être plus résistantes aux radiations que d'autres, et ces espèces pourraient jouer un rôle crucial dans la régénération des écosystèmes au fil du temps.

Les radiations présentent des risques importants pour les plantes, tant en termes de croissance et de développement que de potentiel de contamination de l'approvisionnement alimentaire. Cependant, en comprenant comment les radiations affectent les plantes et en prenant des mesures pour atténuer ces risques, il est possible de cultiver des aliments en toute sécurité dans un monde affecté par les retombées. En utilisant des plates-bandes surélevées, de l'eau filtrée et une sélection rigoureuse des cultures, vous pouvez réduire l'exposition aux radiations et produire des aliments propres à la consommation. De plus, des analyses régulières du sol et des cultures contribueront à garantir que votre approvisionnement alimentaire reste exempt de niveaux de contamination nocifs.

# Filtration de l'eau : rendre l'eau contaminée sûre

L'accès à une eau propre et sûre est essentiel à la survie dans n'importe quel environnement, mais il devient encore plus crucial après un événement nucléaire. Les retombées radioactives peuvent contaminer les sources d'eau, transformant des approvisionnements en eau pourtant fiables en un risque sanitaire grave. Boire ou utiliser de l'eau contaminée peut entraîner une exposition interne aux radiations, ce qui peut entraîner des problèmes de santé à long terme tels que la maladie des radiations, le cancer et des lésions organiques. Dans ce chapitre, nous explorerons l'importance de la filtration de l'eau dans les zones de retombées, les différentes méthodes de filtration et la manière de rendre efficacement l'eau contaminée sûre pour la consommation et l'utilisation quotidienne.

Les dangers des contaminants radioactifs dans l'eau

Après un événement nucléaire, les particules de retombées peuvent se déposer sur les sources d'eau de surface telles que les lacs, les rivières et les réservoirs. De plus, les retombées peuvent s'infiltrer dans les réserves d'eau souterraine, contaminant les puits et les aquifères. Les isotopes radioactifs les plus dangereux que l'on retrouve couramment dans les retombées nucléaires sont les suivants :

Césium 137 : sous-produit courant de la fission nucléaire, le césium 137 peut se dissoudre dans l'eau et s'accumuler dans les tissus mous du corps lorsqu'il est ingéré, ce qui entraîne une exposition aux radiations à long terme.

Strontium 90 : cet isotope imite le calcium dans le corps et, une fois consommé, il s'accumule dans les os, augmentant le risque de cancer des os et de leucémie.

Iode 131 : bien qu'il ait une courte demi-vie, l'iode 131 est très dangereux immédiatement après un événement nucléaire. Il est absorbé par la glande thyroïde et peut entraîner un cancer de la thyroïde lorsqu'il est consommé dans de l'eau ou des aliments contaminés.

L'eau contaminée par ces particules radioactives n'est pas potable ni utilisable à des fins d'hygiène sans filtration adéquate. Même de petites quantités de contamination radioactive peuvent entraîner de graves risques pour la santé si elles sont consommées régulièrement. Il est donc essentiel de filtrer et de purifier toute eau avant de l'utiliser.

Comprendre la filtration de l'eau et son importance

La filtration de l'eau est le processus qui consiste à éliminer les contaminants nocifs, tels que les particules radioactives, les produits chimiques et les micro-organismes, de l'eau pour la rendre potable et utilisable au quotidien. Différentes méthodes de filtration sont conçues pour cibler des types spécifiques de contaminants. Il est donc important de comprendre les points forts et les limites de chaque méthode pour sélectionner le système de filtration adapté à un environnement de retombées.

Bien qu'aucune méthode de filtration ne puisse à elle seule éliminer tous les types de particules radioactives, la combinaison de plusieurs techniques peut grandement améliorer la sécurité de l'eau. L'objectif est de réduire la concentration globale de contaminants radioactifs à un niveau considéré comme sûr pour la consommation humaine.

Méthodes de filtration et de purification de l'eau dans les zones de retombées

Il existe plusieurs méthodes de filtration et de purification, chacune avec différents niveaux d'efficacité pour éliminer les contaminants radioactifs. Selon le niveau de contamination et les ressources disponibles, vous devrez peut-être utiliser une combinaison de ces méthodes pour garantir que votre eau est potable.

Sédimentation et décantation

La sédimentation est le processus qui permet aux particules radioactives plus lourdes de se déposer au fond d'un récipient, laissant de l'eau plus propre en haut. Bien que la sédimentation à elle seule ne purifie pas complètement l'eau, elle peut aider à réduire la concentration globale de particules de retombées dans l'eau.

Étapes de la sédimentation :

Recueillez l'eau dans un grand récipient propre et laissez-la reposer sans la déranger pendant 24 à 48 heures.

Une fois que les particules radioactives se sont déposées au fond, versez soigneusement l'eau claire du haut, en laissant les sédiments derrière.

Appliquez ensuite d'autres méthodes de filtration et de purification pour éliminer davantage les particules radioactives dissoutes.

La sédimentation est une première étape efficace dans le processus de purification, mais ne doit pas être considérée comme la seule méthode de filtration, en particulier dans les sources d'eau fortement contaminées.

Systèmes de filtration

Les systèmes de filtration sont l'un des moyens les plus efficaces pour éliminer les particules radioactives et autres contaminants de l'eau. Plusieurs types de filtres peuvent être utilisés dans les zones de retombées, chacun ayant ses propres atouts et limites :

Filtres à charbon actif : ces filtres sont très efficaces pour éliminer les contaminants dissous, tels que l'iode radioactif 131, et peuvent également réduire les produits chimiques et les toxines dans l'eau. Le charbon actif fonctionne en adsorbant les contaminants à la surface des particules de charbon, les piégeant au passage de l'eau.

Atouts : efficace pour éliminer les particules radioactives dissoutes, les produits chimiques et les polluants organiques.

Contraintes : moins efficace pour éliminer les particules radioactives comme le césium 137 et le strontium 90. Doit être utilisé en conjonction avec d'autres méthodes de filtration pour de meilleurs résultats.

Filtres en céramique : les filtres en céramique ont une structure de pores fins qui piège les particules plus grosses, y compris certaines particules radioactives. Ces filtres sont efficaces pour éliminer les sédiments, les bactéries et certains matériaux radioactifs, mais ils ne peuvent pas éliminer efficacement les isotopes dissous.

Points forts : Efficace pour éliminer les particules radioactives plus grosses, les bactéries et les sédiments.

Limites : Peut ne pas éliminer les isotopes radioactifs dissous. Fonctionne mieux lorsqu'il est combiné à une filtration au charbon ou à d'autres méthodes de purification.

Systèmes d'osmose inverse (OI) : L'osmose inverse est l'une des méthodes de filtration les plus efficaces pour éliminer une large gamme de contaminants, y compris les particules radioactives. Les systèmes d'OI forcent l'eau à travers une membrane semi-perméable, qui élimine les sels dissous, les minéraux et les isotopes radioactifs comme le césium 137 et le strontium 90. L'osmose inverse est très efficace mais peut être gourmande en ressources, car elle nécessite une pression d'eau et peut gaspiller de l'eau dans le processus.

Français:Points forts : Très efficace pour éliminer les particules radioactives dissoutes, notamment le césium 137 et le strontium 90.

Contre-indications : Nécessite de l'électricité ou de la pression d'eau pour fonctionner, ce qui peut être un défi dans les situations de survie. Produit des eaux usées dans le cadre du processus de filtration.

Distillation

La distillation est une méthode très efficace pour purifier l'eau dans les zones de retombées, car elle élimine presque tous les types de particules radioactives, y compris les isotopes dissous. La distillation consiste à chauffer l'eau jusqu'à ce qu'elle se transforme en vapeur, qui est ensuite captée et condensée dans un récipient séparé, laissant derrière elle les contaminants.

Étapes de la distillation :

Chauffez l'eau contaminée dans une casserole ou un appareil de distillation jusqu'à ébullition.

Capturez la vapeur et dirigez-la dans un récipient propre où elle peut se condenser en liquide.

L'eau distillée obtenue doit être exempte de particules radioactives, même si elle peut manquer de certains minéraux.

La distillation est particulièrement utile car la plupart des particules radioactives ne s'évaporent pas avec l'eau, ce qui rend l'eau obtenue beaucoup plus sûre à boire. Cependant, le processus peut être lent et nécessite une source de chaleur fiable, ce qui peut être difficile dans une situation de survie.

Filtres à échange d'ions

Les filtres à échange d'ions sont des appareils spécialisés qui peuvent éliminer des isotopes radioactifs spécifiques de l'eau. Ils fonctionnent en échangeant des ions nocifs, tels que le césium 137 et le strontium 90, contre des ions inoffensifs comme le sodium ou le potassium. Les résines échangeuses d'ions sont souvent utilisées dans les systèmes de purification d'eau à grande échelle, mais des filtres à échange d'ions portables sont également disponibles pour une utilisation individuelle.

Points forts : Efficace pour éliminer des particules radioactives spécifiques comme le césium 137 et le strontium 90.

Limites : Tous les filtres à échange d'ions ne sont pas conçus pour la contamination radioactive, il est donc important d'en sélectionner un spécifiquement à cet effet. Doit être utilisé en combinaison avec d'autres méthodes de filtration pour une purification complète de l'eau.

Ébullition

L'ébullition de l'eau est une méthode efficace pour tuer les bactéries, les virus et autres agents pathogènes, mais elle n'élimine pas les particules radioactives de l'eau. En fait, l'ébullition de l'eau contaminée peut en fait concentrer les particules radioactives en évaporant l'eau et en laissant les contaminants derrière. Pour cette raison, l'ébullition ne doit pas être utilisée comme méthode de purification dans les zones de retombées radioactives, à moins d'être certain que l'eau est exempte de contamination radioactive.

## Élaboration d'une stratégie complète de filtration de l'eau

Pour garantir que votre eau est potable, vous devrez peut-être utiliser une combinaison de méthodes de filtration et de purification. Voici une approche étape par étape pour purifier l'eau dans un environnement affecté par les retombées radioactives :

### Commencez par la sédimentation

Laissez l'eau reposer sans être perturbée pendant au moins 24 heures pour permettre aux plus grosses particules de retombées de se déposer au fond. Versez soigneusement l'eau claire et jetez les sédiments.

### Utilisez un système de filtration primaire

Ensuite, filtrez l'eau à travers un système capable d'éliminer les particules radioactives. Un système d'osmose inverse, un filtre en céramique ou un filtre à charbon actif peuvent être très efficaces à ce stade.

### Utiliser un système de filtration secondaire

Pour plus de sécurité, faites passer l'eau à travers un filtre secondaire, comme un filtre à échange d'ions ou un second filtre à charbon, pour éliminer les particules radioactives dissoutes restantes.

### Envisagez la distillation pour une utilisation critique

Si vous avez besoin du plus haut niveau de pureté de l'eau, par exemple pour boire de l'eau ou préparer des aliments, la distillation est la méthode la plus efficace. Utilisez la distillation en combinaison avec d'autres techniques de filtration pour vous assurer que votre eau est exempte de particules radioactives et d'autres contaminants.

### Test de l'eau pour détecter les radiations

Même après avoir filtré l'eau, il est important de la tester pour détecter les radiations afin de s'assurer qu'elle est potable. Utilisez un compteur Geiger ou un kit de test d'eau spécialisé pour mesurer les niveaux de radiation. Voici comment tester l'eau pour détecter la contamination :

Testez la source de l'eau : avant de prélever l'eau pour la filtration, testez l'eau à sa source (lac, rivière, puits) pour déterminer le niveau de contamination. Si les niveaux de radiation sont élevés, envisagez de trouver une autre source d'eau.

Testez l'eau filtrée : après la filtration, testez à nouveau l'eau pour vous assurer que les niveaux de radiation sont tombés à un niveau sûr. Si l'eau présente toujours des niveaux de radiation élevés, envisagez de la faire passer par un autre processus de filtration ou d'utiliser la distillation.

Les niveaux de radiation sûrs dans l'eau varient généralement entre 0,05 et 0,20 µSv/h (microsieverts par heure). Tout niveau supérieur peut toujours présenter un risque et doit être traité davantage.

Solutions d'approvisionnement en eau à long terme

Pour une survie à long terme dans une zone de retombées, il est essentiel de garantir un approvisionnement en eau fiable et durable. Envisagez ces stratégies pour garantir l'accès à l'eau propre :

Récupération des eaux de pluie

L'eau de pluie, en particulier après la période de retombées initiales, peut être une source précieuse d'eau propre. Collectez l'eau de pluie à l'aide d'une surface propre et non contaminée, comme une bâche ou un toit, et filtrez-la avant utilisation. Stockez l'eau de pluie dans des récipients scellés pour éviter toute contamination.

Puits profonds

Si vous avez accès à un puits profond ou à un aquifère, cela peut être une source d'eau plus sûre que l'eau de surface. Cependant, testez l'eau régulièrement, car les particules de retombées peuvent s'infiltrer dans les réserves d'eau souterraine au fil du temps. Utilisez un système de filtration capable d'éliminer les contaminants radioactifs pour garantir que l'eau du puits reste potable.

Dans un monde touché par les retombées nucléaires, la filtration de l'eau est essentielle à la survie. En comprenant les différentes méthodes de filtration disponibles et en les utilisant efficacement, vous pouvez garantir l'accès à une eau potable propre et sûre, même dans les conditions les plus difficiles. La combinaison de plusieurs techniques de filtration, telles que la sédimentation, les filtres à charbon actif, l'osmose inverse et la distillation, offrira la meilleure protection contre les contaminants radioactifs. Des tests réguliers des sources d'eau et de l'eau filtrée sont essentiels pour garantir le bon fonctionnement de votre système de filtration, vous permettant de rester en sécurité et en bonne santé dans un environnement post-nucléaire.

# Stockage des aliments à long terme

Dans un monde touché par les retombées nucléaires, garantir un approvisionnement alimentaire fiable et non contaminé est l'une des étapes les plus importantes pour la survie à long terme. Les particules de retombées peuvent contaminer les cultures, le bétail et l'eau, ce qui rend essentiel de planifier soigneusement la manière dont vous stockez et protégez vos aliments pour garantir leur sécurité au fil du temps. Dans ce chapitre, nous explorerons des stratégies de stockage des aliments qui peuvent subvenir à vos besoins et à ceux de votre famille dans une zone de retombées, en nous concentrant sur les techniques permettant de maximiser la durée de conservation, de minimiser les risques de contamination et de garantir une alimentation équilibrée lorsque l'accès aux aliments frais peut être limité.

Pourquoi le stockage à long terme des aliments est essentiel dans les zones de retombées

Après un événement nucléaire, l'accès aux aliments frais peut devenir très imprévisible, voire impossible pendant de longues périodes. Les retombées peuvent contaminer les cultures locales, le bétail et les sources d'eau, et il peut falloir des mois, voire des années, avant qu'il soit à nouveau sûr de cultiver des produits frais dans les zones contaminées. Pour cette raison, il est essentiel d'avoir un plan de stockage des aliments à long terme pour la survie.

Les aliments correctement stockés peuvent fournir des nutriments essentiels et vous aider à éviter les risques de manger des aliments contaminés. En stockant et en préservant une variété d'aliments, vous pouvez vous assurer de disposer d'une source alimentaire fiable tout en évitant l'exposition aux particules radioactives.

Choisir les bons aliments pour le stockage à long terme

Tous les aliments ne sont pas adaptés au stockage à long terme, en particulier dans les environnements où les ressources telles que la réfrigération ou l'eau douce peuvent être limitées. La clé d'un stockage alimentaire à long terme réussi est de sélectionner des aliments qui ont une longue durée de conservation, nécessitent une préparation minimale et fournissent une nutrition équilibrée. Voici quelques-unes des meilleures options :

Aliments séchés et déshydratés

Les aliments séchés et déshydratés sont excellents pour le stockage à long terme car ils sont légers, ont une longue durée de conservation et conservent la majeure partie de leur valeur nutritionnelle. L'élimination de l'humidité des aliments prolonge considérablement leur durée de conservation en empêchant la croissance de bactéries, de moisissures et d'autres organismes de détérioration.

Fruits et légumes séchés : ils fournissent des vitamines et des fibres essentielles. Les légumes déshydratés peuvent être réhydratés et utilisés dans les soupes, les ragoûts et d'autres plats.

Haricots secs et légumineuses : Riches en protéines et en fibres, les haricots et les lentilles sont d'excellents aliments de base pour une conservation à long terme. Ils peuvent être cuits et combinés avec du riz ou d'autres céréales pour un repas complet.

Œufs et lait en poudre : Les versions en poudre d'œufs et de lait peuvent être conservées pendant des années et réhydratées en cas de besoin, fournissant des protéines et du calcium importants.

Riz, pâtes et céréales instantanés : Ils peuvent être facilement réhydratés avec de l'eau et cuits rapidement, ce qui les rend idéaux pour les repas d'urgence.

Riz, pâtes et céréales instantanés : Ils peuvent être facilement réhydratés avec de l'eau et cuits rapidement, ce qui les rend idéaux pour les repas d'urgence.

Aliments en conserve

Les aliments en conserve sont un élément essentiel de tout plan de stockage alimentaire à long terme. La mise en conserve permet de conserver les aliments en les scellant dans des récipients hermétiques, empêchant ainsi la contamination et la détérioration. Les aliments en conserve correctement stockés peuvent durer des années et offrir une variété de nutriments essentiels.

Légumes et fruits en conserve : ils fournissent des vitamines et des fibres, et ils peuvent être utilisés dans une variété de recettes ou consommés directement depuis la boîte.

Viandes et poissons en conserve : les aliments comme le thon, le poulet et le bœuf fournissent des protéines et des graisses. Ils sont également faciles à incorporer dans des ragoûts, des casseroles ou à manger seuls.

Soupes et ragoûts en conserve : ces plats prêts à consommer sont pratiques et peuvent fournir un repas équilibré avec une préparation minimale.

Aliments lyophilisés

Les aliments lyophilisés font partie des meilleures options pour le stockage à long terme, car ils conservent la plupart de leur valeur nutritionnelle et de leur saveur tout en ayant une durée de conservation extrêmement longue, souvent jusqu'à 25 ans ou plus. La lyophilisation élimine l'humidité des aliments par sublimation, les préservant ainsi sans avoir besoin de les réfrigérer.

Repas lyophilisés : les repas lyophilisés préemballés sont conçus pour une conservation à long terme et sont pratiques à préparer : il suffit d'ajouter de l'eau chaude.

Fruits et légumes lyophilisés : ils constituent d'excellentes collations ou peuvent être réhydratés et utilisés en cuisine.

Protéines lyophilisées : les viandes, œufs et produits laitiers lyophilisés sont légers et peuvent être réhydratés pour des repas qui fournissent des protéines et des graisses essentielles.

Céréales et légumineuses

Les céréales complètes et les légumineuses font partie des aliments de base les plus fiables pour la conservation à long terme des aliments en raison de leur longue durée de conservation, de leur teneur nutritionnelle élevée et de leur polyvalence en cuisine.

Riz, avoine, blé et orge : ces céréales peuvent être stockées en vrac et fournissent des glucides, des fibres et des nutriments essentiels. Lorsqu'elles sont combinées avec des haricots ou des lentilles, elles offrent des sources complètes de protéines.

Haricots secs, pois et lentilles : ces légumineuses sont riches en protéines et en fibres et peuvent être conservées pendant des années dans de bonnes conditions.

Miel, sel et sucre

Le miel, le sel et le sucre sont précieux pour la conservation des aliments à long terme, car ils ont une durée de conservation indéfinie lorsqu'ils sont stockés correctement. Le miel est un conservateur naturel et une source d'énergie, tandis que le sel est essentiel pour conserver d'autres aliments et pour assaisonner. Le sucre, en plus d'être un édulcorant, peut être utilisé en pâtisserie et en conservation des aliments.

Compléments alimentaires

Dans un environnement où l'accès aux aliments frais est limité, il peut être difficile d'obtenir toutes les vitamines et tous les minéraux essentiels à partir des seuls aliments stockés. Pensez à ajouter des multivitamines ou des compléments spécifiques à votre réserve de nourriture pour vous assurer que vous et votre famille recevez une nutrition équilibrée.

Techniques de stockage appropriées pour la sécurité alimentaire à long terme

Une fois que vous avez sélectionné les bons aliments pour le stockage à long terme, il est essentiel de les stocker correctement pour maximiser la durée de conservation et minimiser le risque de contamination. Voici quelques techniques de stockage clés :

Utilisez des contenants hermétiques

Le facteur le plus important pour empêcher la détérioration des aliments est de garder l'humidité, l'air et les parasites à l'écart de vos aliments stockés. L'utilisation de contenants hermétiques, tels que des seaux de qualité alimentaire, des sacs en mylar ou des bocaux sous vide, permet de protéger vos aliments des éléments.

Sacs en mylar : ces sacs durables et réfléchissants sont idéaux pour stocker les aliments séchés. Ils offrent une fermeture hermétique lorsqu'ils sont utilisés avec des absorbeurs d'oxygène et peuvent bloquer la lumière, ce qui aide à préserver la qualité des aliments.

Bocaux sous vide : ils sont idéaux pour les petites quantités d'aliments séchés et peuvent être stockés dans un endroit frais et sombre pour prolonger la durée de conservation.

Conserver dans des endroits frais et sombres

La température et la lumière jouent un rôle important dans la conservation des aliments. La plupart des aliments stockés doivent être conservés dans un environnement frais, sombre et sec, comme un sous-sol, une cave ou un local de stockage. La température de stockage idéale se situe entre 10 et 21 °C (50 et 70 °F). Évitez les zones où la température fluctue beaucoup, car cela peut accélérer la détérioration.

Évitez l'humidité : une humidité élevée peut entraîner la croissance de moisissures et la détérioration. Utilisez des dessiccateurs dans les conteneurs de stockage pour absorber tout excès d'humidité.

Faites tourner vos stocks

Pour éviter de gaspiller des aliments en raison de leur détérioration ou de leur expiration, il est important d'utiliser la méthode du « premier entré, premier sorti » pour le stockage des aliments. Cela signifie utiliser d'abord les articles les plus anciens de votre stock et les remplacer par des nouveaux. En faisant tourner régulièrement votre stock, vous pouvez vous assurer que vos aliments restent frais et utilisables à long terme.

Étiquetez et datez tous les articles

Il est essentiel d'étiqueter et de dater clairement tous les aliments stockés pour une gestion efficace des stocks. Cela vous permet de suivre les dates d'expiration et de savoir quand faire tourner ou remplacer les articles. Indiquez sur chaque récipient des informations sur le contenu, la date d'emballage et la date limite de consommation recommandée.

Utilisez des absorbeurs d'oxygène et des déshydratants

L'oxygène et l'humidité sont les deux principaux ennemis du stockage à long terme des aliments. Pour éviter toute détérioration, placez des absorbeurs d'oxygène ou des déshydratants dans vos récipients de stockage des aliments. Les absorbeurs d'oxygène éliminent l'oxygène des récipients scellés, ce qui contribue à empêcher la croissance de bactéries, de moisissures et d'autres organismes de détérioration. Les déshydratants aident à absorber l'humidité, gardant vos aliments secs et sûrs.

Protégez-vous contre les nuisibles

Les nuisibles tels que les rongeurs, les insectes et les bactéries peuvent compromettre votre approvisionnement en aliments stockés. Utilisez des récipients robustes et scellés pour empêcher les nuisibles d'accéder à vos aliments. De plus, garder les zones de stockage des aliments propres et exemptes de déversements ou de miettes contribuera à minimiser le risque d'attirer des nuisibles.

Méthodes alternatives de conservation des aliments

En plus de conserver les aliments en conserve et séchés, vous pouvez prolonger votre approvisionnement en aliments en préservant les aliments frais à l'aide de méthodes de conservation traditionnelles. Ces techniques vous permettent de tirer le meilleur parti des aliments frais pendant les saisons de croissance ou avant que les aliments ne soient contaminés par les retombées.

Mise en conserve

La mise en conserve est une méthode éprouvée pour conserver les fruits, les légumes et les viandes. En scellant les aliments dans des bocaux hermétiques et en les chauffant pour tuer les bactéries, vous pouvez conserver les conserves pendant des années. La mise en conserve sous pression est particulièrement efficace pour les aliments peu acides comme les viandes et les légumes.

Déshydratation

La déshydratation des fruits, des légumes et des viandes élimine l'humidité et prolonge considérablement leur durée de conservation. Vous pouvez utiliser un déshydrateur commercial ou sécher les aliments au soleil ou au four. Une fois séchés, conservez les aliments dans des récipients hermétiques pour une utilisation à long terme.

Décapage

Le décapage est une méthode de conservation des aliments dans du vinaigre ou une solution de saumure. Ce processus empêche la croissance bactérienne et permet de conserver certains aliments pendant des périodes prolongées. Les légumes marinés, les fruits et même les viandes peuvent ajouter de la variété à votre stockage alimentaire.

Fermentation

La fermentation est une autre méthode de conservation qui utilise des bactéries naturelles pour prolonger la durée de conservation des aliments. Les aliments fermentés, comme la choucroute, le kimchi et le yaourt, peuvent être conservés pendant des mois et fournissent des probiotiques bénéfiques qui favorisent la santé digestive.

Protéger vos aliments de la contamination par les retombées radioactives

Dans une zone de retombées radioactives, il est essentiel de protéger vos aliments stockés de la contamination radioactive. Les particules de retombées radioactives peuvent se déposer sur les surfaces et contaminer les aliments par contact ou exposition à l'air et à la poussière. Pour éviter la contamination :

Conservez les aliments dans des contenants hermétiques : les contenants hermétiques empêcheront les particules de retombées radioactives de pénétrer dans votre réserve alimentaire. Les seaux en plastique, les sacs en mylar et les bocaux sous vide sont d'excellentes options pour protéger les aliments de la contamination.

Gardez les zones de stockage des aliments propres et isolées : réservez une zone dédiée au stockage des aliments, à l'abri de l'exposition aux retombées radioactives. Nettoyez régulièrement les surfaces pour éviter la contamination par la poussière ou les particules de retombées radioactives en suspension dans l'air.

Envisagez un stockage souterrain : si possible, le stockage des aliments sous terre dans un bunker ou un sous-sol peut offrir une protection supplémentaire contre les retombées radioactives en protégeant vos réserves des radiations.

Planifier un régime alimentaire équilibré dans les situations de survie

Dans un scénario de survie à long terme, il est important de s'assurer que vos aliments stockés fournissent une nutrition équilibrée. Compter uniquement sur un seul type d'aliment, comme le riz ou les conserves, peut entraîner des carences nutritionnelles au fil du temps. Pour maintenir votre santé et votre énergie, vos aliments stockés doivent inclure :

Glucides : les céréales comme le riz, l'avoine et les pâtes fournissent l'énergie dont vous avez besoin pour vos activités quotidiennes.

Protéines : les viandes en conserve, les haricots, les légumineuses et les protéines en poudre sont essentiels pour l'entretien des muscles et la santé générale.

Graisses : les graisses sont nécessaires à l'énergie et au fonctionnement des cellules. Incluez des éléments comme les noix, les graines et les produits laitiers lyophilisés dans vos réserves.

Vitamines et minéraux : les fruits secs, les légumes et les multivitamines peuvent aider à fournir les vitamines et les minéraux dont vous pourriez manquer lorsque l'accès aux aliments frais est limité.

Le stockage alimentaire à long terme est un élément crucial de la survie dans un monde touché par les retombées nucléaires. En choisissant les bons aliments, en utilisant des techniques de stockage appropriées et en protégeant vos aliments de la contamination, vous pouvez vous assurer que vous et votre famille disposez d'un approvisionnement alimentaire fiable et nutritif sur le long terme. En combinant des aliments en conserve, des aliments lyophilisés, des céréales et des produits déshydratés avec des méthodes de conservation alternatives comme le marinage, la mise en conserve et la fermentation, vous pourrez maintenir une alimentation diversifiée et équilibrée, même dans des conditions difficiles. En testant et en faisant tourner régulièrement vos stocks, vous vous assurerez que vos aliments stockés restent sûrs et utilisables au fil du temps, ce qui vous apportera une tranquillité d'esprit en période d'incertitude.

# Intoxication aux radiations : symptômes et premiers secours

L'intoxication aux radiations, également connue sous le nom de syndrome d'irradiation aiguë (SRA), survient lorsqu'une personne est exposée à une dose élevée de rayonnement ionisant sur une courte période. Cela peut se produire lors d'explosions nucléaires, d'accidents de réacteur ou d'une exposition aux retombées radioactives dans un environnement post-nucléaire. La gravité de l'intoxication aux radiations dépend de la dose, de la durée et du type d'exposition aux radiations, et les symptômes peuvent aller de légers à mortels. Dans ce chapitre, nous explorerons les symptômes de l'intoxication aux radiations, les différents stades du SRA et les mesures de premiers secours essentielles qui peuvent aider à gérer la maladie. Bien qu'un traitement médical professionnel soit nécessaire dans les cas graves, savoir comment administrer les premiers soins de base peut faire une différence cruciale dans une situation de survie.

Quelles sont les causes de l'intoxication aux radiations ?

L'intoxication aux radiations survient lorsque les rayonnements ionisants, tels que les rayons gamma, les rayons X ou les particules d'isotopes radioactifs, endommagent ou détruisent les cellules du corps humain. Ces dommages peuvent affecter la capacité du corps à se réparer, entraînant des lésions cellulaires généralisées, une défaillance d'organe et, dans les cas extrêmes, la mort. Les radiations endommagent principalement les cellules à division rapide, comme celles de la peau, de la moelle osseuse, du tube digestif et des organes reproducteurs, c'est pourquoi ces zones sont souvent les premières à présenter des symptômes.

Les sources d'exposition aux radiations qui peuvent entraîner un ARS comprennent :

Rayonnement direct d'une explosion nucléaire : les rayons gamma et les neutrons émis lors de la détonation d'une bombe nucléaire peuvent provoquer une intoxication aiguë aux radiations.

Retombées radioactives : les retombées d'une explosion nucléaire ou d'un accident de réacteur peuvent se déposer sur le sol, l'eau et les objets, émettant des radiations qui peuvent être absorbées par le corps au fil du temps.

Aliments et eau contaminés : la consommation de particules radioactives par l'intermédiaire des aliments et de l'eau peut entraîner une exposition interne aux radiations, qui peut être tout aussi dangereuse qu'une exposition externe.

Dose de rayonnement et ses effets

Les effets de l'exposition aux radiations dépendent de la dose reçue, mesurée en sieverts (Sv) ou en millisieverts (mSv). Il est essentiel de comprendre la relation entre la dose de rayonnement et son impact sur l'organisme pour évaluer la gravité de l'intoxication aux radiations.

0,05 à 0,2 mSv : rayonnement de fond typique de l'environnement ; ce niveau est généralement sûr et non nocif.

0,2 à 1 Sv : une légère maladie des radiations est possible en cas d'exposition prolongée, mais des effets graves sur la santé sont peu probables.

1 à 2 Sv : les symptômes de la maladie des radiations commencent à apparaître dans les heures ou les jours suivant l'exposition. Les nausées, les vomissements et la fatigue sont fréquents.

2 à 6 Sv : une intoxication grave aux radiations se produit à ce niveau, avec un risque élevé de décès en l'absence de traitement. Les symptômes comprennent des vomissements, de la diarrhée et une perte de cheveux, avec des lésions de la moelle osseuse et du tractus gastro-intestinal.

6 Sv et plus : doses de rayonnement mortelles. L'exposition à ce niveau est souvent mortelle en quelques jours ou semaines.

Les symptômes progressent rapidement, notamment une défaillance d'organe, une hémorragie interne grave et des lésions neurologiques.

Symptômes d'intoxication aux radiations

L'intoxication aux radiations évolue par étapes, les symptômes variant en fonction du niveau d'exposition. Il est essentiel d'identifier ces symptômes au plus tôt pour administrer les premiers soins et consulter un médecin à temps.

Stade 1 : Stade prodromique (symptômes initiaux)

Le stade prodromique survient quelques minutes ou quelques heures après l'exposition et peut durer plusieurs jours. Les symptômes sont souvent non spécifiques, ce qui rend difficile de déterminer immédiatement que l'intoxication aux radiations en est la cause.

Nausées et vomissements : L'un des premiers signes d'intoxication aux radiations. L'apparition de vomissements peut être un indicateur de la gravité de l'exposition : plus les vomissements commencent tôt après l'exposition, plus la dose de radiations est élevée.

Fatigue et faiblesse : Les radiations endommagent les cellules du corps, entraînant une fatigue extrême et un manque d'énergie.

Maux de tête : L'exposition aux radiations peut provoquer des maux de tête et des étourdissements en raison de l'impact sur le système nerveux.

Perte d'appétit : Une personne exposée à des niveaux élevés de radiations peut perdre l'appétit car le système gastro-intestinal est affecté.

Stade 2 : Stade latent (guérison apparente)

Pendant le stade latent, les symptômes peuvent sembler s'atténuer, ce qui amène la personne à croire qu'elle se rétablit. Cependant, ce stade est trompeur, car les dommages internes aux cellules et aux organes continuent de progresser. Le stade latent peut durer de quelques heures à plusieurs semaines, selon la dose de rayonnement.

Soulagement temporaire des symptômes : après la crise initiale de nausées, de vomissements et de fatigue, la personne peut se sentir mieux pendant une courte période. Cependant, cela est généralement suivi d'un stade plus grave de la maladie.

Stade 3 : Stade de la maladie manifeste (symptômes critiques)

Au stade de la maladie manifeste, les symptômes reviennent avec une gravité accrue à mesure que le système immunitaire et les organes du corps commencent à défaillir. Ce stade peut durer des semaines et est marqué par des symptômes spécifiques en fonction de la dose et des systèmes du corps touchés.

Symptômes gastro-intestinaux : des nausées, des vomissements, une diarrhée et des douleurs abdominales sévères surviennent en raison de la destruction des cellules du tube digestif. Une déshydratation et des déséquilibres électrolytiques peuvent s'ensuivre, aggravant la maladie.

Infections : les radiations endommagent le système immunitaire, en particulier la moelle osseuse, qui produit les globules blancs. Cela rend la personne très vulnérable aux infections, qui peuvent rapidement mettre sa vie en danger.

Hémorragie interne : les lésions de la moelle osseuse affectent également la production de globules rouges et de plaquettes, entraînant une anémie et l'incapacité à coaguler le sang. Cela peut entraîner des hémorragies internes, notamment des saignements de nez, des saignements des gencives et des ecchymoses.

Perte de cheveux : les radiations ciblent les cellules à division rapide, y compris les follicules pileux, provoquant une perte de cheveux importante.

Brûlures et lésions cutanées : la peau exposée à des niveaux élevés de radiations peut développer des brûlures, des cloques et des lésions au fil du temps.

Symptômes neurologiques : à des doses extrêmement élevées, les radiations peuvent affecter le cerveau, entraînant confusion, étourdissements, tremblements et convulsions.

Étape 4 : Rétablissement ou décès

Pour les personnes exposées à des doses de radiations plus faibles, le rétablissement peut être possible avec un traitement médical approprié. Le corps peut régénérer lentement certaines des cellules endommagées sur une période de plusieurs semaines à plusieurs mois. Cependant, les personnes exposées à des doses plus élevées (supérieures à 6 Sv) connaissent souvent une détérioration rapide et la mort en raison d'une défaillance multiviscérale, d'infections graves ou d'hémorragies internes.

Premiers secours en cas d'intoxication par radiations

En situation de survie, l'accès à des soins médicaux professionnels peut être limité ou retardé. Savoir comment prodiguer les premiers soins en cas d'intoxication par radiations peut aider à gérer les symptômes et à prévenir les complications. Voici les étapes essentielles des premiers secours en cas d'exposition aux radiations :

Éloignez la personne de la source de radiations

La première étape pour prodiguer les premiers soins en cas d'intoxication par radiations consiste à éloigner la personne de la source de radiations le plus rapidement possible. La distance, le blindage et le temps sont les facteurs clés pour réduire l'exposition aux radiations :

Distance : éloignez-vous le plus possible de la source de radiations. Même une petite augmentation de la distance peut réduire considérablement l'exposition.

Protection : Trouvez un abri dans un endroit qui offre une protection contre les radiations, comme un sous-sol, un bâtiment en béton ou un bunker souterrain. Des murs épais, de la terre et des matériaux denses comme le plomb peuvent bloquer ou réduire les niveaux de radiations.

Durée : Limitez le temps passé à proximité de la source de radiations pour minimiser l'exposition.

Décontaminez la personne

Si la personne a été exposée à des retombées radioactives, la décontamination est essentielle pour empêcher une absorption supplémentaire de radiations. Cela implique de retirer les vêtements contaminés et de laver la peau pour éliminer les particules de retombées.

Retirer les vêtements : Retirez soigneusement les vêtements de la personne, qui peuvent contenir jusqu'à 90 % des particules radioactives. Placez les vêtements dans un sac en plastique scellé et rangez-le loin des zones d'habitation.

Lavez la peau : Lavez doucement la peau exposée avec du savon et de l'eau tiède pour éliminer les particules de retombées. Évitez de frotter trop fort, car cela pourrait endommager la peau et permettre aux particules radioactives de pénétrer dans la circulation sanguine.

Traiter les symptômes

Bien que l'intoxication par radiation ne puisse pas être inversée par les seuls premiers soins, la gestion des symptômes est essentielle pour stabiliser la personne jusqu'à ce qu'elle puisse recevoir un traitement médical professionnel.

Réhydrater : Si la personne souffre de vomissements, de diarrhée ou de déshydratation, encouragez-la à boire de l'eau propre et non contaminée. Les solutions de réhydratation orale (SRO) peuvent aider à restaurer les électrolytes et à prévenir la déshydratation.

Gérer la douleur : Les analgésiques en vente libre comme le paracétamol ou l'ibuprofène peuvent aider à réduire la fièvre, la douleur et l'inconfort. Évitez de donner des anti-inflammatoires non stéroïdiens (AINS) si la personne souffre d'hémorragie interne, car ils peuvent aggraver la maladie.

Prévenir les infections : Étant donné que l'exposition aux radiations affaiblit le système immunitaire, il est important de prévenir les infections. Gardez les coupures ou brûlures propres et couvertes, et surveillez les signes d'infection tels que rougeurs, gonflements ou fièvre.

Limiter l'exposition aux contaminants : Encourager la personne à se reposer dans un environnement propre et protégé afin de minimiser l'exposition supplémentaire aux particules radioactives et aux infections.

Surveiller les signes de choc ou d'infection

L'intoxication aux radiations peut entraîner de graves complications, telles qu'un choc ou une infection, qui nécessitent une attention immédiate.

Signes de choc : Si la personne présente des symptômes tels qu'une peau pâle, froide et moite, une respiration rapide, de la confusion ou un pouls faible, elle est peut-être en état de choc. Allongez-la, surélevez ses jambes et gardez-la au chaud pendant que vous recherchez une aide médicale d'urgence.

Signes d'infection : Surveillez les signes d'infection, tels qu'une forte fièvre, des frissons et un gonflement. Si possible, administrez des antibiotiques pour prévenir ou traiter les infections chez les personnes dont le système immunitaire est affaibli.

Consulter un médecin

L'intoxication aux radiations nécessite un traitement médical professionnel, en particulier pour les personnes exposées à des doses élevées. Des traitements tels que des transfusions sanguines, des antibiotiques et des médicaments pour stimuler la récupération de la moelle osseuse (comme le filgrastim) peuvent aider à gérer les effets de l'intoxication aux radiations. Dans les cas graves, une greffe de cellules souches peut être nécessaire pour restaurer la fonction de la moelle osseuse.

Médicaments et traitements contre l'intoxication aux radiations

Bien que les premiers soins soient essentiels pour stabiliser une personne après une exposition aux radiations, certains médicaments et traitements peuvent aider à réduire la gravité de l'intoxication aux radiations et à améliorer les chances de survie. Il s'agit notamment de :

Iodure de potassium (KI) : L'iodure de potassium peut protéger la glande thyroïde de l'absorption de l'iode radioactif 131, réduisant ainsi le risque de cancer de la thyroïde. Ce médicament est plus efficace lorsqu'il est pris peu de temps après une exposition à l'iode radioactif.

Bleu de Prusse : Ce médicament se lie au césium et au thallium radioactifs dans les intestins, les empêchant d'être absorbés par l'organisme et permettant leur excrétion.

Filgrastim (Neupogen) : Ce médicament stimule la production de globules blancs et peut aider à restaurer le système immunitaire après des dommages causés par les radiations à la moelle osseuse.

L'éloignement de la personne de la source de rayonnement, sa décontamination, le traitement des symptômes et la prévention des complications telles que les infections ou le choc sont des étapes essentielles de la gestion d'un empoisonnement aux radiations. Si les premiers soins peuvent apporter un soulagement temporaire, le recours à un traitement médical professionnel est essentiel pour un rétablissement à long terme.

# L'abri antiatomique : comment le construire avec un budget limité

Construire un abri antiatomique avec un budget limité est non seulement une étape pratique pour garantir la sécurité en cas de catastrophe nucléaire, mais cela peut également être réalisé sans un énorme investissement financier. Un abri antiatomique bien conçu offre une protection essentielle contre les radiations, les effets de souffle et la contamination potentielle par les retombées. Que vous soyez un survivaliste ou que vous cherchiez simplement à vous préparer au pire, créer un abri qui offre une protection adéquate ne doit pas nécessairement vous ruiner. Dans ce chapitre, nous allons découvrir comment construire un abri antiatomique avec un budget limité, en nous concentrant sur des matériaux abordables, des stratégies de conception rentables et des caractéristiques essentielles pour maximiser la sécurité tout en minimisant les dépenses.

Comprendre les bases d'un abri antiatomique

Avant de plonger dans le processus de construction, il est important de comprendre ce qu'est un abri antiatomique et ce qu'il doit accomplir. Un abri antiatomique est conçu pour protéger ses occupants des retombées radioactives et, dans certains cas, de l'onde de choc initiale d'une explosion nucléaire. Les principaux facteurs de protection dans un abri antiatomique sont le blindage, la distance et le temps :

Blindage : plus le matériau entre vous et les retombées est épais et dense, mieux il bloquera les radiations. Les matériaux comme le béton, la terre et le plomb offrent un excellent blindage.

Distance : plus vous êtes loin de la source de radiations, moins vous serez exposé. Un abri antiatomique doit idéalement être souterrain ou fortement protégé de l'environnement extérieur.

Temps : les retombées radioactives perdent une grande partie de leur dangerosité après les premiers jours ou semaines. Un abri antiatomique doit offrir une protection pendant au moins deux semaines, car les niveaux de radiation chutent considérablement pendant cette période.

Considérations de conception pour un abri économique

Construire un abri antiatomique avec un budget limité nécessite une approche stratégique, en donnant la priorité à la protection tout en maintenant les coûts bas. Voici les principales considérations de conception pour garantir à la fois la sécurité et l'abordabilité.

Emplacement : utiliser les structures existantes

L'un des moyens les plus rentables de construire un abri antiatomique est d'utiliser ou de modifier une structure existante plutôt que d'en construire une entièrement nouvelle. Les sous-sols, les garages et même les vides sanitaires peuvent être transformés en abris antiatomiques à un coût relativement minime.

Sous-sols : Les sous-sols sont naturellement adaptés aux abris antiatomiques car ils sont déjà souterrains, offrant une certaine protection inhérente contre les radiations. En renforçant les murs et le plafond avec des matériaux de protection supplémentaires (comme le béton, la brique ou la terre), vous pouvez augmenter considérablement l'efficacité de l'abri.

Garages ou hangars : Si vous n'avez pas de sous-sol, un garage séparé ou un hangar solide peut être renforcé pour servir d'abri. Ces structures peuvent être enterrées avec de la terre ou des sacs de sable pour fournir une protection supplémentaire, et l'intérieur peut être isolé avec des matériaux de protection.

Vides sanitaires souterrains : Si vous avez un vide sanitaire accessible sous votre maison, vous pouvez le transformer en un abri antiatomique de base en renforçant le sol au-dessus et en tapissant les murs avec des matériaux denses comme des parpaings ou des sacs de terre.

Excavation : creuser votre propre abri

Si votre propriété ne dispose pas d'une structure existante pouvant être transformée, creuser un abri souterrain est une option viable. Un abri antiatomique souterrain offre une excellente protection contre les radiations et les effets des explosions, car la terre elle-même sert de bouclier naturel. Bien que l'excavation professionnelle puisse être coûteuse, creuser votre propre abri est possible avec les bons outils et une bonne planification.

Pelle ou équipement de location : si vous travaillez avec un budget limité, le travail manuel est votre option la plus abordable. Creuser une simple tranchée ou une petite pièce souterraine peut être accompli avec des outils de base comme une pelle ou, pour une progression plus rapide, vous pouvez louer un petit équipement d'excavation.

Abris recouverts de terre : une fois l'excavation terminée, l'abri peut être renforcé avec des matériaux abordables comme du bois, de la tôle ondulée ou des parpaings. Couvrir l'abri avec au moins 3 pieds de terre fournira une excellente protection contre les radiations et une protection supplémentaire contre les éléments.

Matériaux : options abordables pour la protection

Les matériaux que vous choisissez pour votre abri antiatomique auront un impact significatif sur sa capacité de protection et son coût. Bien que les matériaux haut de gamme comme l'acier et le plomb offrent une excellente protection, ils sont souvent chers. Cependant, il existe de nombreuses alternatives rentables qui peuvent toujours fournir une protection adéquate contre les radiations.

Béton : Le béton est l'un des matériaux les plus efficaces et les plus abordables pour construire un abri antiatomique. Vous pouvez utiliser des blocs de béton préfabriqués ou couler votre propre béton en utilisant du ciment, du sable et du gravier. Un mur en béton de 6 pouces d'épaisseur offre une protection importante contre les radiations.

Parpaings : Les parpaings sont un matériau de construction peu coûteux qui peut être utilisé pour créer des murs et des barrières. En empilant des parpaings et en les remplissant de béton ou de sable, vous pouvez construire des murs solides et protecteurs pour votre abri.

Sacs de sable : Les sacs de sable sont un moyen très abordable d'ajouter une protection contre les radiations à votre abri. Vous pouvez empiler des sacs de sable autour des murs et du toit d'une structure existante ou les utiliser pour recouvrir un abri souterrain. Les sacs de sable remplis de terre ou de sable offrent une excellente protection contre les retombées.

Terre : La terre elle-même est l'un des matériaux de protection les plus efficaces et les plus économiques. Si vous avez accès à une grande quantité de terre ou d'argile, vous pouvez enterrer votre abri dans la terre pour augmenter la protection contre les radiations. Une couche de terre d'au moins 3 pieds d'épaisseur est idéale pour bloquer les radiations.

Ventilation : Assurer la circulation d'air à petit prix

Une ventilation adéquate est essentielle pour tout abri antiatomique, car les occupants auront besoin d'un apport continu d'air frais pour survivre, en particulier pendant les séjours prolongés. Bien que les systèmes de ventilation haut de gamme puissent être coûteux, il existe des moyens abordables pour assurer une circulation d'air adéquate.

Tuyaux et évents en PVC : Des tuyaux en PVC de base ou des conduits en acier peuvent être utilisés pour créer un système de ventilation. Faites passer les tuyaux de l'intérieur de votre abri vers l'extérieur, en vous assurant que les tuyaux d'admission et d'évacuation sont suffisamment éloignés pour éviter la contamination de l'air entrant.

Pompes à air manuelles : Pour les abris économiques, une pompe à air manuelle (comme un soufflet ou un ventilateur à manivelle) peut être utilisée pour faire circuler l'air frais. Assurez-vous que l'admission d'air est filtrée pour empêcher les particules de retombées de pénétrer dans l'abri.

Filtration de l'air : Bien que les systèmes avancés de filtration de l'air puissent être coûteux, vous pouvez créer un système de filtration de base en utilisant des matériaux tels que des filtres HEPA, du charbon actif ou même des chiffons humides pour piéger les particules de retombées avant qu'elles ne pénètrent dans l'abri.

Stockage de l'eau et de la nourriture

Un abri antiatomique doit être équipé de suffisamment de nourriture et d'eau pour durer au moins deux semaines, car c'est le temps minimum requis pour que les niveaux de radiation chutent à des niveaux plus sûrs. Stocker suffisamment de provisions pour votre famille ne doit pas nécessairement être coûteux si vous planifiez soigneusement.

Barils ou cruches d'eau : Achetez de grands barils ou cruches d'eau pouvant stocker de l'eau potable. Vous pouvez souvent trouver des options abordables en ligne ou dans les magasins locaux. En règle générale, il faut stocker 1 gallon d'eau par personne et par jour, ce qui signifie qu'une famille de quatre personnes aura besoin d'au moins 56 gallons d'eau pendant deux semaines.

Aliments en conserve et séchés : Faites le plein d'aliments bon marché et durables comme des conserves, des haricots secs, du riz et des pâtes. Ces aliments sont abordables et peuvent être stockés pendant de longues périodes sans réfrigération.

Purification de l'eau : Si votre réserve d'eau est épuisée, ayez à disposition une méthode de purification de l'eau, comme un filtre à eau ou des comprimés de purification. Cela vous permettra d'accéder à de l'eau propre provenant de sources extérieures si nécessaire.

Éclairage et électricité

Bien qu'un abri antiatomique puisse fonctionner sans électricité, disposer d'un système d'éclairage et d'alimentation de base peut améliorer considérablement le confort et la fonctionnalité. Pour les abris à petit budget, vous pouvez compter sur des solutions d'alimentation à faible coût qui ne nécessitent pas de connexion complète au réseau électrique.

Éclairage à piles : les lanternes et lampes de poche à LED fonctionnant sur piles rechargeables ou à l'énergie solaire sont abordables et fournissent suffisamment de lumière pour naviguer dans l'abri pendant les pannes de courant.

Chargeurs solaires : de petits chargeurs solaires peuvent être utilisés pour recharger les batteries et alimenter de petits appareils comme des radios et des lampes. Cela vous permet de maintenir la communication et l'électronique de base sans dépendre de sources d'alimentation externes.

Bougies ou lampes à huile : comme alternative low-tech, stockez des bougies ou des lampes à huile comme source d'éclairage de secours. Cependant, soyez prudent avec les flammes nues dans les espaces clos et assurez une ventilation adéquate pour éviter l'accumulation de monoxyde de carbone.

Plans d'abri antiatomique à faire soi-même

Si vous êtes habile avec les outils et que vous recherchez un plan étape par étape pour construire votre propre abri antiatomique à petit prix, voici une approche de base à faire soi-même qui minimise les coûts tout en maximisant la sécurité.

Étape 1 : Choisissez votre emplacement

Décidez si vous allez convertir une structure existante (comme un sous-sol ou un hangar) ou creuser un abri souterrain. Tenez compte de facteurs tels que l'accessibilité, la proximité de votre domicile et la stabilité du sol.

Étape 2 : Construisez la structure

Pour les abris souterrains, creusez un espace suffisamment grand pour accueillir votre famille et vos fournitures. Renforcez les murs avec des parpaings ou des planches de bois et recouvrez l'abri d'au moins 3 pieds de terre pour la protection contre les radiations.

Si vous utilisez une structure hors sol, renforcez les murs avec des blocs de béton, des sacs de sable ou d'autres matériaux denses. Concentrez-vous sur le blindage du plafond, car ce sera la zone la plus exposée pendant les retombées.

Étape 3 : Ajoutez une ventilation

Installez de simples conduits d'aération en PVC avec des filtres pour fournir de l'air frais. Placez un tuyau pour l'admission d'air et un pour l'évacuation, en veillant à ce qu'ils soient positionnés de manière à éviter toute contamination croisée.

Pour une circulation d'air manuelle, installez un ventilateur à manivelle ou un système à soufflet pour faire circuler l'air dans l'abri.

Étape 4 : Stockez les fournitures

Entreposez suffisamment d'eau et de nourriture non périssable pour au moins deux semaines. Utilisez des récipients solides et hermétiques pour protéger la nourriture et l'eau de la contamination.

Incorporez une trousse de premiers soins de base, des vêtements supplémentaires et des fournitures sanitaires telles que des toilettes portables ou un système d'élimination des déchets.

Étape 5 : Sécurisez l'entrée

Renforcez la porte d'entrée avec des matériaux épais comme du bois ou du métal pour empêcher les retombées de pénétrer. Installez une deuxième porte intérieure ou un rideau pour une protection supplémentaire contre les radiations.

Si possible, créez une zone de « sas » juste à l'intérieur de l'entrée où vous pourrez retirer les vêtements contaminés et les décontaminer avant d'entrer dans l'abri principal.

Conseils pour économiser de l'argent lors de la construction d'un abri antiatomique

Matériaux de récupération : réutilisez des matériaux comme le bois, les briques ou les parpaings provenant d'autres projets de construction pour réduire les coûts.

Achetez en gros : achetez des sacs de sable, du béton et d'autres matériaux en vrac à des prix de gros pour économiser de l'argent.

Travail à domicile : effectuer les travaux d'excavation et de construction vous-même ou avec des membres de votre famille peut réduire considérablement le coût de construction d'un abri antiatomique.

Ressources locales : recherchez des ressources abordables ou gratuites dans votre communauté, telles que des matériaux de construction excédentaires, des meubles d'occasion ou des fournitures d'occasion.

Construire un abri antiatomique avec un budget limité est réalisable avec une planification, des matériaux et des techniques de construction appropriés. Que vous creusiez un abri souterrain ou que vous renforciez un sous-sol, la clé du succès réside dans la maximisation de vos ressources et dans des choix intelligents et rentables.

# Choisir le bon emplacement pour votre abri

Choisir le bon emplacement pour votre abri antiatomique est l'une des décisions les plus importantes que vous prendrez dans votre préparation à la survie en cas de catastrophe nucléaire. L'emplacement détermine non seulement la capacité de l'abri à vous protéger des radiations et des retombées, mais aussi son accessibilité et sa durabilité à long terme. Le bon emplacement doit équilibrer praticité, sécurité et accessibilité. Dans ce chapitre, nous explorerons les facteurs critiques à prendre en compte lors du choix de l'emplacement d'un abri, notamment les considérations environnementales, la proximité de votre domicile, les caractéristiques géographiques et l'accessibilité.

Facteurs clés dans le choix d'un emplacement d'abri

Lorsque vous choisissez un emplacement pour votre abri antiatomique, il est essentiel d'évaluer dans quelle mesure il répond à plusieurs critères de survie essentiels. L'emplacement doit offrir une protection contre les retombées radioactives, être structurellement solide et permettre l'accès aux éléments essentiels comme l'air, l'eau et la nourriture.

Proximité de votre domicile

L'un des facteurs les plus cruciaux dans le choix d'un emplacement d'abri est sa proximité avec votre domicile. En cas d'explosion ou de retombées nucléaires, le temps est un facteur essentiel et vous devrez atteindre votre abri rapidement pour éviter d'être exposé à des niveaux de radiation dangereux. Plus votre abri est proche de votre lieu de résidence, mieux c'est.

Sous-sols de maison : un sous-sol est un emplacement idéal pour un abri antiatomique, car il fait déjà partie de votre maison, offre une certaine protection naturelle contre les radiations et vous permet d'y accéder rapidement. Vous pouvez renforcer et adapter l'espace pour une protection supplémentaire.

Structures souterraines à proximité de votre maison : si votre propriété comprend un garage, une cave ou une autre structure, celles-ci peuvent être renforcées pour servir d'abri, à condition qu'elles soient facilement accessibles en cas d'urgence.

Abris isolés : bien que certaines personnes optent pour des abris isolés (dans des zones rurales ou isolées), gardez à l'esprit qu'il peut être impossible d'atteindre ces endroits en cas d'urgence, en particulier si les routes sont bloquées ou si les transports sont compromis.

Abris souterrains ou en surface

Lorsque vous décidez de l'emplacement de l'abri, déterminez si vous allez construire un abri souterrain ou en surface. Chacun a ses avantages, et la meilleure option dépend de votre environnement et des ressources disponibles.

Abris souterrains : ils sont les plus efficaces pour se protéger des radiations, car la terre fournit un bouclier naturel contre les retombées. Les abris souterrains offrent également une protection contre les ondes de choc et les températures extrêmes. Cependant, leur construction nécessite plus d'efforts, notamment l'excavation, le renforcement et l'imperméabilisation.

Abris hors sol : bien qu'ils ne soient pas aussi naturellement protégés que les abris souterrains, les structures hors sol peuvent néanmoins être efficaces s'ils sont correctement renforcés. Vous pouvez construire un abri hors sol en utilisant des matériaux comme du béton ou des parpaings et l'entourer de sacs de sable ou de terre pour une protection supplémentaire contre les radiations. Les abris hors sol sont plus faciles à construire, mais ils peuvent être plus vulnérables aux effets des explosions.

Stabilité géologique

Les caractéristiques géologiques du terrain jouent un rôle important dans la sécurité et la durabilité de votre abri antiatomique. Si vous construisez un abri souterrain, il est essentiel de vous assurer que le sol est suffisamment stable pour supporter la structure sans risquer d'effondrement, d'inondation ou d'érosion.

Sol stable : choisissez un emplacement avec un sol ferme et stable, comme de l'argile ou du loam. Ces types de sol sont moins susceptibles de s'éroder ou de se déplacer, offrant ainsi une base solide à votre abri. Évitez les sols meubles ou sableux, qui peuvent être sujets à l'effondrement ou au déplacement.

Niveau phréatique : soyez conscient du niveau phréatique de votre région. Si le niveau phréatique est élevé, creuser un abri souterrain peut entraîner des inondations, en particulier pendant les saisons des pluies. Les zones où le niveau phréatique est bas sont idéales pour les abris souterrains, car elles sont moins susceptibles d'être inondées.

Pente et drainage : tenez compte de la pente naturelle du terrain. Construire sur un terrain élevé assure un meilleur drainage et réduit le risque d'accumulation d'eau autour de votre abri, ce qui pourrait entraîner des fuites ou une instabilité structurelle. Évitez les zones basses qui peuvent accumuler de l'eau pendant les tempêtes ou les inondations.

Protection contre les radiations et les effets de souffle

La fonction principale d'un abri antiatomique est de vous protéger des radiations et des effets nocifs d'une explosion nucléaire. Lorsque vous choisissez un emplacement, concentrez-vous sur la maximisation de votre protection contre les retombées et les ondes de choc potentielles.

Distance par rapport aux zones à haut risque : Idéalement, votre abri doit être situé loin des cibles nucléaires potentielles, telles que les bases militaires, les centrales électriques ou les grandes villes. Plus vous êtes loin de ces zones, moins vous risquez d'être exposé à des niveaux dangereux de radiations et d'ondes de choc.

Barrières naturelles : Si possible, choisissez un emplacement qui bénéficie d'un blindage naturel, comme des collines, des forêts ou des formations rocheuses. Ces caractéristiques peuvent fournir une protection supplémentaire contre les radiations et les ondes de choc en absorbant et en déviant l'énergie.

Structures enterrées : Les abris souterrains sont naturellement protégés des effets de souffle, car la terre absorbe une grande partie de l'onde de choc d'une explosion à proximité. Pour les abris hors sol, la construction de l'abri contre une barrière naturelle (comme une colline) ou l'utilisation de matériaux denses comme le béton et la terre peuvent offrir une protection supplémentaire.

Accessibilité et voies d'évacuation

Bien que vous souhaitiez que votre abri soit situé dans un endroit protégé et sécurisé, il est également important de tenir compte de son accessibilité en cas d'urgence. En cas de retombées nucléaires, les routes et les infrastructures peuvent être endommagées ou bloquées, ce qui rend difficile l'accès aux abris éloignés ou difficiles d'accès.

Accès rapide : l'abri doit être facilement accessible depuis votre domicile ou votre lieu de travail. Idéalement, vous devriez pouvoir vous rendre à l'abri en quelques minutes, surtout si l'exposition aux radiations est imminente.

Voies d'évacuation : en plus de l'accessibilité, réfléchissez à la manière dont vous sortirez de l'abri en cas d'urgence, comme des dommages structurels ou une inondation. Votre abri doit avoir plusieurs sorties ou une trappe de secours pour vous permettre d'évacuer en toute sécurité si nécessaire.

Emplacements éloignés : si votre abri est situé loin de chez vous, prévoyez des itinéraires et des moyens de transport alternatifs pour vous assurer de pouvoir toujours l'atteindre si les routes sont bloquées ou si les transports sont perturbés.

Ventilation et alimentation en air

Une ventilation adéquate est essentielle pour un abri antiatomique, en particulier dans un espace souterrain ou clos où l'air frais peut être limité. L'abri doit pouvoir fournir un apport continu d'air propre, exempt de particules de retombées, pour assurer la santé et la sécurité de ses occupants.

Prise d'air et évacuation d'air : installez des bouches d'admission et d'évacuation d'air qui permettent à l'air frais de circuler dans l'abri. Elles doivent être placées à une distance sûre les unes des autres pour empêcher l'air contaminé de pénétrer dans l'abri.

Air filtré : assurez-vous que la prise d'air est équipée de filtres, tels que des filtres HEPA ou du charbon actif, pour éliminer les particules de retombées et autres contaminants de l'air avant qu'il ne pénètre dans l'abri.

Systèmes de ventilation manuels : dans un abri économique, des pompes à air manuelles ou des systèmes de ventilation à manivelle peuvent assurer la circulation de l'air si l'alimentation électrique n'est pas disponible.

Sources d'eau et de nourriture

Un abri antiatomique à long terme nécessite un accès à de l'eau propre et à des réserves de nourriture pour subvenir à vos besoins pendant une période prolongée. Lorsque vous choisissez un emplacement, réfléchissez à la manière dont vous stockerez et accéderez à ces ressources essentielles.

Accès à l'eau : Idéalement, votre abri doit être situé à proximité d'une source d'eau propre, comme un puits, un ruisseau ou un aquifère souterrain. Cependant, en cas de retombées nucléaires, il est essentiel de stocker de grandes quantités d'eau à l'intérieur de l'abri, car les sources d'eau externes peuvent être contaminées par des particules radioactives.

Stockage de nourriture : Votre abri doit avoir suffisamment d'espace pour stocker au moins deux semaines de nourriture pour chaque occupant. Choisissez un emplacement avec suffisamment de place pour des récipients hermétiques ou des étagères pour stocker des aliments en conserve et séchés, ainsi que des fournitures comme des vitamines et des articles de premiers secours.

Sources secondaires : Réfléchissez à la manière dont vous réapprovisionnerez vos réserves de nourriture et d'eau si vous devez rester dans l'abri pendant une période prolongée. Si possible, prévoyez des sources d'eau alternatives (comme la récupération des eaux de pluie) ou la possibilité de cultiver des aliments dans un environnement intérieur contrôlé.

Emplacements idéaux pour un abri antiatomique

Compte tenu de tous les facteurs évoqués, certains emplacements sont plus adaptés que d'autres aux abris antiatomiques. Voici quelques exemples d'emplacements idéaux pour construire ou transformer un abri antiatomique à petit prix :

Abris de sous-sol

Le sous-sol de votre maison est l'un des emplacements les plus pratiques et les plus abordables pour un abri antiatomique. Il est déjà partiellement souterrain, ce qui offre une protection naturelle contre les radiations et vous permet d'accéder rapidement à l'abri en cas d'urgence. Vous pouvez améliorer sa capacité de protection en renforçant les murs avec du béton ou des sacs de sable et en installant un système de ventilation pour assurer l'air frais.

Abris souterrains dans l'arrière-cour

Si vous avez de la place, la construction d'un abri souterrain dans votre jardin est une excellente option. En creusant dans la terre et en renforçant la structure avec du béton, des parpaings ou des sacs de terre, vous pouvez créer un abri antiatomique très efficace. Les abris souterrains offrent la meilleure protection contre les radiations et les effets de l'explosion. Pensez à recouvrir l'abri d'au moins 3 pieds de terre pour une protection optimale.

Garages ou hangars aménagés

Si vous n'avez pas de sous-sol ou la possibilité de creuser un abri souterrain, envisagez de transformer un garage ou un hangar en abri antiatomique. Renforcez la structure avec des couches supplémentaires de béton, de briques ou de sacs de sable et créez un abri intérieur avec ventilation, filtration de l'air et entrée séparée. Il s'agit d'une solution économique qui offre une protection raisonnable tout en utilisant une structure existante.

Grottes naturelles ou abris sous roche

Les grottes naturelles et les abris sous roche peuvent offrir une excellente protection contre les radiations et les ondes de choc en raison de la densité et de l'épaisseur de la roche environnante. Si vous vivez dans une région dotée de systèmes de grottes naturelles, vous pourrez peut-être adapter une partie de la grotte en abri antiatomique en installant une ventilation, un éclairage et des fournitures. Gardez à l'esprit que les abris naturels peuvent nécessiter un renforcement supplémentaire pour assurer la stabilité structurelle.

Bunkers souterrains isolés

Pour ceux qui ont les ressources et le terrain pour le faire, la construction d'un bunker souterrain dédié dans une zone isolée est une solution idéale. Bien que cela puisse être plus coûteux que la conversion d'une structure existante, cela offre le plus haut niveau de protection. Un bunker souterrain isolé peut être conçu pour la survie à long terme, en prévoyant un espace suffisant pour la nourriture, l'eau, les systèmes de ventilation et même les sources d'énergie renouvelables comme les panneaux solaires.

Le choix du bon emplacement pour votre abri antiatomique est essentiel pour maximiser la protection et assurer votre survie à long terme. Que vous transformiez un sous-sol existant, creusiez un abri souterrain ou construisiez une structure renforcée en surface, l'emplacement doit offrir un accès facile, un blindage naturel et une protection contre les radiations et les effets des explosions. Tenez compte de facteurs tels que la proximité de votre domicile, la stabilité géologique, la ventilation et l'accès aux ressources essentielles comme la nourriture et l'eau. Grâce à une planification minutieuse, vous pouvez construire un abri antiatomique sûr et efficace qui vous offrira, à vous et à votre famille, la protection dont vous avez besoin dans un environnement post-nucléaire.

# Matériaux de blindage : ce qui fonctionne et pourquoi

Construire un abri antiatomique qui protège efficacement contre les radiations nécessite d'utiliser des matériaux qui bloquent ou réduisent la quantité de rayonnement ionisant atteignant les occupants. Les matériaux que vous choisissez pour le blindage sont essentiels à la capacité de protection de l'abri. Différents matériaux offrent différents niveaux de protection en fonction de leur densité et de leur épaisseur, ce qui affecte la façon dont ils absorbent ou dévient les radiations. Dans ce chapitre, nous allons découvrir quels matériaux fonctionnent le mieux pour le blindage, pourquoi ils sont efficaces et comment les utiliser de manière rentable dans la construction d'un abri antiatomique.

Comprendre les radiations et le blindage

Pour comprendre pourquoi certains matériaux fonctionnent mieux pour le blindage, il est important de comprendre d'abord les types de rayonnement émis lors d'une explosion nucléaire ou par les retombées. Il existe trois principaux types de rayonnement ionisant contre lesquels les abris antiatomiques doivent protéger :

Rayonnement alpha : il s'agit de particules lourdes et chargées qui peuvent être arrêtées par des matériaux fins comme du papier ou même de la peau. Bien que les particules alpha ne constituent pas une menace extérieure, elles deviennent dangereuses si elles sont inhalées ou ingérées.

Rayonnement bêta : il s'agit de particules plus petites et à déplacement rapide qui peuvent pénétrer la couche externe de la peau, mais qui sont facilement bloquées par des matériaux comme le plastique, le verre ou quelques millimètres d'aluminium.

Rayonnement gamma : le type de rayonnement le plus dangereux en termes de pénétration, les rayons gamma sont très énergétiques et peuvent traverser la plupart des matériaux. La protection contre les rayons gamma nécessite des matériaux denses et épais comme le plomb, le béton ou la terre.

L'objectif d'une protection efficace contre les rayonnements est d'absorber ou de dévier autant de rayonnement que possible avant qu'il n'atteigne les occupants de l'abri. Plus le matériau est épais et dense, mieux il protégera contre les rayons gamma, la principale menace en cas de retombées nucléaires.

Matériaux clés pour la protection et pourquoi ils fonctionnent

Divers matériaux sont couramment utilisés pour la construction d'abris antiatomiques, chacun ayant des propriétés uniques qui les rendent efficaces pour bloquer les rayonnements. L'efficacité d'un matériau est déterminée par sa densité (la quantité de masse qu'il possède dans un volume donné) et son épaisseur (la quantité de matériau présente pour absorber les rayonnements).

Béton

Pourquoi ça marche : Le béton est l'un des matériaux les plus utilisés pour la construction d'abris antiatomiques en raison de sa densité, de son prix abordable et de sa disponibilité. Le béton est très efficace pour absorber les rayons gamma en raison de sa structure dense. Un mur en béton typique de 12 pouces d'épaisseur peut réduire l'exposition aux rayonnements à environ 10 % du niveau extérieur.

Comment l'utiliser : Le béton peut être coulé dans des coffrages pour créer des murs, des sols et des plafonds, ou des blocs de béton préfabriqués peuvent être utilisés pour construire l'abri. Le renforcement du béton avec des barres d'acier (barres d'armature) ajoute de la résistance, ce qui le rend idéal pour les abris souterrains ou résistants aux explosions.

Épaisseur recommandée : Un mur en béton de 3 pieds (1 mètre) d'épaisseur offre une protection substantielle contre les rayonnements gamma, mais même des murs plus minces (12 à 24 pouces) peuvent toujours offrir un blindage important.

Plomb

Pourquoi ça marche : Le plomb est l'un des matériaux les plus efficaces pour bloquer les radiations en raison de sa densité élevée. Quelques millimètres de plomb suffisent à bloquer une quantité importante de rayonnement gamma, ce qui en fait un choix populaire pour la protection contre les radiations dans les applications médicales et industrielles.

Comment l'utiliser : Bien que le plomb soit très efficace, il est également cher et lourd. Il est préférable de l'utiliser dans les situations où l'espace est limité et où vous avez besoin d'une protection maximale dans une petite zone. Des feuilles ou des plaques de plomb peuvent être installées dans les murs ou autour des portes et des fenêtres pour améliorer la protection contre les radiations dans les zones critiques.

Épaisseur recommandée : Un écran de plomb de 1 à 2 pouces (2,5 à 5 cm) est généralement suffisant pour bloquer la plupart des rayonnements gamma, bien que même des couches plus fines offrent une protection considérable.

Terre

Pourquoi ça marche : La terre (sol ou terre) est un matériau naturellement abondant et rentable qui offre une excellente protection contre les radiations. La densité de la terre varie en fonction de sa composition (argile, sable, limon), mais elle offre une protection importante, en particulier lorsqu'elle est utilisée en couches épaisses. La terre absorbe et bloque les rayons gamma, ce qui la rend idéale pour couvrir les abris souterrains ou semi-enterrés.

Comment l'utiliser : La terre peut être utilisée pour couvrir le toit et les côtés d'un abri souterrain ou partiellement souterrain. Elle peut également être empilée autour de structures hors sol pour créer des murs en terre. La clé pour utiliser efficacement la terre est de s'assurer qu'elle est compactée et que la structure de l'abri est suffisamment solide pour supporter le poids.

Épaisseur recommandée : Une couche de 3 pieds (1 mètre) de terre compactée offre une bonne protection contre les radiations. Pour une sécurité accrue, l'utilisation de 6 pieds (2 mètres) de terre offre un blindage supérieur.

Sacs de sable

Pourquoi cela fonctionne : Les sacs de sable remplis de sable ou de terre sont un moyen simple et abordable d'ajouter un blindage à un abri. Les particules de sable individuelles absorbent et dispersent le rayonnement, réduisant ainsi l'exposition globale aux rayons gamma. Les sacs de sable peuvent être empilés pour créer des murs épais et denses qui offrent une protection substantielle.

Comment l'utiliser : Les sacs de sable sont particulièrement utiles pour renforcer les structures existantes ou comme solution de blindage temporaire. Ils peuvent être empilés sur les côtés et le toit d'un abri, ou même utilisés pour combler les trous dans les murs. Les sacs de sable sont également polyvalents pour créer des barrières de protection en cas d'urgence.

Épaisseur recommandée : Un mur de sacs de sable de 60 à 90 cm d'épaisseur offre une protection importante contre les rayons gamma. Pour une meilleure protection, il est recommandé d'empiler les sacs sur une épaisseur de 120 cm ou plus.

Eau

Pourquoi cela fonctionne : L'eau est étonnamment efficace pour bloquer les radiations, en particulier les rayons gamma, en raison de sa densité et de sa teneur en hydrogène. L'eau absorbe les radiations et disperse son énergie, ce qui en fait un matériau utile pour les abris permanents et temporaires.

Comment l'utiliser : L'eau peut être stockée dans de grands récipients, tels que des fûts, des cruches ou des barils, et placée le long des murs ou du plafond d'un abri pour augmenter le blindage. En cas d'urgence, une grande quantité d'eau peut être utilisée pour créer des barrières de fortune autour d'un abri.

Épaisseur recommandée : Une couche d'un mètre d'eau peut bloquer environ 50 % des radiations gamma. Si l'espace le permet, des couches plus épaisses offrent une meilleure protection.

Parpaings

Pourquoi cela fonctionne : Les parpaings, également connus sous le nom d'éléments de maçonnerie en béton, sont une alternative légère au béton massif. Ils sont couramment utilisés dans la construction et offrent une protection efficace contre les radiations lorsqu'ils sont remplis de béton ou de sable. Bien qu'ils ne soient pas aussi denses que le béton massif, les parpaings sont une option abordable pour la construction de structures résistantes aux radiations.

Comment l'utiliser : Les parpaings peuvent être empilés pour créer des murs, les espaces creux étant remplis de sable, de gravier ou de béton pour augmenter leur densité. Ils sont idéaux pour construire des abris hors sol ou renforcer des bâtiments existants.

Épaisseur recommandée : Un mur en parpaings rempli de béton ou de sable et d'au moins 30 cm d'épaisseur peut offrir une protection modérée contre les radiations. Pour un meilleur blindage, visez une épaisseur de mur de 60 à 90 cm.

Brique

Pourquoi cela fonctionne : La brique est un matériau de construction relativement dense qui offre une bonne protection contre les radiations lorsqu'il est utilisé dans des murs épais. Bien qu'elle ne soit pas aussi dense que le béton, la brique offre une option économique pour construire ou renforcer des abris.

Comment l'utiliser : Les murs en briques peuvent être utilisés pour construire des abris hors sol ou pour renforcer les murs du sous-sol ou du garage. L'ajout d'une deuxième couche de briques ou la combinaison de briques avec d'autres matériaux comme le béton ou les sacs de sable améliore le blindage global.

Épaisseur recommandée : un mur de briques à double couche (24 pouces ou 60 cm d'épaisseur) peut fournir une protection substantielle contre les radiations. Pour un blindage plus efficace, il est recommandé d'ajouter une deuxième couche de briques ou de renforcer avec du béton.

Acier

Pourquoi cela fonctionne : l'acier est un matériau solide et dense qui offre une bonne protection contre les radiations lorsqu'il est utilisé en plaques ou panneaux épais. Il est également résistant aux effets de souffle, ce qui le rend utile pour les abris qui peuvent être exposés à des explosions ou à des impacts.

Comment l'utiliser : des plaques ou des feuilles d'acier peuvent être incorporées dans les murs, le plafond ou les portes d'un abri. L'acier est souvent utilisé en conjonction avec d'autres matériaux, tels que le béton ou la terre, pour offrir une combinaison de résistance et de protection contre les radiations.

Épaisseur recommandée : une plaque d'acier de 0,5 à 1 pouce (1,3 à 2,5 cm) d'épaisseur offre un bon blindage contre les rayons gamma. Des plaques plus épaisses peuvent être utilisées pour les zones qui nécessitent une protection supplémentaire.

Construire un bouclier efficace avec des matériaux combinés

L'utilisation d'une combinaison de matériaux est souvent le moyen le plus pratique et le plus efficace de créer un abri antiatomique qui offre une protection solide sans coût excessif. Par exemple :

Béton et terre : construisez la structure centrale de l'abri avec du béton ou des parpaings et recouvrez-la d'une épaisse couche de terre pour une protection supplémentaire.

Sacs de sable et eau : empilez des sacs de sable autour des murs et du toit de l'abri et placez des barils d'eau à l'intérieur pour une double protection.

Plomb et béton : utilisez des feuilles de plomb dans les zones à forte exposition comme les portes ou les fenêtres, tout en construisant les murs principaux en béton pour une protection globale.

Épaisseur et densité : la clé de la protection

En matière de protection contre les radiations, la densité et l'épaisseur du matériau sont toutes deux essentielles. Par exemple, une couche de plomb plus fine peut offrir une meilleure protection qu'une couche plus épaisse de matériau moins dense comme le bois ou le plastique. Cependant, si les matériaux denses comme le plomb ou l'acier sont trop chers ou peu pratiques, la superposition de matériaux moins denses comme la terre, les sacs de sable ou le béton peut toujours offrir une excellente protection lorsqu'ils sont utilisés en épaisseur suffisante.

En général :

Doubler l'épaisseur d'un matériau de blindage réduit l'exposition aux radiations d'environ la moitié.

Des matériaux plus épais comme la terre et le béton doivent être utilisés pour les murs et le toit de l'abri, tandis que des matériaux plus denses comme le plomb ou l'acier peuvent être utilisés dans les zones à forte exposition pour une protection renforcée.

Solutions de blindage rentables

Bien que le plomb et le béton épais offrent la meilleure protection, ils peuvent être coûteux et lourds à travailler. Pour les constructeurs d'abris soucieux de leur budget, voici quelques alternatives rentables :

Utilisez la terre locale : au lieu d'acheter des matériaux coûteux, utilisez la terre de votre propriété pour couvrir votre abri. Le compactage du sol autour d'un abri souterrain ou partiellement enterré est un moyen très efficace de créer un blindage peu coûteux.

Matériaux de récupération : réutilisez des briques, des parpaings ou du béton provenant de chantiers de démolition ou de projets de construction. Ces matériaux sont souvent disponibles à faible coût, voire gratuitement, et peuvent être utilisés pour construire des murs d'abri robustes.

Sacs de sable à faire soi-même : au lieu d'acheter des sacs de sable pré-remplis, achetez de la toile de jute ou des sacs en plastique bon marché et remplissez-les de sable ou de terre de votre propriété. Les sacs de sable sont polyvalents et peuvent être empilés pour offrir une protection temporaire et à long terme.

Il est essentiel de choisir les bons matériaux pour protéger votre abri antiatomique afin de garantir la sécurité et la protection de ses occupants. Les matériaux denses et épais comme le béton, le plomb et la terre offrent la meilleure protection contre les rayons gamma, mais la combinaison de différents matériaux peut créer un abri rentable et hautement protecteur. En examinant attentivement les matériaux auxquels vous avez accès et en utilisant des options abordables comme des sacs de sable, des parpaings et de l'eau, vous pouvez construire un abri antiatomique robuste qui vous protégera en cas de catastrophe nucléaire.

# Systèmes de ventilation : empêcher les retombées radioactives de pénétrer dans l'abri et laisser entrer l'air

La ventilation est l'un des aspects les plus importants de la conception d'un abri antiatomique, car elle garantit que l'air frais circule dans l'abri tout en empêchant les particules radioactives et les contaminants nocifs d'entrer. Une ventilation adéquate permet à vous et à votre famille de respirer en toute sécurité à l'intérieur de l'abri, même pendant les séjours prolongés, tout en empêchant l'accumulation de dioxyde de carbone et d'autres gaz dangereux. Dans ce chapitre, nous verrons comment concevoir un système de ventilation efficace à petit budget, les types de filtration de l'air nécessaires pour bloquer les retombées radioactives et comment maintenir un flux d'air adéquat dans un environnement étanche.

Pourquoi la ventilation est essentielle dans un abri antiatomique

Dans un abri antiatomique, maintenir un apport d'air frais et propre est tout aussi important que la protection contre les radiations. Sans ventilation adéquate, l'air à l'intérieur de l'abri peut rapidement devenir vicié, ce qui rend la respiration difficile et entraîne une accumulation dangereuse de dioxyde de carbone. De plus, les particules radioactives provenant de l'environnement extérieur peuvent pénétrer dans l'abri par l'entrée d'air, ce qui présente un risque grave pour la santé si elles ne sont pas correctement filtrées.

Pour garantir que votre abri fournit un air sûr et respirable, un système de ventilation doit répondre à trois exigences clés :

Apport d'air frais : l'abri doit disposer d'un apport constant d'air frais de l'extérieur pour remplacer l'air vicié.

Filtration de l'air : l'air entrant dans l'abri doit être filtré pour éliminer les particules de retombées, la poussière et d'autres contaminants.

Circulation de l'air : à l'intérieur de l'abri, l'air doit circuler pour empêcher la formation de poches de dioxyde de carbone et pour garder l'air frais et respirable.

Types de systèmes de ventilation

Les systèmes de ventilation dans les abris antiatomiques peuvent aller de conceptions simples et peu techniques à des systèmes de filtration d'air avancés. La meilleure option pour votre abri dépend du niveau de protection dont vous avez besoin, de votre budget et des matériaux disponibles. Voici les principaux types de systèmes de ventilation à prendre en compte :

Ventilation passive (flux d'air naturel)

De quoi s'agit-il : les systèmes de ventilation passive s'appuient sur le flux d'air naturel pour amener de l'air frais dans l'abri et évacuer l'air vicié. Cela peut être réalisé en plaçant des bouches d'admission et d'évacuation à des endroits stratégiques pour permettre à l'air de circuler naturellement dans l'abri. Les systèmes passifs sont simples et peu coûteux, mais ne sont pas toujours aussi efficaces pour contrôler le flux d'air ou filtrer les contaminants.

Comment ça marche : les systèmes de ventilation passive utilisent la différence de pression et de température de l'air entre l'intérieur et l'extérieur de l'abri pour créer un flux d'air. Par exemple, en positionnant l'évent d'admission au ras du sol et l'évent d'évacuation plus haut, vous pouvez profiter du flux d'air naturel lorsque l'air plus frais entre par le bas et que l'air plus chaud monte et sort.

Avantages : La ventilation passive est peu coûteuse, facile à installer et ne nécessite pas d'électricité. Elle fonctionne bien dans les climats doux et avec des abris peu sophistiqués.

Inconvénients : Les systèmes passifs n'offrent pas beaucoup de contrôle sur le flux d'air et peuvent ne pas fournir une filtration suffisante. Ils sont également moins efficaces dans des conditions extrêmes ou des environnements fermés.

Ventilation manuelle (systèmes à manivelle)

De quoi s'agit-il : Les systèmes de ventilation manuels utilisent des dispositifs à manivelle pour faire circuler l'air dans l'abri. Ces systèmes sont une option abordable pour les abris sans accès à l'électricité et sont idéaux pour les situations où vous devez assurer un flux d'air constant à l'intérieur et à l'extérieur de l'abri.

Comment ça marche : Un ventilateur à manivelle ou un soufflet est connecté à une prise d'air ou à un évent d'évacuation. Lorsque la manivelle est tournée, l'air frais est aspiré dans l'abri par l'évent d'admission et l'air vicié est expulsé par l'évent d'évacuation. Les systèmes de ventilation manuelle peuvent également inclure des filtres de base pour empêcher les particules de retombées de pénétrer dans l'abri.

Avantages : Les systèmes manuels sont peu coûteux, ne nécessitent pas d'électricité et fournissent un flux d'air fiable. Ils sont également faciles à installer et à utiliser.

Inconvénients : Ces systèmes nécessitent un effort humain pour fonctionner et peuvent ne pas fournir un flux d'air continu à moins que quelqu'un ne fasse tourner l'appareil régulièrement. Ils offrent également une filtration d'air limitée.

Ventilation motorisée (ventilateurs et souffleurs électriques)

De quoi s'agit-il : Les systèmes de ventilation motorisée utilisent des ventilateurs ou des souffleurs électriques pour faire circuler l'air dans l'abri. Ces systèmes offrent un meilleur contrôle du flux d'air et peuvent être équipés de filtres avancés pour bloquer les particules de retombées. La ventilation motorisée est idéale pour les abris plus permanents ou les situations où un flux d'air constant est essentiel.

Comment ça marche : Des ventilateurs électriques sont installés à la fois dans les bouches d'admission et d'évacuation d'air. Le ventilateur d'admission aspire l'air frais dans l'abri, tandis que le ventilateur d'évacuation expulse l'air vicié. Les systèmes de ventilation motorisée comprennent souvent des filtres HEPA, des filtres à charbon ou d'autres types de filtration pour garantir que l'air entrant dans l'abri est exempt de particules radioactives et d'autres contaminants.

Avantages : Les systèmes motorisés offrent un meilleur contrôle du flux d'air, une meilleure filtration et une circulation d'air constante. Ils sont efficaces à la fois pour les abris à long terme et pour une utilisation d'urgence à court terme.

Inconvénients : Ces systèmes nécessitent une source d'alimentation, comme un générateur, une batterie ou des panneaux solaires. Sans une source d'électricité fiable, la ventilation motorisée peut ne pas être viable pendant les séjours prolongés dans un abri.

Systèmes de filtration de l'air : empêcher les retombées radioactives de pénétrer dans l'abri

En plus d'assurer une bonne circulation de l'air, un système de ventilation doit inclure une filtration de l'air pour empêcher les particules radioactives de pénétrer dans l'abri. Les particules radioactives sont extrêmement dangereuses lorsqu'elles sont inhalées, car elles peuvent se loger dans les poumons et exposer le corps à des niveaux élevés de radiation. Par conséquent, votre système de ventilation doit être doté d'un composant de filtration de l'air pour que l'air à l'intérieur de l'abri soit respirable en toute sécurité.

Filtres HEPA

De quoi s'agit-il : Les filtres à air à haute efficacité pour particules (HEPA) sont conçus pour piéger les particules fines, notamment les poussières radioactives et les retombées radioactives. Ces filtres sont très efficaces pour éliminer les particules aussi petites que 0,3 micron, ce qui en fait un excellent choix pour la protection contre les retombées.

Comment ça marche : Les filtres HEPA sont placés dans l'admission d'air du système de ventilation. Lorsque l'air traverse le filtre, les particules de retombées sont piégées dans le maillage dense de fibres, ce qui permet uniquement à l'air propre de pénétrer dans l'abri. Les filtres HEPA sont souvent combinés à d'autres méthodes de filtration, telles que les filtres à charbon actif, pour éliminer à la fois les particules et les gaz.

Avantages : Les filtres HEPA sont très efficaces pour bloquer les particules de retombées et d'autres contaminants. Ils sont facilement disponibles et peuvent être utilisés dans les systèmes de ventilation manuels et motorisés.

Inconvénients : Les filtres HEPA doivent être remplacés périodiquement, car ils se bouchent avec des particules. Ils peuvent également réduire le débit d'air s'ils ne sont pas correctement entretenus.

Filtres à charbon actif

De quoi s'agit-il : Les filtres à charbon actif sont conçus pour éliminer les gaz, les odeurs et les produits chimiques de l'air. Bien qu'ils ne soient pas aussi efficaces pour bloquer les particules que les filtres HEPA, les filtres à charbon actif sont excellents pour éliminer les toxines en suspension dans l'air et améliorer la qualité de l'air dans un environnement fermé.

Comment ça marche : Les filtres à charbon actif utilisent du charbon poreux pour absorber les gaz et les produits chimiques de l'air. Lorsque l'air passe à travers le filtre, les substances nocives sont piégées dans les pores du charbon, laissant un air propre et sans odeur. Ces filtres sont souvent utilisés en combinaison avec des filtres à particules pour assurer une filtration complète de l'air.

Avantages : Les filtres à charbon actif sont efficaces pour éliminer les gaz et les produits chimiques qui peuvent pénétrer dans l'abri avec les particules retombées. Ils aident à améliorer la qualité globale de l'air et à réduire les odeurs.

Inconvénients : Les filtres à charbon doivent être remplacés périodiquement, car ils perdent en efficacité avec le temps. Ils ne filtrent pas non plus les particules comme la poussière retombée, ils doivent donc être utilisés avec des filtres HEPA ou d'autres filtres à particules.

Préfiltres

Ce que c'est : Les préfiltres sont des filtres grossiers conçus pour capturer les grosses particules, telles que la poussière, les débris et les grosses particules retombées, avant qu'elles n'atteignent le filtre principal. Ces filtres permettent de prolonger la durée de vie des filtres HEPA ou à charbon actif plus coûteux en réduisant la quantité de contamination qu'ils doivent traiter.

Comment ça marche : Les préfiltres sont placés devant le filtre principal dans l'admission d'air. Lorsque l'air circule dans le système, les particules plus grosses sont piégées par le préfiltre, permettant à l'air plus propre de passer à travers le filtre principal. Les préfiltres sont généralement constitués de matériaux tels que de la mousse, des mailles ou du tissu.

Avantages : Les préfiltres sont peu coûteux et aident à protéger les filtres principaux contre le colmatage. Ils sont faciles à remplacer et réduisent les coûts de maintenance.

Inconvénients : Les préfiltres ne sont pas efficaces pour bloquer les particules fines, ils doivent donc toujours être utilisés en conjonction avec un filtre HEPA ou d'autres filtres à particules fines.

Solutions de filtration d'air à faire soi-même

Si vous construisez un abri avec un budget limité, vous pouvez créer des filtres à air simples à l'aide de matériaux facilement disponibles. Bien qu'elles ne soient pas aussi efficaces que les filtres commerciaux, ces solutions à faire soi-même peuvent néanmoins aider à réduire les particules de retombées et à améliorer la qualité de l'air en cas d'urgence.

Filtres à chiffon humide ou à éponge : une méthode de base pour filtrer les particules de retombées consiste à placer un chiffon humide ou une éponge sur l'entrée d'air. L'eau retient la poussière et les particules radioactives, les empêchant de pénétrer dans l'abri. Cette méthode fournit une filtration temporaire et doit être utilisée avec d'autres systèmes de ventilation pour des résultats plus efficaces.

Filtres à charbon maison : vous pouvez créer un filtre à charbon de base en utilisant du charbon actif (disponible dans les animaleries ou en ligne) placé à l'intérieur d'une boîte ou d'un conteneur de filtre. L'air aspiré à travers le charbon sera débarrassé des gaz et de certaines particules, améliorant ainsi la qualité de l'air dans l'abri.

Assurer une bonne circulation de l'air à l'intérieur de l'abri

Une fois que l'air frais et filtré entre dans l'abri, il est essentiel de maintenir une bonne circulation de l'air pour éviter l'accumulation de dioxyde de carbone et garantir que l'air vicié est continuellement remplacé par de l'air frais. Voici comment obtenir une bonne circulation de l'air à l'intérieur de l'abri :

Utilisez plusieurs bouches d'aération

Votre abri doit avoir au moins deux bouches d'aération : une pour l'admission d'air et une pour l'évacuation d'air. Placez la bouche d'admission d'air en bas sur un mur et la bouche d'évacuation en haut sur le mur opposé pour créer une circulation d'air naturelle à travers l'abri. Cela garantit que l'air frais entre au niveau du sol tandis que l'air vicié sort près du plafond, où l'air chaud et le dioxyde de carbone s'accumulent.

Dispositifs de circulation d'air manuels

Dans un abri économique, des dispositifs simples comme des ventilateurs à manivelle ou des soufflets peuvent aider à faire circuler l'air à l'intérieur de l'abri. Ces dispositifs manuels déplacent l'air à travers les bouches d'aération et empêchent l'air de stagner. L'utilisation régulière de ces dispositifs assure un échange constant d'air frais et minimise le risque d'accumulation de dioxyde de carbone.

Circulation d'air motorisée

Si votre abri a accès à une source d'alimentation, vous pouvez utiliser de petits ventilateurs électriques pour maintenir la circulation de l'air. Ces ventilateurs peuvent être placés stratégiquement pour déplacer l'air de la bouche d'admission à travers l'abri et vers la bouche d'évacuation. La circulation d'air motorisée est particulièrement utile dans les grands abris où le flux d'air peut être plus difficile à contrôler.

Gestion de l'accumulation de dioxyde de carbone

Même avec une ventilation adéquate, le dioxyde de carbone ($CO_2$) peut s'accumuler dans un abri hermétique, en particulier lors de séjours prolongés. Des niveaux élevés de $CO_2$ peuvent provoquer des étourdissements, des maux de tête et même une suffocation s'ils ne sont pas gérés correctement. Voici quelques moyens de prévenir l'accumulation de $CO_2$ :

Circulation de l'air : assurez-vous que l'air frais circule en permanence dans l'abri en utilisant des systèmes de ventilation manuels ou motorisés.

Absorbeurs de $CO_2$ : dans les situations où la ventilation est limitée, des absorbeurs de $CO_2$, tels que la chaux sodée ou l'hydroxyde de calcium, peuvent être utilisés pour éliminer l'excès de $CO_2$ de l'air à l'intérieur de l'abri. Ces matériaux réagissent chimiquement avec le $CO_2$ pour l'absorber, contribuant ainsi à maintenir une qualité d'air sûre.

Contrôles réguliers de la ventilation : Surveillez le système de ventilation de l'abri pour vous assurer que l'air circule correctement et que les évents ne sont pas obstrués par des débris ou des particules de retombées. Si nécessaire, ajustez le système pour augmenter le débit d'air et améliorer l'échange d'air.

La ventilation est un élément essentiel de tout abri antiatomique, garantissant que l'air frais pénètre dans l'abri tout en empêchant les particules radioactives de retombées d'entrer. Que vous choisissiez un système passif simple, une configuration manuelle à manivelle ou un système de ventilation motorisé avec filtration avancée, il est essentiel de garantir que votre abri maintient un flux constant d'air propre. En incorporant des filtres HEPA, des filtres à charbon actif et des préfiltres dans votre système de ventilation, vous pouvez bloquer efficacement les particules de retombées et améliorer la qualité de l'air à l'intérieur de l'abri. Une circulation d'air et une gestion du $CO_2$ adéquates contribueront à maintenir l'air sûr et respirable, garantissant ainsi que votre abri antiatomique offre un environnement sûr lors d'un événement nucléaire.

# Créer un refuge souterrain : construire sous terre

La création d'un abri antiatomique souterrain est l'un des moyens les plus efficaces de vous protéger, vous et votre famille, des dangers des retombées nucléaires, des radiations et d'autres événements catastrophiques. La terre elle-même agit comme une barrière naturelle, offrant une excellente protection contre les radiations, les températures extrêmes et les ondes de choc des explosions nucléaires. Construire un refuge souterrain peut être un processus complexe et exigeant en main-d'œuvre, mais avec une planification appropriée et la bonne approche, vous pouvez créer un abri souterrain durable et sûr. Dans ce chapitre, nous aborderons les étapes clés de la construction d'un abri souterrain, notamment la sélection du site, l'excavation, la conception structurelle et la garantie de la durabilité à long terme.

Pourquoi construire sous terre ?

Il existe plusieurs raisons principales pour lesquelles un abri souterrain offre la meilleure protection lors d'un événement nucléaire :

Protection contre les radiations : la terre offre une protection importante contre les rayons gamma, le type de rayonnement le plus dangereux émis après une explosion nucléaire. Même quelques pieds de sol peuvent bloquer la plupart des rayons nocifs, ce qui fait d'un abri souterrain l'un des endroits les plus sûrs pendant les retombées.

Protection contre les explosions : les abris souterrains sont naturellement isolés des ondes de choc des explosions nucléaires. La terre environnante absorbe une grande partie de la force, réduisant ainsi le risque de dommages structurels ou de blessures causées par les débris.

Contrôle de la température : les abris souterrains restent relativement frais en été et chauds en hiver, ce qui les rend plus confortables et économes en énergie que les structures hors sol.

Dissimulation : un abri souterrain est moins visible qu'une structure hors sol, offrant une couche de sécurité supplémentaire dans un environnement post-catastrophe où des pillages ou des troubles sociaux peuvent se produire.

Considérations clés pour la construction d'un abri souterrain

Avant de commencer la construction, il est important de planifier soigneusement et de prendre en compte plusieurs facteurs critiques qui influenceront le succès de votre abri souterrain.

Sélection du site

Il est essentiel de choisir le bon emplacement pour votre abri souterrain. Le site doit offrir une protection naturelle, être géologiquement stable et avoir un bon drainage pour éviter les inondations.

Terrain élevé : choisissez un emplacement sur un terrain légèrement surélevé pour empêcher l'eau de s'accumuler ou d'inonder l'abri. Évitez les zones basses ou les endroits proches des plans d'eau.

Distance de votre domicile : Idéalement, votre abri souterrain doit être suffisamment proche de votre domicile pour permettre un accès rapide en cas d'urgence, mais suffisamment éloigné pour minimiser le risque de dommages structurels si votre domicile est touché par une explosion nucléaire ou un incendie.

Stabilité géologique : Le type de sol et les conditions du sol auront un impact à la fois sur la facilité d'excavation et sur la stabilité de l'abri. Recherchez des sols fermes et stables comme l'argile ou le limon, qui offrent un bon support et minimisent le risque de déplacement ou d'érosion. Évitez les sols meubles ou sableux, qui peuvent être sujets à l'effondrement.

Excavation

L'excavation du site est l'une des étapes les plus difficiles de la construction d'un abri souterrain, mais c'est une étape nécessaire pour garantir une profondeur suffisante pour assurer une protection adéquate contre les radiations et les effets des explosions. Voici les principales méthodes et considérations d'excavation :

Excavation manuelle : si vous avez un budget serré, vous pouvez creuser l'abri manuellement à l'aide de pelles, de pioches et de brouettes. Bien que cette méthode demande beaucoup de travail et de temps, elle peut être une option viable pour les abris plus petits.

Excavation mécanique : pour les projets de plus grande envergure, la location d'équipements d'excavation tels que des rétrocaveuses ou des excavatrices peut accélérer considérablement le processus de creusement. Bien que plus coûteuse, l'excavation mécanique est essentielle pour les abris plus profonds ou plus grands.

Profondeur : la profondeur de votre abri est essentielle pour la protection contre les radiations. Une profondeur minimale de 10 à 12 pieds sous le niveau du sol est recommandée pour assurer une protection suffisante contre les rayons gamma. Les abris plus profonds offrent une meilleure protection, mais peuvent nécessiter une excavation et un renforcement plus importants.

Conception structurelle et matériaux

Une fois le site excavé, l'étape suivante consiste à concevoir et à construire la structure de l'abri. L'objectif principal est de créer un espace durable et renforcé capable de résister aux pressions de la terre environnante tout en offrant une protection et une sécurité adéquates contre les radiations.

Murs et toiture : les murs et le plafond de l'abri doivent être construits à l'aide de matériaux solides et durables comme le béton armé, les parpaings ou l'acier. Ces matériaux offrent un excellent support structurel et une excellente protection contre les radiations. Le béton est particulièrement efficace en raison de sa densité et de sa capacité à absorber les rayons gamma.

Béton : un mur en béton de 12 pouces d'épaisseur offre une bonne protection contre les radiations et supporte le poids de la terre au-dessus.

Parpaings : ils peuvent être utilisés pour la construction des murs s'ils sont remplis de béton ou de sable pour plus de résistance et de protection contre les radiations.

Poutres en acier : les poutres en acier peuvent être utilisées pour renforcer le toit et les murs, en particulier dans les zones sujettes à l'activité sismique ou aux charges de sol lourdes.

Étanchéité : une étanchéité adéquate est essentielle pour éviter les fuites et l'accumulation d'humidité à l'intérieur de l'abri. Utilisez des membranes, des revêtements ou des produits d'étanchéité imperméables pour protéger les murs et le toit. En outre, envisagez d'installer un système de drainage pour éloigner les eaux souterraines de l'abri.

Entrée et sorties : votre abri doit avoir au moins une entrée renforcée, de préférence avec une porte étanche à l'air et résistante aux explosions. Envisagez de créer une voie d'évacuation secondaire, comme une trappe cachée ou un tunnel de sortie, au cas où l'entrée principale serait bloquée ou endommagée.

Ventilation et filtration de l'air

La ventilation est essentielle dans un abri souterrain, car l'espace confiné peut rapidement devenir irrespirable sans un apport constant d'air frais. Votre système de ventilation doit inclure à la fois des évents d'admission et d'évacuation d'air, ainsi qu'une filtration de l'air pour bloquer les particules radioactives.

Admission et évacuation d'air : placez l'évent d'admission à un point bas et l'évent d'évacuation à une altitude plus élevée pour créer un flux d'air naturel. Utilisez des tuyaux en PVC ou des conduits en acier pour les canaux de ventilation et assurez-vous que les évents sont protégés des retombées et des débris.

Ventilation manuelle ou motorisée : pour les petits abris, un système de ventilation à manivelle peut faire circuler l'air. Les abris plus grands peuvent bénéficier de ventilateurs ou de souffleurs électriques connectés à un générateur ou à un système d'énergie solaire.

Filtration de l'air : installez des filtres HEPA ou des filtres à charbon actif dans l'évent d'admission d'air pour éliminer les particules de retombées, la poussière et d'autres contaminants de l'air entrant.

Gestion de l'eau et du drainage

L'eau est un facteur critique lors de la construction souterraine. Vous devez prévenir les inondations et assurer un approvisionnement fiable en eau potable tout en évitant les sources d'eau contaminées.

Système de drainage : Installez un système de drainage autour des fondations de l'abri pour empêcher l'eau de s'infiltrer. Des tuyaux de drainage perforés (également appelés drains français) peuvent éloigner les eaux souterraines de l'abri et les diriger vers une zone de drainage sûre.

Pompe de puisard : Une pompe de puisard est un bon ajout pour les abris dans les zones où la nappe phréatique est élevée. La pompe évacue toute l'eau qui s'accumule au point le plus bas de l'abri.

Stockage de l'eau : Assurez-vous que votre abri dispose d'un approvisionnement suffisant en eau propre, stockée dans de grands récipients ou barils. Une règle générale est de stocker 1 gallon d'eau par personne et par jour pendant au moins deux semaines.

Isolation et contrôle de la température

Les abris souterrains ont tendance à avoir des températures stables, mais vous devrez toujours vous assurer que l'espace est isolé pour maintenir le confort par temps chaud et froid. L'isolation peut également aider à réguler les niveaux d'humidité à l'intérieur de l'abri.

Isolation thermique : Utilisez des panneaux de mousse, de la mousse pulvérisée ou de l'isolant en fibre de verre pour recouvrir les murs intérieurs et le plafond. Cela aidera à garder l'abri frais en été et chaud en hiver.

Ventilation pour le contrôle de la température : Un système de ventilation approprié non seulement maintient l'air frais, mais aide également à réguler la température en faisant circuler de l'air chaud ou frais.

Alimentation électrique

Une source d'alimentation fiable est essentielle pour l'éclairage, la ventilation et l'alimentation des équipements essentiels de votre abri. Selon votre budget et vos besoins, il existe plusieurs options pour alimenter votre refuge souterrain :

Générateurs : les générateurs à essence, diesel ou propane sont fiables pour une utilisation à court terme, mais nécessitent un approvisionnement constant en carburant. Assurez-vous que le générateur est placé à l'extérieur de l'abri pour éviter l'accumulation de monoxyde de carbone.

Énergie solaire : les panneaux solaires peuvent fournir une source d'énergie renouvelable pour les abris. Stockez l'énergie dans des batteries pour fournir de l'électricité pendant la nuit ou les jours nuageux.

Systèmes de batteries : pour une alimentation temporaire ou de secours, pensez à stocker une réserve de batteries rechargeables pour alimenter les lumières, les ventilateurs et les appareils de communication.

Durabilité à long terme

Pour que votre refuge souterrain soit viable pour des séjours prolongés, vous devrez planifier la durabilité à long terme. Cela comprend le stockage de suffisamment de nourriture et d'eau, la gestion des déchets et la garantie du bien-être mental et physique pendant un séjour prolongé dans un abri.

Stockage des aliments : faites des réserves d'aliments non périssables et stables à température ambiante, comme des conserves, des plats lyophilisés et des céréales en vrac. Pensez à construire des étagères ou des zones de stockage dans l'abri pour garder les aliments organisés et protégés des nuisibles.

Assainissement et gestion des déchets : installez des toilettes portables ou chimiques pour la gestion des déchets et stockez suffisamment de fournitures d'assainissement (comme du papier hygiénique, du désinfectant et des sacs poubelles) pour plusieurs semaines.

Divertissement et confort : pour assurer le bien-être mental, approvisionnez l'abri en articles de divertissement, comme des livres, des jeux ou des radios. Une literie confortable, des vêtements supplémentaires et des couvertures sont également essentiels pour rester au chaud et à l'aise.

Processus étape par étape pour la construction d'un abri souterrain

Étape 1 : Choisissez votre emplacement

Évaluez votre propriété et sélectionnez un emplacement géologiquement stable, bien drainé et accessible.

Étape 2 : Creusez le site

Creusez l'abri à la profondeur souhaitée, en visant au moins 10 à 12 pieds sous le niveau du sol.

Étape 3 : Construisez la structure de l'abri

Construisez les murs, le sol et le plafond en utilisant du béton armé, des parpaings ou de l'acier.

Assurez-vous que la structure est étanche et capable de résister à la pression de la terre environnante.

Étape 4 : Installez la ventilation et la filtration de l'air

Installez des bouches d'admission et d'évacuation d'air, ainsi que des filtres HEPA ou à charbon pour garantir un air pur.

Étape 5 : Imperméabilisez l'abri

Appliquez des revêtements ou des membranes imperméables sur les murs extérieurs et installez des systèmes de drainage pour empêcher l'eau de pénétrer.

Étape 6 : Installez des systèmes d'eau et d'alimentation

Installez des conteneurs de stockage d'eau et des systèmes d'alimentation de secours comme des générateurs ou des panneaux solaires.

Étape 7 : Préparez l'intérieur

Isolez l'abri pour maintenir des températures confortables et aménagez des zones de stockage pour la nourriture, l'eau et d'autres fournitures.

Étape 8 : Testez et entretenez l'abri

Testez régulièrement les systèmes de ventilation, d'alimentation électrique et de drainage pour vous assurer que l'abri reste sûr et fonctionnel.

La construction d'un abri antiatomique souterrain offre une protection inégalée contre les radiations, les explosions nucléaires et les conditions météorologiques extrêmes. Bien qu'elle nécessite une planification, des travaux d'excavation et un renforcement structurel importants, les avantages de la sûreté et de la sécurité dans un environnement post-nucléaire en valent la peine. En sélectionnant soigneusement un site, en utilisant des matériaux durables et en assurant une ventilation, une gestion de l'eau et une durabilité adéquates, vous pouvez créer un havre souterrain qui assurera votre sécurité et celle de votre famille dans les conditions les plus extrêmes.

# Abris en surface : sont-ils efficaces ?

Les abris souterrains sont souvent considérés comme la référence absolue en matière de protection en cas d'accident nucléaire. Cependant, la construction d'un abri antiatomique en surface peut être une alternative viable si une option souterraine n'est pas envisageable. Les abris en surface peuvent être construits plus rapidement, sont souvent moins coûteux et offrent une protection efficace contre les radiations s'ils sont construits correctement. Bien qu'ils n'offrent pas le même niveau de protection que les abris souterrains, avec une conception et des matériaux appropriés, un abri antiatomique en surface peut néanmoins constituer une solution sûre et pratique dans de nombreux scénarios.

Dans ce chapitre, nous examinerons si les abris en surface peuvent fonctionner dans un monde post-nucléaire, les éléments de conception essentiels nécessaires pour garantir la sécurité et comment en construire un avec un budget limité. Nous discuterons également des stratégies permettant de maximiser la protection contre les radiations et la résistance aux explosions pour les abris en surface.

Les abris en surface peuvent-ils offrir une protection adéquate ?

Le principal défi d'un abri en surface est de fournir une protection suffisante contre les radiations et, dans une moindre mesure, de protéger contre les ondes de choc et les débris d'une explosion nucléaire. Cependant, avec les bons matériaux et l'épaisseur appropriée, un abri en surface peut réduire efficacement l'exposition aux radiations à un niveau sûr. La clé du succès réside dans l'utilisation de matériaux denses et protecteurs et dans le renforcement de la structure pour résister à l'environnement d'une zone de retombées.

Facteurs clés pour la construction d'un abri en surface efficace

Lors de la construction d'un abri antiatomique en surface, plusieurs facteurs doivent être pris en compte pour garantir une protection adéquate. Il s'agit notamment du choix des matériaux, de la conception structurelle, du blindage contre les radiations et de la résistance aux explosions.

Protection contre les radiations

La protection contre les radiations est l'aspect le plus critique de tout abri antiatomique, en particulier pour les structures en surface. Étant donné que les abris en surface sont exposés à davantage de particules de retombées, vous devez utiliser des matériaux denses pour bloquer les rayonnements gamma nocifs. Un blindage efficace dépend à la fois de l'épaisseur et de la densité des matériaux que vous utilisez.

Béton : comme pour les abris souterrains, le béton est l'un des meilleurs matériaux pour bloquer les radiations. Pour un abri en surface, les murs doivent avoir au moins 12 pouces d'épaisseur pour fournir une protection suffisante contre les rayonnements gamma. Le toit doit également être renforcé avec du béton ou un autre matériau dense pour bloquer les radiations venant d'en haut.

Parpaings : les parpaings sont une alternative économique au béton massif. Lorsqu'ils sont remplis de sable ou de béton, ils offrent une protection substantielle. Une double couche de parpaings, remplie de sable, peut fournir une protection solide contre les radiations pour un abri hors sol.

Sacs de sable : des sacs de sable remplis de terre ou de sable peuvent être empilés pour créer des murs résistants aux radiations. Le sable est une barrière efficace contre les rayons gamma, et l'empilement de sacs de sable d'une épaisseur de 2 à 4 pieds offre un bon niveau de protection. Les sacs de sable sont particulièrement utiles pour renforcer les structures existantes ou créer des abris antiatomiques temporaires.

Bermes de terre : Construire une berme de terre (un monticule de terre ou de terre) autour de l'extérieur de votre abri ajoute une autre couche de protection contre les radiations. En recouvrant la moitié inférieure ou la totalité de l'extérieur de la structure avec de la terre compactée, vous pouvez augmenter la protection globale. Une berme d'au moins 3 pieds de hauteur et d'épaisseur peut réduire considérablement l'exposition aux radiations.

Plomb : Le plomb est l'un des matériaux les plus efficaces pour bloquer les radiations en raison de sa densité élevée. Bien que le plomb soit coûteux, l'utilisation de feuilles ou de panneaux de plomb dans les zones critiques (comme les portes, les fenêtres ou les murs plus fins) peut offrir une protection supérieure.

Intégrité structurelle

Les abris hors sol doivent être structurellement solides pour résister aux pressions environnementales, telles que le vent, les débris et potentiellement même les ondes de choc d'une explosion nucléaire. Le renforcement de la structure est essentiel pour garantir qu'elle ne s'effondre pas ou ne tombe pas en panne en cas de catastrophe.

Murs renforcés : Pour résister à la force d'une explosion, utilisez des murs en béton armé ou en parpaings avec des barres d'armature ou un treillis en acier à l'intérieur. Ce renforcement augmente l'intégrité structurelle de l'abri, l'aidant à résister aux pressions externes.

Portes et fenêtres résistantes aux explosions : les portes et les fenêtres sont les points les plus faibles de tout abri. Pour une structure hors sol, utilisez des portes en acier ou en plomb conçues pour résister à la fois aux radiations et à la pression d'une onde de choc. Les fenêtres doivent être évitées, mais si elles sont nécessaires, utilisez du verre résistant aux éclats ou scellez-les avec des revêtements épais comme des plaques d'acier ou du verre au plomb.

Renforcement du toit : le toit doit être suffisamment solide pour supporter non seulement le poids des matériaux de protection, mais aussi les débris qui pourraient tomber dessus. Utilisez du béton, du métal ou des sacs de sable pour renforcer le toit. De plus, l'ajout d'une pente au toit peut aider à dévier les débris et à empêcher leur accumulation.

Ventilation et filtration de l'air

Comme tout abri antiatomique, un abri hors sol nécessite un système de ventilation pour apporter de l'air frais et éliminer le dioxyde de carbone. Cependant, le système doit également filtrer les particules de retombées pour empêcher les radiations de pénétrer dans l'abri.

Prise d'air filtrée : installez une prise d'air comprenant des filtres HEPA ou des filtres à charbon actif pour éliminer la poussière radioactive et les contaminants de l'air entrant. La prise d'air doit être placée à l'écart de la trajectoire directe des retombées ou protégée par de la terre ou d'autres barrières.

Évent d'évacuation : un évent d'évacuation élevé est nécessaire pour évacuer l'air vicié et le dioxyde de carbone. Assurez-vous que les évents d'admission et d'évacuation sont placés sur les côtés opposés de l'abri pour assurer un flux d'air constant.

Ventilation manuelle ou motorisée : en l'absence d'électricité, des systèmes de ventilation manuels, tels que des ventilateurs à manivelle ou à soufflet, peuvent maintenir la circulation de l'air. Si l'électricité est disponible, des ventilateurs et des souffleurs électriques peuvent assurer une ventilation plus constante, mais assurez-vous d'avoir un plan de secours en cas de panne d'électricité.

Résistance aux explosions

Bien qu'un abri en surface ne soit pas aussi naturellement protégé des ondes de choc qu'une structure souterraine, certaines caractéristiques de conception peuvent améliorer sa résistance aux ondes de choc et aux chutes de débris.

Coins renforcés : renforcez les coins et les joints de l'abri pour réduire le risque d'effondrement. L'utilisation de renforts en acier ou de béton épais peut aider la structure à résister à la force d'une explosion à proximité.

Déviation des débris : un toit en pente ou une conception arrondie peut aider à dévier les débris et les ondes de choc, réduisant ainsi l'impact sur la structure. Évitez les toits plats, car ils sont plus susceptibles de s'effondrer sous le poids des débris.

Bermage de terre : l'accumulation de terre autour des murs de l'abri fournit non seulement une protection contre les radiations, mais aide également à absorber une partie de l'énergie d'une onde de choc. La terre agit comme un coussin, protégeant les murs de toute la force d'une explosion à proximité.

Construire un abri hors sol : guide étape par étape

Étape 1 : Choisir un emplacement

Sélectionnez un site facilement accessible mais éloigné des dangers potentiels tels que les centrales électriques, les grandes villes ou les cibles militaires.

Idéalement, le site doit disposer d'une protection naturelle, comme des collines ou des arbres, qui peuvent aider à protéger l'abri des radiations et des effets des explosions.

Étape 2 : Creuser et construire les fondations

Creusez une fondation peu profonde (au moins 2 pieds de profondeur) pour l'abri. Cela ajoute de la stabilité et vous permet de construire des murs plus épais et renforcés.

Posez une dalle en béton armé comme fondation pour supporter le poids de l'abri et fournir une base stable.

Étape 3 : Construire les murs

Utilisez des matériaux denses comme du béton, des parpaings remplis de sable ou des sacs de sable pour les murs. Assurez-vous que les murs ont au moins 12 pouces d'épaisseur pour le béton ou 2 à 4 pieds d'épaisseur pour les sacs de sable.

Renforcez les murs avec des barres d'acier ou des barres d'armature pour augmenter l'intégrité structurelle et améliorer la résistance aux explosions.

Étape 4 : Renforcez le toit

Utilisez du béton armé, de l'acier ou des sacs de sable pour construire un toit solide et résistant aux explosions. Assurez-vous que le toit est incliné pour dévier les débris et empêcher l'accumulation d'eau.

Si possible, ajoutez de la terre ou des sacs de sable sur le toit pour une protection supplémentaire contre les radiations.

Étape 5 : Installez les portes et les bouches d'aération

Installez une porte lourde et résistante aux explosions en acier ou en plomb pour protéger l'entrée. Assurez-vous que la porte est bien fermée pour empêcher les retombées de pénétrer.

Placez des prises d'air filtrées et des bouches d'aération dans des positions stratégiques pour maintenir le flux d'air et empêcher les particules de retombées de pénétrer. Utilisez des filtres HEPA ou à charbon actif pour éliminer les contaminants de l'air.

Étape 6 : Ajoutez un blindage extérieur

Construisez une berme de terre autour de l'abri pour ajouter une protection supplémentaire contre les radiations et les explosions. La berme doit avoir au moins 3 pieds d'épaisseur et couvrir autant que possible l'abri.

Vous pouvez également utiliser des sacs de sable, des pierres ou des blocs de béton pour renforcer l'extérieur de l'abri.

Étape 7 : approvisionnez l'abri

Équipez l'abri de suffisamment de nourriture, d'eau et de fournitures pour durer au moins deux semaines. Stockez les aliments en conserve et séchés, l'eau dans des récipients hermétiques et l'équipement d'urgence tel que les trousses de premiers secours, les radios et les lampes de poche.

Intégrez des toilettes portables ou chimiques pour l'assainissement, ainsi que des produits de nettoyage et des sacs à déchets.

Abris hors sol économiques

Si vous avez un budget limité, voici quelques stratégies pour réduire le coût de construction d'un abri hors sol tout en préservant la sécurité et la fonctionnalité :

Utilisez les structures existantes : transformez un sous-sol, un garage ou un hangar en abri antiatomique en renforçant les murs et le toit avec du béton, des sacs de sable ou des parpaings. L'ajout d'un blindage externe avec de la terre ou des sacs de sable peut transformer un bâtiment existant en un abri antiatomique viable.

Abris en sacs de sable à faire soi-même : les sacs de sable sont un moyen abordable et efficace de créer des murs épais et résistants aux radiations. Vous pouvez acheter des sacs et les remplir de terre ou de sable de votre propriété pour réduire les coûts.

Matériaux de récupération : utilisez des matériaux de construction de seconde main ou récupérés, comme des parpaings, des poutres en acier ou des gravats de béton, pour construire ou renforcer l'abri.

Concentrez-vous sur les zones clés : si vous ne pouvez pas vous permettre de renforcer l'ensemble de la structure avec des matériaux coûteux comme le plomb ou l'acier, concentrez-vous sur les zones les plus critiques, comme le toit, la porte et les bouches d'aération. L'utilisation de matériaux plus résistants dans ces zones peut néanmoins offrir un niveau de protection élevé.

Les abris antiatomiques hors sol, lorsqu'ils sont construits avec les bons matériaux et les bonnes considérations de conception, peuvent offrir une protection importante contre les radiations et les effets de souffle en cas de catastrophe nucléaire. Bien qu'ils n'offrent pas le même niveau de protection que les abris souterrains, ils sont plus accessibles et peuvent être construits plus rapidement et à moindre coût. En utilisant des matériaux denses comme le béton, les sacs de sable et les parpaings, en renforçant la structure pour résister aux explosions et en assurant une ventilation et une filtration de l'air adéquates, un abri hors sol peut vous protéger, vous et votre famille, en cas de retombées nucléaires.

Protéger votre famille dans une zone de retombées nucléaires est une tâche à multiples facettes qui nécessite une planification minutieuse, une prise de décision rapide et une préparation à long terme. Après un accident nucléaire, les retombées radioactives (les particules radioactives qui se déposent au sol après une explosion) constituent l'un des plus grands dangers. Les radiations provenant des retombées peuvent entraîner de graves problèmes de santé, notamment des maladies dues aux radiations et des cancers. Il est donc essentiel de savoir comment protéger votre famille de l'exposition et assurer sa survie à long terme. Dans ce chapitre, nous aborderons les mesures à prendre pour protéger votre famille dans une zone de retombées, des mesures d'urgence aux stratégies de protection à long terme.

# Comprendre les retombées nucléaires et leurs dangers

Les retombées nucléaires sont composées de minuscules particules radioactives qui sont transportées dans l'atmosphère après une explosion nucléaire et finissent par se déposer sur le sol. Ces particules émettent des radiations nocives, principalement sous forme de rayons gamma, qui peuvent pénétrer la peau et endommager les organes internes. Les particules radioactives peuvent contaminer l'air, l'eau, le sol et les surfaces, rendant l'exposition inévitable sans protection adéquate. Les niveaux de radiation les plus élevés se produisent dans les premières heures et les premiers jours suivant une explosion, mais les retombées peuvent rester dangereuses pendant des semaines, voire des années, selon la gravité de l'événement.

Les deux principaux dangers des retombées nucléaires sont les suivants :

Exposition externe : les radiations des particules radioactives peuvent pénétrer dans le corps, provoquant des brûlures cutanées, des maladies dues aux radiations et des effets à long terme sur la santé tels que le cancer.

Exposition interne : l'ingestion ou l'inhalation de particules radioactives peut entraîner une exposition interne aux radiations, qui peuvent endommager les organes vitaux et augmenter le risque de cancer.

Mesures immédiates après une explosion nucléaire

Immédiatement après une explosion nucléaire, votre priorité est de minimiser l'exposition aux radiations et de trouver un abri le plus rapidement possible. Voici les étapes essentielles pour protéger votre famille pendant les premières étapes d'un événement de retombées nucléaires :

Mettez-vous à l'abri immédiatement

Dès que vous vous rendez compte d'une explosion nucléaire, votre première priorité est de mettre votre famille à l'intérieur et de l'éloigner des fenêtres et des portes. L'onde de choc d'une explosion nucléaire peut briser le verre et provoquer des blessures graves même à des kilomètres de la détonation. Si vous êtes à l'extérieur, cherchez immédiatement un abri dans le bâtiment ou l'abri le plus proche, comme un sous-sol, un parking souterrain ou une pièce intérieure sans fenêtre.

Si vous êtes dans un véhicule : arrêtez-vous et trouvez le bâtiment solide le plus proche pour vous abriter. Les véhicules offrent très peu de protection contre les radiations ou les ondes de choc.

Si vous êtes à l'extérieur sans abri à proximité : allongez-vous à plat sur le sol, face contre terre, et couvrez-vous la tête. Une fois l'onde de choc passée, déplacez-vous vers l'abri le plus proche.

Une fois à l'intérieur, prenez immédiatement des mesures pour isoler l'abri des particules radioactives. Fermez toutes les fenêtres, les portes et les bouches d'aération, et éteignez tous les systèmes de chauffage, de ventilation et de climatisation pour empêcher les retombées radioactives d'être aspirées à l'intérieur. Si vous êtes dans une maison ou un autre bâtiment, utilisez des bâches en plastique, du ruban adhésif, des serviettes ou d'autres matériaux disponibles pour couvrir les fissures autour des fenêtres et des portes.

Déplacez-vous vers la pièce la plus intérieure ou le sous-sol : les particules radioactives se déposent sur les surfaces extérieures, il est donc important de vous déplacer vers une pièce offrant la meilleure protection contre l'extérieur, comme un sous-sol, un abri souterrain ou une pièce intérieure sans fenêtre.

Restez à l'intérieur pendant au moins 24 heures

Les niveaux de radiation des retombées sont à leur maximum dans les 24 à 48 heures qui suivent une explosion nucléaire. Pendant cette période, vous devez rester à l'intérieur de l'abri et éviter de sortir. Les niveaux de radiation diminuent considérablement après les deux premiers jours, mais rester à l'intérieur aussi longtemps que possible réduit votre exposition globale. Dans de nombreux cas, il est plus sûr de rester à l'abri pendant au moins deux semaines si les fournitures le permettent.

Surveillez les alertes d'urgence

Utilisez une radio à piles ou à manivelle pour surveiller les émissions d'urgence officielles. Les autorités locales fourniront des mises à jour sur les niveaux de radiation, les zones dangereuses et le moment où il est sécuritaire d'évacuer ou de quitter l'abri. Les systèmes de communication peuvent être interrompus immédiatement après l'événement, alors écoutez régulièrement les mises à jour.

Protéger votre famille pendant un séjour prolongé dans un abri

Une fois la menace immédiate de l'explosion passée, le défi de la survie à long terme dans une zone de retombées commence. Protéger votre famille pendant un séjour prolongé dans un abri antiatomique implique une gestion minutieuse des fournitures, de l'assainissement et du bien-être psychologique.

Sécurité de l'eau et des aliments

La survie de votre famille dans une zone de retombées dépend de l'accès à de l'eau propre et à des aliments sains. La contamination des aliments et de l'eau par des retombées radioactives est une préoccupation majeure, il est donc essentiel de prendre des précautions.

Sécurité de l'eau : Assurez-vous de disposer d'un approvisionnement suffisant en eau propre et non contaminée, stockée dans des récipients hermétiques. Ne comptez pas sur les sources d'eau de surface (comme les rivières ou les lacs) à moins d'avoir les moyens de les purifier. Utilisez des filtres à eau capables d'éliminer les particules radioactives (comme les systèmes d'osmose inverse) ou purifiez l'eau avec des comprimés d'iode ou en la faisant bouillir.

Sécurité alimentaire : Ne mangez que des aliments stockés à l'intérieur dans des récipients hermétiques, comme des conserves, des aliments séchés et des plats lyophilisés. Évitez de consommer des produits frais ou de la viande provenant de l'extérieur, car ils peuvent être contaminés par des particules de retombées. Si vous devez utiliser de l'eau ou des aliments provenant de l'extérieur, assurez-vous qu'ils ont d'abord été minutieusement testés pour détecter les radiations.

Assainissement et hygiène

Il est essentiel de maintenir la propreté et l'assainissement dans un espace confiné pour prévenir les maladies. Avec des ressources et de l'eau limitées, l'hygiène peut devenir difficile, mais il est toujours crucial de protéger votre famille contre les maladies et les infections.

Gestion des déchets : Si votre abri n'a pas de plomberie, utilisez des toilettes portables ou chimiques et jetez les déchets dans des conteneurs ou des sacs scellés. Stockez les déchets dans une zone désignée, loin de l'espace de vie jusqu'à ce qu'ils puissent être retirés en toute sécurité.

Hygiène personnelle : Utilisez des lingettes désinfectantes, des désinfectants pour les mains à base d'alcool et des serviettes jetables pour garder les mains et le corps propres. Si l'eau est limitée, privilégiez l'eau potable au lavage, mais nettoyez les zones essentielles comme le visage, les mains et la bouche pour réduire le risque de maladie.

Vêtements : Gardez un ensemble de vêtements propres séparé pour chaque personne dans l'abri et changez-les régulièrement. Si des membres de la famille doivent quitter l'abri, demandez-leur d'enlever et de ranger leurs vêtements contaminés avant d'y rentrer pour éviter que des particules radioactives ne se propagent à l'intérieur.

Décontamination après exposition

Si vous ou un membre de votre famille avez été exposé à des retombées radioactives alors que vous étiez à l'extérieur de l'abri, une décontamination immédiate est nécessaire pour réduire le risque d'exposition interne aux radiations.

Retirez les vêtements contaminés : retirez soigneusement les vêtements et les chaussures qui ont pu être exposés aux retombées et placez-les dans des sacs en plastique scellés. Les vêtements contaminés peuvent retenir des particules radioactives, jetez-les donc correctement.

Lavez la peau exposée : utilisez de l'eau et du savon pour laver la peau exposée, y compris les mains, le visage et les cheveux. Portez une attention particulière aux zones où les retombées peuvent s'être déposées, comme le cuir chevelu, sous les ongles et sur la peau exposée. Si l'eau est limitée, utilisez des lingettes humides ou un chiffon humide pour éliminer les particules.

Surveillance des radiations

La surveillance des niveaux de radiation dans votre environnement est essentielle pour savoir quand il est sécuritaire de quitter l'abri ou de sortir. Équipez votre abri d'un compteur Geiger ou d'un dosimètre, qui peut mesurer les niveaux de radiation et vous aider à évaluer le risque d'exposition.

Niveaux de rayonnement sans danger : les niveaux de rayonnement sont mesurés en microsieverts par heure ($\mu$Sv/h) ou en millisieverts (mSv). En général, les niveaux inférieurs à 0,5 $\mu$Sv/h sont considérés comme sûrs pour une exposition limitée. Si les niveaux dépassent cette valeur, limitez les activités en extérieur et continuez à vous abriter.

Santé mentale et bien-être

De longues périodes de confinement, de peur et d'incertitude peuvent nuire au bien-être mental et émotionnel de votre famille. Maintenir un sentiment de routine, de communication et de soutien est essentiel pour garder tout le monde calme et concentré pendant un événement de retombées.

Créez une routine quotidienne : établissez un programme quotidien qui comprend des tâches telles que la préparation des aliments, le nettoyage, la surveillance des niveaux de rayonnement et l'exercice. Le maintien d'une routine aide à maintenir un sentiment de normalité et réduit le stress.

Divertissement et distractions : assurez-vous que votre abri comprend des articles de divertissement et de stimulation mentale, tels que des livres, des puzzles, des jeux ou une radio. Ces activités aident à passer le temps et à maintenir le moral, en particulier pour les enfants.

Communication et réconfort : encouragez une communication ouverte au sein de la famille, permettant à chacun d'exprimer ses craintes ou ses inquiétudes. Rassurez votre famille en lui expliquant les mesures que vous prenez pour assurer sa sécurité et en discutant de vos projets pour l'avenir.

Survie à long terme dans une zone de retombées

Dans le pire des cas, lorsque les niveaux de radiation restent élevés pendant une période prolongée ou que les infrastructures sont gravement endommagées, votre famille peut avoir besoin de s'adapter à la survie à long terme dans une zone de retombées. Voici quelques stratégies pour gérer l'exposition aux retombées à long terme :

Test et traitement de l'eau contaminée

Les sources d'eau peuvent être contaminées par les retombées pendant des mois, voire des années. Surveillez en permanence les niveaux de radiation dans les sources d'eau locales et utilisez des méthodes de filtration telles que l'osmose inverse, la distillation ou les filtres à charbon actif pour purifier l'eau. Les systèmes de collecte des eaux de pluie peuvent également fournir une source d'eau plus sûre s'ils sont collectés après que les retombées initiales se soient déposées.

Cultiver des aliments en toute sécurité

Cultiver des aliments dans une zone de retombées radioactives est difficile, mais possible avec les précautions appropriées. Utilisez des plates-bandes surélevées remplies de terre non contaminée ou des serres pour isoler les plantes des retombées radioactives. Choisissez des cultures moins susceptibles d'absorber les radiations, comme les fruits ou les céréales, et évitez les légumes-racines qui poussent directement dans un sol contaminé.

Préparation médicale

Une exposition prolongée aux radiations peut entraîner des complications de santé, il est donc essentiel d'avoir une trousse de premiers soins bien approvisionnée et une réserve de tous les médicaments nécessaires. Si possible, stockez des médicaments comme l'iodure de potassium, qui peut protéger la thyroïde de l'absorption d'iode radioactif. Gardez à l'esprit que l'assistance médicale peut ne pas être facilement disponible dans une zone de retombées, alors soyez prêt à gérer vous-même les blessures et les maladies mineures.

Planification de l'évacuation

Lorsque les niveaux de radiation ont diminué à des niveaux plus sûrs, vous devrez peut-être planifier une évacuation si la vie dans la zone de retombées devient intenable. Surveillez les niveaux de radiation locaux et les directives officielles pour déterminer le moment le plus sûr pour partir. Assurez-vous que votre famille est préparée en préparant un sac d'urgence contenant des produits essentiels comme de la nourriture, de l'eau, des vêtements et des fournitures médicales.

Survivre dans une zone de retombées nucléaires nécessite une planification minutieuse, une action rapide et une adaptabilité à long terme. En comprenant les dangers de l'exposition aux radiations et en suivant les étapes essentielles pour protéger votre famille, vous pouvez minimiser les risques et augmenter vos chances de survie. De la mise à l'abri immédiate à la gestion de la nourriture, de l'eau et de la santé à long terme, chaque étape est essentielle pour garantir que vous et vos proches restiez en sécurité après un événement nucléaire. Avec la bonne préparation et l'état d'esprit, vous pouvez relever les défis d'une zone de retombées nucléaires et protéger votre famille pour l'avenir.

# Survie à court terme après une retombée radioactive : les 72 premières heures

Les 72 heures qui suivent une explosion nucléaire sont les plus critiques pour la survie. Pendant cette période, les niveaux de radiation sont à leur maximum et des mesures immédiates sont nécessaires pour vous protéger, vous et votre famille, des effets mortels des retombées radioactives. La survie à court terme dans une zone de retombées radioactives nécessite une réflexion rapide, une protection efficace et une gestion prudente des ressources pour minimiser l'exposition et augmenter vos chances de traverser cette fenêtre dangereuse. Dans ce chapitre, nous aborderons ce que vous devez faire pendant les 72 heures qui suivent un événement nucléaire, en nous concentrant sur la protection contre les radiations, la communication et les besoins de survie de base.

Pourquoi les 72 premières heures sont cruciales

Après une explosion nucléaire, les retombées radioactives commencent à se déposer sur la zone environnante en quelques minutes à quelques heures, selon la taille de l'explosion et les conditions météorologiques. Les retombées se composent de minuscules particules radioactives qui émettent des rayons gamma, qui peuvent pénétrer la plupart des matériaux et provoquer de graves effets sur la santé, notamment la maladie des radiations et la mort. Les niveaux de radiations seront à leur maximum dans les 24 à 48 heures suivant l'explosion, ce qui rend la mise à l'abri et la protection immédiates essentielles. Bien que le danger des radiations diminue avec le temps, les 72 premières heures sont cruciales pour la survie, car c'est à ce moment-là que l'exposition aux radiations est la plus élevée.

Mesures immédiates : la première heure

Dès que vous avez connaissance d'une explosion nucléaire, votre priorité absolue est de vous protéger, vous et votre famille, de l'explosion initiale et des retombées. Adopter les bonnes mesures dans la première heure peut faire toute la différence entre la vie et la mort.

Mettez-vous immédiatement à l'abri

La première priorité après une explosion nucléaire est de vous mettre immédiatement à l'abri. Les retombées peuvent commencer à tomber en quelques minutes, il n'y a donc pas de temps à perdre. Si vous êtes à l'intérieur, restez à l'intérieur et déplacez-vous dans la pièce la plus reculée de votre maison, loin des fenêtres, des portes et des murs extérieurs. Si vous avez accès à un sous-sol ou à un abri souterrain, allez-y immédiatement, car ces zones offrent la meilleure protection contre les radiations.

Si vous êtes à l'extérieur : Si vous êtes pris à l'extérieur lors d'une explosion nucléaire, cherchez un abri le plus rapidement possible. Le bâtiment le plus proche, une structure souterraine ou même un ponceau ou un fossé peuvent offrir une certaine protection. Couvrez-vous la bouche et le nez avec un chiffon pour éviter d'inhaler les particules radioactives et protégez votre peau autant que possible. Une fois à l'intérieur, ne sortez plus à moins que ce soit absolument nécessaire.

Fermez l'abri : fermez toutes les fenêtres, portes et évents pour empêcher les particules radioactives de pénétrer dans votre abri. Utilisez du ruban adhésif, des bâches en plastique ou des serviettes pour sceller les fissures ou les interstices autour des portes et des fenêtres. Restez aussi loin que possible des murs extérieurs pour minimiser l'exposition aux radiations.

Se baisser et se mettre à l'abri

Si vous êtes suffisamment près de l'explosion pour voir l'éclair, vous devez prendre des mesures immédiates pour vous protéger de l'onde de choc, qui peut survenir quelques secondes ou quelques minutes après l'éclair. Utilisez la technique du « baisser et se mettre à l'abri » pour minimiser les blessures causées par les débris volants et l'onde de choc.

Trouvez un abri : si vous êtes à l'extérieur, allongez-vous sur le ventre, les mains couvrant votre tête et votre cou. Si vous êtes à l'intérieur, mettez-vous à l'abri sous une table ou un meuble solide.

Restez à terre : l'onde de choc peut survenir quelques secondes ou quelques minutes après l'éclair, alors restez en place jusqu'à ce qu'elle passe.

Les 24 premières heures : protection immédiate contre les retombées radioactives

Une fois le danger immédiat de l'explosion passé, la phase critique suivante consiste à vous protéger des retombées radioactives. Les particules radioactives peuvent commencer à tomber dès 15 minutes après l'explosion, il est donc essentiel de rester dans un abri bien fermé.

Restez à l'intérieur

Pendant les 24 premières heures suivant une explosion nucléaire, il est essentiel que vous et votre famille restiez à l'intérieur de votre abri. Les particules radioactives émises à l'extérieur émettront des niveaux de radiation dangereux, et une exposition, même de quelques minutes, peut être mortelle. Ne quittez pas votre abri à moins que cela ne soit absolument nécessaire.

Limitez votre exposition : si vous devez sortir pour surveiller des membres de votre famille ou pour toute autre raison, limitez votre temps à quelques minutes maximum. Portez un masque ou couvrez-vous la bouche et le nez avec un chiffon pour éviter d'inhaler des particules radioactives, et retirez tout vêtement contaminé dès que vous rentrez à l'intérieur.

Surveillez les niveaux de radiation

Si vous avez accès à un compteur Geiger ou à un dosimètre de radiation, surveillez régulièrement les niveaux de radiation pour déterminer le niveau d'exposition dans votre région. Comprendre le niveau de radiation vous aidera à déterminer combien de temps vous devez rester dans votre abri.

Niveaux sûrs : idéalement, vous devez attendre que les niveaux de radiation chutent à 0,5 microsievert par heure (µSv/h) ou moins avant d'envisager toute activité extérieure prolongée. Cependant, vous devez rester à l'intérieur pendant au moins les 24 premières heures, même si les niveaux de radiation semblent baisser rapidement.

Décontaminer après exposition

Si vous ou un membre de votre famille avez été exposé aux retombées radioactives en allant à l'extérieur, il est essentiel de décontaminer dès que possible pour éliminer les particules radioactives de la peau et des cheveux.

Retirez les vêtements contaminés : retirez soigneusement les vêtements et les chaussures qui ont pu entrer en contact avec les retombées radioactives et placez-les dans un sac ou un récipient en plastique fermé. Cela permet d'éviter que les particules radioactives ne se propagent à l'intérieur.

Lavez la peau exposée : utilisez du savon et de l'eau pour laver soigneusement la peau exposée. Faites très attention aux zones où les particules radioactives peuvent s'être déposées, comme le cuir chevelu, sous les ongles et le visage. Si l'eau est limitée, utilisez des lingettes humides ou un chiffon humide pour essuyer les particules.

Français:Soutenir sa survie : les 48 à 72 premières heures

Une fois la menace immédiate de l'explosion et des retombées passée, vous vous concentrerez sur la survie à l'intérieur de l'abri. Vous devrez gérer vos ressources, assurer la santé et le bien-être de chacun et vous préparer à la prochaine phase de l'urgence.

Gestion de l'eau et de la nourriture

Pendant les 72 premières heures, vous devrez gérer soigneusement vos réserves d'eau et de nourriture pour vous assurer qu'elles durent jusqu'à ce que vous puissiez quitter l'abri en toute sécurité ou jusqu'à l'arrivée des secours. Les radiations peuvent avoir contaminé les sources d'eau extérieures, évitez donc d'utiliser de l'eau qui n'a pas été stockée à l'intérieur ou protégée des retombées.

Stockage de l'eau : Chaque personne a besoin d'au moins 1 gallon d'eau par jour. Donnez la priorité à l'eau potable plutôt qu'au lavage ou au nettoyage pour économiser les réserves. Si vous devez purifier l'eau, utilisez des filtres ou des comprimés de purification.

Alimentation : Privilégiez la consommation d'aliments non périssables et de longue conservation, tels que des conserves, des aliments séchés ou des plats lyophilisés. Évitez les aliments frais qui pourraient avoir été exposés aux particules de retombées et lavez les contenants ou emballages avant de les ouvrir.

Hygiène et assainissement

Il est essentiel de garder votre abri propre et de maintenir une hygiène personnelle pour prévenir les maladies au cours des 72 premières heures. Sans accès à l'eau courante, vous devrez utiliser des méthodes alternatives pour rester propre et éliminer les déchets.

Élimination des déchets : utilisez des toilettes portables ou des toilettes chimiques pour l'élimination des déchets et stockez les déchets dans des conteneurs ou des sacs scellés. Si vous n'avez pas de toilettes portables, créez une zone de déchets désignée et utilisez des sacs en plastique pour la collecte. Gardez la zone de déchets aussi loin que possible de l'espace de vie.

Hygiène personnelle : utilisez des désinfectants pour les mains, des lingettes humides ou des désinfectants à base d'alcool pour vous nettoyer les mains et le corps. Assurez-vous de vous laver les mains avant de manger ou de manipuler des aliments. Si vous avez de l'eau à disposition, lavez-vous le visage et les mains au moins une fois par jour pour réduire le risque d'infection.

Premiers secours et surveillance de la santé

Au cours des 72 premières heures, vous devrez être prêt à gérer des blessures mineures, des maladies et une éventuelle maladie due aux radiations. Une trousse de premiers secours bien remplie est essentielle pour soigner les coupures, brûlures ou autres blessures causées par l'explosion ou l'exposition.

Symptômes du mal des radiations : Les symptômes du mal des radiations comprennent des nausées, des vomissements, de la diarrhée, de la fatigue et des brûlures cutanées. Si une personne dans l'abri commence à présenter ces symptômes, installez-la aussi confortablement que possible, hydratez-la et surveillez son état de près. Les cas graves nécessiteront des soins médicaux dès qu'ils seront disponibles.

Communication et information

Il est essentiel de rester informé dans les 72 heures qui suivent une explosion nucléaire. Les mises à jour officielles des autorités locales fourniront des informations sur les niveaux de radiation, les ordres d'évacuation et les efforts de secours. Utilisez une radio à piles ou à manivelle pour rester informé de la situation.

Vérifiez les mises à jour : écoutez régulièrement les émissions d'urgence pour obtenir des informations sur l'étendue des retombées, les zones à éviter et les instructions sur le moment où il est sécuritaire d'évacuer. Gardez à l'esprit que l'infrastructure de communication peut être perturbée immédiatement après l'événement, il peut donc falloir du temps pour que les mises à jour arrivent.

Restez connecté : si le service de téléphonie mobile ou Internet est toujours disponible, utilisez-le avec parcimonie pour économiser la batterie. Contactez votre famille ou les services d'urgence, mais évitez toute utilisation inutile pour assurer la durée de vie de vos appareils.

Préparation au départ : après 72 heures

Après les 72 premières heures, les niveaux de rayonnement devraient commencer à diminuer, même si le danger est loin d'être écarté. À ce stade, vous devrez évaluer soigneusement la situation et déterminer s'il est sécuritaire de rester à l'abri ou si vous devez vous préparer à l'évacuation.

Évaluer les niveaux de rayonnement

Utilisez votre compteur Geiger ou votre dosimètre pour mesurer les niveaux de rayonnement à l'intérieur et à l'extérieur de l'abri. Si les niveaux sont toujours élevés (supérieurs à 1,0 μSv/h), continuez à vous abriter et limitez l'exposition à l'extérieur. Les niveaux de radiation chutent considérablement après les 48 à 72 premières heures, mais ils peuvent encore être dangereux pendant des périodes prolongées dans les zones proches de l'explosion.

Préparez-vous à l'évacuation

Si les autorités émettent un ordre d'évacuation ou si votre abri n'est plus sûr, vous devrez peut-être vous préparer à l'évacuation. Rassemblez vos fournitures d'urgence, notamment de l'eau, de la nourriture, des premiers soins et des équipements de protection individuelle comme des masques ou des gants. Assurez-vous que tout le monde est correctement couvert pour éviter tout contact direct avec les retombées.

Itinéraire d'évacuation : Planifiez votre itinéraire en fonction des dernières mises à jour sur les niveaux de radiation et l'état des routes. Évitez les zones où les niveaux de radiation sont élevés et dirigez-vous vers des centres d'évacuation désignés ou des zones sûres.

Précautions de voyage : Si vous devez évacuer à travers une zone de retombées, limitez autant que possible votre temps à l'extérieur. Portez des vêtements de protection et couvrez la peau exposée pour éviter que les retombées ne se déposent sur votre corps. Apportez de l'eau et de la nourriture, car les réserves locales peuvent être contaminées.

Les 72 premières heures après une explosion nucléaire sont les plus dangereuses et les plus critiques pour la survie. En vous mettant immédiatement à l'abri, en isolant votre espace des retombées radioactives, en gérant vos ressources et en restant informé, vous pouvez vous protéger, vous et votre famille, de l'exposition aux radiations. À mesure que les niveaux de radiation diminuent, vous devrez évaluer soigneusement la situation et décider si vous devez continuer à vous abriter ou évacuer vers une zone plus sûre.

# Survie à long terme aux retombées nucléaires : mois et années

La survie à long terme dans une zone de retombées nucléaires ne se résume pas à une protection immédiate et à des stratégies à court terme. Elle nécessite une planification minutieuse, une gestion des ressources et une adaptation à un environnement radicalement modifié pendant des mois, voire des années. Après un événement nucléaire, si la menace immédiate des retombées nucléaires diminue avec le temps, les effets des radiations et des dommages environnementaux peuvent persister beaucoup plus longtemps. Dans ce chapitre, nous explorerons des stratégies de survie à long terme, notamment la sécurisation des approvisionnements durables en nourriture et en eau, la gestion des risques sanitaires, la reconstruction des infrastructures et la garantie du bien-être mental et émotionnel dans un monde post-retombées nucléaires.

Comprendre les risques de retombées nucléaires à long terme

Au fil du temps, après un événement nucléaire, les niveaux de radiations diminuent progressivement, mais ils peuvent ne pas revenir à des niveaux sûrs avant des mois, voire des années, dans les zones qui ont reçu de fortes retombées nucléaires. La demi-vie de certains isotopes radioactifs, tels que le césium 137 et le strontium 90, signifie qu'ils peuvent persister dans l'environnement pendant des décennies, continuant à présenter des risques pour la santé par le biais de sols, d'eau et de sources alimentaires contaminés.

Bien que le risque immédiat de maladie aiguë due aux radiations diminue après quelques semaines, une exposition à long terme à des niveaux de rayonnement plus faibles peut entraîner des problèmes de santé chroniques, notamment un risque accru de cancer et d'autres maladies. Il est essentiel de comprendre ces risques et de prendre des mesures pour minimiser l'exposition à long terme pour survivre.

Sécurité alimentaire à long terme : cultiver et s'approvisionner en aliments sûrs

L'un des plus grands défis dans un environnement post-nucléaire est de garantir un approvisionnement alimentaire fiable et sûr. Les retombées peuvent contaminer le sol, les plantes et les animaux, ce qui rend dangereux la consommation de tout ce qui est cultivé ou récolté dans les zones affectées par les radiations. Cependant, avec une planification et des précautions appropriées, il est possible de cultiver et de s'approvisionner en aliments en toute sécurité.

Cultiver des aliments en toute sécurité

Pour cultiver des aliments en toute sécurité dans une zone de retombées, vous devez éviter la contamination par des particules radioactives qui peuvent s'être déposées sur le sol. Cela nécessite d'utiliser un sol non contaminé, de cultiver dans des environnements protégés et de sélectionner soigneusement les cultures.

Plates-bandes surélevées et serres : les plates-bandes surélevées remplies de terre fraîche et non contaminée sont idéales pour cultiver des aliments dans un environnement de retombées. Les serres offrent une protection supplémentaire en protégeant les cultures des particules radioactives et en vous permettant de contrôler l'environnement de croissance.

Cultures à cultiver : Certaines cultures sont moins susceptibles d'absorber les radiations du sol. Privilégiez la culture de fruits et de céréales, qui ont tendance à accumuler moins d'isotopes radioactifs que les légumes à feuilles vertes ou les légumes-racines. Évitez les cultures comme les carottes, les pommes de terre et les navets, qui poussent directement dans le sol et sont plus sujettes à la contamination.

Test du sol : Testez régulièrement le sol pour connaître les niveaux de radiation à l'aide d'un compteur Geiger ou d'autres appareils de détection de radiation. Si les niveaux de radiation sont trop élevés, abstenez-vous de cultiver des aliments dans ce sol jusqu'à ce qu'il soit sûr.

Chasse, pêche et cueillette

La chasse, la pêche et la cueillette peuvent devenir nécessaires à la survie à long terme, mais vous devez faire attention à la contamination des animaux, des poissons et des plantes sauvages.

Chasse et pêche : les animaux et les poissons qui ont ingéré des particules radioactives peuvent présenter un risque sanitaire important s'ils sont consommés. Testez toute viande ou tout poisson avec un détecteur de rayonnement avant de les manger et évitez de consommer ceux qui présentent des signes de contamination. Pensez à vous en tenir aux animaux et aux poissons provenant de zones connues pour être moins exposées aux retombées radioactives.

Cueillette : bien que la cueillette de plantes et de baies sauvages puisse sembler être une bonne source de nourriture, ces plantes peuvent également absorber les radiations des sols contaminés. Ne cueillez que dans des zones qui ont été testées pour les radiations et évitez de consommer des plantes qui poussent près du sol ou dans des zones de retombées radioactives connues.

Conservation et stockage des aliments

À long terme, la conservation et le stockage des aliments sont essentiels pour assurer un approvisionnement régulier en aliments non contaminés. Des méthodes de conservation appropriées vous permettent de stocker les aliments en toute sécurité pendant des mois ou des années, réduisant ainsi la dépendance à des sources potentiellement contaminées.

Mise en conserve : la mise en conserve à domicile est l'un des meilleurs moyens de conserver les aliments pour un stockage à long terme. Les fruits, les légumes et les viandes peuvent être mis en conserve et stockés en toute sécurité dans des bocaux hermétiques, les préservant ainsi de toute contamination.

Déshydratation : la déshydratation des fruits, des légumes et des viandes élimine l'humidité, ce qui les rend moins susceptibles de se gâter. Les aliments déshydratés peuvent être conservés pendant de longues périodes sans réfrigération et réhydratés si nécessaire.

Lyophilisation : la lyophilisation est une autre excellente méthode de conservation, car elle conserve la valeur nutritionnelle des aliments tout en prolongeant leur durée de conservation. Bien que l'équipement de lyophilisation puisse être coûteux, il fournit une source fiable de nourriture à long terme.

Assurer un approvisionnement en eau à long terme

L'eau est essentielle à la survie à long terme, et assurer une source d'eau sûre et non contaminée est l'un des défis les plus difficiles dans un environnement de retombées radioactives. Les sources d'eau comme les rivières, les lacs et même les eaux souterraines peuvent être contaminées par des particules radioactives, il est donc essentiel de trouver et de purifier l'eau.

Purification de l'eau

Les particules radioactives présentes dans l'eau peuvent causer des problèmes de santé à long terme si elles sont ingérées. Il est donc essentiel de purifier l'eau que vous collectez pour survivre.

Systèmes de filtration : utilisez des systèmes de filtration d'eau avancés, tels que des filtres à osmose inverse, pour éliminer les particules radioactives de l'eau contaminée. Ces filtres sont capables d'éliminer les plus petites particules, y compris les isotopes radioactifs.

Distillation : la distillation est l'un des moyens les plus efficaces de purifier l'eau dans une zone de retombées. En faisant bouillir l'eau et en récupérant la vapeur condensée, vous pouvez éliminer les particules radioactives et d'autres contaminants. Bien que la distillation nécessite une énergie importante, elle fournit une source sûre et fiable d'eau propre.

Collecte des eaux de pluie : l'eau de pluie recueillie après la période initiale de retombées peut être une alternative plus sûre aux eaux de surface contaminées. Utilisez un système de collecte des eaux de pluie avec une filtration appropriée pour stocker l'eau propre en vue d'une utilisation à long terme.

Stockage de l'eau

Le stockage de grandes quantités d'eau est essentiel pour la survie à long terme, car l'accès à l'eau propre peut être irrégulier. L'eau doit être stockée dans des récipients scellés et durables pour la protéger de la contamination.

Fûts ou réservoirs en plastique : Stockez l'eau dans des fûts ou réservoirs en plastique de qualité alimentaire pouvant contenir de grands volumes d'eau. Assurez-vous que les récipients sont hermétiquement fermés pour empêcher les retombées de pénétrer.

Rotation de l'eau stockée : Même l'eau stockée doit être régulièrement renouvelée pour éviter la stagnation ou la contamination. Prenez l'habitude d'utiliser et de remplacer périodiquement l'eau stockée pour vous assurer qu'elle reste fraîche.

Santé et soins médicaux dans une zone de retombées

La survie à long terme dans une zone de retombées nécessite une attention particulière à la santé et aux soins médicaux. L'exposition aux radiations, aux aliments et à l'eau contaminés peut entraîner des problèmes de santé chroniques. Il est donc essentiel de prendre des mesures pour protéger la santé de votre famille.

Gestion de l'exposition aux radiations

Bien que les niveaux de radiations diminuent avec le temps, une exposition à long terme, même à de faibles niveaux de radiations, peut entraîner de graves problèmes de santé, notamment le cancer. La gestion de l'exposition aux radiations implique de réduire le contact avec les zones, les aliments et l'eau contaminés.

Surveillance des radiations : utilisez un compteur Geiger ou un dosimètre pour surveiller régulièrement les niveaux de radiations dans votre environnement. Si les niveaux sont trop élevés, évitez de passer du temps à l'extérieur, en particulier dans les zones de fortes retombées radioactives.

Iodure de potassium : gardez une réserve d'iodure de potassium (KI) à portée de main. Le KI protège la glande thyroïde de l'absorption d'iode radioactif, réduisant ainsi le risque de cancer de la thyroïde. Il est plus efficace lorsqu'il est pris peu de temps avant ou après l'exposition à l'iode radioactif.

Entretenir les fournitures médicales

Dans une situation de survie à long terme, l'accès aux soins médicaux peut être limité, voire inexistant. Il est essentiel d'avoir une trousse de premiers soins bien approvisionnée et des médicaments essentiels pour traiter les blessures et les maladies.

Faites des réserves de médicaments : si possible, faites des réserves de médicaments sur ordonnance dont votre famille dépend, car l'accès aux pharmacies ou aux installations médicales peut être limité. Incluez dans votre réserve des médicaments en vente libre tels que des analgésiques, des antiacides et des médicaments contre les allergies.

Fournitures de premiers secours : une trousse de premiers secours complète doit contenir des bandages, des antiseptiques, de la gaze stérile, des ciseaux, des attelles et d'autres éléments essentiels pour traiter les blessures. Apprenez les premiers secours de base et la réanimation cardio-pulmonaire pour gérer les urgences.

Traitement du mal des radiations : le mal des radiations peut se développer au fil du temps en cas d'exposition prolongée. Les symptômes comprennent des nausées, des vomissements, de la fatigue et des brûlures cutanées. Bien que les cas graves nécessitent un traitement médical professionnel, garder la personne concernée hydratée et reposée peut aider à gérer les symptômes plus légers.

Reconstruction des infrastructures et de la communauté

Dans un monde post-nucléaire, les infrastructures sur lesquelles vous comptiez autrefois pourraient être détruites ou gravement compromises. Reconstruire un mode de vie durable et autonome sera essentiel pour la survie à long terme. Rétablir les liens communautaires et travailler avec d'autres augmenteront vos chances de reconstruire et de prospérer.

Entretien des abris et des maisons

Après des mois ou des années dans une zone de retombées, votre abri ou votre maison devra être entretenu ou reconstruit pour garantir qu'il reste sûr et habitable. Les radiations peuvent avoir affaibli les matériaux et l'exposition aux éléments peut provoquer l'usure de la structure.

Renforcez votre abri : à mesure que les niveaux de radiation diminuent, évaluez l'état de votre abri et renforcez les zones affaiblies ou endommagées. Réparez les fissures dans les murs, rescellez les portes et les fenêtres et renforcez le toit si nécessaire.

Élargissez les espaces de vie : si les conditions s'améliorent, vous pourrez peut-être agrandir votre abri pour accueillir plus de personnes ou d'activités, comme le stockage de nourriture ou le jardinage intérieur.

Communauté et coopération

Travailler avec les autres est essentiel pour survivre à long terme dans un monde post-atomique. Construire ou rejoindre une communauté d'individus partageant les mêmes idées vous permet de partager des ressources, des connaissances et des compétences, ce qui rend la survie plus facile et plus durable.

Former des alliances : Établir des relations avec d'autres survivants de votre région et travailler ensemble pour créer une communauté. La mise en commun des ressources et des compétences peut aider tout le monde à prospérer à long terme.

Troc et échanges : En l'absence d'une économie fonctionnelle, le troc deviendra un moyen essentiel d'acquérir des biens nécessaires. Stockez des articles de valeur pour le commerce, tels que de la nourriture, de l'eau, des fournitures médicales et des outils.

Bien-être mental et émotionnel

Survivre dans une zone de retombées pendant des mois ou des années nuit à votre santé mentale et émotionnelle. L'isolement prolongé, le stress et la peur peuvent entraîner une dépression, de l'anxiété et d'autres problèmes psychologiques. Prendre soin de votre santé mentale est tout aussi important que d'assurer votre survie physique.

Maintenir une routine

L'établissement d'une routine quotidienne aide à maintenir un sentiment de normalité et de contrôle, réduisant ainsi le stress et l'anxiété. Intégrez à votre routine des tâches régulières telles que la préparation des repas, le ménage, l'entretien des plantes ou des animaux et la surveillance des niveaux de radiation.

Rester occupé

Garder votre esprit occupé peut aider à prévenir les sentiments d'ennui, de dépression ou de désespoir. Participez à des activités telles que la lecture, l'écriture, le bricolage ou l'apprentissage de nouvelles compétences pour passer le temps et rester mentalement actif.

Interaction sociale

Si vous faites partie d'une communauté, le maintien des interactions sociales est essentiel au bien-être émotionnel. Une communication régulière, des activités partagées et un soutien mutuel peuvent remonter le moral et créer un sentiment d'utilité. Même au sein d'une petite cellule familiale, parler et partager ses sentiments aide à atténuer le stress.

# Santé mentale après une explosion : comment faire face au traumatisme

Survivre à un événement nucléaire n'est pas seulement un défi physique, c'est aussi un défi émotionnel et psychologique. Le traumatisme d'être témoin d'une catastrophe aussi extrême, combiné au stress de la survie à long terme dans une zone de retombées, peut avoir de graves conséquences sur la santé mentale. Au lendemain d'une explosion nucléaire, la peur, l'incertitude, la perte et l'isolement deviennent des compagnons constants. Faire face au traumatisme et maintenir la santé mentale sera essentiel pour le bien-être individuel et la capacité à prendre des décisions judicieuses pendant la survie. Dans ce chapitre, nous explorerons comment gérer les effets psychologiques d'une catastrophe nucléaire, les stratégies pour faire face au traumatisme et les mesures à prendre pour favoriser la résilience mentale chez vous et votre famille.

Comprendre l'impact psychologique d'un événement nucléaire

Les effets psychologiques de la survie à une catastrophe nucléaire peuvent être accablants. La nature soudaine et catastrophique de l'événement peut entraîner toute une série de réactions émotionnelles, notamment le choc, la peur, la colère, le chagrin et la culpabilité. Les défis à long terme liés à la vie dans une zone de retombées nucléaires (rareté des ressources, perte des liens sociaux, isolement et menace constante des radiations) peuvent aggraver le stress, l'anxiété et la dépression.

Voici quelques réactions psychologiques courantes que les survivants peuvent ressentir :

Réactions de stress aigu : immédiatement après la catastrophe, les survivants ressentent souvent une anxiété accrue, de la confusion et des difficultés de concentration. Ces réactions de stress aigu sont normales, mais si elles persistent, elles peuvent évoluer vers des problèmes de santé mentale plus graves.

Trouble de stress post-traumatique (TSPT) : le TSPT peut se développer après avoir vécu ou été témoin d'un événement traumatisant, comme une explosion nucléaire. Les symptômes peuvent inclure des flashbacks, des cauchemars, une hypervigilance et l'évitement des rappels de l'événement.

Culpabilité du survivant : les survivants peuvent se sentir coupables d'avoir survécu à la catastrophe alors que d'autres ne l'ont pas fait. Cette culpabilité peut se manifester par des sentiments d'indignité ou de honte, et les survivants peuvent remettre en question leurs décisions pendant l'événement.

Dépression et désespoir : les défis de survie à long terme, combinés à l'isolement et à la destruction de la vie normale, peuvent conduire à la dépression. Les sentiments de désespoir, de tristesse et de perte d'intérêt pour la vie sont courants chez les survivants.

Angoisse et peur : l'anxiété permanente liée à l'exposition aux radiations, au manque de ressources et à l'incertitude de l'avenir peut peser lourdement sur le bien-être mental des survivants. La peur chronique peut entraîner des symptômes physiques tels que des maux de tête, de la fatigue et de l'insomnie.

Faire face au traumatisme : stratégies à court terme

Immédiatement après l'accident nucléaire, votre première priorité sera de vous concentrer sur la survie et la sécurité physique. Cependant, il est tout aussi important de gérer l'impact émotionnel et psychologique. Voici quelques stratégies pour faire face au traumatisme à court terme :

Reconnaître et gérer ses émotions

Après un événement traumatisant, il est normal de ressentir une gamme d'émotions intenses, allant de la peur et de la colère à la tristesse et à l'engourdissement. Au lieu de réprimer ces émotions, il est important de les reconnaître et de les gérer. Autorisez-vous et votre famille à vous sentir bouleversés, anxieux ou effrayés : c'est une réaction naturelle à une catastrophe.

Parlez de vos sentiments : si vous vous abritez chez votre famille ou d'autres personnes, encouragez les conversations ouvertes sur ce que tout le monde ressent. Parler de vos émotions peut aider à soulager une partie de la pression mentale et permettre un soutien mutuel.

Tenir un journal : si vous avez du mal à parler de vos sentiments, pensez à les écrire. Tenir un journal peut être un moyen efficace de gérer vos émotions et de réfléchir à la situation, vous aidant ainsi à acquérir un sentiment de contrôle.

Établir une routine

Dans le chaos qui suit un événement nucléaire, la création d'une routine quotidienne peut procurer un sentiment de stabilité et de contrôle, ce qui contribue à réduire l'anxiété et le stress. Une routine structurée permet d'ancrer votre journée, offrant un sentiment de normalité au milieu de l'incertitude.

Tâches quotidiennes : fixez des horaires réguliers pour les tâches telles que la préparation des repas, le ménage et la vérification des fournitures. Attribuez des responsabilités à chaque membre de la famille pour vous assurer que tout le monde reste engagé et concentré.

Incluez des pauses et de la détente : s'il est important de rester occupé, il est tout aussi important de faire des pauses. Incorporez de courtes périodes de détente ou de calme à votre routine, comme la méditation, des exercices de respiration profonde ou simplement vous asseoir tranquillement pour vous vider l'esprit.

Restez en contact avec vos proches

Le lien social est un outil puissant pour faire face aux traumatismes. Au lendemain d'une catastrophe nucléaire, votre famille et vos compagnons de refuge seront votre principale source de soutien émotionnel. Encouragez la communication et la coopération, et appuyez-vous les uns sur les autres pour relever les défis à venir.

Soutenez-vous mutuellement : encouragez les membres de la famille à partager leurs pensées et leurs inquiétudes. Offrez un soutien émotionnel en écoutant sans jugement et en offrant du réconfort. Savoir que vous n'êtes pas seul à faire face à ces difficultés peut réduire le sentiment d'isolement.

Utilisez la technologie (si disponible) : si l'accès au téléphone ou à Internet fonctionne toujours, essayez de rester en contact avec votre famille élargie, vos amis ou même les communautés en ligne de survivants. Même de brèves conversations peuvent apporter du réconfort et réduire le sentiment d'être coupé du monde extérieur.

Concentrez-vous sur les objectifs de survie immédiats

En cas de crise, se concentrer sur des objectifs à court terme peut aider à réduire le sentiment accablant d'impuissance. Plutôt que de vous perdre dans la peur de l'avenir, concentrez-vous sur ce que vous pouvez contrôler dans le présent.

Divisez les tâches en étapes : concentrez-vous sur les besoins de survie immédiats, comme se procurer de la nourriture, de l'eau et un abri. Divisez les tâches plus importantes en étapes plus petites et plus faciles à gérer. Par exemple, au lieu de vous inquiéter des pénuries alimentaires à long terme, concentrez-vous sur le rationnement des provisions pour les prochains jours.

Célébrez les petites victoires : terminer des tâches, même les plus petites, peut vous donner un sentiment d'accomplissement et de contrôle. Qu'il s'agisse de renforcer l'abri ou de purifier l'eau, reconnaissez les progrès que vous faites vers la survie.

Adaptation à long terme : mois et années après l'explosion

Au fur et à mesure que le temps passe et que le choc initial s'estompe, les effets psychologiques à long terme de la survie dans une zone de retombées peuvent commencer à émerger. La solitude, le désespoir et le poids d'une survie prolongée peuvent devenir de lourds fardeaux. Développer des mécanismes d'adaptation à long terme est essentiel pour maintenir la santé mentale et la résilience dans les mois et les années qui suivent.

Fixez des objectifs de survie à long terme

Après la période de crise initiale, il est important de se concentrer sur des stratégies de survie à long terme. Fixer des objectifs réalistes et atteignables pour reconstruire et maintenir la vie peut donner un sens et une direction, ce qui contribue à atténuer les sentiments de désespoir.

Efforts de reconstruction : identifiez les domaines de votre vie qui doivent être reconstruits, qu'il s'agisse d'améliorer l'abri, de sécuriser une source de nourriture plus fiable ou de créer une communauté avec d'autres survivants. Fixez-vous des objectifs à long terme, comme cultiver un jardin durable ou établir des relations commerciales avec d'autres, pour vous donner à vous et à votre famille un objectif à atteindre.

Adaptez-vous à la nouvelle normalité : accepter que la vie a changé après l'explosion est essentiel pour aller de l'avant. S'il est important de pleurer la perte de la vie que vous connaissiez autrefois, se concentrer sur l'adaptation à la nouvelle réalité vous aidera à trouver la paix dans le présent.

Gérer la dépression et l'anxiété

La survie à long terme peut entraîner un stress chronique, une dépression et de l'anxiété. Si elles ne sont pas contrôlées, ces sentiments peuvent rendre difficile le fonctionnement et le maintien de l'espoir pour l'avenir. Il est essentiel de reconnaître les signes de dépression et d'anxiété et de les traiter rapidement.

Exercice : l'activité physique est une méthode éprouvée pour améliorer l'humeur et réduire le stress. Dans un espace confiné, des exercices comme les étirements, le yoga ou les exercices de poids corporel peuvent libérer les tensions et améliorer le bien-être mental.

Pleine conscience et méditation : pratiquer la pleine conscience ou la méditation peut vous aider à rester présent et concentré, réduisant ainsi l'anxiété face au passé ou à l'avenir. Passez quelques minutes chaque jour à vous concentrer sur votre respiration, à calmer votre esprit et à vous débarrasser des soucis.

Rechercher un sens : trouver un but ou un sens à sa survie peut aider à combattre le sentiment de désespoir. Cela peut impliquer de prendre soin de sa famille, de travailler à des objectifs à long terme ou même d'aider les autres dans sa communauté.

Combattre l'isolement et la solitude

L'isolement qui accompagne le fait de vivre dans un abri antiatomique ou coupé du monde extérieur peut conduire à une solitude intense. Au fil du temps, cet isolement peut avoir de graves effets sur la santé mentale, comme la dépression et le sentiment d'abandon.

Créez un sentiment de communauté : si vous faites partie d'un petit groupe ou d'une famille, cultivez un fort sentiment d'unité et de communauté. Prenez régulièrement des nouvelles les uns des autres, participez à des activités de groupe et partagez les responsabilités. Le soutien mutuel et la coopération sont essentiels pour combattre la solitude.

Établissez des liens avec d'autres survivants : si vous pouvez le faire en toute sécurité, établissez des contacts avec d'autres survivants de votre région. Cela peut se faire par communication radio ou en vous rencontrant en personne une fois que les niveaux de radiation auront diminué. Former des alliances et reconstruire des liens sociaux peut procurer un sentiment de connexion crucial.

Aidez les enfants à faire face au traumatisme

Les enfants sont particulièrement vulnérables aux effets psychologiques du traumatisme et peuvent avoir du mal à comprendre l'ampleur de la catastrophe ou à exprimer leurs émotions. Aider les enfants à faire face aux conséquences d'un événement nucléaire nécessite de la patience, de la compréhension et du réconfort.

Maintenez des routines : les enfants trouvent du réconfort dans la routine, donc maintenir un horaire régulier de repas, d'activités et de sommeil les aidera à se sentir en sécurité.

Parlez ouvertement de leurs sentiments : encouragez les enfants à parler de leurs sentiments et de leurs peurs. Répondez à leurs questions aussi honnêtement que possible tout en les rassurant. Utilisez un langage adapté à leur âge pour expliquer ce qui s'est passé et ce que vous faites pour les protéger.

Jouez : le jeu est un moyen naturel pour les enfants de gérer leurs émotions et leurs traumatismes. Encouragez-les à jouer, à dessiner ou à utiliser leur imagination pour gérer leurs sentiments de manière sûre et saine.

Développer la résilience mentale

La survie à long terme dans un monde post-nucléaire nécessite une résilience mentale, c'est-à-dire la capacité de s'adapter à l'adversité, de se remettre d'un traumatisme et de garder espoir. Bien qu'il puisse sembler impossible de rester positif dans une situation aussi difficile, il existe des moyens de renforcer la résilience et d'améliorer votre bien-être psychologique.

Restez concentré sur ce que vous pouvez contrôler

Dans un monde rempli d'incertitude et de danger, se concentrer sur ce que vous pouvez contrôler permet de réduire le sentiment d'impuissance. Concentrez-vous sur les actions que vous pouvez entreprendre pour améliorer votre situation, aussi minimes soient-elles.

Pratiquez la gratitude

Même dans des circonstances difficiles, pratiquer la gratitude peut avoir un effet puissant sur votre vision mentale. Chaque jour, prenez un moment pour réfléchir à quelque chose pour lequel vous êtes reconnaissant, que ce soit la sécurité de votre famille, une tâche accomplie ou simplement un abri. La gratitude vous aide à passer de la peur à l'espoir.

Gardez le sens de l'humour

Le rire est un anti-stress naturel et peut alléger le poids émotionnel de la survie. Même dans les moments difficiles, trouver des moments d'humour, que ce soit en racontant des histoires, en jouant à des jeux ou en se remémorant des souvenirs, peut aider à remonter le moral et à rassembler les gens.

Gardez espoir pour l'avenir

Garder espoir est l'un des aspects les plus importants de la résilience mentale. Même lorsque la situation semble désespérée, se concentrer sur la possibilité de se rétablir, de reconstruire et d'avoir un avenir peut vous aider à continuer. N'oubliez pas que les êtres humains ont survécu et prospéré à d'innombrables défis, et qu'avec de la persévérance, vous pouvez le faire aussi.

# Protection du bétail et des animaux domestiques dans une zone de retombées

Lors de la préparation à la survie dans une zone de retombées, les humains ne sont pas les seuls à avoir besoin de protection : votre bétail et vos animaux domestiques sont également confrontés à des dangers importants liés aux radiations, à la nourriture et à l'eau contaminées et à l'exposition aux particules de retombées. Ces animaux sont essentiels non seulement pour la compagnie mais aussi pour la survie à long terme, en particulier le bétail qui peut fournir de la nourriture et des ressources dans un monde post-catastrophe. Dans ce chapitre, nous explorerons les stratégies de protection du bétail et des animaux domestiques dans une zone de retombées, notamment l'abri, l'alimentation, la gestion de l'eau et les soins à long terme.

Les risques pour les animaux dans une zone de retombées

Comme les humains, les animaux peuvent souffrir de maladies dues aux radiations, de contamination interne et externe et d'effets à long terme sur la santé s'ils sont exposés aux retombées radioactives. Les protéger des retombées implique de minimiser leur exposition à l'air, à l'eau et à la nourriture contaminés tout en leur offrant un environnement sûr et sécurisé.

Les principaux risques pour le bétail et les animaux domestiques dans une zone de retombées radioactives sont les suivants :

Exposition aux radiations : l'exposition directe aux rayons gamma provenant des retombées radioactives peut provoquer une maladie des radiations chez les animaux, entraînant des symptômes tels que des vomissements, une diarrhée, une perte de poils et, dans les cas graves, la mort.

Ingestion de particules radioactives : les animaux qui ingèrent des aliments ou de l'eau contaminés par les retombées radioactives risquent d'être exposés à des radiations internes, ce qui peut endommager les organes et augmenter le risque de cancer.

Inhalation de poussières radioactives : l'inhalation de poussières ou de particules radioactives peut endommager les poumons et augmenter le risque de maladie des radiations.

Protection du bétail contre les retombées radioactives

Le bétail, comme les vaches, les poulets, les porcs, les moutons et les chèvres, joue un rôle essentiel dans la survie à long terme, en fournissant de la viande, du lait, des œufs et d'autres ressources essentielles. Les protéger des retombées radioactives est essentiel non seulement pour leur bien-être, mais aussi pour assurer la durabilité de votre approvisionnement alimentaire.

Abriter le bétail

La première étape pour protéger le bétail contre les retombées radioactives consiste à lui fournir un abri adéquat. Tout comme les humains, le bétail doit être protégé de l'exposition directe aux particules radioactives et aux radiations.

Déplacez le bétail à l'intérieur : si possible, placez tout le bétail dans des granges, des hangars ou d'autres abris intérieurs. Ces structures offriront une protection contre les particules radioactives, réduisant ainsi l'exposition aux radiations. Assurez-vous que l'abri est aussi étanche que possible pour empêcher la poussière de retombées de pénétrer.

Construisez des abris de fortune : si vous n'avez pas de granges ou de hangars existants, envisagez de construire des abris de fortune en utilisant des matériaux disponibles comme des bâches, du contreplaqué ou des bâches en plastique. Bien que ces abris ne soient pas aussi robustes que les structures permanentes, ils peuvent néanmoins offrir une certaine protection contre les retombées.

Renforcez les murs des abris : pour une protection maximale contre les radiations, renforcez les murs des abris pour le bétail avec des matériaux denses comme des sacs de sable, de la terre ou des parpaings. Ces matériaux peuvent aider à bloquer les rayonnements gamma, de la même manière qu'ils protègent les abris antiatomiques pour les humains.

Limitez l'exposition à l'extérieur : dans les premiers jours suivant un événement nucléaire, les niveaux de radiation seront à leur maximum. Gardez le bétail à l'intérieur pendant au moins les 48 à 72 premières heures, lorsque les retombées radioactives sont les plus dangereuses. Après cette période, limitez le temps passé à l'extérieur jusqu'à ce que les niveaux de radiation diminuent à des niveaux plus sûrs.

Fournir de la nourriture et de l'eau propres

L'un des plus grands défis dans la prise en charge du bétail après une catastrophe nucléaire est de s'assurer qu'il a accès à de la nourriture et à de l'eau non contaminées. Les retombées radioactives peuvent contaminer l'herbe, le foin, les aliments et les sources d'eau, ce qui présente un risque grave pour la santé du bétail.

Constituez des réserves d'aliments : avant un événement nucléaire, stockez suffisamment d'aliments propres et non contaminés pour durer au moins deux semaines. Conservez les aliments dans des récipients hermétiques ou des sacs scellés pour éviter toute contamination par les retombées. Si vous n'êtes pas préparé, couvrez les aliments existants avec des bâches ou des bâches en plastique pour les protéger de la poussière des retombées.

Protégez l'eau : assurez-vous que le bétail a accès à de l'eau propre et non contaminée. Si possible, stockez l'eau dans de grands récipients ou des barils à l'intérieur de l'abri. Couvrez les abreuvoirs ou les seaux extérieurs avec des couvercles ou des bâches pour empêcher les particules de retombées de pénétrer.

Filtration de l'eau : si l'approvisionnement en eau de votre bétail a été contaminé, utilisez un système de filtration pour éliminer les particules radioactives avant de permettre aux animaux de boire. Vous pouvez également purifier l'eau par des méthodes telles que la distillation, qui élimine efficacement les contaminants.

Surveillance de la santé du bétail

L'exposition aux radiations peut entraîner des problèmes de santé chez le bétail qui ne sont pas immédiatement apparents. Il est essentiel de surveiller vos animaux pour détecter tout signe de maladie due aux radiations et d'autres problèmes de santé dans les jours et les semaines qui suivent un événement nucléaire.

Symptômes de la maladie due aux radiations : surveillez les signes tels que la léthargie, la perte d'appétit, la diarrhée, les vomissements, la perte excessive de poils, les brûlures cutanées ou les plaies ouvertes. Si vous observez ces symptômes, isolez l'animal affecté pour éviter toute contamination supplémentaire et fournissez-lui des soins de soutien (hydratation, repos et abri propre).

Contrôles de santé réguliers : effectuez des contrôles de santé quotidiens sur votre bétail, en l'inspectant pour détecter tout signe de maladie ou de blessure. Tenir un registre de leur état vous aidera à identifier tout changement qui pourrait indiquer une exposition aux radiations ou d'autres problèmes de santé.

Soins du bétail à long terme

À mesure que les niveaux de radiation diminuent au fil du temps, il est important de veiller à ce que votre bétail dispose des ressources dont il a besoin pour survivre à long terme. Cela comprend la sécurisation des zones de pâturage sûres, le rétablissement d'un approvisionnement en eau propre et la protection des animaux contre les dangers secondaires, tels que les prédateurs ou les pillards.

Zones de pâturage sûres : une fois la période initiale de retombées passée, commencez à tester les zones de pâturage pour détecter les radiations avant de laisser vos animaux vagabonder. Utilisez un compteur Geiger pour mesurer les niveaux de radiation dans l'herbe et le sol. Autorisez le pâturage uniquement dans les zones où les niveaux de radiation ont diminué à des niveaux sûrs (généralement inférieurs à 0,5 µSv/h).

Alternez les pâturages : pour minimiser l'exposition aux radiations, alternez votre bétail entre différents pâturages. Cela permet d'éviter une exposition prolongée au sol contaminé et laisse le temps aux niveaux de radiation de diminuer dans des zones spécifiques.

Sécurisez votre bétail : dans un environnement post-nucléaire, les troubles sociaux et la pénurie de ressources peuvent entraîner une augmentation des vols ou de la prédation. Assurez-vous que votre bétail est bien abrité la nuit et envisagez de renforcer les clôtures ou les barrières pour le protéger des menaces potentielles.

Protéger les animaux de compagnie des retombées radioactives

Les animaux de compagnie, y compris les chiens, les chats et les autres animaux domestiques, sont des membres bien-aimés de la famille, et leur sécurité doit être une priorité en cas de retombées radioactives. Les animaux de compagnie sont vulnérables aux mêmes dangers que les humains : exposition aux radiations, aliments et eau contaminés et inhalation de particules radioactives. Il est donc essentiel de prendre des mesures pour les protéger.

Garder les animaux de compagnie à l'intérieur

La meilleure façon de protéger les animaux de compagnie des retombées radioactives est de les garder à l'intérieur, comme vous le feriez pour vous et votre famille. Si votre maison dispose d'un abri antiatomique désigné, emmenez vos animaux de compagnie avec vous.

Limitez l'exposition à l'extérieur : gardez les animaux de compagnie à l'intérieur de l'abri ou de la maison pendant au moins les 48 à 72 heures suivant un événement nucléaire, car c'est à ce moment-là que les retombées seront les plus dangereuses. Après cette période, limitez leur temps à l'extérieur et assurez-vous qu'ils sont surveillés lorsqu'ils sortent.

Fournissez une zone propre : désignez une zone spécifique dans l'abri pour vos animaux de compagnie, y compris la literie, les jouets et la nourriture. Assurez-vous que la zone est exempte de contamination par les retombées radioactives en la nettoyant régulièrement et en la gardant isolée de l'environnement extérieur.

Fournir de la nourriture et de l'eau salubres aux animaux de compagnie

Comme le bétail, les animaux de compagnie doivent avoir accès à de la nourriture et à de l'eau propres et non contaminées lors d'un événement de retombées radioactives. Il est essentiel de stocker suffisamment de nourriture et d'eau pour vos animaux de compagnie pour assurer leur survie.

Faites des réserves de nourriture pour animaux de compagnie : conservez une réserve de nourriture sèche ou en conserve dans des récipients hermétiques. Assurez-vous que la nourriture est stockée dans un endroit sûr et scellé pour éviter toute contamination par les retombées radioactives. Prévoyez au moins deux semaines de nourriture pour chaque animal de compagnie et rationnez-la soigneusement pour assurer la durabilité des réserves.

Protégez les sources d'eau : fournissez à vos animaux de compagnie de l'eau propre et fraîche qui a été stockée à l'intérieur ou dans des récipients scellés. Évitez de leur donner de l'eau provenant de sources extérieures, telles que des flaques d'eau, des étangs ou des lacs, car elles peuvent être contaminées par les retombées radioactives.

Purification de l'eau : si l'approvisionnement en eau de votre animal de compagnie est contaminé, utilisez une méthode de purification de l'eau, comme la filtration ou la distillation, pour vous assurer qu'il peut la boire en toute sécurité.

Décontamination des animaux de compagnie

Si vos animaux de compagnie sortent pendant ou après une retombée radioactive, ils peuvent être exposés à des particules radioactives. Il est essentiel de les décontaminer dès qu'ils rentrent à l'intérieur pour éviter l'exposition aux radiations et la contamination de votre abri.

Laver la fourrure exposée : Si votre animal est sorti, lavez soigneusement sa fourrure avec de l'eau et du savon pour éliminer toute particule de retombée. Portez une attention particulière à ses pattes, ses oreilles et son visage, car ces zones sont les plus susceptibles d'entrer en contact avec les retombées.

Retirez les vêtements ou les colliers contaminés : Si votre animal porte un collier ou des vêtements qui ont été exposés aux retombées radioactives, retirez-les et jetez-les pour éviter que la contamination ne se propage à l'intérieur.

Surveillance de la santé des animaux de compagnie

Les animaux de compagnie peuvent souffrir du mal des radiations tout comme les humains, il est donc important de surveiller de près leur santé pour détecter tout signe de maladie ou d'exposition aux radiations.

Symptômes du mal des radiations chez les animaux de compagnie : surveillez les symptômes tels que les vomissements, la diarrhée, la salivation excessive, la perte d'appétit, la fatigue et la perte de poils. Si votre animal présente ces symptômes, offrez-lui un espace calme et propre pour se reposer et assurez-vous qu'il a accès à de l'eau fraîche. Consultez un vétérinaire dès qu'il en a la possibilité.

Examens réguliers : effectuez des examens de santé réguliers sur vos animaux de compagnie pour vous assurer qu'ils ne souffrent d'aucune maladie ou blessure cachée. À long terme, surveillez tout signe de maladie induite par les radiations, comme les cancers ou les lésions organiques.

Soins à long terme des animaux de compagnie et du bétail

Une fois que les niveaux de radiation ont diminué à des niveaux plus sûrs, vous devrez ajuster vos stratégies de soins à long terme pour vos animaux de compagnie et votre bétail. Le maintien de leur santé et de leur bien-être est essentiel pour leur survie et leur compagnie à long terme.

Test de l'environnement

Avant de laisser les animaux domestiques ou le bétail se déplacer librement à l'extérieur, testez l'environnement pour connaître les niveaux de radiation. Utilisez un compteur Geiger pour mesurer la radiation dans l'air, le sol et la végétation, en vous assurant que les niveaux sont sûrs avant de donner accès à vos animaux aux espaces extérieurs.

Reconstruire un approvisionnement en nourriture et en eau

À mesure que les niveaux de radiation diminuent, vous devrez établir un approvisionnement en nourriture et en eau plus durable pour vos animaux. Pour le bétail, cela peut signifier cultiver des aliments ou établir des zones de pâturage sûres. Pour les animaux domestiques, cela peut impliquer de chasser ou de chercher des sources de nourriture supplémentaires.

Cultiver des aliments sûrs : Pour le bétail, commencez à cultiver des cultures pour l'alimentation dans des plates-bandes surélevées ou des serres remplies de sol non contaminé. Faites tourner les pâturages pour vous assurer qu'ils restent sûrs pour le pâturage.

Chasse et recherche de nourriture pour les animaux domestiques : Dans un scénario de survie à long terme, envisagez de compléter l'alimentation de vos animaux domestiques avec du gibier sauvage ou de la nourriture récoltée. Assurez-vous que toute nourriture que vous leur donnez est testée pour détecter toute contamination avant consommation.

La protection de votre bétail et de vos animaux domestiques dans une zone de retombées nécessite une planification minutieuse, une action immédiate et des soins à long terme. En leur fournissant un abri sûr, de la nourriture et de l'eau non contaminées et en surveillant leur santé, vous pouvez assurer la survie de vos animaux pendant les périodes les plus dangereuses des retombées nucléaires. À long terme, le maintien d'un approvisionnement durable en nourriture et en eau et la reconstruction d'environnements sûrs pour vos animaux seront essentiels à leur bien-être continu. Avec les bonnes stratégies, vous pouvez assurer la sécurité de vos animaux de compagnie bien-aimés et de votre précieux bétail dans un monde post-nucléaire.

# Cultiver des légumes dans un sol pollué : un guide pour un jardinage sûr

Dans un monde post-nucléaire, cultiver ses propres légumes est essentiel pour la survie à long terme, mais le faire dans un sol contaminé par des retombées radioactives présente des défis importants. Un sol pollué peut absorber des isotopes radioactifs nocifs, ce qui le rend dangereux pour la culture d'aliments sans précautions particulières. Cependant, avec les bonnes stratégies et pratiques, il est possible de cultiver des légumes dans de telles conditions tout en minimisant les risques pour la santé. Dans ce chapitre, nous verrons comment cultiver des légumes en toute sécurité dans un sol pollué, en couvrant la préparation du sol, en sélectionnant les cultures, en testant la contamination et en utilisant des techniques de jardinage à long terme.

Les dangers de la culture de légumes dans un sol pollué

Les retombées radioactives peuvent contaminer le sol avec des isotopes nocifs tels que le césium 137, le strontium 90 et l'iode 131, qui sont absorbés par les plantes et peuvent être ingérés lorsque vous mangez les légumes. Ces éléments radioactifs sont particulièrement dangereux car ils émettent des rayons gamma, qui peuvent provoquer des maladies liées aux radiations, augmenter le risque de cancer et entraîner des complications de santé à long terme.

Les principaux dangers de la culture de légumes dans un sol contaminé sont les suivants :

Absorption de particules radioactives : les plantes cultivées dans un sol contaminé peuvent absorber des isotopes radioactifs par leurs racines. Ces isotopes s'accumulent dans les tissus végétaux et peuvent pénétrer dans le corps humain lorsque les légumes sont consommés.

Contamination de surface : les particules radioactives peuvent également se déposer à la surface des plantes, contaminant les feuilles, les tiges et les fruits.

Compte tenu de ces risques, il est essentiel d'utiliser des techniques appropriées pour minimiser l'absorption des particules radioactives et réduire l'exposition lors de la culture d'aliments dans un environnement affecté par les retombées.

Stratégies pour un jardinage sûr dans un sol pollué

Malgré les défis, vous pouvez toujours cultiver des légumes en toute sécurité en utilisant des techniques spécifiques qui limitent l'exposition des plantes aux particules radioactives. Voici comment préparer et gérer votre jardin dans une zone de retombées.

Jardins surélevés et conteneurs

L'un des moyens les plus efficaces pour éviter la contamination des sols est de cultiver des légumes dans des plates-bandes surélevées ou des conteneurs remplis de sol propre et non contaminé. Cela empêche vos cultures d'entrer directement en contact avec le sol pollué, minimisant ainsi le risque d'absorption des radiations.

Plates-bandes surélevées : construisez des plates-bandes surélevées en utilisant des matériaux comme du bois, des briques ou des parpaings, et remplissez-les de terre fraîche qui n'a pas été exposée aux retombées. Les plates-bandes surélevées permettent également de mieux contrôler le drainage et la qualité du sol.

Conteneurs : si l'espace ou les matériaux pour les plates-bandes surélevées sont limités, utilisez des conteneurs tels que de grands pots, des barils ou même des seaux pour cultiver vos légumes. Les conteneurs peuvent être déplacés vers des endroits plus sûrs et sont plus faciles à gérer dans un environnement contaminé.

Approvisionnement en sol : si vous n'avez pas accès à un sol non contaminé, envisagez d'utiliser de la terre provenant de sources intérieures, de serres ou de la terre qui a été stockée dans des sacs scellés avant les retombées. Si vous n'avez pas de nouvelle terre disponible, vous devrez peut-être purifier ou remplacer la terre contaminée (plus d'informations ci-dessous).

Assainissement des sols : réduire la contamination

Si vous devez cultiver des légumes directement dans un sol contaminé, vous pouvez utiliser des techniques d'assainissement des sols pour réduire les niveaux de radiation et rendre le sol plus sûr pour le jardinage. Ces méthodes visent à éliminer ou à réduire la concentration de particules radioactives dans le sol.

Phytoremédiation : La phytoremédiation est le processus consistant à utiliser certaines plantes pour absorber les isotopes radioactifs du sol. Des plantes telles que le tournesol, la moutarde et l'herbe indienne sont connues pour leur capacité à absorber les radiations. Ces plantes peuvent être cultivées dans un sol contaminé, puis retirées et éliminées en toute sécurité une fois qu'elles ont absorbé les particules radioactives. Après plusieurs cycles, les niveaux de radiation du sol peuvent diminuer.

Amendements du sol : L'ajout de matériaux tels que l'argile, le charbon actif ou la zéolite au sol peut aider à lier les particules radioactives, réduisant ainsi leur biodisponibilité pour les plantes. Cela empêche les plantes d'absorber les isotopes nocifs. La matière organique comme le compost peut également aider à diluer la concentration de particules radioactives dans le sol.

Enlever la couche arable : si possible, retirez les 15 à 30 cm supérieurs de sol contaminé et remplacez-les par un sol frais et non contaminé. La plupart des particules radioactives se déposent à la surface du sol, donc l'élimination de cette couche peut réduire considérablement la contamination.

Tester la contamination du sol

Avant de planter des légumes, il est essentiel de tester le sol pour connaître les niveaux de radiation. Cela vous donnera une idée claire du degré de contamination présent et de la sécurité des cultures.

Compteur Geiger : utilisez un compteur Geiger pour tester les niveaux de radiation dans le sol. Bien que les compteurs Geiger mesurent le rayonnement global, ils ne fournissent pas nécessairement d'informations spécifiques sur les types d'isotopes radioactifs présents. Cependant, si les niveaux de radiation sont dangereusement élevés, vous devez éviter d'utiliser ce sol pour le jardinage.

Kits d'analyse du sol : des kits d'analyse du sol spécialisés peuvent détecter des isotopes radioactifs spécifiques, tels que le césium 137 ou le strontium 90, dans le sol. Ces kits sont plus chers mais fournissent des informations plus détaillées sur les niveaux de contamination. Utilisez les résultats pour décider si des mesures correctives sont nécessaires ou si vous devez éviter complètement de planter dans cette zone.

Choisir les bonnes cultures

Certains légumes sont plus susceptibles d'absorber les particules radioactives du sol que d'autres. Lorsque vous cultivez des aliments dans des zones potentiellement contaminées, il est important de choisir des cultures moins susceptibles d'accumuler des radiations. Certaines plantes absorbent moins de particules radioactives, ce qui les rend plus sûres à manger.

Cultures à faible absorption : les fruits, les céréales et les légumes qui poussent au-dessus du sol ont tendance à absorber moins de radiations que les légumes-racines. Voici quelques cultures sûres à envisager :

Tomates

Poivrons

Haricots

Courges

Concombres

Maïs

Cultures à forte absorption : les légumes-racines comme les carottes, les pommes de terre, les betteraves et les navets sont plus susceptibles d'absorber les radiations du sol contaminé, car ils poussent directement dans le sol. Si possible, évitez de cultiver ces cultures dans des zones connues pour être contaminées.

Cultures à croissance rapide : choisissez des cultures à croissance rapide qui peuvent être récoltées rapidement, réduisant ainsi la durée de leur exposition aux radiations dans le sol. Les légumes à feuilles vertes comme les épinards et la laitue, ainsi que les herbes comme le basilic et la coriandre, poussent rapidement et peuvent être récoltés en quelques semaines.

Protection des plantes contre les retombées

Même si le sol n'est pas contaminé, les particules de retombées peuvent se déposer à la surface de vos plantes, ce qui présente un risque lorsque vous récoltez et mangez les légumes. Pour protéger vos cultures, prenez des mesures pour les protéger de l'exposition aux retombées atmosphériques.

Utilisez des bâches de protection : couvrez votre jardin avec des bâches de protection en plastique ou autres matériaux pour protéger les plantes des particules de retombées. Ces bâches doivent être installées sur des cerceaux ou des piquets pour les maintenir à l'écart des plantes, permettant ainsi la circulation de l'air tout en les protégeant de la contamination.

Serres : si possible, cultivez des légumes dans une serre pour fournir un environnement contrôlé qui empêche les particules de retombées d'entrer. Les serres vous permettent également de contrôler la température, l'humidité et la lumière, garantissant de meilleures conditions de croissance.

Lavage des cultures : avant de consommer des légumes, lavez-les soigneusement pour éliminer la contamination de surface. Utilisez de l'eau propre et frottez doucement les légumes pour vous assurer qu'aucune particule de retombée ne reste. L'épluchage des légumes peut également réduire le risque de consommer des particules radioactives.

Jardinage à long terme dans une zone de retombées radioactives

Au fil du temps, à mesure que les niveaux de radiation diminuent, vous pouvez commencer à étendre vos efforts de jardinage et à cultiver une plus grande variété de cultures. Cependant, une vigilance continue est nécessaire pour assurer la sécurité de votre jardin et de votre approvisionnement alimentaire.

Rotation des cultures

La rotation des cultures est une pratique précieuse dans tout jardin, mais elle devient particulièrement importante dans une zone de retombées. En alternant les cultures, vous réduisez le risque d'épuisement des nutriments du sol et évitez que les plantes n'absorbent à plusieurs reprises les particules radioactives restantes.

Cultures alternées : alternez les cultures à forte absorption (comme les légumes-racines) avec les cultures à faible absorption (comme les céréales ou les fruits). Cette pratique permet au sol de récupérer et réduit l'accumulation de particules radioactives dans les plantes.

Cultures de couverture : plantez des cultures de couverture comme le trèfle ou la luzerne pour améliorer la santé du sol, prévenir l'érosion et aider à réduire la contamination entre les saisons de croissance. Les cultures de couverture peuvent également apporter de la matière organique, améliorant la structure du sol et la disponibilité des nutriments.

Santé du sol à long terme

Le maintien de la santé du sol est essentiel à la réussite de tout jardin, mais dans une zone de retombées, cela devient encore plus critique. Concentrez-vous sur l'amélioration de la matière organique du sol et assurez un drainage adéquat pour minimiser les risques de contamination.

Compostage : créez un système de compost pour recycler les déchets organiques et améliorer la fertilité du sol. Le compostage ajoute des nutriments essentiels au sol et améliore sa capacité à soutenir une croissance saine des plantes. Cependant, assurez-vous que les matériaux que vous utilisez pour le compostage sont exempts de contamination.

Paillage : utilisez du paillis pour protéger le sol d'une contamination supplémentaire par les retombées et pour aider à retenir l'humidité. Le paillis organique, comme la paille, les feuilles ou les copeaux de bois, ajoute également des nutriments au sol lors de sa décomposition.

Analyse du sol : continuez à tester votre sol régulièrement pour surveiller les niveaux de rayonnement au fil du temps. À mesure que le rayonnement diminue, vous pourrez peut-être étendre vos efforts de jardinage et cultiver une plus grande variété de cultures.

Gestion durable de l'eau

L'eau est essentielle pour le jardinage, mais dans une zone de retombées, il peut être difficile de trouver une source d'eau propre et fiable. Vous devrez vous assurer que l'eau que vous utilisez pour l'irrigation est exempte de contamination radioactive.

Récupération des eaux de pluie : l'eau de pluie peut être une alternative plus sûre aux sources d'eau de surface qui peuvent être contaminées par les retombées. Installez un système de collecte des eaux de pluie avec une filtration appropriée pour fournir de l'eau propre à votre jardin.

Filtration de l'eau : si vous devez utiliser de l'eau provenant d'une source potentiellement contaminée, filtrez-la avant de l'utiliser dans votre jardin. Les systèmes d'osmose inverse et les filtres à charbon actif peuvent aider à éliminer les particules radioactives de l'eau, la rendant ainsi plus sûre pour l'irrigation.

Cultiver des légumes dans un sol pollué après un événement nucléaire est un défi, mais avec les précautions et les stratégies appropriées, il est possible de produire des aliments sains et sûrs. En utilisant des plates-bandes surélevées, en testant le sol pour détecter toute contamination, en choisissant des cultures à faible absorption et en mettant en œuvre des techniques de remédiation du sol, vous pouvez créer un jardin durable même dans une zone de retombées. Le succès du jardinage à long terme nécessite une attention constante à la santé du sol, à la qualité de l'eau et à la protection des plantes, mais avec de la persévérance, vous pouvez assurer un approvisionnement alimentaire stable pour l'avenir.

# La culture hydroponique pour une alimentation sans radiation

La culture hydroponique offre une solution pratique et efficace pour cultiver des aliments sans radiation dans une zone de retombées radioactives ou dans tout environnement où la contamination du sol est préoccupante. Comme la culture hydroponique ne dépend pas du sol, elle vous permet de cultiver des plantes dans un environnement contrôlé et clos où elles sont protégées des particules radioactives et d'autres contaminants. Ce chapitre explorera les avantages de la culture hydroponique pour la culture d'aliments dans un monde post-nucléaire, les composants de base d'un système hydroponique et comment en installer et en entretenir un pour une production alimentaire à long terme sans radiation.

Pourquoi la culture hydroponique est idéale pour un environnement de retombées radioactives

La culture hydroponique est une méthode de culture de plantes sans sol, en utilisant une solution d'eau riche en nutriments pour fournir les minéraux essentiels directement aux racines des plantes. Cet environnement contrôlé élimine non seulement le risque de contamination du sol, mais permet également une utilisation plus efficace de l'eau et de l'espace, ce qui le rend idéal pour la culture d'aliments dans des abris fermés ou des zones de retombées radioactives.

Voici quelques raisons pour lesquelles la culture hydroponique est particulièrement adaptée à la culture d'aliments dans un environnement post-nucléaire :

Pas de contamination du sol : en éliminant le besoin de terre, la culture hydroponique garantit que les plantes ne sont pas exposées aux particules radioactives, aux métaux lourds ou à d'autres polluants que l'on trouve généralement dans les zones touchées par les retombées nucléaires.

Environnement contrôlé : les systèmes hydroponiques sont généralement installés à l'intérieur ou dans des serres, ce qui vous permet de contrôler la température, l'humidité et les niveaux de lumière. Cet isolement du monde extérieur protège vos plantes des particules radioactives en suspension dans l'air ou d'autres toxines environnementales.

Utilisation efficace de l'eau : les systèmes hydroponiques utilisent beaucoup moins d'eau que le jardinage traditionnel en terre, ce qui en fait une excellente option dans les environnements où l'eau propre est rare. L'eau d'un système hydroponique peut être recyclée et réutilisée, ce qui minimise le gaspillage.

Croissance plus rapide des plantes : les plantes cultivées en hydroponie ont tendance à pousser plus vite que celles cultivées en terre, car elles reçoivent un mélange précis de nutriments, d'eau et d'oxygène. Cette croissance accélérée peut vous aider à produire de la nourriture plus rapidement, ce qui est crucial dans les situations de survie.

Gain de place : les systèmes hydroponiques peuvent être conçus verticalement, ce qui vous permet de cultiver un plus grand nombre de plantes dans un espace plus petit, parfait pour les abris confinés ou les environnements intérieurs.

Composants de base d'un système hydroponique

Pour commencer avec la culture hydroponique, vous aurez besoin de quelques composants essentiels. Bien qu'il existe plusieurs types de systèmes hydroponiques, la plupart d'entre eux s'appuient sur les mêmes éléments de base pour fournir aux plantes les nutriments et les conditions de croissance nécessaires.

Milieu de culture

Bien que la culture hydroponique n'utilise pas de terre, elle nécessite un milieu de culture pour soutenir les racines des plantes et retenir l'humidité. Parmi les milieux de culture courants, on trouve :

La laine de roche : un matériau fibreux qui offre une excellente rétention d'eau et un excellent soutien des racines.

La fibre de coco : fabriquée à partir de coques de noix de coco, la fibre de coco est une ressource renouvelable qui offre une bonne rétention d'eau et une bonne aération.

Les granulés d'argile : ces granulés légers offrent un bon drainage et sont faciles à réutiliser.

Le milieu de culture maintient la plante en place tout en permettant aux racines d'accéder à la solution nutritive.

Solution nutritive

Dans un système hydroponique, les plantes dépendent d'une solution à base d'eau contenant tous les nutriments essentiels dont elles ont besoin pour pousser. Cette solution nutritive comprend généralement un mélange équilibré d'azote, de phosphore, de potassium, de calcium, de magnésium et d'autres oligo-éléments. Vous pouvez acheter des solutions nutritives hydroponiques préfabriquées ou mélanger les vôtres à l'aide d'engrais concentrés.

Réservoir d'eau et pompe

Le réservoir d'eau contient la solution nutritive et la fournit aux plantes. La plupart des systèmes hydroponiques utilisent une pompe pour faire circuler l'eau, garantissant ainsi que les plantes reçoivent un apport constant de nutriments. Le réservoir doit être suffisamment grand pour contenir suffisamment d'eau pour le nombre de plantes que vous cultivez, et il est important de surveiller et de maintenir régulièrement la qualité de l'eau.

Lampes de culture

Si vous cultivez des plantes à l'intérieur ou dans un abri antiatomique, la lumière naturelle du soleil peut ne pas être disponible ou suffisante. Les lampes de culture sont essentielles pour fournir le spectre lumineux nécessaire à la photosynthèse. Les lampes de culture à LED sont économes en énergie et peuvent être adaptées pour émettre les longueurs d'onde idéales pour la croissance des plantes, ce qui en fait un choix populaire pour les systèmes hydroponiques.

Compteurs de pH et d'EC

Le maintien du pH et de la conductivité électrique (EC) corrects de la solution nutritive est essentiel pour une croissance saine des plantes. La plupart des plantes prospèrent dans un environnement légèrement acide avec un pH compris entre 5,5 et 6,5. Le compteur EC mesure la concentration de nutriments dans l'eau, vous aidant ainsi à garantir que vos plantes reçoivent le bon équilibre de minéraux.

Types de systèmes hydroponiques

Il existe plusieurs types de systèmes hydroponiques, chacun avec ses propres avantages et exigences de configuration. Voici quelques systèmes populaires qui conviennent parfaitement à la culture d'aliments dans un environnement post-nucléaire :

Culture en eau profonde (DWC) Deep Water Culture

Dans un système de culture en eau profonde, les racines des plantes sont suspendues directement dans une solution d'eau riche en nutriments. Une pompe à air est utilisée pour oxygéner l'eau, garantissant que les racines reçoivent beaucoup d'oxygène tout en absorbant les nutriments. La DWC est l'un des systèmes hydroponiques les plus simples et les plus rentables, ce qui le rend idéal pour les débutants.

Avantages : simple à installer, peu d'entretien et rentable.

Inconvénients : mobilité limitée des plantes ; pas idéal pour les plantes avec de grands systèmes racinaires.

Technique du film nutritif (NFT) Nutrient Film Technique

La technique du film nutritif implique un jet peu profond de solution nutritive qui coule en continu sur les racines des plantes, qui sont maintenues dans un plateau ou un canal. Cela permet aux racines d'absorber efficacement l'eau et l'oxygène. Les systèmes NFT sont populaires pour la culture de légumes à feuilles vertes et d'herbes.

Avantages : Utilisation efficace de l'eau et des nutriments, idéal pour les petites plantes.

Inconvénients : Nécessite un contrôle plus précis du débit d'eau ; ne convient pas aux plantes à gros systèmes racinaires.

Flux et reflux (inondation et drainage)

Dans un système de flux et reflux, le plateau de culture est périodiquement inondé de la solution nutritive, ce qui permet aux plantes d'absorber l'eau et les nutriments. La solution est ensuite évacuée dans le réservoir, ce qui permet aux racines de recevoir de l'oxygène entre les cycles. Ce système fonctionne bien pour une variété de légumes, y compris les tomates et les poivrons.

Avantages : Polyvalent, prend en charge une grande variété de plantes.

Inconvénients : Nécessite une surveillance attentive pour éviter la pourriture des racines.

Système goutte à goutte

Dans un système goutte à goutte, la solution nutritive est délivrée directement à la base de chaque plante par de petits émetteurs goutte à goutte. Ce système permet un contrôle précis de la quantité d'eau et de nutriments que chaque plante reçoit et est très efficace pour la culture de plantes plus grandes comme les tomates et les concombres.

Avantages : Contrôle précis de l'apport de nutriments, adapté aux grandes plantes.

Inconvénients : Configuration plus complexe ; les émetteurs peuvent se boucher s'ils ne sont pas correctement entretenus.

Installation et entretien d'un système hydroponique

Une fois que vous avez sélectionné le type de système hydroponique qui convient le mieux à vos besoins, suivez ces étapes pour l'installer et l'entretenir pour une production alimentaire à long terme et sans rayonnement.

Sélectionnez un emplacement

Choisissez un emplacement pour votre système hydroponique qui soit protégé des retombées de particules. Si vous vous trouvez dans un abri antiatomique ou dans un espace clos, assurez-vous que le système est placé à proximité de lampes de culture et qu'il a accès à de l'eau propre et à de l'électricité pour les pompes et l'éclairage.

Assemblez le système

Suivez les instructions pour installer le système hydroponique que vous avez choisi. Cela implique généralement l'assemblage du réservoir d'eau, des plateaux ou des conteneurs de culture, des pompes et des tubes. Installez les lampes de culture au-dessus des plantes et placez la pompe à air (si nécessaire) dans un endroit pratique.

Préparez la solution nutritive

Mélangez la solution nutritive en fonction des besoins spécifiques des plantes que vous cultivez. Utilisez des pH-mètres et des EC-mètres pour vous assurer que la solution est correctement équilibrée avant de l'ajouter au système. Vérifiez régulièrement le pH et ajustez-le si nécessaire pour le maintenir dans la plage optimale pour la croissance des plantes.

Plantez vos légumes

Placez vos semis ou vos graines dans le milieu de culture, en vous assurant que les racines sont en contact avec la solution nutritive. Pour les plantes plus grandes, comme les tomates ou les poivrons, assurez-vous que le système fournit un soutien suffisant aux plantes pendant leur croissance.

Surveillez et entretenez le système

Vérifiez régulièrement les niveaux d'eau, la concentration en nutriments et le pH du système. Remplacez la solution nutritive toutes les une à deux semaines, ou selon les besoins, pour garantir que les plantes reçoivent un apport constant de nutriments frais. Surveillez les plantes pour détecter des signes de croissance ou de stress, en ajustant les niveaux de lumière et les concentrations de nutriments selon les besoins.

Que cultiver en hydroponie ?

La culture hydroponique est particulièrement adaptée à la culture de légumes verts à feuilles, d'herbes aromatiques et de petits légumes, mais avec la bonne configuration, vous pouvez cultiver une grande variété de cultures. Voici quelques options populaires pour le jardinage hydroponique :

La laitue : l'une des cultures les plus faciles à cultiver en hydroponie, la laitue pousse rapidement et peut être récoltée en continu.

L'épinard : autre légume à feuilles vertes à croissance rapide, l'épinard prospère dans les systèmes hydroponiques.

Le basilic : les herbes comme le basilic, la coriandre et la menthe se portent bien en hydroponie et sont idéales pour ajouter des saveurs fraîches à vos repas.

Les tomates : bien que les tomates nécessitent plus de soutien, elles peuvent pousser exceptionnellement bien dans les systèmes goutte à goutte hydroponiques.

Les poivrons : les poivrons doux et les piments forts sont bien adaptés à la culture hydroponique, car ils nécessitent un espace minimal et peuvent prospérer avec un apport contrôlé de nutriments.

La culture hydroponique est une méthode très efficace et sûre pour cultiver des aliments sans radiation dans un environnement post-nucléaire. En installant un système contrôlé et sans sol à l'intérieur ou dans un espace protégé, vous pouvez cultiver une variété de légumes et d'herbes sans risque de contamination. Avec le bon équipement, un entretien régulier et une gestion adéquate des nutriments, la culture hydroponique peut assurer un approvisionnement constant en aliments frais et sains pour vous et votre famille, même dans les conditions les plus difficiles.

# Jardinage d'intérieur : la meilleure option dans les zones de retombées nucléaires

Après un événement nucléaire, le jardinage en extérieur peut ne plus être sûr en raison des risques de radiation et de contamination environnementale liés aux retombées nucléaires. Dans de telles situations, le jardinage d'intérieur devient la meilleure option pour cultiver des aliments sûrs et non contaminés. En cultivant des plantes dans un environnement contrôlé, vous pouvez les protéger des particules radioactives, des métaux lourds et d'autres polluants, garantissant ainsi un approvisionnement constant en aliments frais et sains. Ce chapitre explorera les avantages du jardinage d'intérieur dans les zones de retombées nucléaires, les composants essentiels d'un jardin d'intérieur réussi et les étapes pratiques pour établir et entretenir un jardin d'intérieur pour une survie à long terme.

Pourquoi le jardinage d'intérieur est la meilleure option dans les zones de retombées nucléaires

Le jardinage d'intérieur offre des avantages significatifs par rapport à la culture en extérieur dans une zone de retombées nucléaires. En faisant entrer votre jardin à l'intérieur, vous pouvez contrôler l'environnement, protéger vos cultures des radiations et des contaminants et garantir une source fiable de nourriture. Voici pourquoi le jardinage d'intérieur est la solution optimale dans un environnement post-nucléaire :

Protection contre les retombées radioactives : le sol et l'air extérieurs peuvent être contaminés par des particules radioactives, qui peuvent présenter de graves risques pour la santé si elles entrent en contact avec les plantes. Le jardinage d'intérieur élimine ce risque en cultivant des aliments dans un espace propre et clos où ils sont protégés de la contamination radioactive.

Conditions de culture contrôlées : avec le jardinage d'intérieur, vous pouvez contrôler des facteurs critiques comme la température, l'humidité, la lumière et l'eau, optimisant ainsi la croissance des plantes et minimisant l'exposition aux dangers environnementaux. Ce contrôle garantit que les plantes peuvent prospérer même dans les conditions difficiles d'une zone de retombées.

Utilisation efficace de l'espace : le jardinage d'intérieur vous permet de tirer le meilleur parti d'un espace limité, surtout si vous êtes confiné dans un abri ou dans un petit espace intérieur. Les jardins verticaux, les étagères ou les systèmes hydroponiques vous permettent de cultiver plus de nourriture dans un environnement compact.

Production alimentaire toute l'année : à l'intérieur, vous n'êtes pas limité par les changements saisonniers ou les conditions météorologiques. Avec la bonne configuration, vous pouvez cultiver des aliments toute l'année, garantissant un approvisionnement constant de légumes frais même dans les climats les plus froids ou les plus inhospitaliers.

Consommation d'eau réduite : les jardins d'intérieur, en particulier ceux qui utilisent des systèmes hydroponiques ou en conteneurs, utilisent beaucoup moins d'eau que le jardinage extérieur traditionnel. Cela est particulièrement important dans un scénario de survie où l'accès à l'eau propre peut être limité.

Aménagement de votre jardin intérieur

La création d'un jardin intérieur dans une zone de retombées nécessite une planification minutieuse et une attention aux détails. Voici les éléments essentiels d'un système de jardinage intérieur réussi et les étapes pratiques pour commencer :

Choisir le bon espace

La première étape de l'établissement d'un jardin intérieur consiste à sélectionner un espace approprié dans votre abri ou votre maison. L'emplacement doit être sûr, exempt de contamination et avoir suffisamment de place pour que vos plantes puissent pousser.

Espace disponible : si vous êtes dans un abri antiatomique ou un petit espace intérieur, maximisez votre surface disponible en utilisant des étagères, des jardins verticaux ou des jardinières suspendues. Un seul mur ou un coin peut être converti en une zone de jardinage productive.

Ventilation : une bonne circulation de l'air est importante pour la santé des plantes, alors assurez-vous que votre jardin intérieur dispose d'une ventilation adéquate. L'air stagnant peut entraîner la croissance de moisissures et des infestations de parasites, alors pensez à utiliser des ventilateurs pour favoriser la circulation de l'air.

Accès aux services publics : vous aurez besoin d'un accès à l'électricité pour les lampes de culture, à l'eau pour l'irrigation et éventuellement à la chaleur pour le contrôle de la température. Aménagez votre jardin dans une zone où ces ressources sont facilement accessibles.

Éclairage : la clé du jardinage d'intérieur

En l'absence de lumière naturelle du soleil, les lampes de culture artificielles sont essentielles pour le jardinage d'intérieur. Les plantes ont besoin de lumière pour la photosynthèse, et la qualité de la lumière qu'elles reçoivent déterminera leur croissance.

Lampes de culture à LED : les lampes à LED sont l'option la plus économe en énergie pour le jardinage d'intérieur. Elles émettent les longueurs d'onde lumineuses spécifiques dont les plantes ont besoin pour leur croissance, comme la lumière bleue pour la croissance végétative et la lumière rouge pour la floraison. Les LED produisent également moins de chaleur, réduisant ainsi le risque de surchauffe de vos plantes.

Lampes fluorescentes : les lampes fluorescentes sont une autre option abordable pour le jardinage d'intérieur. Ils fonctionnent bien pour faire pousser des plantes plus petites, des herbes ou des légumes à feuilles vertes, mais peuvent ne pas être suffisants pour les plantes fruitières plus grandes comme les tomates ou les poivrons.

Cycles de lumière : les plantes ont besoin d'un équilibre entre lumière et obscurité pour pousser correctement. En règle générale, les légumes ont besoin de 12 à 16 heures de lumière par jour, suivies de 8 à 12 heures d'obscurité. Utilisez une minuterie pour automatiser vos lampes de culture et assurer un éclairage constant pour vos plantes.

Choisir les bons conteneurs

Le jardinage d'intérieur nécessite l'utilisation de conteneurs ou de plates-bandes pour abriter vos plantes. Ces conteneurs doivent assurer un drainage et un soutien adéquats aux racines des plantes tout en économisant de l'espace.

Pots et conteneurs : choisissez des conteneurs suffisamment grands pour accueillir le système racinaire de la plante. Pour les plantes plus grandes comme les tomates ou les poivrons, utilisez des pots plus profonds (5 gallons ou plus), tandis que les herbes et les légumes plus petits peuvent pousser dans des conteneurs peu profonds.

Jardinage vertical : si l'espace est limité, envisagez des options de jardinage vertical comme des jardinières suspendues, des étagères murales ou des étagères à plusieurs niveaux. Les jardins verticaux maximisent votre surface de culture et vous permettent de cultiver plus de plantes dans un espace plus petit.

Jardinières auto-arrosantes : Ces jardinières sont idéales pour le jardinage d'intérieur, car elles réduisent le besoin d'arrosage fréquent et aident à éviter l'arrosage excessif. Le système de réservoir intégré permet aux plantes d'absorber l'eau selon les besoins, ce qui facilite l'entretien.

Sol et substrats de culture

Le type de substrat de culture que vous utiliserez dépendra de si vous cultivez des plantes dans des conteneurs traditionnels, si vous utilisez un système hydroponique ou si vous expérimentez d'autres méthodes comme l'aquaponie. Pour les jardins d'intérieur à base de terre, choisissez un sol propre et non contaminé.

Terreau : Utilisez un terreau de haute qualité, léger, bien drainé et riche en matière organique. Évitez d'utiliser de la terre extérieure, car elle peut être contaminée par des particules de retombées ou des agents pathogènes.

Hydroponie : Si vous préférez une approche hors sol, envisagez d'utiliser l'hydroponie (abordée au chapitre 29), où les plantes poussent dans une solution d'eau riche en nutriments. L'hydroponie est idéale pour les environnements intérieurs, car elle élimine le risque de contamination du sol et permet une utilisation plus efficace de l'eau et de l'espace.

Analyse du sol : Si vous utilisez n'importe quel sol, testez-le régulièrement pour vous assurer qu'il reste non contaminé et sain pour la culture des aliments. Le sol intérieur peut parfois accumuler des sels ou développer des déséquilibres nutritionnels, il est donc important de surveiller son état.

Systèmes d'irrigation et d'arrosage

Les plantes d'intérieur ont besoin d'un approvisionnement constant en eau propre et non contaminée pour s'épanouir. Comme l'eau dans une zone de retombées peut être rare, des systèmes d'irrigation efficaces sont essentiels pour conserver l'eau et garantir que les plantes reçoivent la bonne quantité d'humidité.

Arrosage manuel : Pour les jardins d'intérieur à petite échelle, l'arrosage manuel avec un arrosoir est suffisant. Veillez à ne pas trop arroser, car cela peut entraîner la pourriture des racines des plantes cultivées en pot.

Irrigation goutte à goutte : un système d'irrigation goutte à goutte fournit de l'eau directement à la base de chaque plante grâce à de petits émetteurs, réduisant ainsi le gaspillage d'eau et empêchant l'eau de stagner sur les feuilles, ce qui peut entraîner des moisissures ou des maladies. Les systèmes goutte à goutte sont faciles à installer et économisent l'eau.

Systèmes d'auto-arrosage : si vous manquez de temps ou d'eau, les conteneurs d'auto-arrosage ou les systèmes à mèche peuvent vous aider à garder vos plantes hydratées avec un minimum d'effort. Ces systèmes puisent l'eau d'un réservoir selon les besoins, garantissant que les plantes ont toujours accès à l'humidité sans risque de sur-arrosage.

Maintenir une température et une humidité appropriées

Les plantes d'intérieur prospèrent dans des environnements stables avec des températures et des niveaux d'humidité constants. Selon le type de plantes que vous cultivez, la température et l'humidité optimales varient, mais la plupart des légumes préfèrent des conditions modérées.

Contrôle de la température : les légumes poussent mieux à des températures comprises entre 18 °C et 24 °C (65 °F et 75 °F). Si vous vous trouvez dans un environnement froid ou dans un abri antiatomique, vous devrez peut-être utiliser un radiateur d'appoint ou des tapis chauffants pour maintenir un environnement de croissance chaud. Évitez les fluctuations extrêmes de température, car elles peuvent stresser les plantes.

Contrôle de l'humidité : il est important de maintenir un taux d'humidité approprié (environ 50 à 60 %) pour une croissance saine des plantes. Une humidité trop élevée peut entraîner la formation de moisissures ou de champignons, tandis qu'une humidité trop faible peut entraîner le dessèchement des plantes. Utilisez un humidificateur ou un déshumidificateur pour ajuster le taux d'humidité selon vos besoins et surveillez-le régulièrement.

Que cultiver en intérieur : les meilleures cultures pour le jardinage d'intérieur

Certains légumes et herbes aromatiques sont mieux adaptés à la culture en intérieur en raison de leur taille compacte, de leur croissance rapide et de leur capacité à prospérer dans des environnements contrôlés. Voici quelques-unes des meilleures cultures à cultiver en intérieur dans une zone de retombées :

Légumes verts à feuilles

Laitue : la laitue pousse rapidement et peut être récoltée en continu, ce qui en fait un excellent choix pour le jardinage d'intérieur.

Épinards : les épinards prospèrent dans les environnements intérieurs et constituent un complément riche en nutriments à votre alimentation.

Chou frisé : le chou frisé est un légume à feuilles robuste qui pousse bien en intérieur, fournissant un apport constant de vitamines et de minéraux.

Herbes aromatiques

Basilic : le basilic est facile à cultiver en intérieur et ajoute une saveur fraîche à vos repas.

Menthe : la menthe est une herbe à croissance rapide qui peut être cultivée en pots et ajoute de la variété à votre jardin d'intérieur.

Coriandre : la coriandre pousse bien dans de petits contenants et peut être récoltée fréquemment.

Petits légumes

Tomates : les variétés de tomates naines ou de tomates cerises sont bien adaptées à la culture en intérieur et peuvent produire des fruits abondants dans de petits espaces.

Poivrons : les poivrons doux et les piments forts peuvent prospérer à l'intérieur, en particulier dans des conteneurs à arrosage automatique ou des systèmes hydroponiques.

Concombre : les variétés de concombre compactes peuvent être cultivées à l'intérieur avec le bon support, comme des treillis ou des systèmes de jardinage vertical.

Micropousses

Micropousses de brocoli : ces micropousses riches en nutriments poussent rapidement et sont faciles à récolter dans de petits espaces intérieurs.

Micropousses de radis : les micropousses comme le radis peuvent être cultivées dans des plateaux peu profonds et récoltées en quelques semaines, offrant une source rapide de nourriture fraîche.

Entretien et agrandissement de votre jardin d'intérieur

Une fois que votre jardin d'intérieur est opérationnel, son entretien impliquera une surveillance et des ajustements réguliers pour garantir que les plantes restent en bonne santé. Voici quelques conseils pour garder votre jardin d'intérieur productif sur le long terme :

Surveillez les niveaux de lumière et d'eau

Vérifiez régulièrement que vos lampes de culture sont correctement positionnées et fournissent suffisamment de lumière aux plantes. Assurez-vous que votre système d'arrosage fonctionne correctement et évitez de trop arroser ou de laisser les plantes se dessécher.

Taillez et récoltez régulièrement

Pour encourager une croissance continue, taillez vos plantes et récoltez régulièrement. Cela permet d'éviter le surpeuplement, d'améliorer la circulation de l'air et de stimuler la production de nouvelles feuilles ou de nouveaux fruits.

Reconstituez les nutriments

Si vous cultivez dans des conteneurs ou utilisez la culture hydroponique, reconstituez périodiquement les nutriments du sol ou de la solution aqueuse. Les plantes d'intérieur peuvent épuiser les nutriments plus rapidement, alors surveillez leur croissance et ajustez le mélange de nutriments selon les besoins.

Agrandissez votre jardin

Au fur et à mesure que vous gagnez en expérience, envisagez d'agrandir votre jardin intérieur en ajoutant plus de plantes, en expérimentant de nouvelles cultures ou en introduisant des systèmes hydroponiques. Le jardinage vertical peut vous aider à maximiser votre espace de culture et à augmenter votre approvisionnement en nourriture.

Le jardinage intérieur est la meilleure option pour cultiver des aliments sûrs et non contaminés dans une zone de retombées radioactives. En contrôlant l'environnement et en utilisant des systèmes efficaces d'éclairage, d'irrigation et de gestion de la température, vous pouvez cultiver une grande variété de cultures dans un espace compact. Avec la bonne configuration, vous pouvez cultiver des légumes et des herbes fraîches toute l'année, garantissant ainsi une source de nourriture durable et fiable pour une survie à long terme. Le jardinage intérieur vous aide non seulement à éviter les risques de contamination radioactive, mais offre également une solution pratique pour produire des aliments même dans les conditions les plus difficiles.

# Hiver nucléaire : définition et à quoi s'attendre

L'hiver nucléaire est l'une des conséquences les plus catastrophiques et les plus profondes d'un conflit nucléaire à grande échelle. Si les effets immédiats des explosions nucléaires (explosions, incendies et radiations) sont dévastateurs, les conséquences de détonations nucléaires généralisées peuvent entraîner une destruction environnementale à long terme à l'échelle mondiale. Un hiver nucléaire se produit lorsque des quantités massives de fumée, de suie et de poussière provenant de villes, de forêts et d'autres matériaux en feu s'élèvent dans la haute atmosphère, bloquant la lumière du soleil et abaissant considérablement les températures dans le monde entier. Ce chapitre explique ce qu'est l'hiver nucléaire, la science qui le sous-tend, ses impacts potentiels sur l'environnement et la survie humaine, et ce à quoi vous pouvez vous attendre si un tel événement se produit.

Qu'est-ce que l'hiver nucléaire ?

L'hiver nucléaire fait référence à l'effet de refroidissement climatique mondial grave et prolongé qui suit une guerre nucléaire à grande échelle. Le phénomène se produit parce que de multiples explosions nucléaires déclenchent des incendies généralisés, en particulier dans les villes et les zones industrielles, libérant de grandes quantités de fumée, de cendres et de suie dans l'atmosphère. Ces particules, en particulier le carbone noir issu de la combustion de matériaux, absorbent la lumière du soleil et l'empêchent d'atteindre la surface de la Terre, ce qui entraîne une chute spectaculaire des températures.

Le terme « hiver nucléaire » a été inventé dans les années 1980 par des scientifiques qui ont développé des modèles pour prédire les effets environnementaux potentiels d'une guerre nucléaire. Ces modèles suggéraient que la combinaison de l'obscurité, du froid et des retombées radioactives pourrait entraîner des perturbations catastrophiques dans les écosystèmes terrestres, l'agriculture et les sociétés humaines.

La science derrière l'hiver nucléaire

Pour comprendre l'hiver nucléaire, il est important de saisir les mécanismes de base qui conduiraient à un tel changement environnemental mondial :

Injection de suie et de fumée dans l'atmosphère : lorsque les armes nucléaires explosent au-dessus des villes, des forêts et des zones industrielles, les incendies qui en résultent (tempêtes de feu) produisent d'immenses quantités de suie noire de carbone. Cette suie est transportée par l'air chaud ascendant dans la stratosphère, la deuxième couche de l'atmosphère terrestre.

Blocage de la lumière solaire : Une fois dans la stratosphère, les particules de suie et de fumée forment une couche épaisse qui absorbe et disperse la lumière solaire, empêchant une grande partie de celle-ci d'atteindre la surface de la Terre. Cela entraîne une réduction significative du rayonnement solaire, ce qui entraîne une baisse des températures.

Refroidissement de la surface de la Terre : Le blocage de la lumière solaire entraîne une chute rapide des températures de surface. Selon l'ampleur de la guerre nucléaire, les températures pourraient chuter de plusieurs degrés Celsius (ou Fahrenheit), créant des conditions hivernales même pendant les mois d'été. Le refroidissement serait probablement plus sévère dans les régions tempérées et à haute latitude, mais ses effets se feraient sentir dans le monde entier.

Perturbation des conditions météorologiques : Le refroidissement de la surface de la Terre perturberait la circulation atmosphérique et les conditions météorologiques. Cela pourrait entraîner des hivers plus longs, des saisons de croissance plus courtes et des précipitations modifiées. Certaines régions pourraient connaître des sécheresses prolongées, tandis que d'autres pourraient connaître une augmentation des précipitations.

Persistance des effets : les particules de suie et de fumée dans la stratosphère pourraient y rester pendant des années, car il y a peu de conditions météorologiques (pluie ou vent) dans cette couche de l'atmosphère pour les éliminer. Cela signifie que les effets de l'hiver nucléaire pourraient durer une décennie ou plus, même si la guerre elle-même n'a duré qu'une courte période.

Impacts environnementaux potentiels de l'hiver nucléaire

Les conséquences environnementales de l'hiver nucléaire seraient graves et de grande portée, affectant tous les aspects de la vie sur Terre. Voici les principaux impacts auxquels vous pouvez vous attendre :

Refroidissement global

L'effet le plus immédiat de l'hiver nucléaire est la chute brutale des températures mondiales. Dans le pire des cas, les températures pourraient chuter de 10 à 20 degrés Celsius (18 à 36 degrés Fahrenheit), créant un hiver artificiel qui durerait des années. Même un conflit nucléaire de moindre ampleur pourrait entraîner une baisse de température de 2 à 5 degrés Celsius (4 à 9 degrés Fahrenheit), ce qui aurait tout de même des effets dévastateurs sur le climat.

Durée du refroidissement : L'effet de refroidissement pourrait durer des années, voire des décennies, en fonction de la quantité de suie injectée dans l'atmosphère et du temps nécessaire aux processus naturels pour l'éliminer.

Conséquences mondiales : Le refroidissement ne serait pas réparti de manière uniforme ; les régions tempérées, comme l'Amérique du Nord, l'Europe et certaines régions d'Asie, subiraient les baisses de température les plus spectaculaires. Cependant, les régions tropicales et subtropicales se refroidiraient également, entraînant des changements généralisés du climat et des écosystèmes.

Perturbations agricoles graves

L'agriculture serait l'un des secteurs les plus durement touchés lors d'un hiver nucléaire. La combinaison de températures plus basses, d'un ensoleillement réduit et de changements dans les précipitations rendrait extrêmement difficile la culture des cultures, ce qui entraînerait des pénuries alimentaires mondiales.

Des saisons de croissance raccourcies : Dans de nombreuses régions du monde, la saison de croissance deviendrait trop courte pour produire des cultures de base comme le blé, le maïs, le riz et le soja. Des gelées pourraient survenir pendant les mois traditionnellement chauds, tuant les plantes avant qu'elles ne mûrissent.

Baisse des rendements des cultures : Même dans les zones où les cultures pourraient encore être cultivées, la réduction de l'ensoleillement et des températures plus froides réduiraient considérablement les rendements. Les plantes ont besoin de la lumière du soleil pour réaliser la photosynthèse, et sans elle, elles ne peuvent pas pousser correctement. Les rendements de la plupart des cultures chuteraient probablement de 50 % ou plus, ce qui entraînerait une famine généralisée.

Pertes de bétail : le bétail souffrirait également pendant un hiver nucléaire, car il dépend des cultures et des graminées pour se nourrir. Avec une production agricole réduite, les agriculteurs ne pourraient pas nourrir leurs animaux, ce qui entraînerait une mortalité massive de bovins, de moutons, de porcs et d'autres animaux domestiques.

Famine généralisée et insécurité alimentaire

Avec l'effondrement des systèmes agricoles mondiaux, la famine deviendrait un problème grave. Les pays qui dépendent des importations pour se nourrir, ainsi que les régions qui souffrent déjà d'insécurité alimentaire, seraient les plus durement touchés. Même les pays dont le secteur agricole est traditionnellement fort auraient du mal à nourrir leur population en raison de la réduction drastique des rendements des cultures.

Pénuries alimentaires mondiales : La combinaison de mauvaises récoltes, de pertes de bétail et de réduction du commerce alimentaire mondial entraînerait des pénuries alimentaires à l'échelle mondiale. Le prix des denrées alimentaires monterait en flèche et les gouvernements imposeraient probablement un rationnement pour contrôler la distribution des approvisionnements disponibles.

Famine massive : Dans le pire des cas, une famine massive pourrait se produire, en particulier dans les zones urbaines densément peuplées et les pays en développement. Certaines estimations suggèrent que des milliards de personnes pourraient mourir de faim dans les années qui suivraient un hiver nucléaire.

Perturbation des écosystèmes

Le refroidissement spectaculaire et la perte de lumière solaire provoqueraient des perturbations généralisées des écosystèmes dans le monde entier. De nombreuses espèces auraient du mal à survivre dans le climat modifié, ce qui conduirait à des extinctions massives.

Perte de la vie végétale : La réduction de la lumière solaire provoquerait le dépérissement des forêts, des prairies et d'autres communautés végétales. Cela aurait un effet en cascade sur les animaux qui dépendent de ces plantes pour se nourrir, entraînant un effondrement des écosystèmes.

Perturbation de la vie marine : Le refroidissement des eaux de surface affecterait également les écosystèmes marins. La capacité des océans à absorber le dioxyde de carbone pourrait être réduite, ce qui modifierait la chimie marine et menacerait des espèces comme le plancton, qui constitue la base de la chaîne alimentaire marine. Cela aurait des répercussions sur l'ensemble de l'écosystème océanique, affectant les poissons, les mammifères marins et les oiseaux de mer.

Extinction des espèces : les espèces sensibles aux changements de température ou de disponibilité de la nourriture seraient menacées d'extinction. Cela pourrait inclure de nombreux types d'oiseaux, d'insectes et de mammifères, en particulier ceux des régions tempérées.

La survie humaine dans un hiver nucléaire

Survivre à un hiver nucléaire serait incroyablement difficile. La combinaison de températures froides, de pénuries alimentaires et de l'effondrement des infrastructures créerait un environnement hostile où les ressources sont rares et la vie précaire. Voici à quoi vous attendre si vous essayez de survivre à un hiver nucléaire :

Froid intense et besoins en abris

La forte baisse des températures rendrait difficile de rester au chaud, en particulier pour ceux qui n'ont pas accès à un chauffage et à un abri adéquats. De nombreuses maisons et bâtiments seraient mal préparés à supporter des températures glaciales pendant de longues périodes, et le réseau électrique pourrait être endommagé ou surchargé.

Sources de chauffage : Pour rester au chaud, il faudrait des sources de chauffage fiables. Les poêles à bois, les cheminées et les générateurs pourraient fournir de la chaleur, mais les sources de combustible pourraient devenir rares en raison de la panne des infrastructures. Si le réseau électrique s'effondre, les systèmes de chauffage électrique seraient inutiles.

Superposition et isolation : Il serait nécessaire de porter plusieurs couches de vêtements, d'utiliser des couvertures et d'isoler votre abri autant que possible pour conserver la chaleur. Des abris souterrains ou des maisons bien isolées offriraient une meilleure protection contre le froid.

Pénurie de nourriture et d'eau

Avec l'agriculture perturbée et les réserves alimentaires en baisse, assurer une source fiable de nourriture serait l'un des plus grands défis en cas d'hiver nucléaire. Les préparateurs et les survivalistes qui ont stocké de la nourriture seraient mieux équipés pour survivre, mais même ces réserves pourraient s'épuiser avec le temps.

Aliments en conserve : stocker des aliments non périssables comme des conserves, des aliments séchés et des plats lyophilisés serait essentiel pour survivre aux premiers mois ou années d'un hiver nucléaire. Apprendre à conserver les aliments par la mise en conserve, le séchage et la fermentation pourrait également aider à prolonger votre approvisionnement en nourriture.

Filtration de l'eau : l'eau propre serait également une préoccupation majeure, car les retombées pourraient contaminer les sources d'eau naturelles. Les systèmes de filtration et de purification de l'eau seraient essentiels pour garantir une eau potable sûre.

Effondrement social et problèmes de sécurité

Dans un scénario d'hiver nucléaire, les structures sociétales pourraient s'effondrer en raison de la pénurie de ressources, de l'instabilité politique et des migrations de masse. Les personnes désespérées pourraient se tourner vers le pillage, la violence et d'autres formes de criminalité pour survivre, créant des conditions dangereuses pour ceux qui tentent de maintenir leur propre sécurité.

Survie de la communauté : former des communautés fortes et autonomes pourrait être la clé de la survie à long terme. Partager des ressources, des connaissances et des compétences avec d'autres pourrait améliorer vos chances de survie tout en réduisant le risque d'isolement ou de vulnérabilité.

Sécurité et défense : vous défendre et défendre votre communauté contre le vol, le pillage et la violence serait une préoccupation majeure. Se préparer aux conflits potentiels et avoir une stratégie pour sécuriser vos ressources serait essentiel pour maintenir la sécurité en cas d'effondrement de la société.

Un hiver nucléaire serait l'une des conséquences mondiales les plus dévastatrices d'une guerre nucléaire, avec des effets durables sur l'environnement, la production alimentaire et la survie humaine. La chute soudaine et sévère des températures, combinée à l'effondrement de l'agriculture et des écosystèmes, créerait un monde de pénurie et de difficultés. Il est certes possible de survivre à un hiver nucléaire avec une préparation adéquate (abri, nourriture et eau, par exemple), mais il s'agirait d'une épreuve extrêmement difficile qui nécessiterait une planification minutieuse, de la résilience et de l'adaptabilité. Il est essentiel de comprendre à quoi s'attendre et comment se préparer à un tel événement catastrophique pour quiconque envisage de survivre à long terme dans un monde post-nucléaire.

# Comprendre la désintégration des radiations : quand sera-t-on en sécurité ?

Après un événement nucléaire, l'une des questions les plus cruciales pour la survie est de comprendre quand l'environnement sera à l'abri des radiations. Les retombées radioactives peuvent contaminer l'air, le sol, l'eau et les organismes vivants, ce qui rend dangereux le fait de sortir, de cultiver des aliments ou de boire de l'eau sans précautions appropriées. Cependant, les radiations ne restent pas éternellement à des niveaux dangereux : elles se désintègrent au fil du temps. Comprendre le processus de désintégration des radiations et savoir quand il sera sûr de reprendre ses activités normales est essentiel pour la survie à long terme. Dans ce chapitre, nous explorerons comment les radiations se désintègrent, les types d'isotopes radioactifs que vous pouvez rencontrer et comment estimer quand il sera sûr de rentrer dans les zones contaminées.

Qu'est-ce que la désintégration des radiations ?

La désintégration des radiations, également connue sous le nom de désintégration radioactive, est le processus par lequel les noyaux atomiques instables perdent de l'énergie en émettant des radiations. Ce processus se produit naturellement lorsque des éléments radioactifs, appelés radionucléides, se décomposent au fil du temps. Le taux de désintégration est mesuré par la demi-vie d'une substance, c'est-à-dire le temps nécessaire à la moitié des atomes radioactifs d'un matériau pour se désintégrer en une forme stable.

Chaque isotope radioactif a une demi-vie différente, allant de quelques fractions de seconde à des millions d'années. Il est essentiel de comprendre les demi-vies des isotopes radioactifs présents dans les retombées nucléaires pour déterminer combien de temps une zone restera dangereuse et quand il sera possible d'y retourner en toute sécurité.

Types d'isotopes radioactifs dans les retombées nucléaires

Les explosions nucléaires produisent une variété d'isotopes radioactifs, dont certains ont une courte demi-vie, tandis que d'autres persistent dans l'environnement beaucoup plus longtemps. Voici quelques-uns des isotopes radioactifs les plus courants trouvés dans les retombées nucléaires :

Iode 131

Demi-vie : 8 jours

Temps de désintégration : 99 % désintégré en 80 jours

Risques pour la santé : l'iode 131 est rapidement absorbé par la glande thyroïde et peut entraîner un cancer de la thyroïde. C'est l'un des isotopes les plus dangereux immédiatement après un événement nucléaire.

Protection : La prise d'iodure de potassium (KI) peut empêcher la thyroïde d'absorber l'iode radioactif, réduisant ainsi le risque de cancer de la thyroïde.

Césium 137

Demi-vie : 30 ans

Temps de désintégration : 99 % de désintégration en 600 ans

Risques pour la santé : Le césium 137 est un isotope à longue durée de vie qui contamine le sol et l'eau, où il peut être absorbé par les plantes et les animaux. Il émet des rayonnements bêta et gamma, qui peuvent entraîner des maladies liées aux radiations, des cancers et des dommages génétiques.

Protection : Évitez de consommer des aliments et de l'eau contaminés. Le césium peut se propager dans les écosystèmes, il est donc essentiel de faire des tests et d'éviter les zones touchées pendant des décennies après un événement nucléaire.

Strontium 90

Demi-vie : 28,8 ans

Temps de désintégration : 99 % de désintégration en 576 ans

Risques pour la santé : Le strontium 90 se comporte comme le calcium et s'accumule dans les os et les dents, où il émet des radiations bêta. Il augmente le risque de cancer des os et de leucémie.

Protection : Évitez de consommer des aliments et de l'eau contaminés, en particulier du lait et des produits laitiers, car le strontium 90 peut être absorbé par les animaux et transmis aux humains par l'intermédiaire de ces produits.

Plutonium 239

Demi-vie : 24 100 ans

Temps de désintégration : 99 % de désintégration en 482 000 ans

Risques pour la santé : Le plutonium 239 est hautement toxique s'il est inhalé ou ingéré. Il émet des particules alpha, qui peuvent provoquer un cancer du poumon, des lésions hépatiques et un cancer des os s'il pénètre dans l'organisme. Heureusement, les particules alpha ne peuvent pas pénétrer la peau, donc l'exposition externe est moins préoccupante.

Protection : évitez d'inhaler ou d'ingérer des particules de plutonium et restez à l'écart des zones contaminées par le plutonium dans un avenir proche.

Comment les radiations diminuent au fil du temps

Les niveaux de radiation ne diminuent pas uniformément mais suivent un modèle basé sur la demi-vie des isotopes radioactifs présents. Cela signifie que les niveaux de radiation diminuent rapidement au début, puis diminuent plus lentement au fil du temps. La règle générale est connue sous le nom de « règle 7-10 » : pour chaque multiplication par sept du temps après une explosion nucléaire, les niveaux de radiation diminuent d'un facteur 10.

Première heure : après l'explosion initiale, les niveaux de radiation sont extrêmement élevés.

Après 7 heures : les niveaux de radiation auront chuté à 10 % de leurs niveaux initiaux.

Après 49 heures (2 jours) : les niveaux de radiation seront de 1 % de leurs niveaux initiaux.

Après 14 jours : les niveaux de radiation seront d'environ 0,1 % des niveaux initiaux.

Après 3 mois : les niveaux de radiation peuvent chuter à 0,01 % de leurs niveaux initiaux, selon le type de retombées.

Cependant, même si cette désintégration réduit le danger immédiat, les isotopes à longue durée de vie comme le césium 137 et le strontium 90 continueront de présenter des risques pendant des décennies, voire des siècles, en contaminant le sol, l'eau et les sources de nourriture.

Estimation du moment où il sera sécuritaire de pénétrer à nouveau dans les zones touchées par les retombées nucléaires

La détermination du moment où il sera sécuritaire de pénétrer à nouveau dans les zones touchées par les retombées nucléaires dépend de plusieurs facteurs, notamment du type d'isotopes radioactifs présents, de l'intensité des niveaux de rayonnement initiaux et de la durée de l'exposition. Voici quelques lignes directrices générales pour évaluer le moment où il sera sécuritaire de retourner dans une zone touchée par les retombées nucléaires :

Sécurité à court terme (premiers jours)

Au cours des premiers jours suivant une explosion nucléaire, les niveaux de rayonnement sont extrêmement élevés en raison d'isotopes à courte durée de vie comme l'iode 131. Il est essentiel de rester à l'intérieur ou dans un abri antiatomique pendant cette période. Il n'est généralement pas sécuritaire de sortir plus de quelques minutes au cours des 48 premières heures.

Activités sécuritaires : Restez à l'abri pendant au moins 24 à 48 heures après l'explosion. Ne quittez l'abri que pour de courtes périodes et seulement si nécessaire, en portant un équipement de protection pour minimiser l'exposition.

Sécurité à moyen terme (premières semaines)

Après les deux premières semaines, les niveaux de radiation des isotopes à courte durée de vie comme l'iode 131 auront considérablement diminué. Cependant, les isotopes comme le césium 137 et le strontium 90 constitueront toujours une menace sérieuse. Si les niveaux de radiation sont tombés à des niveaux plus sûrs (généralement inférieurs à 0,5 microsievert par heure), des activités de plein air limitées peuvent être possibles.

Activités sûres : À ce stade, il peut être possible de quitter l'abri pendant des périodes plus longues, mais la prudence reste de mise. Évitez de consommer des aliments ou de l'eau provenant de zones contaminées et testez régulièrement l'environnement avec un compteur Geiger.

Sécurité à long terme (mois à années)

Dans les mois et les années qui suivent un événement nucléaire, les niveaux de radiation continueront de diminuer, mais les isotopes à longue durée de vie comme le césium 137 et le strontium 90 resteront dangereux pendant des décennies. Le retour à des activités agricoles normales ou la consommation d'aliments provenant de zones touchées par les retombées peuvent ne pas être sûrs pendant de nombreuses années, en fonction des niveaux de contamination locaux.

Activités sûres : la survie à long terme nécessite une surveillance minutieuse des niveaux de rayonnement. Évitez les zones fortement contaminées, en particulier celles qui contiennent des isotopes persistants. Les activités en intérieur, le jardinage hydroponique ou l'utilisation de sols non contaminés pour la culture d'aliments sont recommandés jusqu'à ce que l'environnement devienne plus sûr.

Outils de mesure de la décroissance du rayonnement

Pour suivre la décroissance du rayonnement et évaluer quand il sera sûr de rentrer dans les zones contaminées, vous aurez besoin d'outils fiables pour mesurer le rayonnement. Ces appareils vous permettent de déterminer l'intensité du rayonnement dans votre environnement et de prendre des décisions éclairées en matière de sécurité.

## Compteur Geiger

Un compteur Geiger est l'appareil le plus couramment utilisé pour mesurer le rayonnement. Il détecte les rayonnements ionisants (tels que les rayonnements alpha, bêta et gamma) et fournit des lectures en temps réel des niveaux de rayonnement dans l'environnement. Les compteurs Geiger sont essentiels pour surveiller la décroissance du rayonnement et évaluer si une zone est sûre pour entrer.

## Dosimètre

Un dosimètre mesure l'exposition cumulative au rayonnement au fil du temps. Cet outil est particulièrement utile pour suivre la quantité de radiations à laquelle vous ou les membres de votre famille avez été exposés lorsque vous êtes à l'extérieur ou que vous travaillez dans des zones contaminées. Les dosimètres personnels peuvent être portés sur le corps et vérifiés périodiquement.

Badges de détection de radiations

Les badges de détection de radiations fonctionnent de la même manière que les dosimètres, mais sont généralement portés pendant des périodes plus longues (par exemple, des jours ou des semaines) pour suivre l'exposition. Ces badges changent de couleur en fonction de la quantité de radiations absorbées, offrant un indicateur visuel simple pour savoir si vous avez été exposé à des niveaux de radiations dangereux.

Facteurs qui influencent la décroissance des radiations

Bien que la demi-vie des isotopes radioactifs donne une bonne estimation du moment où les niveaux de radiations diminueront, d'autres facteurs peuvent influencer la rapidité avec laquelle une zone devient sûre. Parmi ceux-ci, on peut citer :

Météo : La pluie et le vent peuvent entraîner des particules radioactives dans le sol ou l'eau, affectant la durée de leur séjour dans l'atmosphère. Cependant, cela peut également conduire à des poches concentrées de radiations dans certaines zones (par exemple, des « points chauds »).

Type de terrain : Les caractéristiques du sol et du paysage, telles que les montagnes, les vallées et les plans d'eau, peuvent influencer la façon dont les retombées se déposent. Les zones basses peuvent piéger les retombées, tandis que le vent peut disperser les particules radioactives plus rapidement dans les plaines ouvertes.

Intervention humaine : Dans certains cas, les efforts de décontamination, tels que l'enlèvement de la couche arable ou le nettoyage des débris, peuvent aider à accélérer la récupération d'une zone en réduisant la concentration de particules radioactives.

La décroissance des radiations est un processus lent mais régulier, et il est essentiel de comprendre son fonctionnement pour savoir quand il sera sûr de pénétrer à nouveau dans les zones de retombées. Alors que les isotopes à courte durée de vie comme l'iode 131 se désintègrent relativement rapidement, les isotopes à longue durée de vie comme le césium 137 et le strontium 90 peuvent persister dans l'environnement pendant des décennies, ce qui présente des risques à long terme. La surveillance des niveaux de rayonnement à l'aide d'outils tels que des compteurs Geiger et des dosimètres, et le respect des directives générales de sécurité à court, moyen et long terme, vous aideront à prendre des décisions éclairées quant au moment où il sera sécuritaire de reprendre vos activités de plein air, de cultiver des aliments et de retourner dans les zones touchées. En fin de compte, survivre dans un monde post-nucléaire exige de la patience, de la vigilance et une compréhension claire de la façon dont les radiations se désintègrent au fil du temps.

# Conséquences nucléaires : comment la société pourrait se reconstruire

Après un événement nucléaire, la société serait confrontée à d'immenses défis pour reconstruire et restaurer un semblant de normalité. Une catastrophe nucléaire de grande ampleur détruirait probablement les infrastructures, perturberait les communications, ferait s'effondrer les économies et entraînerait des pertes humaines massives, ce qui pourrait conduire à une instabilité politique et à des bouleversements sociaux. Malgré l'énormité de ces défis, l'histoire a montré que les sociétés humaines sont résilientes, capables de se reconstruire même après des événements catastrophiques. Dans ce chapitre, nous explorerons comment la société pourrait se reconstruire après une catastrophe nucléaire, en nous concentrant sur les infrastructures, la gouvernance, l'organisation communautaire, la reprise économique et les changements psychologiques et culturels qui en découleraient probablement.

L'impact initial : un monde brisé

Les conséquences immédiates d'un événement nucléaire seraient marquées par une dévastation d'une ampleur sans précédent. Selon l'ampleur et la portée du conflit, des millions de personnes pourraient mourir dans les explosions initiales et à cause de l'exposition aux radiations, et beaucoup d'autres souffriraient de problèmes de santé à long terme tels que la maladie des radiations et le cancer. Des villes entières pourraient être rasées et des infrastructures essentielles (réseaux électriques, systèmes de transport, hôpitaux et réseaux de distribution alimentaire) seraient détruites ou gravement endommagées. À la suite de ces destructions, la société entrerait dans une période de survie et d'adaptation avant de pouvoir commencer une véritable reconstruction.

Les étapes de la reconstruction dépendraient de plusieurs facteurs, notamment de l'ampleur de l'événement nucléaire, de l'étendue des dégâts et de la disponibilité des ressources et des dirigeants. Dans ce contexte, les communautés devraient trouver des moyens de subvenir à leurs besoins, de rétablir l'ordre et de travailler ensemble pour créer les bases d'une croissance future.

Reconstruction des infrastructures

L'une des premières tâches à accomplir après une catastrophe nucléaire serait de commencer à reconstruire les infrastructures de base nécessaires à la survie. Cela comprend les abris, les transports, l'énergie, l'eau et les systèmes d'assainissement. Sans ces éléments essentiels, toute tentative de reconstruction de la société serait intenable.

Abri et logement

La destruction des maisons et des bâtiments entraînerait le déplacement de millions de personnes. Dans un premier temps, les survivants devraient compter sur des abris temporaires, tels que des abris antiatomiques, des tentes ou des bâtiments reconvertis qui ont survécu à l'explosion. Au fil du temps, des solutions de logement plus permanentes devront être construites.

Reconstruction des maisons : les communautés commenceraient par utiliser les ressources disponibles, comme des matériaux récupérés dans les ruines des villes ou des matériaux naturels comme le bois et la pierre, pour reconstruire les maisons. Les logements modulaires et préfabriqués pourraient devenir importants, car ces structures peuvent être construites rapidement et avec moins de matériaux.

Abris souterrains : dans les zones où les risques de radiation persistent, les abris souterrains ou bunkers pourraient servir de solutions de logement à long terme. Ces structures offrent une protection contre les radiations persistantes et les conditions météorologiques extrêmes, deux éléments qui pourraient être préoccupants à la suite d'une catastrophe nucléaire.

Réseaux de transport

Les routes, les ponts et les voies ferrées seraient probablement détruits ou impraticables en raison des retombées ou des débris. Le rétablissement des réseaux de transport serait essentiel pour déplacer les personnes, les ressources et les fournitures pendant le processus de reconstruction.

Élimination des débris : la première étape consisterait à éliminer les débris et à rendre les routes à nouveau praticables. Cela pourrait nécessiter des outils et de la main-d'œuvre de base avant de pouvoir réintroduire des machines lourdes.

Réparation des voies essentielles : la reconstruction des voies de transport clés pour relier les communautés survivantes serait une priorité. Ces voies permettraient la distribution de nourriture, d'eau et de fournitures médicales, ainsi que faciliteraient le commerce et la communication entre les régions.

Énergie et électricité

Le réseau électrique serait probablement l'une des parties les plus endommagées de l'infrastructure, les centrales électriques étant détruites ou rendues inutilisables. La reconstruction des systèmes de production et de distribution d'énergie prendrait du temps et, dans l'intervalle, les communautés devraient s'appuyer sur des sources d'énergie alternatives.

Énergie alternative : des panneaux solaires, des éoliennes et des générateurs hydroélectriques à petite échelle pourraient être utilisés pour produire de l'électricité à court terme. Les panneaux solaires, en particulier, sont portables et évolutifs, ce qui les rend adaptés aux communautés qui tentent de rétablir l'électricité.

Réseaux localisés : la reconstruction de grands réseaux électriques centralisés pourrait ne pas être réalisable immédiatement après un événement nucléaire. Au lieu de cela, les communautés pourraient se concentrer sur la construction de micro-réseaux localisés, plus résilients et plus faciles à réparer. Ces réseaux pourraient relier les maisons, les hôpitaux et les services essentiels aux sources d'énergie renouvelables.

Eau et assainissement

L'eau propre serait l'un des besoins les plus urgents après une catastrophe nucléaire, car de nombreuses sources d'eau naturelles pourraient être contaminées par les retombées. La reconstruction des infrastructures hydrauliques impliquerait à la fois de sécuriser les sources d'eau propre et de rétablir les systèmes d'assainissement pour empêcher la propagation des maladies.

Filtration et purification de l'eau : dans un premier temps, les survivants devraient s'appuyer sur des systèmes de filtration de l'eau, tels que des filtres portables ou des appareils de distillation, pour rendre l'eau contaminée potable. Les communautés devraient également identifier les sources d'eau souterraine non contaminées, telles que les puits ou les sources.

Reconstruction des infrastructures hydrauliques : au fil du temps, les communautés devraient réparer les installations et les canalisations de traitement de l'eau endommagées. En l'absence de ces systèmes, les communautés pourraient développer des systèmes de collecte des eaux de pluie ou des usines de purification à petite échelle pour assurer un approvisionnement fiable en eau.

## Systèmes de communication

Le rétablissement des communications serait crucial pour coordonner les efforts de secours, partager les informations et rétablir la gouvernance. Cependant, la destruction des infrastructures de télécommunication rendrait cette tâche difficile.

Radios à ondes courtes : Immédiatement après la catastrophe, les survivants utiliseraient probablement des radios à ondes courtes pour communiquer. Ces radios peuvent fonctionner sur de longues distances et ne nécessitent pas de grandes infrastructures pour fonctionner.

Reconstruction des télécommunications : Au fil du temps, les communautés s'efforceraient de reconstruire les réseaux de télécommunications, en commençant par des technologies simples comme les lignes fixes et en progressant vers des systèmes plus avancés comme les antennes relais et les services Internet.

## Rétablissement de la gouvernance et de la loi

Une catastrophe nucléaire pourrait laisser de nombreux gouvernements dans le désarroi, en particulier si les principaux centres politiques et économiques sont détruits. En l'absence d'autorité centrale, les communautés locales devraient créer leurs propres systèmes de gouvernance pour maintenir l'ordre et coordonner les efforts de reconstruction.

## Leadership communautaire

En l'absence de gouvernements nationaux, des dirigeants locaux émergeraient probablement pour combler le vide du pouvoir. Ces dirigeants pourraient être des personnes ayant des compétences de survie, une formation militaire ou une expérience en gestion de crise. Le leadership communautaire serait essentiel pour organiser les efforts de rétablissement, distribuer les ressources et maintenir la sécurité.

Gouvernements localisés : Les communautés pourraient établir des conseils ou des assemblées pour se gouverner elles-mêmes. Ces gouvernements locaux seraient responsables de prendre des décisions concernant l'allocation des ressources, la sécurité et la reconstruction.

Gouvernance décentralisée : Compte tenu des défis de la communication et des déplacements dans un monde post-nucléaire, la gouvernance deviendrait probablement décentralisée, les gouvernements locaux ayant plus d'autonomie sur leurs affaires. Cela pourrait conduire à la formation d'États régionaux ou de cités, chacun doté de ses propres lois et dirigeants.

## Loi et ordre

Le maintien de l'ordre public constituerait un défi majeur dans une société post-nucléaire. Avec des destructions généralisées et une pénurie de ressources, la criminalité et la violence pourraient augmenter alors que les gens luttent pour survivre. Les communautés devraient établir des forces de sécurité ou des milices pour se protéger contre le pillage, le vol et la violence.

Police de proximité : en l'absence de forces de l'ordre officielles, les communautés peuvent s'appuyer sur des milices volontaires ou des groupes de surveillance de quartier pour maintenir la sécurité. Ces groupes feraient respecter les lois locales et protégeraient les ressources des pillards ou des éléments criminels.

Systèmes judiciaires : la reconstruction des systèmes judiciaires officiels, tels que les tribunaux et les codes juridiques, prendrait du temps. Dans un premier temps, les communautés pourraient résoudre les conflits par la médiation ou par des conseils communautaires. Au fil du temps, des systèmes judiciaires plus officiels pourraient être réintroduits à mesure que la société se stabilise.

Relancer l'économie

Une catastrophe nucléaire dévasterait l'économie mondiale, perturbant le commerce, détruisant les industries et dévaluant les monnaies. Reconstruire l'économie serait un processus long et difficile, mais il serait essentiel pour restaurer une société fonctionnelle.

Économies de troc et de ressources

Au début de la reprise, l'économie formelle pourrait s'effondrer, l'argent devenant inutile en raison de l'hyperinflation ou de la perte de confiance dans la monnaie. Dans ce contexte, des économies de troc et de ressources émergeraient, avec des biens et des services échangés directement.

Systèmes de troc : les communautés établiraient probablement des systèmes de troc, échangeant des biens comme la nourriture, l'eau, le carburant et les outils. Les compétences et les services, comme la menuiserie, les soins médicaux ou la mécanique, pourraient également devenir des formes de monnaie précieuses.

Métaux et biens précieux : Au fil du temps, les métaux précieux comme l'or et l'argent, ainsi que les biens essentiels comme le carburant ou les fournitures médicales, pourraient être acceptés comme monnaie. Ces articles ont une valeur intrinsèque et pourraient servir de moyen d'échange en l'absence de monnaies formelles.

Reconstruire les réseaux commerciaux

Le commerce serait essentiel à la reprise, car les communautés auraient besoin d'accéder à des ressources qui ne sont pas disponibles localement. Le rétablissement des réseaux commerciaux, à la fois locaux et régionaux, aiderait à distribuer les biens et à reconstruire l'économie.

Commerce local : Dans un premier temps, le commerce se limiterait aux communautés voisines, car les réseaux de transport seraient encore en réparation. Des biens comme la nourriture, l'eau et les matières premières seraient échangés entre les villes et les villages.

Commerce régional : À mesure que les réseaux de transport seront reconstruits et que la sécurité s'améliorera, le commerce entre les régions reprendra. Des ressources comme le carburant, les métaux et les machines seront essentielles à la reconstruction des infrastructures et de l'industrie.

Reconstruction de l'industrie

La destruction des usines, des centrales électriques et des centres de fabrication paralyserait la production industrielle à court terme. Cependant, au fil du temps, les communautés commenceraient à reconstruire des industries à petite échelle pour produire des biens essentiels.

Fabrication à petite échelle : Dans un premier temps, les communautés pourraient se concentrer sur la fabrication à petite échelle, en utilisant des outils simples et des matériaux locaux pour produire des biens de base comme des vêtements, des outils et des matériaux de construction. Au fil du temps, des industries plus importantes pourraient être reconstruites, surtout s'il existe un accès à des sources d'énergie renouvelables.

Agriculture : La relance de l'agriculture serait une priorité, car la production alimentaire est essentielle à la survie à long terme. En l'absence de fermes à grande échelle, les communautés pourraient se concentrer sur des méthodes agricoles locales et durables, telles que le jardinage intérieur, la culture hydroponique ou l'élevage de bétail.

Changements culturels et psychologiques

Une catastrophe nucléaire affecterait profondément la façon dont les gens pensent, agissent et voient le monde. Le traumatisme de survivre à un tel événement, combiné à la perte de structures sociales familières, entraînerait des changements psychologiques et culturels importants.


Résilience psychologique

Survivre au choc initial d'un événement nucléaire nécessiterait une immense résilience psychologique. De nombreux survivants seraient aux prises avec le chagrin, la peur et l'incertitude alors qu'ils essaieraient de reconstruire leur vie dans un monde changé.

Santé mentale : Il serait essentiel de traiter les problèmes de santé mentale pour aider les gens à faire face au traumatisme de la catastrophe. Les communautés pourraient créer des groupes de soutien, encourager l'interaction sociale et fournir des services de conseil pour aider les survivants à faire face à l'anxiété, à la dépression et au syndrome de stress post-traumatique.

Changements culturels : L'expérience de vivre une catastrophe nucléaire pourrait conduire à un changement culturel vers une plus grande autonomie, une plus grande coopération et une plus grande préparation. Les survivants pourraient accorder plus de valeur à des compétences telles que l'agriculture, la menuiserie et la médecine, ainsi qu'aux liens communautaires et au soutien mutuel.

Éducation et préservation des connaissances

La reconstruction de la société nécessiterait non seulement des ressources physiques, mais aussi des connaissances. La préservation et la transmission des connaissances essentielles en matière d'agriculture, de médecine, d'ingénierie et d'autres domaines seraient essentielles pour une reprise à long terme.

Éducation aux compétences de survie : à court terme, l'éducation pourrait se concentrer sur l'enseignement des compétences de survie, telles que la culture d'aliments, le traitement des blessures et la construction d'abris. Les communautés pourraient créer des écoles ou des ateliers pour transmettre ces connaissances aux jeunes générations.

Préserver les connaissances : les bibliothèques, les universités et les archives pourraient être détruites lors d'un événement nucléaire, mais la préservation des connaissances pour les générations futures serait vitale. Les communautés pourraient donner la priorité à la sauvegarde des livres, des fichiers numériques et d'autres documents contenant des informations essentielles à la reconstruction de la société.

Reconstruire la société après une catastrophe nucléaire serait un énorme défi, nécessitant résilience, coopération et innovation. Le processus commencerait probablement au niveau local, avec des communautés travaillant ensemble pour restaurer les infrastructures de base, la gouvernance et les systèmes économiques.

# Les radiations et le corps humain : effets à long terme sur la santé

L'exposition aux radiations est l'une des conséquences les plus graves et potentiellement mortelles d'un événement nucléaire. Si les effets immédiats de doses élevées de radiations, comme le syndrome d'irradiation aiguë, sont bien connus, les effets à long terme de l'exposition aux radiations sur la santé sont complexes et peuvent se manifester des mois, des années, voire des décennies après l'exposition initiale. Dans ce chapitre, nous examinerons comment les radiations affectent le corps humain à long terme, les types de radiations qui présentent les plus grands risques, les problèmes de santé courants associés à l'exposition aux radiations et les stratégies pour atténuer ces effets dans un environnement post-nucléaire.

Types de radiations et comment elles affectent le corps

Les radiations sont de l'énergie qui se propage sous forme d'ondes ou de particules. Dans le contexte d'un événement nucléaire, les types de radiations les plus dangereux sont les radiations ionisantes, qui ont suffisamment d'énergie pour retirer les électrons étroitement liés des atomes, créant ainsi des ions. Les radiations ionisantes peuvent endommager ou détruire des cellules, entraînant toute une série de problèmes de santé, allant des brûlures et des lésions tissulaires au cancer et aux mutations génétiques.

Il existe plusieurs types de rayonnements ionisants auxquels les survivants d'un événement nucléaire peuvent être exposés :

Rayonnement alpha

De quoi s'agit-il : les particules alpha sont de grosses particules chargées positivement qui ne peuvent pas pénétrer la peau humaine. Cependant, si elles sont inhalées ou ingérées, les particules alpha peuvent causer de graves dommages aux organes et tissus internes.

Risques pour la santé : si l'exposition externe au rayonnement alpha n'est pas dangereuse, l'exposition interne peut entraîner des lésions pulmonaires, hépatiques et osseuses. Le plutonium 239 est un émetteur alpha notable et est hautement toxique s'il est inhalé ou ingéré.

Rayonnement bêta

De quoi s'agit-il : les particules bêta sont plus petites que les particules alpha et peuvent pénétrer la peau, mais sont généralement arrêtées par les vêtements ou quelques millimètres de matériaux comme le plastique ou le verre.

Risques pour la santé : le rayonnement bêta peut provoquer des brûlures cutanées si la peau est exposée à des niveaux élevés pendant une période prolongée. Si elles sont ingérées ou inhalées, les particules bêta peuvent endommager les tissus internes et augmenter le risque de cancer. Le strontium 90, un émetteur bêta, peut être absorbé par les os, où il continue d'émettre des radiations, augmentant le risque de cancer des os.

Rayonnement gamma

De quoi s'agit-il : les rayons gamma sont des ondes électromagnétiques très pénétrantes qui peuvent traverser le corps humain, causant des dommages étendus aux tissus et aux organes.

Risques pour la santé : le rayonnement gamma est extrêmement dangereux et peut entraîner des effets immédiats et à long terme sur la santé. Il est associé au mal des rayons, au cancer et aux dommages à l'ADN, entraînant des mutations génétiques. Le césium 137 et l'iode 131 sont des émetteurs gamma courants dans les retombées nucléaires.

Rayonnement neutronique

De quoi s'agit-il : le rayonnement neutronique est constitué de neutrons émis lors de la fission nucléaire. Ces particules sont très pénétrantes et peuvent traverser les matériaux, y compris le corps humain.

Risques pour la santé : le rayonnement neutronique peut provoquer de graves lésions tissulaires et augmenter le risque de cancer. Il s'agit principalement d'une préoccupation pour les personnes proches d'une explosion nucléaire ou de réacteurs nucléaires.

Effets des radiations sur le corps

Les effets des radiations sur le corps humain dépendent de plusieurs facteurs, notamment de la dose de radiation reçue, de la durée de l'exposition et du fait que l'exposition soit interne (par inhalation ou ingestion) ou externe. Les cellules du corps sont particulièrement vulnérables aux radiations, car elles endommagent l'ADN, ce qui entraîne des mutations, la mort cellulaire ou une croissance cellulaire incontrôlée (cancer). Voici quelques-unes des principales façons dont les radiations affectent le corps :

Dommages cellulaires

Les radiations endommagent l'ADN à l'intérieur des cellules, ce qui peut entraîner des mutations ou la mort cellulaire. Si les dommages sont graves, la cellule peut mourir ou devenir incapable de fonctionner correctement. Si les dommages sont modérés, la cellule peut survivre mais avec un ADN muté, ce qui peut entraîner une croissance cellulaire incontrôlée et un cancer.

Dommages aux tissus et aux organes

Les effets de l'exposition aux radiations sont plus visibles dans les tissus à division rapide, comme la peau, la moelle osseuse et le tube digestif. Ces tissus sont plus sensibles aux radiations, car ils génèrent constamment de nouvelles cellules. Des doses élevées de radiations peuvent détruire ces tissus, provoquant une maladie aiguë des radiations (MADR), qui se manifeste par des symptômes tels que des nausées, des vomissements, des diarrhées et des saignements.

Moelle osseuse : les radiations endommagent la moelle osseuse, qui produit les cellules sanguines. Cela peut entraîner une maladie appelée dépression de la moelle osseuse, qui entraîne une production réduite de globules rouges (anémie), de globules blancs (immunosuppression) et de plaquettes (augmentation des saignements).

Tractus gastro-intestinal : les cellules qui tapissent les intestins et l'estomac se divisent rapidement, les rendant vulnérables aux dommages causés par les radiations. Cela peut entraîner des nausées, des vomissements, des diarrhées et un risque accru d'infection.

Cancer

Le cancer est l'un des effets à long terme les mieux documentés de l'exposition aux radiations. Le risque de développer un cancer augmente avec la dose de radiation reçue et le temps écoulé depuis l'exposition. L'exposition aux radiations peut provoquer divers types de cancer, notamment :

Leucémie : la leucémie est l'un des cancers les plus courants associés à l'exposition aux radiations. Elle survient lorsque les radiations endommagent la moelle osseuse, entraînant une croissance incontrôlée des globules blancs.

Cancer de la thyroïde : L'iode radioactif (iode 131) libéré lors des explosions nucléaires est absorbé par la glande thyroïde, ce qui augmente le risque de cancer de la thyroïde. Les comprimés d'iodure de potassium (KI) peuvent réduire ce risque en saturant la thyroïde d'iode stable.

Cancer du poumon : L'inhalation de particules radioactives, en particulier d'émetteurs alpha comme le plutonium 239, augmente le risque de cancer du poumon.

Cancer du sein : Les femmes exposées aux radiations, en particulier à un jeune âge, ont un risque accru de développer un cancer du sein.

Cancer des os : Le strontium 90, qui se comporte comme le calcium, peut s'accumuler dans les os et augmenter le risque de cancer des os.

Dommages génétiques et malformations congénitales

Les radiations peuvent provoquer des mutations dans les cellules reproductrices, entraînant des dommages génétiques qui peuvent être transmis aux générations futures. Les enfants nés de parents qui ont été exposés à de fortes doses de radiations peuvent être exposés à un risque accru de malformations congénitales, de problèmes de développement et de troubles génétiques.

Exposition in utero : les femmes enceintes exposées aux radiations sont particulièrement à risque, car les fœtus en développement sont très sensibles aux radiations. L'exposition in utero peut entraîner des retards de développement, un faible poids à la naissance ou des malformations physiques. La gravité des effets dépend du stade de la grossesse et de la dose de radiation.

Effets à long terme de l'exposition aux radiations sur la santé

Les effets à long terme de l'exposition aux radiations sur la santé peuvent prendre des années, voire des décennies, à se manifester. Alors que certaines personnes peuvent se remettre d'une exposition aux radiations sans problèmes de santé importants, d'autres peuvent développer des maladies graves plus tard dans la vie. Voici quelques-uns des effets à long terme les plus courants de l'exposition aux radiations :

Cancers induits par les radiations

Comme mentionné précédemment, l'exposition aux radiations augmente considérablement le risque de développer un cancer. La période de latence des cancers induits par les radiations peut être longue, prenant souvent 10 à 20 ans ou plus pour se développer. Les cancers courants causés par les radiations comprennent la leucémie, le cancer de la thyroïde, le cancer du poumon, le cancer du sein et le cancer des os. Le risque de cancer augmente avec des doses de radiations plus élevées et une exposition prolongée.

Maladies cardiovasculaires

L'exposition aux radiations, en particulier à des doses élevées, peut endommager le cœur et les vaisseaux sanguins, entraînant un risque accru de maladie cardiovasculaire plus tard dans la vie. Des études sur les survivants des bombardements d'Hiroshima et de Nagasaki, ainsi que sur les patients ayant reçu une radiothérapie pour un cancer, ont montré un risque accru de maladie cardiaque et d'accident vasculaire cérébral de nombreuses années après l'exposition.

Cataractes

L'exposition aux radiations peut endommager le cristallin de l'œil, entraînant des cataractes, une affection dans laquelle le cristallin devient trouble et altère la vision. Les cataractes sont un effet à long terme bien documenté de l'exposition aux radiations, et le risque augmente avec des doses plus élevées. Les cataractes peuvent se développer plusieurs années après l'exposition et peuvent nécessiter une intervention chirurgicale.

Fatigue chronique et affaiblissement du système immunitaire

L'exposition aux radiations peut endommager le système immunitaire à long terme, rendant les survivants plus vulnérables aux infections et aux maladies. La fatigue chronique est un autre symptôme courant, car le corps lutte pour réparer les dommages causés aux tissus et aux organes par les radiations. Cette fatigue peut persister pendant des années après l'exposition et peut s'accompagner de faiblesse, d'anémie et d'autres signes de dysfonctionnement du système immunitaire.

Atténuer les effets à long terme de l'exposition aux radiations

Bien qu'il soit impossible d'éliminer tous les risques associés à l'exposition aux radiations, vous pouvez prendre certaines mesures pour atténuer les effets à long terme sur la santé et améliorer vos chances de survie dans un environnement post-nucléaire :

Réduire l'exposition

La meilleure façon de réduire le risque de problèmes de santé à long terme est de minimiser votre exposition aux radiations. Pour ce faire, vous pouvez rester dans un abri antiatomique le plus longtemps possible après un événement nucléaire, éviter les aliments et l'eau contaminés et utiliser un équipement de protection individuelle (EPI) comme des masques et des vêtements lorsque vous sortez.

Prendre de l'iodure de potassium (KI)

L'iodure de potassium (KI) est une mesure préventive essentielle qui peut aider à protéger votre thyroïde contre l'absorption d'iode radioactif, réduisant ainsi le risque de cancer de la thyroïde. Le KI doit être pris peu de temps avant ou après l'exposition à l'iode radioactif pour être efficace. Gardez à l'esprit que le KI ne protège pas contre les autres types de rayonnement.

Adoptez une alimentation riche en nutriments

Une alimentation saine, riche en antioxydants, vitamines et minéraux, peut aider le corps à réparer les dommages induits par les radiations et à soutenir la fonction immunitaire. Les aliments riches en antioxydants, comme les fruits et les légumes, peuvent aider à réduire le stress oxydatif causé par l'exposition aux radiations. Un apport adéquat en calcium et en potassium peut également contribuer à réduire l'absorption d'isotopes radioactifs comme le strontium 90 et le césium 137.

Suivi médical régulier

Si vous avez été exposé aux radiations, il est important de subir des examens de santé réguliers pour surveiller les signes de maladies induites par les radiations, en particulier le cancer. La détection et le traitement précoces des cancers et d'autres maladies liées aux radiations peuvent améliorer considérablement les taux de survie.

Dépistage du cancer : des dépistages réguliers du cancer, en particulier dans les zones à haut risque comme la thyroïde, les poumons et les os, sont essentiels pour une détection précoce.

Analyses sanguines : les analyses sanguines peuvent surveiller la santé de votre moelle osseuse, de votre système immunitaire et de votre numération globulaire sanguine, aidant ainsi à détecter des problèmes comme l'anémie ou la suppression immunitaire à un stade précoce.

Soutien psychologique

Les survivants d'événements nucléaires subissent souvent des effets psychologiques à long terme, notamment l'anxiété, la dépression et le syndrome de stress post-traumatique (SSPT). Faire face au traumatisme de l'exposition aux radiations et à l'incertitude des risques pour la santé à long terme peut avoir des conséquences néfastes sur la santé mentale. La recherche d'un soutien psychologique et l'établissement de liens communautaires solides peuvent contribuer à atténuer les conséquences d'un événement nucléaire sur la santé mentale.

# Préparation médicale : faire des réserves pour la survie

Lorsque l'on se prépare à survivre dans un monde post-nucléaire, la préparation médicale est l'un des aspects les plus critiques de la survie à long terme. Dans un scénario de retombées nucléaires, l'accès aux professionnels de la santé, aux hôpitaux et aux pharmacies peut être limité ou complètement indisponible. Avoir une trousse médicale bien approvisionnée et une connaissance des soins médicaux de base peut faire la différence entre la vie et la mort. Dans ce chapitre, nous aborderons les fournitures médicales essentielles à approvisionner, comment se préparer aux problèmes de santé courants dans une zone de retombées nucléaires et les compétences de base nécessaires pour prodiguer des soins médicaux à vous-même et aux autres.

Pourquoi la préparation médicale est essentielle

Au lendemain d'une catastrophe nucléaire, les blessures, les maladies et les problèmes de santé liés aux radiations seront répandus. Les installations médicales peuvent être détruites ou débordées, et la chaîne d'approvisionnement en médicaments et équipements médicaux essentiels peut être perturbée pendant des mois, voire des années. Se préparer à l'avance avec une trousse médicale complète garantit que vous disposez des ressources nécessaires pour traiter les blessures, gérer les maladies et répondre aux besoins de santé à long terme.

Voici les principales raisons pour lesquelles la préparation médicale est essentielle :

Blessures causées par l'explosion : les survivants d'une explosion nucléaire peuvent souffrir de brûlures, de coupures, de fractures et d'autres blessures traumatiques causées par l'explosion, la chute de débris ou les incendies. Disposer des fournitures médicales appropriées peut aider à stabiliser et à traiter ces blessures dans les heures et les jours critiques qui suivent l'événement.

Maladie due aux radiations : l'exposition aux radiations peut entraîner un syndrome d'irradiation aiguë (SRA), qui nécessite un traitement rapide pour réduire le risque de décès. Le stockage de médicaments et de traitements contre l'exposition aux radiations est essentiel pour la survie dans une zone de retombées.

Infection et maladie : les coupures, les brûlures et autres blessures présentent un risque élevé d'infection, en particulier dans un environnement post-catastrophe où l'hygiène peut être compromise. De plus, la défaillance des systèmes d'assainissement pourrait entraîner des épidémies de maladies telles que la dysenterie, le choléra et les infections respiratoires.

Problèmes de santé chroniques : les personnes souffrant de problèmes de santé chroniques, comme le diabète, l'hypertension artérielle, l'asthme ou les maladies cardiaques, devront s'assurer de disposer d'un approvisionnement suffisant en médicaments et en options de traitement pour gérer leur état à long terme.

Santé mentale : les conséquences psychologiques de la survie à un événement nucléaire et de la vie dans une zone de retombées peuvent entraîner de l'anxiété, de la dépression et un trouble de stress post-traumatique (TSPT). Les soins de santé mentale sont tout aussi importants que les soins physiques dans un scénario de survie.

Fournitures médicales essentielles pour la survie

Une trousse médicale bien garnie doit contenir des fournitures pour traiter un large éventail de blessures et de maladies, notamment les soins de traumatologie, la prévention des infections, la gestion des maladies chroniques et l'exposition aux radiations. Vous trouverez ci-dessous une liste de fournitures médicales essentielles qui devraient faire partie de votre réserve de survie.

Fournitures de soins de traumatologie

Les blessures traumatiques, telles que les brûlures, les coupures, les fractures et les saignements graves, sont courantes après un événement nucléaire. Il est essentiel de disposer des fournitures appropriées pour arrêter les saignements, stabiliser les os cassés et traiter les brûlures.

Manuel de premiers secours : un manuel de premiers secours complet est inestimable, surtout si vous n'êtes pas familier avec les procédures médicales. Assurez-vous que le manuel couvre les soins de traumatologie, les soins des plaies et d'autres problèmes médicaux liés à la survie.

Bandages et gaze : stockez différentes tailles de bandages, notamment des pansements adhésifs (pansements), des compresses de gaze stériles et des rouleaux de gaze pour envelopper les plaies. Les bandages élastiques sont également utiles pour soutenir les entorses ou maintenir les pansements en place.

Garrot : En cas de saignement grave, un garrot peut être nécessaire pour arrêter la perte de sang jusqu'à ce que des soins médicaux appropriés puissent être administrés. Assurez-vous d'avoir un garrot approprié et de savoir comment l'utiliser en toute sécurité.

Gants stériles : Des gants stériles jetables sont essentiels pour vous protéger et protéger le patient contre les infections lors du traitement de plaies ouvertes ou de la manipulation de fluides corporels.

Pansements et gels pour brûlures : Les brûlures sont fréquentes après une explosion. Gardez en stock des pansements spécialisés pour brûlures, des pommades pour brûlures ou des pansements hydrogel pour traiter les brûlures et réduire la douleur.

Sutures ou bandes de fermeture de plaies : Pour les coupures et lacérations profondes qui doivent être fermées, il est important d'avoir des sutures ou des bandes de fermeture de plaies (pansements papillon ou Steri-Strips). Si vous n'êtes pas familier avec la suture, apprenez les techniques de base de fermeture des plaies ou optez pour des bandes adhésives comme alternative.

Attelles et écharpes : Si une personne souffre d'une fracture ou d'une entorse, avoir une attelle et une écharpe peut aider à immobiliser le membre blessé et à réduire la douleur. Assurez-vous de savoir comment appliquer correctement une attelle.

Solutions et lingettes antiseptiques : Ayez en stock des lingettes antiseptiques, du peroxyde d'hydrogène ou des solutions iodées pour nettoyer les plaies et prévenir les infections.

Médicaments

L'accès aux médicaments sera probablement limité après une catastrophe nucléaire, il est donc essentiel de faire le plein de médicaments en vente libre et sur ordonnance. En plus des médicaments destinés à traiter des affections spécifiques, faites le plein de médicaments généraux pour traiter les problèmes de santé courants.

Analgésiques : Les analgésiques en vente libre comme l'ibuprofène, le paracétamol et l'aspirine sont essentiels pour gérer la douleur, réduire la fièvre et traiter l'inflammation.

Antibiotiques : Les infections bactériennes sont courantes après des blessures ou une exposition à des conditions insalubres. Si possible, faites le plein d'antibiotiques comme l'amoxicilline, la ciprofloxacine ou la doxycycline. Soyez conscient des dosages et des indications d'utilisation appropriés et consultez un professionnel de la santé si possible avant de faire des réserves de médicaments sur ordonnance.

Médicaments antidiarrhéiques : la diarrhée causée par des aliments ou de l'eau contaminés peut entraîner une déshydratation et des complications graves. Prévoyez des médicaments comme le lopéramide (Imodium) pour traiter la diarrhée.

Médicaments antinauséeux : l'exposition aux radiations et les infections peuvent provoquer des nausées et des vomissements. Prévoyez des médicaments antinauséeux comme la méclizine ou l'ondansétron pour gérer ces symptômes.

Médicaments contre le rhume et la grippe : préparez-vous aux infections respiratoires avec des médicaments comme des décongestionnants, des antihistaminiques et des antitussifs.

Iodure de potassium (KI) : l'iodure de potassium est un médicament essentiel pour protéger la thyroïde de l'exposition à l'iode radioactif. Assurez-vous d'avoir suffisamment de comprimés de KI pour chaque personne de votre groupe et comprenez les dosages appropriés en fonction de l'âge et des niveaux d'exposition.

Médicaments contre les allergies : les antihistaminiques comme la diphénhydramine (Benadryl) peuvent aider à gérer les réactions allergiques et les piqûres d'insectes.

Antiacides et médicaments pour l'estomac : Faites des réserves d'antiacides comme le carbonate de calcium (Tums) et de médicaments contre l'indigestion ou le reflux acide, car le stress et une mauvaise alimentation peuvent aggraver ces problèmes.

Médicaments contre les maladies chroniques : Si vous ou un membre de votre entourage souffrez d'une maladie chronique comme le diabète, l'hypertension artérielle, l'asthme ou une maladie cardiaque, assurez-vous d'avoir une réserve suffisante de médicaments sur ordonnance. Travaillez avec votre prestataire de soins de santé pour faire des réserves de médicaments supplémentaires si possible, et envisagez des alternatives comme des alternatives à l'insuline ou des remèdes à base de plantes au cas où les stocks s'épuiseraient.

Fournitures pour l'exposition aux radiations

Dans une zone de retombées, l'exposition aux radiations est l'un des principaux problèmes de santé. Faites des réserves pour atténuer l'exposition aux radiations et surveiller les niveaux de radiations.

Détecteurs de radiations (compteurs Geiger) : Un compteur Geiger est essentiel pour mesurer les niveaux de radiations dans l'environnement, les aliments et l'eau. Assurez-vous d'avoir un appareil fiable et de savoir comment l'utiliser.

Dosimètres : Les dosimètres personnels suivent l'exposition cumulative aux radiations au fil du temps. Ces comprimés sont utiles pour surveiller la quantité de radiations à laquelle chaque personne a été exposée et déterminer quand il est nécessaire d'évacuer ou de chercher un abri supplémentaire.

Iodure de potassium (KI) : Comme mentionné précédemment, les comprimés de KI sont essentiels pour protéger la thyroïde de l'absorption d'iode radioactif. Prévoyez-en suffisamment pour tout le monde dans votre groupe et connaissez les dosages recommandés pour les enfants et les adultes.

Vêtements de protection : Prévoyez des combinaisons de protection intégrale, des masques et des gants pour réduire l'exposition lorsque vous sortez dans des zones contaminées. Les masques N95 ou P100 peuvent aider à réduire le risque d'inhalation de particules radioactives.

Fournitures de contrôle des infections et d'hygiène

Le maintien de l'hygiène dans un scénario de survie est essentiel pour prévenir les infections et la propagation des maladies. Stockez des fournitures essentielles d'hygiène et de contrôle des infections.

Désinfectant pour les mains : stockez du désinfectant pour les mains à base d'alcool pour vous nettoyer les mains lorsque l'eau et le savon ne sont pas disponibles.

Savon et désinfectants : assurez-vous d'avoir une réserve de savon antibactérien et de désinfectants comme l'eau de Javel pour nettoyer les surfaces et maintenir l'hygiène.

Masques et gants : les masques chirurgicaux et les gants jetables peuvent aider à réduire le risque d'infection, en particulier lors du traitement des blessures ou des soins à une personne malade.

Comprimés de purification de l'eau : assurez-vous que votre approvisionnement en eau est sûr en stockant des comprimés de purification de l'eau ou des filtres portables pour éliminer les bactéries, les virus et les contaminants nocifs de l'eau.

Fournitures pour maladies chroniques et soins de longue durée

Pour les personnes souffrant de maladies chroniques, telles que le diabète, l'asthme ou les maladies cardiaques, il est essentiel de disposer des fournitures et des médicaments appropriés pour la survie à long terme.

Insuline et seringues : si vous ou une personne de votre groupe souffrez de diabète, faites le plein d'insuline et de seringues. Apprenez à conserver correctement l'insuline (par exemple, dans un endroit frais et sec) et envisagez des alternatives comme les plantes stimulant l'insuline si vos réserves s'épuisent.

Tensiomètres : pour les personnes souffrant d'hypertension ou de problèmes cardiaques, il est essentiel de disposer d'un tensiomètre pour surveiller leur santé et gérer efficacement leurs médicaments.

Inhalateurs et chambres d'inhalation pour l'asthme : faites le plein d'inhalateurs, de chambres d'inhalation et de médicaments pour gérer les problèmes respiratoires. Gardez une réserve supplémentaire de bronchodilatateurs et de corticostéroïdes si possible.

Fournitures de soutien en santé mentale

Survivre à un événement nucléaire et vivre dans une zone de retombées peut avoir des conséquences importantes sur la santé mentale. Se préparer aux soins de santé mentale est tout aussi important que la santé physique dans une situation de survie.

Médicaments anxiolytiques : faites le plein de médicaments comme les benzodiazépines (si prescrites) ou de suppléments en vente libre comme la racine de valériane ou la mélatonine pour gérer l'anxiété et l'insomnie.

Antidépresseurs : si vous ou quelqu'un de votre entourage prenez des antidépresseurs, essayez d'en stocker suffisamment pour durer plusieurs mois ou plus. Travaillez avec un professionnel de la santé pour assurer un approvisionnement stable.

Outils de soulagement du stress : pensez à stocker des outils de soulagement du stress comme des journaux, des livres ou des balles anti-stress. Ceux-ci peuvent aider à réduire l'anxiété et à procurer un sentiment de normalité pendant les périodes difficiles.

Outils médicaux de base

Avoir les bons outils pour prodiguer des soins médicaux de base est essentiel pour traiter les blessures et gérer la santé dans un scénario de survie.

Thermomètre : un thermomètre fiable est nécessaire pour surveiller la température corporelle, en particulier en cas d'infection ou de fièvre.

Pinces et ciseaux : disposez de pinces de qualité médicale pour retirer les échardes ou les débris des plaies et de ciseaux pour couper les bandages et les vêtements.

Seringues et aiguilles : disposez de seringues et d'aiguilles stériles pour administrer des médicaments, prélever du sang ou traiter les plaies.

Stéthoscope et brassard de tensiomètre : ces outils peuvent vous aider à surveiller les signes vitaux et à détecter des problèmes tels qu'une pression artérielle basse ou des problèmes respiratoires.

Développer des compétences médicales pour la survie

En plus de stocker des fournitures médicales, il est essentiel de développer des compétences médicales de base pour prodiguer des soins en l'absence d'aide médicale professionnelle. Envisagez de suivre un cours de secourisme et de réanimation cardio-pulmonaire, d'apprendre les techniques de soin des plaies et d'étudier les conditions médicales et les traitements courants. Une compréhension de base des soins de traumatologie, du contrôle des infections et de la gestion des maladies chroniques améliorera votre capacité à gérer les urgences médicales dans une situation de survie.

Soins des plaies : Apprenez à nettoyer, panser et fermer correctement les plaies pour prévenir l'infection.

Réanimation cardio-pulmonaire et réanimation cardio-pulmonaire : Savoir pratiquer la réanimation cardio-pulmonaire et les soins de base aux personnes atteintes de maladies cardiaques peut sauver des vies dans des situations critiques.

Gestion des maladies chroniques : Familiarisez-vous avec les symptômes, les traitements et la gestion des maladies chroniques comme le diabète, l'asthme et les maladies cardiaques.

La préparation médicale est un aspect crucial de la survie dans un monde post-nucléaire. En faisant le plein de fournitures médicales, de médicaments et d'outils essentiels et en développant des compétences médicales de base, vous pouvez augmenter vos chances de survivre aux blessures, aux maladies et aux problèmes de santé à long terme. Une trousse médicale bien préparée vous aide non seulement à gérer les besoins médicaux immédiats, mais vous permet également de faire face aux problèmes de santé à long terme en l'absence de soins médicaux professionnels.

# Maintenir une source d'énergie dans le monde post-nucléaire

Après une catastrophe nucléaire, l'infrastructure moderne qui alimente nos maisons, nos hôpitaux et nos réseaux de communication serait probablement gravement endommagée ou entièrement détruite. En l'absence d'un réseau électrique fonctionnel, le maintien d'une source d'énergie fiable devient essentiel à la survie, vous permettant de cuisiner des aliments, d'alimenter des équipements médicaux, de charger des appareils de communication et de vous chauffer par temps froid. Dans ce chapitre, nous explorerons les défis liés au maintien d'une source d'énergie dans le monde post-nucléaire, les meilleures options énergétiques alternatives et les stratégies pratiques pour produire et conserver l'électricité.

Pourquoi l'électricité est essentielle à la survie

Dans un environnement post-nucléaire, l'électricité n'est pas seulement une commodité, c'est une ressource essentielle à la survie. L'accès à l'électricité vous permet de faire ce qui suit :

Communication : l'alimentation des radios, des radios à ondes courtes et d'autres appareils de communication est essentielle pour rester informé des niveaux de radiation, des conditions météorologiques et des efforts de sauvetage.

Éclairage : les sources de lumière sont nécessaires à la sécurité, en particulier lorsque le soleil peut être obscurci par les effets atmosphériques d'un hiver nucléaire. L'éclairage artificiel peut également aider à maintenir un sentiment de normalité et à réduire le fardeau psychologique de l'isolement.

Cuisiner et se chauffer : une source d'énergie fiable vous permet de cuisiner des aliments et de faire bouillir de l'eau, ce qui est vital dans les zones où le carburant peut être rare ou contaminé. Le chauffage est également essentiel dans les environnements froids ou pendant l'hiver nucléaire, lorsque les températures peuvent chuter considérablement.

Besoins médicaux : l'électricité est cruciale pour faire fonctionner les appareils médicaux, tels que la réfrigération des médicaments comme l'insuline ou le fonctionnement des équipements de sauvetage.

Purification de l'eau : les systèmes électriques de purification de l'eau peuvent éliminer les contaminants de l'eau, garantissant ainsi un approvisionnement en eau potable dans les zones touchées par les retombées radioactives.

Étant donné l'importance de l'électricité dans un scénario de survie, trouver des sources d'énergie alternatives durables et adaptables à un monde post-nucléaire est une priorité absolue.

Défis de la production d'électricité dans un monde post-nucléaire

Plusieurs facteurs rendent la production d'électricité dans un environnement post-nucléaire particulièrement difficile :

Infrastructure endommagée : les centrales électriques, les sous-stations et les lignes de transmission peuvent être détruites ou rendues inutilisables par des explosions nucléaires ou l'impulsion électromagnétique (EMP) générée par les explosions. Cela pourrait entraîner des pannes de courant à long terme dans des régions ou des pays entiers.

Accès limité au carburant : les sources d'énergie traditionnelles comme le charbon, le pétrole et le gaz naturel peuvent devenir difficiles d'accès, soit en raison de perturbations de la chaîne d'approvisionnement, soit en raison de contaminations. Le transport du carburant peut également être entravé par des routes et des infrastructures endommagées.

Conditions environnementales : Les effets de l'hiver nucléaire (diminution de l'ensoleillement, froid extrême et conditions météorologiques imprévisibles) pourraient entraver la production d'énergie solaire et rendre le travail en extérieur difficile ou dangereux.

Sources d'énergie alternatives pour la survie

Pour maintenir une source d'énergie fiable après une catastrophe nucléaire, vous devrez vous tourner vers des solutions énergétiques alternatives. Vous trouverez ci-dessous certaines des meilleures options pour produire de l'électricité dans un environnement post-nucléaire, ainsi que leurs avantages et leurs défis.

Énergie solaire

L'énergie solaire est l'une des sources d'énergie les plus accessibles et les plus durables pour la survie. Avec la bonne configuration, vous pouvez produire de l'électricité à partir de la lumière du soleil, ce qui alimente vos appareils et vos besoins essentiels.

Avantages :

Les panneaux solaires sont relativement faciles à installer, portables et évolutifs.

Ils produisent de l'énergie silencieusement et ne dépendent pas de carburant, ce qui en fait une solution à long terme pour la production d'énergie.

L'énergie solaire peut être stockée dans des batteries, fournissant de l'électricité même lorsque le soleil ne brille pas.

Défis :

Les panneaux solaires dépendent de la lumière du soleil, qui pourrait être limitée pendant un hiver nucléaire ou des conditions nuageuses causées par des nuages de retombées.

Les coûts d'installation initiaux peuvent être élevés et les panneaux doivent être maintenus propres et exempts de débris pour fonctionner efficacement.

Les panneaux solaires sont vulnérables aux dommages causés par les vents violents ou les débris dans les environnements post-catastrophe.

Meilleures utilisations : l'énergie solaire est idéale pour charger de petits appareils comme les radios, les téléphones portables et les lampes LED. Avec une installation plus grande, vous pouvez alimenter des réfrigérateurs, des équipements médicaux et des systèmes de filtration d'eau.

Énergie éolienne

Les éoliennes exploitent l'énergie du vent pour produire de l'électricité. Des éoliennes à petite échelle sont disponibles pour un usage domestique et peuvent être un moyen efficace de produire de l'électricité dans les zones où le vent est constant.

Avantages :

L'énergie éolienne est renouvelable et ne nécessite pas de carburant, ce qui en fait une solution à long terme.

Les éoliennes peuvent produire de l'électricité même lorsque le soleil ne brille pas, fournissant ainsi une solution de secours à l'énergie solaire.

Défis :

Les éoliennes dépendent de la disponibilité du vent et les régimes de vent peuvent être perturbés par les changements de temps causés par l'hiver nucléaire.

L'installation d'éoliennes nécessite de l'espace et elles sont vulnérables aux dommages causés par les débris ou les vents violents.

Le bruit des éoliennes peut être préoccupant, en particulier dans les zones où le calme est essentiel pour la sécurité.

Meilleures utilisations : l'énergie éolienne est particulièrement adaptée aux endroits où le vent est constant, comme les plaines ouvertes ou les zones côtières. Elle peut être utilisée pour compléter l'énergie solaire et charger des batteries pour une utilisation ultérieure.

Hydroélectricité

L'hydroélectricité utilise l'eau courante pour produire de l'électricité. Dans les zones ayant accès à des rivières ou à des ruisseaux, les systèmes hydroélectriques à petite échelle peuvent fournir une source d'énergie stable et fiable.

Avantages :

Les systèmes hydroélectriques peuvent produire de l'électricité en continu tant que l'eau coule, ce qui en fait l'une des sources d'énergie renouvelables les plus fiables.

Il fournit une production d'énergie constante, contrairement au solaire et à l'éolien, qui dépendent des conditions météorologiques.

Défis :

L'accès à l'eau est essentiel et, en cas de retombées, les sources d'eau peuvent être contaminées par des radiations.

La construction d'un système hydroélectrique nécessite des connaissances techniques et la capacité d'installer des turbines dans une source d'eau courante.

Les sécheresses ou les changements de niveau d'eau (qui peuvent survenir en raison d'un hiver nucléaire) pourraient limiter la production d'électricité.

Meilleures utilisations : L'hydroélectricité est idéale pour les zones avec des rivières, des ruisseaux ou des cascades. Elle est bien adaptée à la production d'électricité continue, fournissant de l'électricité pour les maisons, l'éclairage et les petits appareils.

Générateurs à manivelle

Les générateurs à manivelle vous permettent de produire de petites quantités d'électricité en tournant manuellement une manivelle. Ces générateurs sont très portables et ne dépendent pas de sources d'énergie externes comme le carburant, la lumière du soleil ou le vent.

Avantages :

Les générateurs à manivelle sont compacts, portables et peuvent être utilisés à l'intérieur.

Ils fournissent une source d'énergie fiable pour les petits appareils comme les radios, les lampes de poche et les téléphones portables.

Ils ne dépendent pas des conditions météorologiques ou des réserves de carburant, ce qui les rend idéaux pour les situations d'urgence.

Défis :

Les générateurs à manivelle ne produisent que de petites quantités d'électricité, ce qui limite leur utilisation aux appareils de faible puissance.

Ils nécessitent un effort physique pour fonctionner et une utilisation prolongée peut être fatigante.

Meilleures utilisations : Les générateurs à manivelle sont idéaux pour charger les appareils de communication d'urgence, les petits appareils électroniques et l'éclairage pendant les pannes de courant de courte durée.

Générateurs de vélo

Les générateurs de vélo fonctionnent en convertissant l'énergie cinétique du pédalage en électricité. Ces systèmes peuvent être construits à l'aide d'un vélo stationnaire et d'un générateur, offrant un moyen simple mais efficace de produire de l'énergie.

Avantages :

Les générateurs de vélo sont simples à construire et à utiliser, ne nécessitant qu'un effort humain pour générer de l'énergie.

Ils permettent de faire de l'exercice et de se sentir actif, ce qui peut aider à atténuer l'ennui et à maintenir la forme physique dans un scénario de survie.

Défis :

Comme les générateurs à manivelle, les générateurs de vélo produisent de petites quantités d'électricité, limitant leur utilisation aux appareils de faible puissance.

Un effort physique est requis et une utilisation prolongée peut être fatigante.

Meilleures utilisations : les générateurs de vélo sont utiles pour charger de petits appareils, alimenter des lumières et fournir une source d'alimentation de secours lorsque d'autres options ne sont pas disponibles.

Banques de batteries

Les banques de batteries stockent l'électricité générée par des panneaux solaires, des éoliennes ou d'autres sources d'énergie renouvelables pour une utilisation ultérieure. Disposer d'un système de stockage de batterie fiable vous permet de collecter de l'énergie pendant la journée et de l'utiliser en cas de besoin, même si les conditions ne sont pas favorables à la production d'électricité.

Avantages :

Les banques de batteries vous permettent de stocker de l'énergie pour l'utiliser pendant la nuit ou lorsque la production d'électricité est faible.

Elles fournissent une alimentation électrique stable et continue, même lorsque les sources d'énergie renouvelables fluctuent.

Défis :

Les systèmes de batteries peuvent être coûteux et leur durée de vie est limitée. Au fil du temps, les batteries se dégradent et doivent être remplacées.

Elles nécessitent un entretien régulier et doivent être stockées dans un environnement sec et à température contrôlée pour éviter tout dommage.

Meilleures utilisations : les banques de batteries sont idéales pour fournir une alimentation de secours pendant les périodes où les sources d'énergie renouvelables ne sont pas disponibles. Elles peuvent alimenter les lumières, les petits appareils électroménagers et les équipements médicaux essentiels.

Conserver l'énergie : maximiser l'efficacité dans un monde post-nucléaire

Dans un monde post-nucléaire, la production d'électricité sera limitée, donc économiser l'électricité est tout aussi important que la produire. Voici quelques stratégies pour maximiser l'efficacité énergétique et tirer le meilleur parti de votre alimentation électrique :

Utilisez des appareils économes en énergie

Passez à des appareils économes en énergie, comme des lampes à LED, des radios à faible consommation et des appareils électroménagers économes en énergie. Les lampes à LED, par exemple, consomment beaucoup moins d'énergie que les ampoules à incandescence traditionnelles et durent plus longtemps.

Chargez vos appareils avec parcimonie

Ne chargez vos appareils électroniques que lorsque cela est nécessaire. Éteignez les appareils lorsqu'ils ne sont pas utilisés pour préserver la durée de vie de la batterie. Envisagez d'utiliser des alternatives manuelles pour l'éclairage et la communication, comme des radios à manivelle ou des lampes de poche à énergie solaire.

Limitez le chauffage et la climatisation

Le chauffage et la climatisation consomment de grandes quantités d'énergie, alors économisez l'énergie en isolant votre abri avec des couvertures, des bâches en plastique ou d'autres matériaux pour retenir la chaleur. Portez plusieurs couches de vêtements pour rester au chaud et utilisez les radiateurs portables avec parcimonie.

Utilisez la lumière naturelle

Pendant la journée, maximisez l'utilisation de la lumière naturelle en positionnant les zones de travail près des fenêtres ou en utilisant des surfaces réfléchissantes pour éclairer votre espace. Cela réduit le besoin d'éclairage électrique.

Planifiez votre consommation d'énergie

Donnez la priorité aux besoins énergétiques essentiels, tels que les équipements médicaux, l'éclairage et les appareils de communication. Évitez de gaspiller de l'énergie sur des tâches ou des divertissements inutiles et planifiez soigneusement votre consommation d'énergie pour vous assurer d'avoir suffisamment d'énergie lorsque vous en avez le plus besoin.

Étapes pratiques pour la mise en place d'un système d'alimentation hors réseau

Si vous vous préparez à maintenir l'électricité dans un monde post-nucléaire, voici les étapes de base pour mettre en place un système d'alimentation hors réseau :

Évaluez vos besoins en électricité : déterminez la quantité d'électricité dont vous aurez besoin en fonction des appareils et équipements que vous prévoyez d'alimenter. Calculez les besoins en watts de chaque appareil et estimez le nombre d'heures par jour où ils seront utilisés.

Choisissez vos sources d'énergie : en fonction de votre environnement et des ressources disponibles, décidez quelles sources d'énergie fonctionneront le mieux dans votre situation. Les panneaux solaires, les éoliennes et les parcs de batteries sont couramment utilisés dans les systèmes hors réseau.

Installez des systèmes d'énergie renouvelable : installez des panneaux solaires, des éoliennes ou des systèmes hydroélectriques pour produire de l'électricité. Placez les panneaux solaires dans des zones qui reçoivent le maximum de lumière solaire et assurez-vous que les éoliennes sont installées dans des zones ouvertes et venteuses.

Installez un parc de batteries : installez un système de stockage de batteries pour stocker l'excédent d'électricité produit par vos systèmes d'énergie renouvelable. Cela garantit que vous disposez d'électricité même lorsque la production est faible.

Connectez vos appareils : utilisez un onduleur pour convertir le courant continu (CC) généré par vos systèmes renouvelables en courant alternatif (CA), utilisé par la plupart des appareils ménagers. Connectez vos appareils essentiels au système électrique.

En explorant des sources d'énergie alternatives comme l'énergie solaire, éolienne et hydraulique, et en mettant en place un système hors réseau, vous pouvez garantir une alimentation électrique fiable et durable même dans les conditions les plus difficiles. En combinant des stratégies de conservation de l'énergie avec des solutions pratiques de production d'électricité, vous pourrez maximiser vos ressources et maintenir un mode de vie fonctionnel et résilient dans un monde où le réseau électrique n'existera peut-être plus.

# Énergie solaire et retombées nucléaires : est-ce encore possible ?

Après un accident nucléaire, de nombreux survivants peuvent se tourner vers l'énergie solaire comme source d'énergie potentielle, en particulier compte tenu de sa durabilité et de son faible entretien. Cependant, l'efficacité de l'énergie solaire dans un environnement post-nucléaire soulève d'importantes questions, notamment concernant les retombées nucléaires, les radiations et les effets possibles d'un hiver nucléaire. Ce chapitre examinera si l'énergie solaire peut encore fonctionner après une catastrophe nucléaire, comment les retombées nucléaires et l'hiver nucléaire pourraient avoir un impact sur la production d'énergie solaire et les stratégies pour maximiser l'efficacité des panneaux solaires dans ces conditions.

Principes de base de l'énergie solaire : fonctionnement des panneaux solaires

Les panneaux solaires produisent de l'électricité en convertissant la lumière du soleil en électricité à courant continu (CC) à l'aide de cellules photovoltaïques (PV). Ces cellules sont fabriquées à partir de matériaux semi-conducteurs, généralement du silicium, qui produisent de l'électricité lorsqu'elles sont exposées au soleil. Plus les panneaux reçoivent de lumière solaire, plus ils produisent d'électricité. Les panneaux solaires sont souvent couplés à des systèmes de stockage sur batterie, permettant aux utilisateurs de stocker l'excédent d'électricité pour une utilisation ultérieure.

L'énergie solaire est un choix populaire pour les solutions énergétiques hors réseau car elle est renouvelable, évolutive et silencieuse. Une fois installés, les panneaux solaires nécessitent un entretien minimal et peuvent fournir de l'électricité pendant des années sans dépendre de sources de combustible externes.

Retombées radioactives et leur impact sur les panneaux solaires

Après une explosion nucléaire, les retombées radioactives composées de poussière, de suie et de particules radioactives se déposent sur le sol et sur toutes les surfaces exposées, y compris les panneaux solaires. Les retombées peuvent avoir un impact sur la production d'énergie solaire de plusieurs manières :

Bloquer la lumière du soleil

L'une des préoccupations les plus importantes est l'effet des particules de retombées se déposant sur la surface des panneaux solaires, bloquant la lumière du soleil et réduisant leur efficacité. La poussière et la suie peuvent s'accumuler rapidement après un événement nucléaire, en particulier dans la zone de retombées immédiate, ce qui peut réduire la quantité de lumière solaire qui atteint les cellules photovoltaïques.

Impact sur l'efficacité : même une fine couche de poussière ou de cendre peut réduire considérablement l'efficacité des panneaux solaires. Des études montrent qu'une légère salissure peut entraîner une réduction de 5 à 10 % de la production d'énergie solaire, tandis qu'une forte salissure due aux cendres ou aux retombées pourrait réduire l'efficacité de 20 à 30 %, voire plus.

Rayonnement et cellules photovoltaïques

Une autre préoccupation est de savoir si le rayonnement pourrait endommager les cellules photovoltaïques des panneaux solaires. Heureusement, la plupart des panneaux solaires sont conçus pour être robustes et résistants aux dommages environnementaux, notamment aux rayons UV du soleil. Les types de rayonnement libérés lors d'un événement nucléaire, tels que les rayonnements alpha, bêta et gamma, ne risquent pas d'endommager directement les cellules photovoltaïques à base de silicium.

Impact du rayonnement : bien que le rayonnement soit un danger pour les organismes vivants, il est peu probable qu'il dégrade de manière significative les matériaux des panneaux solaires. Cependant, une exposition à long terme à des niveaux élevés de rayonnement pourrait affecter d'autres composants d'un système solaire, tels que le câblage ou l'électronique des onduleurs et des contrôleurs de charge.

Effets de la température et des intempéries

Les panneaux solaires sont généralement conçus pour résister à une gamme de températures, mais un scénario d'hiver nucléaire pourrait entraîner des changements climatiques extrêmes. Dans un hiver nucléaire, l'atmosphère pourrait se refroidir considérablement et les conditions météorologiques pourraient devenir erratiques, avec des hivers plus longs, des températures plus froides et des changements possibles dans les régimes de vent et de précipitations. Cela pourrait affecter la production d'énergie solaire de plusieurs manières :

Températures froides : les panneaux solaires ont tendance à fonctionner plus efficacement à des températures plus fraîches, donc même si des conditions plus froides ne peuvent pas empêcher la production d'électricité, une exposition réduite au soleil pendant un hiver nucléaire pourrait réduire la production d'énergie globale.

Neige et glace : l'accumulation de neige ou de glace sur les panneaux solaires pendant un hiver nucléaire pourrait bloquer davantage la lumière du soleil. Un nettoyage régulier des panneaux peut être nécessaire pour maintenir la production d'électricité.

L'hiver nucléaire et son impact sur l'énergie solaire

Un hiver nucléaire est une conséquence climatique potentielle d'un conflit nucléaire à grande échelle. Il se produit lorsque des quantités massives de suie, de cendres et de fumée provenant de tempêtes de feu s'élèvent dans la haute atmosphère, bloquant la lumière du soleil et abaissant considérablement les températures mondiales. L' « hiver » qui en résulterait pourrait durer des mois, voire des années, selon l'ampleur de l'événement nucléaire.

Diminution de l'ensoleillement

Le principal problème de l'hiver nucléaire pour la production d'énergie solaire est la réduction de l'ensoleillement. Avec des particules de suie et de cendres en suspension dans la stratosphère, une grande partie de la lumière et de la chaleur du soleil pourrait être bloquée, ce qui entraînerait des conditions de luminosité considérablement plus faibles au sol.

Diminution de l'ensoleillement : certaines études estiment que l'hiver nucléaire pourrait entraîner une réduction de l'ensoleillement de 50 à 70 %, voire plus, selon la gravité de l'événement. Dans ce scénario, les panneaux solaires continueraient à produire de l'électricité, mais la production serait considérablement réduite.

Conditions nuageuses : les panneaux solaires peuvent toujours produire de l'électricité par temps nuageux, mais à un rythme réduit. Les jours nuageux, les panneaux produisent généralement de 10 à 25 % de leur production maximale. Dans un scénario d'hiver nucléaire, cette production réduite pourrait persister pendant une période prolongée, rendant l'énergie solaire moins fiable comme source d'énergie principale.

Des nuits plus longues et des jours plus courts

En plus d'une diminution de l'ensoleillement, l'hiver nucléaire pourrait entraîner des nuits plus longues et des jours plus courts, limitant encore davantage la durée pendant laquelle les panneaux solaires peuvent produire de l'électricité chaque jour. Cela signifie que les solutions de stockage d'énergie, telles que les parcs de batteries, deviennent encore plus essentielles pour maintenir l'alimentation électrique pendant les longues périodes nocturnes.

Optimisation de l'efficacité de l'énergie solaire dans les zones de retombées nucléaires

Malgré les défis posés par les retombées nucléaires et l'hiver nucléaire, l'énergie solaire peut toujours être une source d'énergie précieuse pour les survivants. En prenant des mesures proactives pour maximiser l'efficacité des panneaux solaires et vous adapter aux conditions changeantes, vous pouvez vous assurer que votre système solaire fournit au moins une certaine quantité d'énergie pendant et après une catastrophe nucléaire.

Nettoyage et entretien réguliers

L'une des étapes les plus importantes pour maintenir l'efficacité de l'énergie solaire dans une zone de retombées nucléaires est de nettoyer régulièrement vos panneaux solaires. La poussière et les cendres des retombées nucléaires s'accumuleront rapidement sur les panneaux, réduisant leur capacité à capter la lumière du soleil.

Fréquence de nettoyage : nettoyez vos panneaux solaires fréquemment, quotidiennement si nécessaire, en utilisant des matériaux non abrasifs et de l'eau (de préférence filtrée ou purifiée pour éviter toute contamination). Si l'eau est rare, une brosse douce ou un chiffon peuvent être utilisés pour éliminer la plupart des débris.

Précautions de sécurité : lorsque vous nettoyez les panneaux dans une zone de retombées nucléaires, portez toujours un équipement de protection, notamment des gants, un masque et des manches longues, pour minimiser l'exposition aux particules radioactives. Stockez les produits de nettoyage contaminés dans des récipients scellés pour éviter toute propagation supplémentaire des retombées nucléaires.

Optimisez l'emplacement des panneaux

L'emplacement de vos panneaux solaires peut avoir un impact significatif sur leur capacité à produire de l'électricité. Même dans des conditions de faible luminosité, un positionnement approprié peut aider à maximiser la quantité de lumière solaire que vos panneaux reçoivent.

Maximisez la lumière solaire : assurez-vous que vos panneaux sont positionnés de manière à capter le maximum de lumière solaire chaque jour. Dans l'hémisphère nord, cela signifie généralement orienter les panneaux vers le sud à un angle optimisé pour votre latitude. Ajustez l'angle en fonction des saisons pour tenir compte de la position changeante du soleil.

Éliminez les obstacles : si possible, éliminez tous les obstacles tels que les débris, les arbres ou les structures endommagées qui pourraient projeter des ombres supplémentaires sur vos panneaux.

Utilisez le stockage sur batterie

Dans un monde post-nucléaire, les systèmes de stockage sur batterie deviennent encore plus critiques. Étant donné la quantité réduite de lumière solaire pendant un hiver nucléaire ou des conditions nuageuses, les panneaux solaires peuvent ne produire de l'électricité que quelques heures par jour. En stockant l'excédent d'électricité dans des batteries, vous pouvez vous assurer que l'électricité est disponible lorsque la lumière du soleil ne l'est pas.

Capacité de la batterie : investissez dans des systèmes de stockage sur batterie haute capacité capables de stocker suffisamment d'électricité pour durer pendant de longues périodes de faible ensoleillement. Les batteries lithium-ion sont couramment utilisées pour le stockage de l'énergie solaire en raison de leur longue durée de vie et de leur efficacité.

Conservation de l'énergie : économisez l'électricité en l'utilisant avec parcimonie et uniquement pour les appareils et tâches essentiels. Donnez la priorité aux appareils de communication, aux équipements médicaux et à l'éclairage, et évitez toute consommation d'énergie inutile.

Combinez l'énergie solaire avec d'autres sources d'énergie

Pour augmenter vos chances de maintenir une alimentation électrique fiable, envisagez de combiner l'énergie solaire avec d'autres sources d'énergie alternatives, telles que des éoliennes ou des générateurs à manivelle. Diversifier vos méthodes de production d'énergie peut vous aider à garantir que vous avez de l'électricité même lorsque la production d'énergie solaire est faible.

Éoliennes : l'énergie éolienne peut compléter l'énergie solaire, en particulier dans les zones où le vent est constant. Les éoliennes peuvent produire de l'électricité la nuit et par temps nuageux, fournissant ainsi une alimentation de secours à l'énergie solaire.

Générateurs à manivelle : en cas d'urgence, les générateurs à manivelle peuvent être utilisés pour alimenter de petits appareils comme des radios ou des lampes. Ils ne nécessitent ni carburant ni source d'énergie externe, ce qui en fait une option de secours précieuse.

Appareils économes en énergie

Pour tirer le meilleur parti de l'énergie limitée que vous produisez, optez pour des appareils économes en énergie. Les lampes LED, par exemple, consomment beaucoup moins d'énergie que les ampoules à incandescence, et les appareils à faible consommation peuvent aider à étendre votre électricité stockée.

Éclairage LED : utilisez l'éclairage LED à la place des ampoules traditionnelles pour réduire la consommation d'énergie tout en offrant un éclairage lumineux.

Radios et appareils de communication à faible consommation d'énergie : choisissez des radios à faible consommation d'énergie, des émetteurs à ondes courtes et d'autres outils de communication essentiels qui nécessitent une puissance minimale.

L'énergie solaire peut toujours fonctionner après un événement nucléaire, mais son efficacité sera limitée par les retombées, les conditions de l'hiver nucléaire et la disponibilité de la lumière du soleil. Bien que les panneaux solaires puissent produire moins d'électricité en raison de la réduction de la lumière du soleil et des retombées de débris, ils restent une option viable pour alimenter les appareils essentiels, en particulier lorsqu'ils sont associés à un stockage sur batterie et à un entretien régulier. En nettoyant régulièrement les panneaux, en optimisant leur emplacement et en combinant l'énergie solaire avec d'autres sources d'énergie, vous pouvez continuer à produire de l'électricité même dans les conditions difficiles d'un monde post-nucléaire. L'énergie solaire, bien qu'elle ne soit pas parfaite dans ces conditions, peut néanmoins être un outil précieux pour la survie lorsqu'elle est correctement gérée et complétée par d'autres méthodes de production d'énergie.

# Le troc pendant l'hiver nucléaire : comment échanger des biens et des compétences

Dans un monde post-nucléaire, où les économies modernes et les chaînes d'approvisionnement se sont effondrées, le troc deviendra une méthode de survie essentielle. La monnaie étant probablement devenue inutile en raison de l'hyperinflation ou du manque de confiance dans sa valeur, les gens se tourneront vers l'échange direct de biens et de services pour répondre à leurs besoins. L'importance du troc ne peut être surestimée dans un tel scénario, car il fournit un moyen d'acquérir des fournitures, des outils et des compétences essentielles à la survie dans un environnement difficile et aux ressources rares. Ce chapitre explorera le fonctionnement du troc pendant un hiver nucléaire, les biens et les compétences qui seront les plus précieux et les stratégies pratiques pour un commerce réussi.

Pourquoi le troc devient essentiel dans un monde post-nucléaire

Au lendemain d'une catastrophe nucléaire, l'ensemble de l'économie mondiale sera probablement perturbé. Les systèmes financiers peuvent s'effondrer, les banques peuvent devenir inaccessibles et les marchés traditionnels peuvent ne plus exister. Les routes commerciales peuvent être bloquées, les villes détruites et les infrastructures anéanties. Dans ce contexte, les gens devront compter sur les ressources locales et les communautés immédiates pour survivre, et le troc apparaîtra comme le moyen le plus pratique d'échanger de la valeur.

Le troc permet aux survivants d'échanger des biens et des services essentiels qui ne sont peut-être plus disponibles par des moyens conventionnels. Dans un monde où les produits manufacturés sont rares et où la production est à l'arrêt, le troc devient le seul moyen fiable d'obtenir ce dont vous avez besoin, qu'il s'agisse de nourriture, d'eau, de fournitures médicales ou de connaissances.

Biens essentiels pour le troc dans un hiver nucléaire

Certains biens deviendront incroyablement précieux dans un environnement post-nucléaire, en particulier ceux qui sont essentiels à la survie ou difficiles à produire. Comprendre quels articles seront demandés et avoir la prévoyance de les stocker ou de les sécuriser peut vous donner un avantage significatif dans le troc. Voici quelques-uns des biens les plus précieux à avoir pour le troc pendant un hiver nucléaire :

Nourriture et eau

Lors d'un hiver nucléaire, la nourriture et l'eau sont les ressources les plus essentielles à la survie, ce qui en fait des articles de troc de premier ordre. Il sera difficile de trouver de l'eau propre et non contaminée dans les zones de retombées, et la production alimentaire sera gravement perturbée par la diminution de l'ensoleillement, la contamination des sols et l'effondrement des systèmes agricoles.

Aliments séchés et en conserve : les aliments non périssables, comme les haricots secs, le riz, les pâtes et les conserves, seront extrêmement précieux. Ces aliments sont faciles à stocker, ont une longue durée de conservation et fournissent des nutriments essentiels.

Purification de l'eau : l'eau sera probablement contaminée par les retombées, ce qui rend les systèmes ou les comprimés de purification de l'eau extrêmement précieux. Si vous avez la possibilité de purifier l'eau, vous pouvez échanger de l'eau purifiée ou des filtres à eau contre d'autres produits essentiels.

Fournitures médicales

Avec un accès limité aux professionnels de la santé et aux hôpitaux, les fournitures médicales deviendront vitales pour traiter les blessures, les maladies et l'exposition aux radiations. Le troc d'articles médicaux peut faire la différence entre la vie et la mort dans de nombreuses situations.

Fournitures de premiers secours : les bandages, la gaze, les antiseptiques, les analgésiques et les traitements contre les brûlures seront très demandés. Ces articles peuvent être échangés contre de la nourriture, des outils ou d'autres produits de première nécessité.

Médicaments : les antibiotiques, les médicaments antidiarrhéiques et les comprimés d'iodure de potassium (KI) pour empêcher l'absorption d'iode radioactif seront parmi les articles les plus recherchés. Les gens échangeront des ressources précieuses contre des médicaments, surtout si eux-mêmes ou leurs proches sont malades.

Articles sanitaires : les produits sanitaires comme le savon, le gel hydroalcoolique et les désinfectants seront essentiels à l'hygiène et à la prévention des maladies, ce qui en fera des produits de troc précieux.

Sources de carburant et d'énergie

Le carburant pour le chauffage, la cuisine et la production d'électricité sera une denrée rare. Ceux qui ont accès au carburant ou à des sources d'énergie alternatives peuvent échanger ces articles contre presque tout ce dont ils ont besoin.

Bois de chauffage : Dans les régions plus froides, le bois de chauffage ou tout autre matériau pouvant être utilisé pour générer de la chaleur sera extrêmement précieux, en particulier pendant l'hiver nucléaire. Ceux qui peuvent fournir du bois ou du combustible auront un pouvoir de troc important.

Propane et essence : Le propane pour la cuisine et l'essence pour les générateurs ou les transports seront également très demandés. Le stockage de petites quantités de ces carburants peut vous donner un outil de troc précieux.

Batteries et chargeurs solaires : Les batteries rechargeables, les lampes solaires et les générateurs à manivelle seront également utiles pour maintenir l'alimentation électrique des appareils essentiels comme les radios et les lampes de poche.

Outils et équipement de survie

Les outils qui peuvent aider les gens à reconstruire, réparer ou créer seront essentiels dans un monde post-nucléaire. De plus, l'équipement de survie qui aide les gens à rester en sécurité dans l'environnement difficile d'un hiver nucléaire aura une valeur significative.

Outils à main : Les outils de base comme les marteaux, les clés, les couteaux, les tournevis et les scies seront très précieux pour réparer les abris, créer de nouvelles structures ou effectuer des tâches de survie de base.

Matériel de chasse et de pêche : Si la production alimentaire s'est effondrée, la chasse et la pêche peuvent devenir essentielles à la survie. Des articles comme des lignes de pêche, des hameçons, des pièges ou des couteaux de chasse peuvent être utiles à ceux qui ont besoin de se procurer leur propre nourriture.

Matériel pour allumer un feu : Des briquets, des allumettes ou des kits pour allumer un feu seront essentiels pour créer de la chaleur et cuisiner. En stockant ces articles, vous pouvez devenir un partenaire de troc précieux.

Vêtements chauds et couvertures : Dans les conditions froides d'un hiver nucléaire, les vêtements chauds, les couvertures et les matériaux isolants seront très demandés. Les gens échangeront de la nourriture et des outils contre des moyens de se réchauffer.

Semences et fournitures de jardinage

Alors que l'agriculture sera perturbée par les retombées nucléaires, les semences et les outils de jardinage deviendront incroyablement précieux pour les survivants qui chercheront des moyens de produire leur propre nourriture. Les semences patrimoniales qui peuvent être conservées et replantées année après année seront particulièrement recherchées.

Semences non OGM : Les semences de cultures résistantes comme les pommes de terre, les carottes, les haricots et les choux qui peuvent pousser dans des conditions de sol pauvres ou en hydroponie seront précieuses pour les personnes qui essaient de cultiver des aliments dans des conditions difficiles.

Outils de jardinage : Les pelles, les houes, les arrosoirs et le compost peuvent également être échangés lorsque les gens tentent de cultiver leur propre nourriture à l'intérieur ou dans des zones extérieures protégées.

Vêtements et chaussures

Dans un monde où l'industrie manufacturière s'est effondrée, les vêtements et les chaussures deviendront rares. Les vêtements durables qui peuvent résister à des conditions difficiles seront particulièrement précieux.

Bottes robustes : Les chaussures qui peuvent durer pendant de longues randonnées ou sur des terrains difficiles seront très prisées. Les gens échangeront des articles essentiels contre des bottes qui les protègent des éléments.

Vêtements durables : les vêtements fabriqués à partir de matériaux résistants, comme la laine ou les tissus résistants, seront également très demandés, en particulier parce que les gens recherchent la chaleur et la protection contre les retombées nucléaires.

Appareils de communication

En l'absence d'un réseau électrique fonctionnel et de systèmes de communication traditionnels, les radios et autres formes de communication seront essentielles. L'information sera l'un des biens les plus précieux dans un monde post-nucléaire.

Radios : les radios à manivelle ou à piles seront essentielles pour rester en contact avec le monde extérieur, écouter les nouvelles et se coordonner avec les autres survivants. Les radios seront échangées contre des biens de grande valeur tels que de la nourriture, des médicaments ou des armes.

Talkies-walkies : les appareils de communication à courte portée comme les talkies-walkies seront importants pour la coordination au sein d'une communauté ou d'une famille, et ils peuvent être échangés contre d'autres fournitures essentielles.

Troc des compétences pour la survie

En plus des biens physiques, les compétences seront tout aussi précieuses dans un monde post-nucléaire. Les personnes qui possèdent des connaissances et des compétences que d'autres n'ont pas peuvent échanger leurs capacités contre de la nourriture, un abri ou d'autres nécessités. Voici quelques-unes des compétences les plus précieuses pour le troc :

Compétences médicales

Si vous avez suivi une formation médicale, vos services seront très demandés. Le troc de soins médicaux, notamment le traitement des plaies, la réparation des os cassés et l'administration de médicaments, peut vous assurer un approvisionnement régulier en nourriture, en eau ou en d'autres produits essentiels.

Compétences en mécanique et en réparation

La capacité à réparer des outils, des véhicules ou des générateurs sera précieuse dans un monde où les nouveaux équipements sont difficiles à trouver. Les mécaniciens, les électriciens et ceux qui peuvent réparer des moteurs ou des systèmes solaires auront une compétence essentielle à échanger.

Compétences agricoles

Si vous savez cultiver des aliments dans des conditions difficiles, comme le jardinage d'intérieur, la culture hydroponique ou la culture dans un sol contaminé, vous pouvez échanger votre expertise contre des fournitures. Enseigner aux autres comment cultiver des aliments ou gérer le bétail sera un service inestimable.

Construction et menuiserie

Construire ou réparer des abris, des fortifications ou des infrastructures de fortune sera crucial. Les personnes possédant des compétences en menuiserie, des connaissances en construction ou une expertise en ingénierie trouveront de nombreuses occasions d'échanger leur travail contre des biens essentiels.

Réparation et entretien des armes

Dans un monde post-nucléaire, les armes seront importantes pour la défense, la chasse et le maintien de l'ordre. Si vous avez des compétences en réparation ou en entretien d'armes, comme la réparation d'armes à feu ou la fabrication d'armes de fortune, vous pouvez échanger votre expertise contre des fournitures essentielles.

Couture et réparation de vêtements

La capacité à réparer des vêtements, à coudre de nouveaux vêtements ou à rafistoler des matériaux usés sera précieuse. Les gens échangeront de la nourriture, des outils et d'autres biens contre quelqu'un qui pourra prolonger la durée de vie de leurs vêtements dans un monde où les vêtements neufs sont rares.

Stratégies pratiques de troc

Dans un monde post-nucléaire, le troc nécessite non seulement de comprendre ce qui a de la valeur, mais aussi de savoir comment s'engager dans des échanges fructueux. Voici quelques stratégies pratiques pour vous aider à troquer efficacement :

Établir la confiance

La confiance sera un élément clé d'un troc réussi, en particulier dans un scénario de survie où les gens sont désespérés. Il est essentiel de se forger une réputation de personne qui propose des échanges équitables et sur laquelle on peut compter.

Honnêteté : soyez transparent sur la qualité des biens ou des services que vous proposez. Tromper les gens nuira à votre réputation et pourrait conduire à des conflits.

Fiabilité : si vous promettez de livrer quelque chose, assurez-vous de respecter votre promesse. La cohérence permet de construire des relations à long terme et d'encourager les échanges répétés.

Comprenez la valeur des biens

La valeur des biens changera en fonction de la disponibilité et des besoins dans votre région. Certains articles qui semblent courants aujourd'hui, comme l'eau douce, la nourriture ou les fournitures médicales, peuvent devenir incroyablement rares et précieux.

Offre et demande : soyez conscient de ce qui est rare dans votre communauté et ajustez votre stratégie de troc en conséquence. Par exemple, l'eau peut être plus précieuse dans une zone contaminée par des retombées radioactives, tandis que le bois de chauffage peut être précieux dans une région plus froide.

Faites des réserves de produits essentiels : avant qu'une catastrophe ne survienne, faites des réserves de produits susceptibles d'être très demandés. Anticiper les pénuries peut vous donner l'avantage lors de futurs scénarios de troc.

Le troc en groupe ou en communauté

Le troc au sein d'un groupe ou d'une communauté peut offrir une plus grande sécurité et permettre des échanges plus efficaces. Travailler au sein d'un groupe, comme une communauté de survie ou un réseau commercial local, permet une meilleure gestion des ressources et un pouvoir de négociation collectif.

Réseaux commerciaux locaux : l'établissement d'un réseau commercial local peut aider à créer une économie de troc stable. Cela peut impliquer l'organisation de marchés de troc réguliers ou d'échanges où les membres de la communauté se réunissent pour échanger des biens et des services.

Sécurité : le commerce en groupe offre également une protection contre le vol ou l'exploitation. Soyez toujours prudent lorsque vous faites du troc avec des inconnus ou des groupes inconnus, en particulier si le commerce porte sur des objets de valeur.

Soyez adaptable

La valeur de certains biens et compétences peut fluctuer au fil du temps. Soyez prêt à adapter votre stratégie de troc à mesure que les conditions changent.

Flexibilité : ne devenez pas trop dépendant d'un seul article pour le troc. Diversifiez les biens et les compétences que vous proposez pour vous assurer de pouvoir continuer à faire du troc même si la demande pour un article diminue.

Relations commerciales à long terme : nouer des relations solides et durables avec d'autres membres de votre communauté peut contribuer à assurer un flux d'échanges régulier, même lorsque les conditions du marché changent.

Le troc deviendra un moyen de survie essentiel au lendemain d'un hiver nucléaire, permettant aux gens d'échanger des biens et des compétences essentiels dans un monde où les monnaies et les économies traditionnelles se sont effondrées. En comprenant quels articles et services auront le plus de valeur, en préparant un stock de biens essentiels et en développant des compétences de survie essentielles, vous pouvez vous positionner comme un troqueur performant dans cette nouvelle et dure réalité. Établir la confiance, être adaptable et travailler au sein de votre communauté vous aidera à relever les défis du troc post-nucléaire, en vous assurant d'avoir accès aux ressources nécessaires pour survivre et prospérer dans un monde changé à jamais par la catastrophe nucléaire.

# Comment communiquer dans un monde sans technologie

Dans un monde post-nucléaire, l'effondrement des infrastructures modernes signifierait probablement la perte des technologies de communication que nous tenons pour acquises : les téléphones portables, Internet et même les lignes fixes traditionnelles pourraient devenir inutiles. Les impulsions électromagnétiques (IEM) des explosions nucléaires pourraient mettre hors service les appareils électroniques, et la destruction des réseaux électriques et des infrastructures de télécommunications couperait la plupart des moyens de communication instantanée. Cependant, une communication efficace reste essentielle à la survie, à la coordination et à la sécurité. Ce chapitre explorera des méthodes de communication alternatives dans un monde sans technologie moderne, en se concentrant sur des solutions à faible technologie et sans technologie pour rester en contact avec les autres.

Pourquoi la communication est essentielle à la survie

Après une catastrophe nucléaire, la capacité de communiquer avec les autres devient cruciale pour plusieurs raisons :

Coordination des ressources : le partage d'informations sur la nourriture, l'eau, les fournitures médicales et les abris disponibles peut aider les communautés à survivre et à utiliser efficacement les ressources rares.

Sécurité et sûreté : la communication permet aux survivants d'avertir les autres des dangers, notamment des zones radioactives, des groupes hostiles ou des menaces environnementales. Il est également essentiel de coordonner les efforts de défense et de sécurité.

Bien-être mental : l'isolement peut avoir des conséquences psychologiques. Être capable de communiquer avec les autres apporte un soutien émotionnel, favorise la coopération et réduit le stress de la survie dans des conditions difficiles.

Commerce et troc : le maintien des canaux de communication est nécessaire pour établir des réseaux commerciaux et échanger des biens et des services, qui sont essentiels à la survie à long terme.

L'impact des impulsions électromagnétiques sur la communication

L'une des menaces les plus importantes pour la technologie moderne dans un monde post-nucléaire est le potentiel des impulsions électromagnétiques (IEM) à désactiver les appareils électroniques. Une impulsion électromagnétique est une explosion d'énergie électromagnétique qui peut être provoquée par des explosions nucléaires, en particulier à haute altitude. Les impulsions électromagnétiques ont le pouvoir de :

Faire frire les circuits électriques : les impulsions électromagnétiques peuvent désactiver les appareils électroniques, des smartphones et des ordinateurs aux radios et aux réseaux électriques. Les appareils non blindés peuvent être rendus inutilisables en un instant.

Perturber les réseaux de communication : les impulsions électromagnétiques peuvent provoquer des pannes généralisées dans les réseaux de communication, y compris les tours de téléphonie cellulaire, les communications par satellite et les systèmes de diffusion traditionnels.

Si certains appareils peuvent être renforcés ou protégés contre les impulsions électromagnétiques, la plupart des appareils électroniques grand public sont vulnérables. Cela signifie que même si vous disposez d'une radio ou d'un appareil de communication fonctionnel, les réseaux dont il dépend peuvent ne plus être opérationnels. Dans un tel scénario, les méthodes de communication à faible ou sans technologie deviennent essentielles.

Méthodes de communication low-tech

Même sans technologie moderne, plusieurs méthodes de communication low-tech peuvent encore être très efficaces dans un monde post-nucléaire. Ces méthodes reposent sur des outils simples, de l'électronique de base ou des systèmes manuels qui résistent à un scénario de catastrophe.

Radios à manivelle

Les radios à manivelle sont un outil essentiel pour recevoir des informations dans un monde post-nucléaire. Ces radios ne nécessitent pas de sources d'alimentation externes comme des piles ou de l'électricité ; elles sont alimentées en tournant manuellement une manivelle.

Comment elles fonctionnent : En tournant la manivelle, vous générez suffisamment d'énergie pour syntoniser les fréquences AM, FM ou à ondes courtes. De nombreuses radios à manivelle sont également équipées de lampes de poche intégrées ou de ports USB pour charger de petits appareils.

Utilisation dans un monde post-nucléaire : les radios à manivelle vous permettent d'écouter les émissions d'urgence, les bulletins météorologiques et les informations sur les niveaux de radiation ou les efforts de sauvetage. Si les IEM ont désactivé des infrastructures de communication plus avancées, ces radios peuvent toujours capter des signaux provenant de zones éloignées ou non affectées.

Considérations : Faites le plein de quelques radios à manivelle et apprenez à vous connecter aux fréquences à ondes courtes, qui peuvent transporter des signaux sur de longues distances. Assurez-vous de tester les radios régulièrement pour vous assurer qu'elles fonctionnent correctement.

Radios à ondes courtes et radios amateurs

Les radios à ondes courtes et les radios amateurs sont deux des méthodes de communication les plus fiables en cas de catastrophe. Ces radios fonctionnent sur des fréquences qui peuvent parcourir de longues distances, ce qui les rend idéales pour contacter d'autres personnes en dehors de votre zone immédiate.

Radios à ondes courtes : les radios à ondes courtes peuvent recevoir des signaux sur de vastes distances, parfois sur plusieurs continents. Même si les systèmes de communication locaux sont en panne, les signaux à ondes courtes provenant de régions non touchées peuvent toujours être disponibles. Les radios à ondes courtes à manivelle, en particulier, peuvent être utiles pour recevoir des émissions.

Radios amateurs : les radios amateurs (également appelées radios amateurs) permettent une communication bidirectionnelle sur une gamme de fréquences. Ces radios nécessitent une licence pour fonctionner, mais dans une situation de survie, elles peuvent devenir l'un des rares moyens de communiquer sur de longues distances.

Avantages : Les radios amateurs sont polyvalentes et peuvent être utilisées pour communiquer entre régions, voire entre pays. Avec le bon équipement, les radios amateurs peuvent transmettre de la voix, du texte et même du code Morse.

Défis : Les configurations de radio amateur nécessitent certaines connaissances techniques pour fonctionner. Vous aurez besoin d'un émetteur-récepteur fonctionnel, d'une antenne et d'une source d'alimentation (comme un générateur, l'énergie solaire ou un système d'alimentation à manivelle).

Considérations : Il est judicieux d'investir dans une configuration de radio amateur et d'apprendre à l'utiliser avant qu'une catastrophe ne survienne. De nombreux préparateurs suivent des cours de radio amateur ou rejoignent des clubs de radio amateur locaux pour acquérir une expérience pratique. Assurez-vous que votre configuration est protégée contre les EMP en la stockant dans une cage de Faraday (abordée plus loin dans ce chapitre).

Talkies-walkies

Les talkies-walkies sont de simples radios bidirectionnelles qui permettent une communication à courte portée entre deux ou plusieurs personnes. Ils sont portables, faciles à utiliser et ne dépendent pas de tours de téléphonie cellulaire ou d'autres infrastructures externes.

Portée : la plupart des talkies-walkies ont une portée limitée, généralement entre 2 et 5 miles, selon le terrain et les obstacles. Dans les zones ouvertes avec peu d'obstacles, la portée peut être étendue, mais dans les régions urbaines ou montagneuses, la portée sera plus courte.

Utilisations : les talkies-walkies sont idéaux pour la communication au sein de petits groupes ou de communautés. Ils vous permettent de rester en contact avec les membres de votre famille, vos voisins ou d'autres survivants sur de courtes distances, ce qui les rend utiles pour coordonner des tâches, organiser des défenses ou rester connecté pendant un voyage.

Éléments à prendre en compte : faites le plein de talkies-walkies avec une longue durée de vie de la batterie ou envisagez des modèles qui peuvent être alimentés par des chargeurs solaires ou des générateurs à manivelle. Gardez des piles supplémentaires à portée de main et assurez-vous que votre groupe sait comment les utiliser efficacement.

Miroirs et fusées de détresse

Pour la communication visuelle, les miroirs et les fusées de détresse sont très efficaces, en particulier pour signaler une demande d'aide ou communiquer à distance lorsque la communication verbale n'est pas possible.

Miroirs de détresse : les miroirs de détresse reflètent la lumière du soleil pour créer des flashs lumineux visibles à longue distance. Les flashs peuvent être utilisés pour signaler une demande d'aide ou envoyer des messages simples, tels que « SOS ». Ces miroirs fonctionnent mieux dans les zones ouvertes avec la lumière directe du soleil et peuvent sauver des vies dans des endroits éloignés.

Fusées de détresse : les fusées de détresse peuvent être utilisées pour signaler une demande d'aide, en particulier la nuit ou par mauvaise visibilité. Les fusées de détresse rouges sont généralement associées aux signaux de détresse. Bien que les fusées de détresse soient à usage unique, elles constituent un élément essentiel de tout kit de survie.

Éléments à prendre en compte : gardez des miroirs de détresse dans votre kit d'urgence et assurez-vous de savoir comment les utiliser pour orienter efficacement la lumière du soleil. Les fusées de détresse doivent être conservées au sec et stockées en toute sécurité pour éviter toute activation accidentelle.

Code Morse

Le code Morse est un système de points et de tirets qui peut être utilisé pour communiquer sur de longues distances à l'aide du son, de la lumière ou des ondes radio. Bien qu'il puisse sembler désuet, le code Morse reste l'un des moyens les plus efficaces et les plus fiables de communiquer dans des situations peu techniques.

Fonctionnement : le code Morse utilise une combinaison de signaux courts et longs (points et tirets) pour représenter des lettres et des chiffres. Ces signaux peuvent être transmis à l'aide de lumières (par exemple, des lampes de poche ou des miroirs de signalisation), de sons (par exemple, en tapotant sur du métal, en sifflant ou en utilisant une radio) ou d'ondes radio.

Utilisation dans une situation de survie : si vous avez accès à une radio amateur ou à un talkie-walkie, vous pouvez utiliser le code Morse pour transmettre des messages même lorsque la communication vocale n'est pas possible. Le code Morse est particulièrement utile dans les environnements à faible signal ou bruyants.

Considérations : l'apprentissage du code Morse peut être une compétence précieuse dans un monde post-nucléaire. Entraînez-vous à envoyer et à recevoir des messages de base, tels que des signaux de détresse (par exemple, « SOS ») ou des instructions essentielles.

Méthodes de communication sans technologie

Dans un monde où même la technologie de base peut être peu fiable ou indisponible, les méthodes de communication sans technologie deviennent vitales. Ces méthodes reposent sur l'ingéniosité humaine et des outils simples, garantissant que vous pouvez rester connecté même sans aucun appareil électronique.

Tableaux de messages et notes écrites

Lorsque les appareils de communication tombent en panne, les messages écrits peuvent servir de moyen de communication fiable, en particulier au sein d'une communauté ou entre des groupes.

Tableaux de messages : établissez des tableaux de messages publics dans des endroits stratégiques, tels que des centres communautaires, des points de rencontre ou le long des itinéraires de voyage courants. Les gens peuvent laisser des notes sur les ressources disponibles, les dangers ou les demandes d'aide. Cela crée un centre d'échange d'informations.

Notes écrites : dans les situations où vous devez communiquer avec quelqu'un à distance, des notes ou des lettres manuscrites peuvent être transmises par des coureurs ou déposées à des endroits prédéterminés.

Considérations : faites le plein de matériel d'écriture durable, comme du papier imperméable et des crayons. Établissez un système de livraison ou de publication de messages au sein de votre communauté.

Sifflets et signaux sonores

De simples méthodes de communication basées sur le son, comme les sifflets, peuvent être efficaces pour signaler aux autres sur de courtes ou moyennes distances. Des modèles sonores spécifiques peuvent être utilisés pour transmettre différents messages, tels que des avertissements ou des demandes d'assistance.

Sifflets : les sifflets peuvent être entendus sur de longues distances et dans des environnements denses comme des forêts ou des ruines urbaines. L'utilisation d'un modèle spécifique, comme trois coups courts pour « à l'aide » ou un coup long pour « tout est clair », permet une communication rapide et non verbale.

Tambours ou cloches : dans les grandes communautés, les tambours ou les cloches peuvent être utilisés pour envoyer des signaux ou rassembler des personnes pour des annonces importantes. Des systèmes basés sur le son peuvent être mis en place pour transmettre différents types d'alertes (par exemple, danger, réunion ou heure du repas).

Éléments à prendre en compte : assurez-vous que tous les membres de votre groupe ou de votre communauté comprennent les signaux sonores et ce qu'ils représentent. Entraînez-vous à utiliser ces signaux régulièrement pour éviter toute confusion en cas d'urgence.

Coureurs et messagers

Avant la technologie moderne, les coureurs et les messagers étaient l'épine dorsale de la communication. Dans un monde post-nucléaire, le recours à des personnes de confiance pour transmettre des messages entre des groupes ou des communautés peut devenir une solution pratique, en particulier lorsque d'autres méthodes ne sont pas disponibles.

Comment cela fonctionne : les coureurs transportent des messages écrits ou verbaux entre des endroits éloignés. Dans les communautés plus grandes, des coureurs désignés peuvent être chargés de transmettre régulièrement des informations entre les groupes, ce qui permet une communication cohérente même en l'absence de technologie.

Éléments à prendre en compte : assurez-vous que les coureurs sont en forme, dignes de confiance et connaissent les itinéraires qu'ils vont emprunter. Établissez des chemins ou des points de contrôle sûrs pour protéger les coureurs des dangers et fournissez-leur les fournitures de base pour le voyage.

Signaux de fumée

Dans les zones ouvertes, les signaux de fumée peuvent être utilisés comme méthode de communication visuelle. Bien que moins précis que d'autres méthodes, les signaux de fumée sont efficaces pour signaler sur de longues distances.

Fonctionnement : un petit feu peut être allumé et des couvertures ou d'autres matériaux peuvent être utilisés pour créer des explosions de fumée contrôlées. Différents modèles peuvent être utilisés pour signaler une détresse, envoyer des messages ou rassembler des personnes.

Éléments à prendre en compte : les signaux de fumée sont plus efficaces par temps clair et peuvent être utilisés pour signaler des groupes ou des voyageurs éloignés. Soyez prudent lorsque vous utilisez le feu dans des conditions sèches pour éviter les incendies de forêt involontaires.

Protection des appareils de communication : cages de Faraday

Une façon de protéger vos radios, talkies-walkies et autres appareils électroniques des impulsions électromagnétiques consiste à les stocker dans une cage de Faraday. Une cage de Faraday est un conteneur composé de matériaux conducteurs qui protègent son contenu des impulsions électromagnétiques.

Fonctionnement : le matériau conducteur d'une cage de Faraday distribue les ondes électromagnétiques autour de la cage, les empêchant d'atteindre les appareils à l'intérieur. Cela protège les appareils électroniques des IEM, garantissant qu'ils restent fonctionnels après un événement nucléaire.

Construire une cage de Faraday : Vous pouvez construire une cage de Faraday simple en utilisant un récipient en métal, comme une boîte de munitions ou une poubelle en acier. Tapissez le récipient de matériaux non conducteurs (comme du carton ou de la mousse) pour éviter tout contact direct entre le métal et vos appareils. Placez vos radios, talkies-walkies et autres appareils électroniques essentiels à l'intérieur pour les protéger.

Considérations : Testez votre cage de Faraday pour vous assurer qu'elle bloque les signaux électromagnétiques en plaçant une radio ou un téléphone portable à l'intérieur et en essayant de l'utiliser. Si le signal est bloqué, la cage fonctionne correctement.

Dans un monde sans technologie moderne, la communication sera vitale pour la survie, la coordination et la sécurité. En préparant des solutions low-tech ou sans technologie, telles que des radios, des talkies-walkies, des miroirs de signalisation et des messages écrits, vous pouvez maintenir des canaux de communication essentiels même dans les conditions les plus difficiles. Apprendre à s'adapter à ces méthodes alternatives et à protéger vos appareils de communication contre les IEM vous aidera à rester connecté avec votre communauté, à garantir l'accès aux informations critiques et à augmenter vos chances de survie dans un monde post-nucléaire.

# Combinaisons anti-radiations : sont-elles nécessaires à la survie ?

Les radiations constituent l'une des menaces les plus dangereuses au lendemain d'une catastrophe nucléaire, et il est essentiel de comprendre comment se protéger de l'exposition pour survivre. L'une des images les plus courantes de protection contre les radiations est l'utilisation de combinaisons anti-radiations, que l'on voit souvent dans les scénarios de réponse aux catastrophes nucléaires. Mais la question demeure : les combinaisons anti-radiations sont-elles vraiment nécessaires pour survivre dans un environnement post-nucléaire ? Ce chapitre explorera ce que sont les combinaisons anti-radiations, comment elles fonctionnent, quand elles sont nécessaires et quelles mesures de protection alternatives vous pouvez prendre si vous n'y avez pas accès.

Que sont les combinaisons anti-radiations ?

Les combinaisons anti-radiations, également appelées combinaisons de protection contre les matières dangereuses ou combinaisons de protection nucléaire, sont des vêtements spécialisés conçus pour protéger le porteur de la contamination et de l'exposition radioactives. Ces combinaisons sont fabriquées à partir de matériaux qui bloquent ou réduisent la pénétration des particules radioactives, éloignant les substances nocives de la peau et empêchant l'inhalation ou l'ingestion de poussières ou de fumées radioactives.

Il existe différents types de combinaisons anti-radiations, mais la plupart se répartissent en deux catégories :

Combinaisons de protection contre les particules

Ces combinaisons sont conçues pour protéger contre les poussières et particules radioactives, mais elles ne bloquent pas tous les types de rayonnement (en particulier les rayons gamma). Elles sont généralement fabriquées à partir de matériaux synthétiques à tissage serré ou de tissus caoutchoutés et sont destinées à empêcher les particules radioactives d'entrer en contact avec la peau.

Exemples : on les voit couramment lors des opérations de nettoyage ou de décontamination nucléaires. Elles peuvent inclure une protection intégrale, notamment des gants, des bottes et des cagoules, ainsi que des respirateurs ou des masques pour empêcher l'inhalation de particules radioactives.

Combinaisons doublées de plomb ou très résistantes

Les combinaisons doublées de plomb sont conçues pour offrir une protection contre des niveaux de rayonnement plus élevés, y compris le rayonnement gamma. Ces combinaisons sont beaucoup plus lourdes que les combinaisons de protection contre les particules, car elles intègrent des couches de plomb ou d'autres matériaux denses qui aident à absorber les rayonnements. Cependant, ces combinaisons ne sont pas largement utilisées en dehors des industries spécialisées comme les centrales nucléaires ou les installations de recherche en raison de leur volume et de leur poids.

Exemples : ils sont généralement portés par les travailleurs du nucléaire dans les zones à fort rayonnement, comme lors de la maintenance des réacteurs nucléaires ou dans les zones où le rayonnement gamma est présent.

Comment le rayonnement affecte le corps

Le rayonnement peut affecter le corps humain de plusieurs façons, selon le type et l'intensité du rayonnement, la durée de l'exposition et si l'exposition est externe (provenant de l'environnement) ou interne (par inhalation, ingestion ou absorption). Les trois principaux types de rayonnement que vous pouvez rencontrer dans une zone de retombées nucléaires sont :

Rayonnement alpha

Les particules alpha sont grosses et ne pénètrent pas la peau, mais peuvent être extrêmement dangereuses si elles sont inhalées ou ingérées. Le rayonnement alpha est émis par des substances radioactives comme l'uranium, le radon ou le plutonium. Alors qu'une simple barrière de protection (comme une combinaison anti-radiations particulaires) peut bloquer les particules alpha, une exposition interne peut causer de graves dommages aux tissus et aux organes.

Rayonnement bêta

Les particules bêta sont plus petites et peuvent pénétrer la peau, mais elles sont généralement bloquées par les vêtements, le verre ou le plastique. Comme les particules alpha, les particules bêta présentent un danger important si elles sont inhalées ou ingérées, car elles peuvent endommager les organes et les tissus internes. Les combinaisons anti-radiations peuvent protéger efficacement contre les rayonnements bêta en empêchant le contact direct avec la peau et en minimisant les risques d'inhalation.

Rayonnement gamma

Les rayons gamma sont des ondes électromagnétiques à haute énergie qui peuvent pénétrer profondément dans le corps et endommager les cellules et l'ADN. Il est beaucoup plus difficile de se protéger contre les rayonnements gamma que contre les particules alpha et bêta. Des matériaux épais comme le plomb ou le béton sont nécessaires pour réduire l'exposition aux rayons gamma, et la plupart des combinaisons anti-radiations conçues pour un usage général ne sont pas efficaces pour bloquer les rayons gamma.

Les combinaisons anti-radiations sont-elles nécessaires à la survie ?

Les combinaisons anti-radiations ne sont pas toujours nécessaires à la survie dans un environnement post-nucléaire, mais elles peuvent jouer un rôle essentiel dans certaines situations à haut risque. Voici quand et pourquoi une combinaison de protection contre les radiations peut ou non être essentielle :

Quand les combinaisons de protection contre les radiations sont-elles nécessaires ?

Zones d'exposition à haut risque Si vous entrez ou travaillez dans une zone présentant des niveaux élevés de contamination radioactive (comme un site d'explosion nucléaire, une zone de fusion de réacteur ou une zone fortement irradiée), une combinaison de protection contre les radiations peut être nécessaire pour éviter la contamination par la poussière et les particules radioactives. Les combinaisons fournissent une barrière physique qui peut empêcher les substances radioactives d'entrer en contact avec votre peau ou d'être inhalées.

Travail de décontamination Les combinaisons de protection contre les radiations sont essentielles pour les personnes impliquées dans les efforts de décontamination, en particulier pour le nettoyage de la poussière radioactive des bâtiments, des véhicules ou des vêtements. Les travailleurs dans ces situations courent un risque élevé d'entrer en contact avec des particules radioactives, ce qui rend les combinaisons de protection et les respirateurs essentiels.

Évacuation à travers les zones de retombées Si vous devez traverser des zones fortement touchées par les retombées nucléaires, une combinaison de protection contre les radiations (en particulier une combinaison avec protection respiratoire) peut aider à réduire l'exposition aux particules radioactives. Cela est particulièrement important dans les premières heures ou les premiers jours suivant un événement nucléaire, lorsque les niveaux de retombées sont à leur maximum.

Lorsque les combinaisons anti-radiations ne sont pas nécessaires

Zones à faible rayonnement Si vous vous trouvez dans une zone à faible ou moyen rayonnement, comme une zone qui a été exposée aux retombées radioactives mais où les niveaux de rayonnement ont diminué au fil du temps, une combinaison anti-radiations peut ne pas être nécessaire. Dans ces situations, rester à l'intérieur, utiliser un blindage approprié et limiter votre temps d'exposition sont des stratégies plus efficaces pour minimiser les risques de rayonnement.

S'abriter à l'intérieur Pour la plupart des personnes vivant dans une zone de retombées radioactives, la meilleure stratégie consiste à rester à l'intérieur dans un bâtiment bien protégé pendant les 24 à 48 heures suivant un événement nucléaire. La principale préoccupation dans ce scénario n'est pas l'exposition directe aux rayonnements, mais plutôt la présence de particules radioactives dans l'air. S'abriter sur place avec des fenêtres et des portes scellées, ainsi que des filtres HEPA ou des systèmes de filtration d'air improvisés, peut réduire considérablement le besoin d'une combinaison anti-radiation intégrale.

Survie à long terme À long terme, une fois que les niveaux de radiation ont diminué et que les efforts de décontamination sont en cours, il est plus important de se concentrer sur la minimisation de l'exposition en évitant les zones contaminées, en utilisant une hygiène appropriée (en lavant les particules de retombées de la peau) et en limitant le temps passé à l'extérieur. Des mesures de protection simples, telles que le port de masques, de lunettes, de gants et de vêtements couvrant la peau exposée, peuvent offrir une protection adéquate dans de nombreux cas.

Alternatives aux combinaisons anti-radiations

Si vous n'avez pas accès à une combinaison anti-radiations professionnelle, il existe encore plusieurs mesures que vous pouvez prendre pour vous protéger de l'exposition aux radiations dans une zone de retombées. Ces alternatives visent à minimiser le contact avec les particules radioactives et à réduire votre exposition aux radiations nocives :

Vêtements à plusieurs couches

Le port de plusieurs couches de vêtements peut offrir une certaine protection contre la poussière et les particules radioactives. Bien que cela ne bloque pas les rayons gamma, cela peut aider à empêcher les particules alpha et bêta d'atteindre votre peau. Assurez-vous de couvrir toute la peau exposée, notamment en portant des gants, des manches longues, des pantalons et des chaussures fermées.

Français:Matériau des vêtements : les matières synthétiques comme le nylon ou le polyester peuvent offrir une meilleure protection que le coton, car elles sont moins susceptibles de laisser passer les particules.

Décontamination : après avoir été à l'extérieur dans une zone de retombées, retirez et jetez les couches extérieures contaminées des vêtements et lavez-les soigneusement pour éliminer toute particule radioactive restante de votre peau.

Respirateurs ou masques

Les respirateurs ou les masques de haute qualité sont essentiels pour éviter l'inhalation de poussières radioactives. Les respirateurs N95 ou P100 peuvent filtrer une grande partie des particules présentes dans l'air, tandis que les simples masques en tissu offrent une certaine protection dans les environnements à faible risque.

Lunettes de protection : en plus d'un respirateur, le port de lunettes de protection ou de lunettes de sécurité protégera vos yeux des particules radioactives en suspension dans l'air.

Protection improvisée contre les radiations

Si vous devez fabriquer une combinaison anti-radiations improvisée, des matériaux comme des bâches en plastique, des sacs poubelles ou des ponchos peuvent être utilisés pour créer une barrière temporaire contre les particules radioactives. Collez ou scellez les ouvertures aux poignets, aux chevilles et au cou pour empêcher la poussière de pénétrer.

Ponchos en plastique : un poncho en plastique jetable, associé à des gants et à un masque, peut servir de barrière de fortune contre les radiations lors d'un déplacement dans une zone de retombées radioactives. Après l'exposition, retirez et jetez le poncho et toute autre couche protectrice extérieure pour éviter d'introduire une contamination à l'intérieur.

Autres mesures de protection contre les radiations

En plus du port de combinaisons anti-radiations ou de vêtements de protection improvisés, il existe plusieurs stratégies clés pour réduire votre exposition globale aux radiations en cas de retombées radioactives :

Temps, distance et protection

Les trois principes clés de la protection contre les radiations sont le temps, la distance et la protection :

Temps : réduisez au minimum le temps que vous passez dans les zones affectées par les radiations. Moins vous êtes exposé, plus votre dose globale de radiations est faible.

Distance : Éloignez-vous autant que possible de la source de rayonnement. L'intensité du rayonnement diminue considérablement avec la distance, donc rester loin des zones contaminées peut réduire votre exposition.

Protection : Placez autant de protections que possible (murs épais, terre, plomb ou béton) entre vous et la source de rayonnement. Lorsque vous vous abritez à l'intérieur, recherchez les sous-sols ou les pièces intérieures éloignées des fenêtres et des portes.

Décontamination

Après une exposition à des particules radioactives, il est essentiel de décontaminer dès que possible :

Retirez les vêtements : retirez et jetez soigneusement les vêtements contaminés pour éliminer jusqu'à 90 % des particules radioactives de votre corps.

Lavez la peau : utilisez du savon et de l'eau pour laver soigneusement la peau et les cheveux exposés, en accordant une attention particulière aux zones comme le visage, les mains et les pieds.

Rincez les yeux et le nez : utilisez de l'eau propre ou une solution saline pour rincer vos yeux et votre nez afin d'éliminer toutes les particules inhalées ou en suspension dans l'air.

Comprimés d'iodure de potassium (KI)

Les comprimés d'iodure de potassium (KI) peuvent aider à protéger votre thyroïde de l'iode radioactif, un sous-produit courant des explosions nucléaires. En saturant votre thyroïde d'iode stable, les comprimés de KI empêchent la glande d'absorber l'iode radioactif, réduisant ainsi le risque de cancer de la thyroïde.

Posologie : Suivez attentivement les instructions de dosage recommandées, car une trop grande quantité d'iode peut être nocive. Les comprimés de KI doivent être pris peu de temps avant ou après l'exposition à l'iode radioactif pour une efficacité maximale.

Les combinaisons anti-radiations peuvent être utiles dans des situations spécifiques à haut risque, telles que les travaux de décontamination ou les déplacements dans des zones de retombées, mais elles ne sont pas toujours nécessaires à la survie dans un monde post-nucléaire. Dans de nombreux cas, d'autres mesures de protection, telles que le fait de s'abriter sur place, de porter plusieurs couches de vêtements, d'utiliser des masques et des lunettes de protection et de minimiser l'exposition, peuvent offrir une protection adéquate contre les particules radioactives. Comprendre les différents types de rayonnement et savoir quand et comment se protéger est essentiel pour la survie à long terme. Que vous ayez accès à des combinaisons de protection professionnelles ou que vous ayez besoin d'un équipement de protection improvisé, rester informé et préparé vous aidera à minimiser les dangers des radiations en cas de retombées nucléaires.

# La cueillette dans les zones de retombées nucléaires : ce qu'il est sécuritaire de manger

Dans un monde post-nucléaire, les sources de nourriture deviendront rares et la cueillette pourrait être une compétence de survie essentielle. Cependant, dans les zones de retombées nucléaires, les dangers de la contamination radioactive rendent la cueillette une activité très risquée. Les particules radioactives peuvent se déposer sur les plantes, l'eau et le sol, contaminant potentiellement les sources de nourriture. Il est essentiel de comprendre ce qu'il est sécuritaire de manger, comment identifier la contamination et comment minimiser les risques pour survivre. Ce chapitre couvrira les stratégies de cueillette dans les zones de retombées nucléaires, les types de plantes et d'aliments qui peuvent être plus sûrs et comment réduire les risques de consommer des aliments contaminés.

Les risques de la cueillette dans les zones de retombées nucléaires

Après une catastrophe nucléaire, les retombées radioactives, composées de poussières et de particules, se déposeront sur tout ce qui est exposé à l'environnement, y compris les plantes, l'eau et les animaux. La contamination radioactive peut affecter les cueilleurs de deux manières principales :

Contamination de surface : la poussière et les particules radioactives peuvent se déposer sur les feuilles, les fruits et les racines des plantes, ainsi que sur les animaux et les sources d'eau. La consommation d'aliments ou d'eau contaminés peut entraîner une exposition interne aux radiations, ce qui est extrêmement dangereux.

Absorption d'isotopes radioactifs : les plantes et les animaux peuvent absorber des matières radioactives, telles que le césium 137 ou le strontium 90, provenant du sol et de l'eau contaminés. Cette contamination interne est plus difficile à détecter et ne peut pas être éliminée. Les isotopes radioactifs qui imitent les nutriments essentiels, comme le césium, qui se comporte comme le potassium, ou le strontium, qui agit comme le calcium, peuvent s'accumuler dans les plantes et les animaux, les rendant dangereux à consommer.

Directives générales pour la cueillette dans les zones de retombées

Avant de discuter d'aliments et de plantes spécifiques, voici quelques directives générales à suivre lors de la cueillette dans les zones de retombées. Ces directives sont destinées à minimiser votre exposition aux radiations et à vous aider à faire des choix plus sûrs concernant votre alimentation.

Évitez de chercher de la nourriture immédiatement après un événement nucléaire

Pendant les 24 à 48 heures qui suivent une explosion nucléaire, les niveaux de radiation seront à leur maximum en raison des retombées fraîches. Pendant cette période, il est dangereux de chercher de la nourriture ou de s'aventurer à l'extérieur. Restez à l'intérieur ou dans un abri antiatomique jusqu'à ce que les niveaux de radiation diminuent de manière significative, ce qui peut prendre des jours ou des semaines, selon la gravité des retombées.

Choisissez des plantes abritées

Les plantes qui ont été protégées des retombées directes, comme celles qui poussent sous d'épaisses canopées d'arbres, dans des grottes ou à l'intérieur de structures, sont moins susceptibles d'être contaminées que celles exposées directement à l'air. La recherche de nourriture dans des zones à couvert naturel peut réduire le risque de contamination de surface.

Plantes souterraines : Les légumes-racines comme les carottes, les pommes de terre et les oignons peuvent être plus sûrs car ils poussent sous terre, où ils sont moins susceptibles d'être affectés par les retombées de surface. Cependant, ils peuvent toujours absorber des éléments radioactifs du sol contaminé, il faut donc faire preuve de prudence.

Récoltez les parties comestibles qui peuvent être pelées ou décortiquées

Les fruits, les noix et les légumes à peau épaisse, à coque ou à enveloppe peuvent offrir une certaine protection contre la contamination de surface. En pelant ou en retirant la couche extérieure, vous pouvez réduire votre exposition à la poussière radioactive. Cependant, cela ne garantit pas que les aliments sont sûrs, car une contamination interne est toujours possible.

Exemples : les fruits à peau épaisse, comme les bananes, les oranges ou les melons, ainsi que les noix à coque dure, comme les noix ou les amandes, peuvent être des options plus sûres pour la cueillette.

Lavez et décontaminez soigneusement les aliments

Si vous devez consommer des aliments cueillis, lavez-les soigneusement avec de l'eau propre et non contaminée pour aider à éliminer les particules radioactives de la surface. Si vous n'avez pas accès à de l'eau propre, vous pouvez utiliser de l'eau filtrée ou bouillie, bien qu'elle ne soit pas efficace à 100 % pour éliminer les contaminants radioactifs.

Technique de lavage : faites tremper les aliments dans de l'eau propre et frottez doucement avec une brosse pour éliminer la poussière de surface. Jetez l'eau de lavage dans un endroit sûr, loin des zones d'habitation et des sources d'eau.

Évitez de chercher de la nourriture à proximité des points chauds connus pour les retombées radioactives

Certaines zones sont plus susceptibles d'avoir des niveaux plus élevés de retombées radioactives, notamment les endroits proches de la zone de l'explosion, sous le vent de l'explosion ou les zones où des matières radioactives peuvent s'être déposées en raison des conditions météorologiques. Évitez de chercher de la nourriture à proximité de ces points chauds, car les plantes et les animaux de ces zones sont susceptibles d'être fortement contaminés.

Exemples de points chauds : les villes, les usines, les installations militaires ou les zones dotées de réacteurs nucléaires sont plus susceptibles d'être contaminées.

Identifier des options de recherche de nourriture plus sûres

Bien qu'aucun aliment dans une zone de retombées ne puisse être garanti comme étant entièrement sûr, certains types de plantes et de sources de nourriture peuvent être moins contaminés que d'autres. Voici quelques catégories spécifiques de plantes et d'animaux à prendre en compte lors de la recherche de nourriture.

Légumes-racines

Les légumes-racines, qui poussent sous terre, peuvent être plus sûrs que les plantes directement exposées aux retombées, bien qu'ils ne soient pas totalement exempts de risques. Ces légumes peuvent absorber des matières radioactives du sol, en particulier des isotopes comme le césium 137 et le strontium 90, mais le risque peut être moindre qu'avec les plantes hors sol.

Options plus sûres : carottes, pommes de terre, navets, betteraves et oignons.

Facteurs de risque : si le sol est contaminé, les légumes-racines peuvent quand même absorber des isotopes radioactifs. Peler la peau et les cuire soigneusement peut aider à réduire la contamination de surface, mais cela n'éliminera pas le rayonnement interne.

Noix et graines

Les noix et les graines à coque épaisse ou à enveloppe offrent une certaine protection contre la contamination de surface. La couche externe dure peut protéger les parties comestibles des retombées directes, ce qui les rend plus sûres à consommer après avoir été pelées ou décortiquées.

Options plus sûres : noix, amandes, graines de tournesol et graines de citrouille.

Facteurs de risque : bien que la coque extérieure puisse protéger la partie comestible, les noix et les graines peuvent quand même absorber des matières radioactives provenant du sol ou de l'eau contaminés.

Plantes sauvages comestibles

Certaines plantes sauvages peuvent être moins affectées par les retombées si elles sont abritées par des arbres ou poussent dans des zones qui ne sont pas directement exposées aux particules radioactives. Cependant, le risque de contamination est toujours présent, surtout si les plantes ont absorbé des éléments radioactifs du sol.

Options plus sûres : les plantes abritées, comme celles qui poussent sous des canopées épaisses ou à proximité de sources d'eau qui ne sont pas contaminées, peuvent être un meilleur choix.

Facteurs de risque : évitez les plantes qui poussent dans des champs ouverts ou dans des zones où des retombées ou de la poussière sont visibles.

Baies et fruits à peau épaisse

Les baies et les fruits peuvent être contaminés par les retombées, en particulier ceux qui poussent sur des buissons ou des arbres. Cependant, les fruits à peau épaisse qui peuvent être retirés peuvent offrir une certaine protection contre la contamination de surface.

Options plus sûres : melons, bananes, oranges, avocats et noix de coco. Les baies qui peuvent être lavées soigneusement peuvent également être une option, bien qu'elles soient plus sensibles à la contamination de surface.

Facteurs de risque : les fruits et les baies à peau fine peuvent ne pas offrir une protection suffisante contre les particules radioactives, ce qui les rend plus dangereux à manger sans un lavage approfondi.

Animaux et poissons

Bien que la recherche de nourriture pour les animaux ou les poissons puisse sembler une option viable pour les protéines, les risques liés à la consommation d'animaux contaminés sont élevés. Les animaux qui broutent des plantes contaminées ou boivent de l'eau provenant de sources radioactives peuvent accumuler des radiations dans leur corps, en particulier dans leurs os, leurs organes et leurs muscles.

Options plus sûres : les poissons provenant de sources d'eau douce non contaminées peuvent être plus sûrs que les animaux qui broutent sur terre. Cependant, tout animal ou poisson se trouvant dans des zones exposées aux retombées doit être considéré comme à risque.

Facteurs de risque : les animaux de plus grande taille qui ont consommé une quantité importante d'aliments ou d'eau contaminés auront probablement des niveaux élevés de radiations internes. Les poissons provenant de rivières ou de lacs contaminés peuvent également absorber des isotopes radioactifs.

Techniques de réduction des radiations dans les aliments ramassés

Si vous devez chercher de la nourriture dans une zone de retombées, vous pouvez prendre plusieurs mesures pour réduire le risque de consommer des aliments contaminés. Bien que ces méthodes ne puissent pas garantir la sécurité, elles peuvent aider à réduire les niveaux de particules radioactives dans les aliments.

Peler et gratter

Pour les fruits, les légumes et les racines, le retrait des couches extérieures peut réduire la contamination de surface. Pelez les fruits, grattez la couche extérieure des racines et retirez les feuilles extérieures des plantes comme le chou ou la laitue. Jetez les épluchures dans un endroit sûr, loin des sources d'eau et des zones d'habitation.

Cuisson

La cuisson des aliments, en particulier l'ébullition, peut aider à éliminer certains contaminants radioactifs de la surface. Faire bouillir les aliments ramassés dans de l'eau propre et jeter l'eau ensuite peut réduire le risque de contamination de surface, mais cela n'éliminera pas le rayonnement interne des plantes ou des animaux qui ont absorbé des isotopes radioactifs.

Technique d'ébullition : faites bouillir les aliments pendant plusieurs minutes dans de l'eau non contaminée, puis jetez l'eau bouillante et rincez à nouveau les aliments à l'eau claire avant de les consommer.

Évitez les sources d'eau contaminées

Les sources d'eau sont très vulnérables à la contamination par les retombées, en particulier les eaux de surface comme les rivières, les lacs et les étangs. Lorsque vous cherchez de la nourriture, évitez de ramasser des plantes ou des animaux à proximité de sources d'eau contaminées. Si vous devez collecter de l'eau, utilisez un système de filtration d'eau spécialement conçu pour éliminer les particules radioactives.

Techniques de salubrité de l'eau : filtrez l'eau à l'aide d'un système de filtration d'eau de haute qualité ou faites bouillir l'eau pendant plusieurs minutes pour éliminer certains contaminants. Cependant, l'ébullition seule peut ne pas suffire à éliminer tous les isotopes radioactifs.

Test de rayonnement

Si vous avez accès à un compteur Geiger ou à un autre équipement de détection de rayonnement, vous pouvez tester les niveaux de rayonnement des aliments, de l'eau et du sol avant de les consommer ou de les récolter. C'est le moyen le plus efficace d'évaluer le niveau de contamination, même si cela n'est pas toujours pratique ou disponible dans les situations de survie.

Technique de test : utilisez un compteur Geiger pour vérifier les niveaux de rayonnement élevés à la surface des aliments ou des plantes. Si les niveaux de radiation sont dangereusement élevés, évitez de consommer les aliments.

La cueillette dans les zones de retombées comporte des risques importants, car les plantes, les animaux et l'eau peuvent être contaminés par des particules radioactives. Cependant, dans une situation de survie, la cueillette peut être nécessaire. En suivant des directives clés (choisir des plantes abritées, éplucher et laver soigneusement les aliments et éviter les zones à haut risque), vous pouvez réduire le risque d'exposition aux radiations. Bien qu'aucun aliment dans une zone de retombées ne puisse être considéré comme totalement sûr, une sélection et une préparation minutieuses peuvent contribuer à augmenter vos chances de survie tout en minimisant l'exposition aux radiations nocives. Donnez toujours la priorité à la sécurité et, lorsque cela est possible, complétez la cueillette avec des aliments stockés et d'autres sources de nourriture fiables.

# Pêche et chasse dans un monde contaminé

Dans un monde post-nucléaire, les méthodes traditionnelles d'acquisition de nourriture, comme la pêche et la chasse, deviendront essentielles à la survie, en particulier à mesure que les systèmes agricoles s'effondrent et que l'accès aux aliments stockés diminue. Cependant, la contamination radioactive de l'environnement crée de graves risques pour l'approvisionnement en nourriture provenant d'animaux et de poissons sauvages. Les radiations peuvent pénétrer les écosystèmes, affectant les sources d'eau, le sol, les plantes et, par la suite, les animaux qui en dépendent pour leur survie. Ce chapitre explorera les dangers et les considérations liés à la pêche et à la chasse dans un monde contaminé, en proposant des stratégies pour minimiser l'exposition aux radiations et garantir que la nourriture que vous attrapez est aussi sûre que possible à manger.

Comprendre la contamination radioactive de la faune

Les radiations affectent l'environnement de plusieurs manières, et les animaux ne sont pas à l'abri de leurs effets. Les particules radioactives des retombées peuvent se déposer sur les plantes, l'eau et le sol, s'incorporant à la chaîne alimentaire. Les animaux qui mangent des plantes contaminées ou boivent de l'eau irradiée peuvent accumuler des radiations dans leurs tissus, leurs organes et leurs os. Ce processus est connu sous le nom de bioaccumulation : les substances radioactives s'accumulent dans un organisme au fil du temps, ce qui les rend plus dangereuses à consommer.

Les animaux et les poissons peuvent être contaminés par les radiations de deux manières principales :

Contamination externe : la poussière et les particules radioactives se déposent sur la peau, la fourrure ou les plumes des animaux et des poissons. Ces particules peuvent souvent être éliminées par lavage ou nettoyage avant consommation, mais elles présentent toujours un risque d'exposition.

Contamination interne : la forme de contamination la plus dangereuse se produit lorsque les animaux ingèrent des particules radioactives par le biais de leur nourriture et de leur eau, qui sont ensuite absorbées par leur corps. Les isotopes radioactifs comme le césium 137 (qui imite le potassium) et le strontium 90 (qui imite le calcium) peuvent s'accumuler dans les muscles, les os et les organes des animaux. La contamination interne est difficile à détecter sans équipement spécialisé et ne peut pas être éliminée par lavage ou cuisson.

Risques liés à la consommation d'animaux et de poissons contaminés

La consommation d'animaux ou de poissons contaminés peut entraîner une exposition interne aux radiations, qui se produit lorsque des particules radioactives sont ingérées et absorbées par votre corps. Ce type d'exposition est particulièrement dangereux car les radiations peuvent endommager les tissus et les cellules au fil du temps, augmentant le risque de maladie des radiations, de cancer et d'autres problèmes de santé à long terme.

Poissons : Les poissons vivant dans des eaux contaminées peuvent absorber des isotopes radioactifs par leurs branchies et en consommant des algues irradiées ou des poissons plus petits. Les poissons de plus grande taille, qui se situent plus haut dans la chaîne alimentaire, peuvent accumuler davantage de radiations en raison de la bioaccumulation.

Gibier : Les animaux qui broutent des plantes contaminées ou boivent de l'eau provenant de sources radioactives accumulent également des radiations dans leur corps, en particulier dans leurs os et leurs organes. Les animaux de plus grande taille peuvent avoir des niveaux de contamination plus élevés car ils consomment plus de nourriture et d'eau.

Oiseaux : Les oiseaux qui se nourrissent d'insectes, de graines ou de plantes contaminées peuvent également être affectés, bien que leur durée de vie relativement courte puisse limiter la quantité de radiations qu'ils accumulent par rapport aux mammifères de plus grande taille.

Principes clés pour la pêche et la chasse dans les zones de retombées nucléaires

Malgré les risques, la pêche et la chasse peuvent être nécessaires à la survie dans un monde post-nucléaire. En comprenant où et comment les radiations affectent la faune, vous pouvez réduire les dangers associés à la consommation d'animaux et de poissons contaminés. Vous trouverez ci-dessous des stratégies clés pour la pêche et la chasse dans les zones de retombées nucléaires.

Évitez les sources d'eau contaminées

L'un des risques les plus importants de contamination des poissons est l'eau dans laquelle ils vivent. Les retombées nucléaires peuvent contaminer les lacs, les rivières et les étangs, en particulier ceux exposés aux nuages de retombées nucléaires ou au ruissellement des sols contaminés. Évitez de pêcher dans les zones de retombées nucléaires connues, en particulier les plans d'eau situés à proximité des zones de souffle ou sous le vent des explosions majeures.

Options plus sûres : recherchez des sources d'eau douce abritées ou souterraines, telles que les ruisseaux alimentés par des sources, qui peuvent être moins exposées aux retombées nucléaires. L'eau courante, comme les rivières à courant rapide, peut également être plus sûre que les plans d'eau stagnants, car la contamination peut être diluée plus rapidement.

Analyse de l'eau : Si possible, testez l'eau avec un compteur Geiger ou un autre équipement de détection de radiations avant de pêcher. Des niveaux de radiations élevés dans l'eau indiquent que les poissons sont probablement également contaminés.

Choisissez des animaux et des poissons plus petits et plus jeunes

Que ce soit pour la pêche ou la chasse, les animaux plus petits et plus jeunes sont généralement moins susceptibles d'être fortement contaminés que les animaux plus gros et plus âgés. En effet, la bioaccumulation se produit au fil du temps, de sorte que les animaux qui ont été exposés plus longtemps à des aliments et à de l'eau contaminés porteront plus de particules radioactives dans leur corps.

Poissons : ciblez les poissons plus petits, qui sont plus bas dans la chaîne alimentaire et ont eu moins de temps pour accumuler des radiations. Évitez les poissons prédateurs comme le brochet, l'achigan ou le gros poisson-chat, qui consomment d'autres poissons contaminés et accumulent ainsi des niveaux de radiations plus élevés.

Gibier : chassez les petits animaux comme les lapins, les écureuils ou les jeunes cerfs, car ils sont moins susceptibles d'avoir accumulé des niveaux dangereux de radiations que les animaux plus gros et plus âgés comme les wapitis ou les élans adultes.

Privilégiez les viandes maigres

Les isotopes radioactifs comme le césium 137 ont tendance à s'accumuler dans les tissus musculaires, tandis que le strontium 90 se concentre souvent dans les os. Lorsque vous préparez du gibier ou du poisson, privilégiez la viande maigre et évitez de consommer des organes, des os ou de la moelle osseuse, qui peuvent contenir des concentrations plus élevées de radiations.

Évitez les abats : les organes tels que le foie, les reins et le cerveau ont tendance à accumuler des niveaux plus élevés de matières radioactives. Dans les situations de survie, il est préférable d'éviter ces parties et de s'en tenir aux tissus musculaires maigres.

Coupez le gras : le césium 137 peut également être stocké dans la graisse animale, donc coupez l'excès de graisse de la viande avant la cuisson.

Lavez et nettoyez soigneusement les animaux

Avant de consommer du gibier ou du poisson, lavez-les et nettoyez-les soigneusement pour éliminer toute contamination de surface. Ceci est particulièrement important pour les animaux qui peuvent avoir été exposés aux retombées radioactives sur leur fourrure, leurs plumes ou leurs écailles.

Poisson : Écaillez et videz le poisson avant la cuisson. Lavez-les soigneusement dans de l'eau propre et non contaminée et jetez les organes internes où les radiations peuvent être concentrées.

Gibier : Dépecez et habillez soigneusement les animaux, en prenant soin d'éviter tout contact avec les organes internes. Lavez la viande à l'eau propre et faites-la cuire soigneusement pour tuer les bactéries ou les parasites, bien que cela n'élimine pas les radiations internes.

Cuisinez correctement les aliments

La cuisson de la viande et du poisson n'élimine pas les isotopes radioactifs, mais elle peut aider à réduire le risque d'infections bactériennes ou parasitaires, qui sont également préoccupantes dans les scénarios de survie. L'ébullition, la cuisson au four ou au gril sont les meilleures méthodes pour préparer la viande et le poisson dans une zone de retombées.

Ébullition : Faire bouillir du poisson ou de la viande dans de l'eau propre peut aider à réduire la contamination de surface, bien que cela n'élimine pas les radiations internes. Jetez ensuite l'eau bouillante, car elle peut contenir des particules radioactives.

Évitez les ragoûts ou les bouillons : Faire mijoter ou préparer du bouillon à partir d'os, d'organes ou de morceaux de viande gras peut concentrer les radiations, en particulier si l'eau utilisée pour la cuisson est contaminée.

Évitez de fouiller ou de chasser des animaux malades

L'exposition aux radiations affaiblit le système immunitaire des animaux, les rendant plus sensibles aux maladies. Évitez de vous nourrir d'animaux morts ou de chasser des animaux qui semblent malades ou léthargiques, car ils peuvent avoir accumulé des niveaux de radiation dangereusement élevés ou être porteurs d'infections secondaires en raison de leur état de faiblesse.

Signes de maladie des radiations chez les animaux : une perte de poils, des plaies ouvertes ou un comportement inhabituel peuvent indiquer qu'un animal souffre de maladie des radiations ou d'autres maladies. Évitez de consommer ces animaux, car leur viande peut être hautement contaminée.

Considérations spécifiques pour la pêche dans les eaux contaminées

La pêche dans les eaux contaminées présente des défis uniques, car les poissons peuvent absorber des matières radioactives directement par leurs branchies ainsi que par leur nourriture. Voici quelques considérations supplémentaires lors de la pêche dans les zones de retombées :

Poissons d'eau douce contre poissons d'eau salée : dans un scénario de retombées, les poissons d'eau douce peuvent être plus accessibles, mais ils sont également plus vulnérables à la contamination par les retombées locales. Les poissons d'eau salée, en particulier ceux des zones océaniques profondes, peuvent être moins affectés par les retombées localisées, mais leur accès peut être difficile dans un scénario de survie.

Espèces de poissons : les poissons plus petits et à croissance rapide comme la truite, la perche et le crapet arlequin peuvent être plus sûrs à manger que les espèces plus grandes et à croissance plus lente. Les poissons prédateurs qui mangent d'autres poissons contaminés, comme le bar ou le brochet, doivent être évités.

Test des poissons : si vous avez accès à un compteur Geiger, testez les poissons pour détecter les radiations avant de les consommer. Les poissons dont les valeurs sont supérieures à la normale doivent être évités, surtout s'ils proviennent d'eaux stagnantes ou à faible courant.

Considérations spécifiques pour la chasse dans les zones de retombées

Lors de la chasse au gibier dans des environnements contaminés, les risques d'exposition aux radiations varient en fonction de l'espèce, de son régime alimentaire et de son habitat. Les animaux qui broutent des plantes contaminées ou boivent de l'eau provenant de sources irradiées présentent un risque plus élevé de contamination. Voici quelques conseils supplémentaires pour la chasse dans les zones de retombées :

Animaux brouteurs ou brouteurs : les animaux brouteurs comme les cerfs, les wapitis et les bovins qui se nourrissent d'herbe ou de végétation au ras du sol sont plus susceptibles de consommer des plantes contaminées par les retombées. Les animaux brouteurs, comme les chèvres ou les orignaux, qui se nourrissent de feuilles et de branches plus hautes peuvent avoir des niveaux de contamination plus faibles.

Insectivores et omnivores : les animaux qui mangent des insectes ou qui ont un régime alimentaire varié peuvent être moins contaminés que les herbivores ou les carnivores stricts. Cependant, les insectivores comme les oiseaux qui consomment des insectes radioactifs doivent toujours être approchés avec prudence.

Sources d'eau : évitez de chasser des animaux qui dépendent de sources d'eau contaminées, comme des lacs, des rivières ou des étangs, surtout s'ils sont situés dans des zones à fortes retombées radioactives.

Sécurité et décontamination après la chasse ou la pêche

Après avoir attrapé du poisson ou du gibier, il est essentiel de prendre des mesures pour vous protéger de l'exposition aux radiations et à la contamination :

Équipement de protection : portez des gants, des masques et des vêtements de protection lorsque vous nettoyez ou manipulez du gibier ou du poisson pour éviter tout contact avec des matières radioactives. Après manipulation, lavez-vous soigneusement les mains, les outils et les vêtements.

Élimination des déchets : jetez les parties contaminées de l'animal, comme les organes ou les os, dans un endroit sûr, loin des sources d'eau, des zones d'habitation ou des jardins.

Décontaminez-vous : après avoir chassé ou pêché, nettoyez-vous soigneusement ainsi que votre équipement. Les particules de radiation peuvent se déposer sur votre peau, vos cheveux et vos vêtements, il est donc important de vous laver avec de l'eau propre et non contaminée.

La pêche et la chasse dans un monde contaminé comportent des risques importants, mais elles peuvent être nécessaires à la survie dans un environnement post-nucléaire. En adoptant les meilleures pratiques, comme éviter les zones à risque de retombées radioactives, choisir des animaux plus petits ou plus jeunes, nettoyer et cuire soigneusement les aliments et privilégier la viande maigre, vous pouvez minimiser votre exposition aux radiations.

# Adaptation à un nouveau climat : survivre au froid de l'hiver nucléaire

Après un conflit nucléaire de grande ampleur, le monde pourrait être plongé dans un « hiver nucléaire », une période de températures considérablement réduites en raison des retombées atmosphériques des explosions nucléaires. Des quantités massives de suie, de cendres et de fumée provenant des tempêtes de feu s'élèveraient dans la haute atmosphère, bloquant la lumière du soleil et réduisant la température de la Terre de plusieurs degrés. Le résultat serait une baisse significative et prolongée de la température, semblable à un hiver rigoureux et prolongé, même dans les climats généralement plus chauds. S'adapter à ces nouvelles conditions plus froides sera essentiel pour la survie, en particulier lorsque la production alimentaire, l'approvisionnement en énergie et les abris sont déjà mis à rude épreuve. Ce chapitre explorera les impacts de l'hiver nucléaire sur le climat, comment s'adapter au froid et des stratégies pratiques pour maintenir la chaleur et la santé dans un monde en proie à l'hiver nucléaire.

Qu'est-ce que l'hiver nucléaire ?

L'hiver nucléaire est un scénario théorique qui décrit le refroidissement drastique du climat de la Terre après une guerre nucléaire à grande échelle. La chaleur intense des détonations nucléaires déclencherait des incendies généralisés dans les villes, les forêts et les zones industrielles. Ces incendies libéreraient d'énormes quantités de suie, de cendres et de fumée dans l'atmosphère, où ils pourraient bloquer la lumière du soleil pendant des mois, voire des années. Sans un ensoleillement adéquat, les températures mondiales chuteraient, les récoltes échoueraient et les écosystèmes s'effondreraient, créant un environnement difficile pour la survie humaine.

L'impact de l'hiver nucléaire sur le climat

Un hiver nucléaire pourrait avoir plusieurs impacts significatifs sur le climat mondial, créant un environnement beaucoup plus rude et plus difficile pour les survivants :

Refroidissement global : L'effet principal de l'hiver nucléaire est une réduction spectaculaire des températures. Des études suggèrent que les températures mondiales moyennes pourraient baisser de plusieurs degrés, entraînant des conditions plus froides que d'habitude sur toute la planète. Ce refroidissement serait plus sévère dans les régions proches des explosions nucléaires, mais pourrait affecter l'ensemble du globe.

Hivers prolongés : Même dans les régions où l'hiver ne dure généralement que quelques mois, l'hiver nucléaire pourrait prolonger ces conditions plus froides pendant des années. Les saisons estivales pourraient être inexistantes ou considérablement raccourcies, entraînant un temps froid continu pendant des périodes prolongées.

Diminution de la lumière solaire : la suie et les cendres présentes dans la haute atmosphère bloqueraient la lumière solaire, réduisant ainsi la quantité d'énergie solaire atteignant la surface de la Terre. Cette réduction de la lumière solaire refroidirait non seulement la planète, mais perturberait également la production alimentaire en limitant la photosynthèse.

Conditions météorologiques extrêmes : le climat étant déstabilisé, les conditions météorologiques pourraient devenir plus imprévisibles. Les blizzards, les tempêtes et le froid extrême pourraient devenir plus fréquents, et certaines régions pourraient connaître des hivers plus rigoureux que d'autres.

S'adapter au froid : stratégies de survie

En cas d'hiver nucléaire, la survie dépendra de votre capacité à vous adapter au froid et à maintenir la chaleur dans un monde où l'énergie et les ressources sont limitées. Vous trouverez ci-dessous des stratégies clés pour survivre au froid extrême de l'hiver nucléaire.

Construire et entretenir des abris chauds

La première ligne de défense contre le froid consiste à vous assurer d'avoir un abri adéquat. Que vous soyez dans une maison, un bunker ou un abri improvisé, il est essentiel d'isoler votre espace de vie et de maintenir la chaleur.

Isolation : ajoutez une isolation supplémentaire à votre abri pour conserver la chaleur. Si vous êtes dans une maison, couvrez les fenêtres avec des couvertures, des bâches en plastique ou des rideaux épais pour empêcher les courants d'air d'entrer. Tapissez les murs et les portes de couvertures, de carton ou de rembourrage en mousse pour emprisonner la chaleur à l'intérieur.

Abris souterrains : si vous avez accès à un bunker ou à un sous-sol souterrain, il peut être plus efficace pour conserver la chaleur en raison de l'isolation naturelle de la terre. Les abris souterrains sont également moins exposés à l'environnement extérieur et peuvent vous protéger des retombées.

Isolez les pièces inutilisées : si vous vous abritez dans une maison, limitez le nombre de pièces que vous utilisez pour conserver la chaleur. Isolez les pièces inutilisées avec des couvertures, du plastique ou des meubles pour piéger la chaleur dans les zones où vous passez la plupart de votre temps.

Ventilation et qualité de l'air : tout en isolant votre abri pour la chaleur, n'oubliez pas de maintenir une ventilation adéquate. Dans les espaces clos, l'accumulation de monoxyde de carbone ou de dioxyde de carbone provenant de sources de chauffage peut être dangereuse. Utilisez un détecteur de monoxyde de carbone et assurez-vous qu'il y a une certaine circulation d'air, même dans les abris bien isolés.

Sources de chauffage

Les sources de chauffage traditionnelles peuvent ne pas être disponibles pendant un hiver nucléaire en raison de pénuries de carburant, de pannes de courant ou de dommages aux infrastructures. Trouver d'autres moyens de générer de la chaleur est essentiel à la survie.

Poêles à bois : si vous avez accès à un poêle à bois, il peut être l'une des sources de chaleur les plus fiables et les plus durables pendant un hiver nucléaire. Assurez-vous que votre cheminée est exempte de débris et stockez le bois de chauffage dans une zone sèche et protégée. Les poêles à bois peuvent également être utilisés pour cuisiner et faire bouillir de l'eau, ce qui en fait des outils de survie polyvalents.

Chauffage improvisé : en l'absence de poêle ou de fourneau, des solutions de chauffage improvisées comme des petits feux, des chauffe-bougies ou même la chaleur corporelle peuvent être utilisées. Par exemple, un chauffe-pot en terre cuite, créé en plaçant un pot en argile sur quelques bougies, peut diffuser de la chaleur dans un petit espace.

Chauffage solaire : bien que la lumière du soleil puisse être réduite, il peut toujours être possible d'utiliser le chauffage solaire passif pendant la journée. Utilisez de grandes fenêtres ou des murs orientés au sud pour capter la lumière du soleil disponible et utilisez des surfaces réfléchissantes (comme du papier aluminium) pour diriger la chaleur dans votre espace de vie.

Alternatives au carburant : si vous avez accès à des sources de carburant comme le propane, le kérosène ou le butane, celles-ci peuvent être utilisées pour alimenter de petits radiateurs ou poêles. Cependant, assurez-vous que tous les appareils à combustion sont bien ventilés pour éviter l'accumulation de fumées dangereuses.

Superposer les vêtements et la literie

Des vêtements et une literie appropriés sont essentiels pour conserver la chaleur corporelle dans des conditions de froid. Lors d'un hiver nucléaire, la superposition est l'un des moyens les plus efficaces de rester au chaud.

Superposez vos vêtements : portez plusieurs couches de vêtements, en commençant par des matières qui évacuent l'humidité comme la laine ou les fibres synthétiques pour éloigner la transpiration de votre peau. Ajoutez des couches isolantes comme la polaire, le duvet ou la laine, et terminez par une couche extérieure coupe-vent et imperméable pour vous protéger des courants d'air et de l'humidité.

Gardez les extrémités au chaud : veillez particulièrement à garder vos mains, vos pieds et votre tête au chaud, car ces zones sont les plus vulnérables à la perte de chaleur. Portez des gants isolants, des chaussettes en laine et un bonnet thermique. Les cagoules ou les écharpes peuvent également aider à retenir la chaleur autour de votre cou et de votre visage.

Literie : la nuit, utilisez plusieurs couches de couvertures ou de sacs de couchage pour retenir la chaleur. Les couvertures en laine ou en duvet sont particulièrement efficaces pour assurer l'isolation. Si vous dormez dans une pièce froide, enveloppez-vous dans des couvertures thermiques et utilisez des bouillottes pour vous réchauffer davantage.

Alimentation et hydratation par temps froid

Le froid augmente les besoins caloriques du corps pour maintenir sa chaleur. Manger des aliments riches en nutriments et en calories et rester hydraté est essentiel pour survivre au froid.

Aliments riches en calories : privilégiez la consommation d'aliments riches en matières grasses, en protéines et en glucides. Les noix, les fruits secs, les céréales, les viandes en conserve et les légumineuses sont d'excellentes options pour maintenir l'énergie. En cas d'hiver nucléaire, il peut être difficile de chercher de la nourriture ou de jardiner, il est donc important de compter sur les aliments stockés.

Repas chauds : dans la mesure du possible, mangez des repas chauds pour aider à maintenir la chaleur corporelle. Les soupes, les ragoûts et les boissons chaudes peuvent fournir à la fois de la nourriture et de la chaleur. Si vous avez accès à un poêle à bois ou à une autre source de chaleur, la préparation de repas chauds doit être une priorité.

Hydratation : le temps froid peut facilement faire oublier de boire de l'eau, mais la déshydratation reste un problème. Buvez beaucoup de liquides et, si votre approvisionnement en eau est limité, faites fondre la neige ou la glace pour boire de l'eau (mais assurez-vous de la faire bouillir pour éliminer les contaminants). Évitez l'alcool, car il peut abaisser la température de votre corps et augmenter le risque d'hypothermie.

Activité physique pour maintenir la chaleur

Rester physiquement actif peut aider à générer de la chaleur corporelle, surtout si vous vous abritez dans un environnement froid. Des mouvements réguliers amélioreront la circulation et aideront à prévenir les engelures ou l'hypothermie.

Brèves périodes d'activité : effectuez des exercices courts et modérés comme des squats, des pompes ou des étirements pour augmenter votre température corporelle. Évitez de transpirer excessivement, car cela peut vous faire perdre de la chaleur plus rapidement lorsque vous vous refroidissez.

Chaleur de groupe : si vous vous abritez avec d'autres personnes, regroupez-vous pour conserver la chaleur. Partager la chaleur corporelle, en particulier la nuit, peut faire une différence significative dans les environnements froids.

Se préparer aux effets à long terme du froid

L'hiver nucléaire peut durer des mois, voire des années, selon la gravité du conflit et la quantité de suie et de cendres dans l'atmosphère. La survie à long terme par temps froid nécessitera une planification et une gestion des ressources minutieuses.

Faites des réserves de bois de chauffage et de combustible : Rassemblez et stockez autant de bois de chauffage, de charbon ou d'autres combustibles de chauffage que possible avant le début de l'hiver nucléaire. Le bois de chauffage doit être conservé au sec et protégé des éléments, car le bois humide brûle de manière inefficace et produit moins de chaleur.

Apprenez les techniques de survie par temps froid : si vous vivez dans une région qui ne connaît généralement pas d'hivers rigoureux, il est important d'apprendre les techniques de survie essentielles par temps froid, comme allumer un feu, construire des abris isolés et reconnaître les signes d'engelures et d'hypothermie.

Santé mentale et moral : le bilan psychologique de la vie dans un hiver nucléaire, combiné à l'isolement et aux conditions difficiles, peut affecter votre santé mentale. Maintenir une routine, rester physiquement actif et avoir des interactions sociales (même dans votre abri) peut aider à maintenir le moral. Des activités simples comme lire, raconter des histoires ou jouer à des jeux peuvent garder votre esprit occupé pendant les longues journées froides.

Risques pour la santé dans les environnements froids

Le temps froid comporte des risques spécifiques pour la santé, en particulier dans un scénario de survie où les ressources sont limitées. Il est essentiel de comprendre et d'atténuer ces risques pour rester en vie pendant l'hiver nucléaire.

Hypothermie

L'hypothermie survient lorsque votre corps perd de la chaleur plus vite qu'il ne peut en produire, ce qui entraîne une chute dangereuse de votre température corporelle. Cela peut se produire même par temps relativement froid si vous êtes mouillé ou exposé au vent pendant de longues périodes.

Signes d'hypothermie : frissons, confusion, somnolence, troubles de l'élocution et respiration superficielle. Si elle n'est pas traitée, l'hypothermie peut être mortelle.

Prévention : restez au sec, portez des vêtements isolants et abritez-vous du vent. Si l'hypothermie s'installe, déplacez la personne dans un environnement plus chaud, retirez les vêtements mouillés et utilisez des couvertures ou la chaleur corporelle pour la réchauffer lentement.

Gelures

Les gelures surviennent lorsque la peau et les tissus gèlent en raison d'un froid extrême. Elles affectent le plus souvent les doigts, les orteils, le nez et les oreilles et peuvent entraîner des lésions tissulaires permanentes.

Signes d'engelures : engourdissement, picotements ou douleur dans la zone affectée, suivis d'une peau dure, pâle et froide. Les engelures sévères peuvent noircir la peau et provoquer des cloques.

Prévention : gardez les extrémités au chaud et couvertes, évitez toute exposition prolongée au froid et restez actif pour maintenir la circulation.

Problèmes respiratoires

Respirer de l'air froid peut irriter votre système respiratoire, surtout si vous êtes déjà exposé aux retombées ou aux particules de cendres. Une exposition prolongée à l'air froid peut entraîner des infections respiratoires, une bronchite ou même une pneumonie.

Prévention : utilisez un foulard ou un masque pour réchauffer l'air avant qu'il ne pénètre dans vos poumons. Évitez de respirer des cendres ou des retombées en restant à l'intérieur pendant les périodes à haut risque et en utilisant des filtres à air ou des masques si nécessaire.

S'adapter au froid de l'hiver nucléaire nécessite une planification minutieuse, une gestion des ressources et des compétences pratiques de survie. Restez conscient des risques pour la santé associés à l'exposition au froid, notamment l'hypothermie et les engelures, et prenez des mesures proactives pour rester au chaud, au sec et nourri.

# Bâtir une communauté : l'importance de la survie en groupe

Survivre dans un monde post-nucléaire n'est pas une tâche facile à accomplir seul. Si l'autonomie et les compétences de survie individuelles sont cruciales, la réalité est que les humains sont des êtres sociaux et que la création d'une communauté peut augmenter considérablement les chances de survie à long terme. Au lendemain d'une catastrophe nucléaire, se regrouper avec d'autres augmente non seulement le bassin de ressources, de compétences et de connaissances disponibles, mais fournit également un soutien émotionnel et une protection contre les menaces extérieures. Ce chapitre explorera l'importance de la survie en groupe, comment construire une communauté cohésive dans un environnement post-nucléaire et les étapes pratiques pour maintenir l'ordre, la sécurité et la coopération face à des défis extrêmes.

Pourquoi la survie en groupe est essentielle dans un monde post-nucléaire

Il existe plusieurs raisons essentielles pour lesquelles survivre en groupe est plus avantageux que de tenter de faire cavalier seul dans un monde post-nucléaire. Parmi celles-ci, on peut citer :

Ressources partagées : aucun individu ne peut stocker tout ce dont il a besoin pour survivre à long terme. Le regroupement avec d'autres permet de mettre en commun la nourriture, l'eau, les fournitures médicales, les outils et l'équipement, garantissant ainsi que chacun a accès à ce dont il a besoin. Les communautés peuvent gérer plus efficacement le rationnement et s'assurer que les ressources sont allouées de manière à maximiser leur utilité.

Compétences diverses : la survie nécessite une grande variété de compétences : connaissances médicales, compétences mécaniques, expertise agricole, tactiques de sécurité, etc. Aucune personne ne peut être experte dans tous les domaines. Un groupe offre un éventail plus large de compétences, permettant aux membres d'assumer des rôles spécifiques dans lesquels ils sont les plus compétents. Cette spécialisation améliore l'efficacité et la capacité à s'attaquer à des tâches complexes.

Sécurité accrue : dans un monde post-nucléaire, les menaces extérieures telles que les groupes hostiles, les pillards ou les animaux sauvages peuvent représenter des dangers importants. Une communauté peut organiser plus efficacement les défenses, les rotations de garde et les patrouilles pour se protéger contre ces menaces. Un plus grand nombre signifie une plus grande force pour défendre les ressources et les personnes.

Soutien psychologique : la tension mentale liée à la survie à une catastrophe nucléaire peut être écrasante. L'isolement peut conduire à l'anxiété, à la dépression et au désespoir. Faire partie d'une communauté apporte un soutien émotionnel et aide à maintenir le moral, ce qui est essentiel pour la survie à long terme. L'interaction sociale, le partage des responsabilités et le sens du devoir au sein du groupe peuvent atténuer les conséquences psychologiques d'un environnement post-catastrophe.

Stratégies de survie coordonnées : un groupe peut coordonner ses efforts de survie d'une manière dont un individu ne peut pas le faire. Cela comprend des sorties de chasse ou de pêche organisées, l'agriculture, la recherche de nourriture, l'entretien d'infrastructures comme les systèmes de filtration d'eau ou la réparation d'abris. Avec une division claire du travail, la communauté peut se concentrer sur plusieurs tâches de survie simultanément, augmentant ainsi l'efficacité globale et les chances de réussite.

Étapes pour créer une communauté de survie post-nucléaire

Construire une communauté dans un environnement post-nucléaire nécessite une planification minutieuse, de la confiance et de la coopération. Que vous vous réunissiez en famille, avec des voisins ou d'autres survivants, la clé d'une communauté réussie réside dans la création d'un groupe fonctionnel avec des objectifs et des responsabilités partagés. Vous trouverez ci-dessous des étapes pratiques pour établir une communauté de survie solide.

Commencez avec des personnes de confiance

La base de toute communauté de survie réussie est la confiance. Dans un monde post-nucléaire, où les ressources sont rares et les tensions peuvent être élevées, il est essentiel de former un groupe avec des personnes en qui vous avez confiance. Il peut s'agir de membres de la famille, d'amis proches, de voisins ou d'individus qui partagent des valeurs similaires et un engagement envers la survie.

Relations préexistantes : si possible, commencez par des personnes que vous connaissez déjà et en qui vous avez confiance. La famille et les amis proches sont des alliés naturels dans un scénario de survie, car ils ont déjà un intérêt direct dans votre bien-être. La confiance permet une prise de décision et une coopération plus fluides, en particulier lorsque des conflits surviennent.

Sélectionnez soigneusement les nouveaux membres : si vous devez inviter des inconnus dans votre communauté, examinez-les attentivement. Évaluez leurs compétences, leur attitude et leur volonté de contribuer au groupe. Les personnes fiables, coopératives et compétentes seront des atouts précieux, mais méfiez-vous de celles qui pourraient perturber la cohésion du groupe ou agir de manière égoïste.

Définir les rôles et les responsabilités

Des rôles et des responsabilités clairs sont essentiels pour garantir le bon fonctionnement de la communauté. Dans un monde post-nucléaire, chaque membre du groupe doit contribuer aux efforts de survie. Définir des rôles spécifiques permet d'éviter les conflits et de garantir que les tâches essentielles ne soient pas négligées.

Évaluation des compétences : Commencez par évaluer les compétences de chaque membre du groupe. Certains peuvent avoir une formation médicale, d'autres peuvent avoir de l'expérience en agriculture ou en menuiserie, et certains peuvent être compétents en chasse ou en sécurité. Attribuez des rôles en fonction de ces compétences pour vous assurer que chacun peut contribuer de manière significative.

Répartition du travail : Divisez les responsabilités en catégories telles que la production alimentaire, la sécurité, les soins médicaux, la gestion de l'eau et l'entretien des abris. Faites tourner les tâches lorsque cela est approprié pour éviter l'épuisement professionnel, en particulier pour les rôles physiquement ou émotionnellement éprouvants comme les patrouilles de sécurité.

Leadership : Le leadership dans une communauté de survie doit être basé sur l'expertise, la confiance et le consensus plutôt que sur la force brute ou l'autoritarisme. Identifiez les individus capables de diriger des domaines spécifiques, tels que l'organisation de la production alimentaire, la gestion des conflits ou la planification de stratégies de défense.

Établissez des règles et des mécanismes de résolution des conflits

Toute communauté, en particulier dans un environnement à haut stress comme un monde post-nucléaire, rencontrera des désaccords et des conflits. Établir des règles claires et des méthodes de résolution des conflits dès le départ peut empêcher les petits conflits de dégénérer en situations dangereuses.

Règles de base : Créez des règles qui couvrent les comportements de survie essentiels, tels que la manière dont les ressources seront partagées, la manière dont les conflits seront gérés et les conséquences de la thésaurisation ou du vol. Ces règles doivent être acceptées par tous les membres pour garantir leur respect.

Résolution des conflits : mettre en place un système de résolution des conflits. Cela peut inclure des discussions de groupe, une médiation par une partie neutre ou un vote parmi les membres de la communauté. La mise en place d'un processus clair empêchera les disputes de dégénérer, ce qui pourrait déstabiliser le groupe.

Responsabilité : veiller à ce que les infractions aux règles entraînent des conséquences. Cela peut aller de la perte de privilèges au sein de la communauté à l'expulsion pour des délits graves, comme le vol ou la violence. Cependant, équilibrez la punition et l'équité, car des conséquences trop sévères peuvent conduire au ressentiment et à de nouveaux conflits.

Élaborer un plan de gestion des ressources

Les ressources telles que la nourriture, l'eau, le carburant et les fournitures médicales seront limitées dans un monde post-nucléaire. La gestion efficace de ces ressources est essentielle à la survie du groupe. Un plan bien organisé garantit que la communauté peut survivre à long terme sans manquer de fournitures essentielles.

Rationnement : établir un système de rationnement pour garantir que la nourriture, l'eau et les autres produits essentiels sont distribués équitablement. Le rationnement peut être basé sur le nombre de personnes dans le groupe et la disponibilité des ressources. Suivez attentivement la consommation et ajustez les rations en fonction des besoins pour étirer les ressources au fil du temps.

Stockage : Dans la mesure du possible, travaillez ensemble pour augmenter le stock de fournitures essentielles du groupe. Cela peut impliquer d'organiser des voyages de cueillette en groupe, des expéditions de chasse ou de pêche, ou de troquer avec d'autres communautés pour les biens nécessaires.

Ressources renouvelables : Concentrez-vous sur la durabilité en développant des systèmes de ressources renouvelables. Cela peut inclure la création d'un jardin communautaire, l'élevage de bétail ou la construction de systèmes de collecte et de filtration de l'eau. Les systèmes renouvelables permettent de garantir que le groupe ne dépend pas uniquement de stocks limités.

Sécurité et défense

L'un des principaux avantages de la survie du groupe est la capacité à se défendre contre les menaces extérieures. Dans un monde post-nucléaire, ces menaces pourraient provenir de groupes hostiles, de pillards ou même d'individus désespérés cherchant à voler des fournitures. L'établissement d'un plan de sécurité est essentiel pour protéger la communauté.

Défense organisée : Créez un calendrier rotatif de patrouilles de sécurité pour surveiller le périmètre de votre abri ou de votre zone communautaire. Affectez des personnes de confiance aux tâches de garde et assurez-vous que tous les membres sont formés à l'autodéfense de base et à l'utilisation des armes si nécessaire.

Défenses physiques : renforcez votre abri avec des barrières physiques telles que des clôtures, des barricades ou des murs de fortune. Utilisez les caractéristiques naturelles comme les collines, les rivières ou la végétation dense à votre avantage lors du choix ou de la fortification de l'emplacement de votre communauté.

Communication et coordination : établissez une méthode de communication fiable au sein de la communauté en cas d'attaque ou de menace externe. Cela peut impliquer des radios à manivelle, des sifflets ou des signaux préétablis. Assurez-vous que tout le monde connaît le plan et peut réagir rapidement aux dangers potentiels.

Favoriser un sentiment de communauté et de coopération

Survivre dans un monde post-nucléaire exige non seulement des compétences pratiques, mais aussi un fort sens de la communauté et de la coopération. Favoriser la cohésion du groupe et maintenir un moral positif est essentiel pour la survie à long terme.

Routines quotidiennes : Établissez des routines quotidiennes qui structurent les activités de la communauté. Les routines aident à maintenir un sentiment de normalité et à éviter le chaos. Cela peut inclure des heures fixes pour les repas, les tâches et les réunions communautaires.

Activités sociales : Encouragez les interactions sociales et les activités de renforcement de la communauté, telles que les repas partagés, les contes ou les jeux. Ces activités peuvent renforcer les liens entre les membres du groupe, réduire le stress et apporter un soulagement émotionnel dans un environnement autrement sombre.

Entraide : Promouvoir une culture d'entraide, où les membres se soutiennent mutuellement dans les tâches difficiles ou en cas de maladie ou de blessure. Cela favorise la confiance et permet de garantir que chacun est pris en charge, ce qui renforce à son tour la résilience globale du groupe.

Établir une communication avec d'autres groupes

À long terme, il peut être bénéfique pour votre communauté de survie d'établir des contacts avec d'autres groupes. Le commerce, la coopération et le partage d'informations sur les dangers ou les ressources peuvent augmenter les chances de survie du groupe.

Troc et échange : si votre communauté dispose de surplus de provisions, le troc avec les groupes voisins pour les articles nécessaires peut vous aider à diversifier vos ressources. Établissez des zones sûres ou des zones neutres où les échanges peuvent avoir lieu sans conflit.

Alliances : former des alliances avec des groupes voisins peut offrir une protection et un soutien mutuels en cas de besoin. Les alliances peuvent également créer des opportunités de travail partagé, comme des projets agricoles ou de construction à grande échelle qui profitent aux deux communautés.

Communication radio : si possible, utilisez des radios amateurs, des talkies-walkies ou d'autres appareils de communication pour rester en contact avec les communautés voisines. Partagez des informations sur les niveaux de radiation, les zones sûres et les ressources disponibles pour améliorer les chances de survie de chacun.

Maintenir la stabilité à long terme dans une communauté de survie

Au fil des mois et des années de survie post-nucléaire, le maintien de la stabilité dans votre communauté deviendra de plus en plus difficile. Des problèmes tels que l'épuisement des ressources, les conflits de leadership et les conflits interpersonnels peuvent menacer la cohésion du groupe. Voici quelques conseils pour maintenir la stabilité à long terme :

Faites tourner les rôles de direction : pour éviter les luttes de pouvoir et maintenir l'équité, envisagez de faire tourner périodiquement les rôles de direction. Cela permet à différents membres du groupe d'assumer des responsabilités et garantit qu'aucune personne ne devienne trop dominante ou contrôlante.

Encouragez la résolution de problèmes : favorisez une culture de groupe où la résolution de problèmes est une responsabilité partagée. Lorsque des difficultés surviennent, encouragez les discussions de groupe et les séances de brainstorming pour trouver des solutions collectives. Cela peut éviter les sentiments d'isolement ou de frustration parmi les membres du groupe.

S'adapter aux circonstances changeantes : la survie dans un monde post-nucléaire nécessitera une adaptation constante. Soyez prêt à changer de plan, à ajuster les ressources ou à modifier les règles de la communauté à mesure que de nouveaux défis se présentent. La flexibilité et l'adaptabilité sont essentielles à la survie à long terme.

Prévenir l'épuisement professionnel : l'épuisement physique et émotionnel peut conduire à l'épuisement professionnel, qui à son tour peut entraîner de mauvaises prises de décision et des conflits. Encouragez le repos, l'interaction sociale et le soutien émotionnel pour aider les membres du groupe à éviter l'épuisement professionnel.

Construire et entretenir une communauté de survie dans un monde post-nucléaire est essentiel pour la survie à long terme. Un groupe bien organisé avec des rôles définis, des ressources partagées et un fort sens de la coopération s'en sortira beaucoup mieux que des individus qui tentent de survivre seuls. En mettant en commun les compétences, en gérant efficacement les ressources et en établissant des règles claires de sécurité et de coopération, votre communauté peut devenir un havre de sécurité dans un environnement autrement dangereux et chaotique. Des liens sociaux forts et un soutien mutuel seront le fondement de la survie du groupe, offrant une résilience physique et psychologique face à l'adversité.

# Rester informé : comprendre les actualités et les mises à jour sur les radiations

Dans un monde post-nucléaire, il sera essentiel de rester informé des niveaux de radiations et des dangers potentiels dans votre environnement pour survivre. Comprendre les actualités et les mises à jour sur les radiations, que ce soit par le biais de diffusions officielles, de rapports locaux ou de lectures scientifiques, est essentiel pour prendre des décisions sur où et quand voyager, quelles zones sont sûres et comment éviter l'exposition à des niveaux de radiations nocifs. Ce chapitre explique comment rester informé des niveaux de radiations, interpréter les actualités sur les radiations et recueillir des mises à jour auprès de sources fiables. Il explique également comment utiliser les outils de détection des radiations pour compléter les rapports externes, garantissant que vous et votre communauté pouvez réagir rapidement et de manière appropriée aux conditions changeantes.

L'importance de rester informé sur les radiations

Après une catastrophe nucléaire, l'environnement sera contaminé par des retombées radioactives, qui peuvent persister dans l'atmosphère, le sol, l'eau et les réserves alimentaires pendant des années. Les niveaux de radiations peuvent fluctuer au fil du temps et varier en fonction de votre emplacement. Être conscient des niveaux de radiations actuels et comprendre les mises à jour sur les zones de retombées peut vous aider à prendre des décisions critiques pour votre sécurité. Que vous vous abritiez sur place, que vous planifiiez un voyage ou que vous gériez une communauté, vous aurez besoin d'informations précises et à jour pour minimiser l'exposition aux radiations.

Raisons principales pour lesquelles il est essentiel de rester informé sur les radiations :

Éviter les zones à haut risque : certaines régions seront plus fortement contaminées que d'autres, en particulier les zones proches des zones d'explosion ou où les nuages de retombées se sont déposés. Connaître les zones où les niveaux de radiation sont élevés vous aide à éviter une exposition inutile.

Surveiller la décroissance des radiations : au fil du temps, les niveaux de radiation diminuent à mesure que les isotopes radioactifs se désintègrent. Rester informé de ces changements peut vous aider à déterminer quand il est sécuritaire de traverser des zones auparavant dangereuses.

Planifier un voyage et une évacuation : si vous devez vous déplacer d'un endroit à un autre, il est essentiel de connaître les niveaux de radiation actuels le long de votre itinéraire. Les déplacements dans des zones où les niveaux de radiation sont élevés peuvent entraîner une exposition dangereuse.

Protéger les réserves de nourriture et d'eau : les radiations peuvent contaminer les cultures, les sources d'eau et le bétail. Les mises à jour sur les niveaux de radiation dans des régions spécifiques peuvent éclairer vos choix en matière de recherche de nourriture, d'agriculture et de collecte d'eau.

Sources d'informations et mises à jour sur les radiations

Au lendemain d'un événement nucléaire, les sources d'information traditionnelles peuvent être perturbées, mais il existe toujours des moyens de rester informé. Les émissions radio, les mises à jour militaires ou gouvernementales et les systèmes de surveillance locaux peuvent fournir des informations essentielles sur les niveaux de radiation et les schémas de retombées.

Émissions radio

L'une des façons les plus fiables de recevoir des mises à jour sur les radiations après une catastrophe nucléaire est de diffuser des émissions radio d'urgence. De nombreux gouvernements et services d'urgence sont équipés pour transmettre des informations sur les niveaux de radiation, les conditions météorologiques et les zones sûres via des fréquences radio AM, FM ou à ondes courtes. Les radios à manivelle ou à piles sont des outils de survie essentiels pour accéder à ces émissions.

Système d'alerte d'urgence (EAS) : dans certains pays, le gouvernement peut activer le système d'alerte d'urgence (ou son équivalent) pour fournir des mises à jour régulières sur les radiations, les zones de retombées et les zones sûres. Ces mises à jour sont généralement diffusées sur les stations de radio AM ou FM locales.

Radio à ondes courtes : si les stations de radio locales sont en panne, les émissions de radio à ondes courtes peuvent fournir des informations provenant de régions plus éloignées ou de sources internationales. Ces émissions peuvent être reçues sur de grandes distances, ce qui les rend précieuses dans les situations où les infrastructures locales se sont effondrées.

Radio amateur : les opérateurs radio amateurs ou amateurs servent souvent de réseau d'information crucial dans les situations de catastrophe. Si vous ou quelqu'un de votre communauté êtes un radioamateur agréé, vous pouvez accéder à des informations précieuses sur les niveaux de radiation, communiquer avec d'autres survivants et recevoir des mises à jour des canaux gouvernementaux ou militaires.

Mises à jour gouvernementales et militaires

Dans de nombreux pays, les agences gouvernementales et militaires seront chargées de surveiller les niveaux de radiation et de diffuser des mises à jour au public. Ces agences disposent souvent des équipements de détection de radiation les plus avancés et peuvent fournir des informations précises et actualisées sur les zones sûres ou dangereuses.

Réseaux de protection civile : en cas de catastrophe nucléaire, les organisations de protection civile peuvent être activées pour fournir des informations aux survivants. Ces réseaux peuvent utiliser la radio, des systèmes de sonorisation ou même des panneaux d'affichage communautaires pour tenir les gens informés des niveaux de radiation et des zones sûres.

Surveillance militaire : les unités militaires chargées de l'intervention en cas de catastrophe ont souvent accès à des équipements de détection de radiation avancés. Si l'armée est présente dans votre région, elle peut assurer la surveillance des radiations et des mises à jour sur les conditions locales. Dans certains cas, elle peut également établir des zones sûres ou des itinéraires d'évacuation en fonction des relevés de radiation actuels.

Réseaux de surveillance locaux

Les communautés locales peuvent mettre en place leurs propres systèmes de surveillance des radiations à l'aide de compteurs Geiger ou de dosimètres portables. Ces réseaux permettent aux individus ou aux petits groupes de surveiller les niveaux de radiation dans leur environnement immédiat et de partager les mises à jour avec d'autres.

Surveillance communautaire : dans les situations de survie, les communautés peuvent mettre en commun leurs ressources pour créer des stations de surveillance locales. Les bénévoles peuvent utiliser des détecteurs de radiation portables pour prendre des mesures et signaler au groupe les niveaux de radiation dans différentes zones. Ces informations peuvent être partagées par le bouche à oreille, des rapports écrits ou des systèmes radio à petite échelle.

Équipes de surveillance mobiles : certaines communautés peuvent organiser des équipes mobiles équipées de dispositifs de détection de radiation pour surveiller des emplacements clés tels que les sources d'eau, les zones de stockage de nourriture ou les itinéraires de déplacement potentiels. Ces équipes peuvent fournir des mises à jour régulières sur les conditions de radiation locales.

Utilisation des outils de détection des radiations

Bien que les sources externes d'informations et de mises à jour sur les radiations soient précieuses, il est essentiel de disposer de vos propres outils pour détecter et mesurer les radiations dans votre environnement immédiat. Cela vous permet de vérifier l'exactitude des informations que vous recevez et de prendre des décisions en fonction des conditions en temps réel. Deux des outils les plus courants pour détecter les radiations sont les compteurs Geiger et les dosimètres.

Compteurs Geiger

Un compteur Geiger est un appareil portable qui détecte les niveaux de radiations dans l'environnement. Il fonctionne en mesurant les radiations ionisantes, telles que les rayons alpha, bêta et gamma. Les compteurs Geiger donnent des lectures en temps réel, généralement en microsieverts par heure ($\mu Sv/h$), ce qui peut vous aider à déterminer la sécurité de votre environnement.

Comment utiliser un compteur Geiger : il suffit de pointer le compteur Geiger vers la zone que vous souhaitez tester (comme le sol, l'eau, la nourriture ou l'air) et de regarder la lecture sur l'écran. L'appareil fournira une mesure immédiate des niveaux de radiations. Les compteurs Geiger sont particulièrement utiles pour vérifier les niveaux de radiation avant d'entrer dans une nouvelle zone ou de consommer des aliments cueillis.

Interprétation des relevés du compteur Geiger : les niveaux de radiation sont généralement mesurés en microsieverts par heure. Une valeur inférieure à 0,1 $\mu Sv/h$ est généralement considérée comme sûre. Les niveaux compris entre 0,1 et 1 $\mu Sv/h$ peuvent présenter un risque à long terme si l'exposition se poursuit pendant des jours ou des semaines. Les niveaux supérieurs à 1 $\mu Sv/h$ indiquent des conditions dangereuses dans lesquelles l'exposition doit être minimisée ou évitée.

Dosimètres

Alors que les compteurs Geiger mesurent les radiations dans l'environnement, les dosimètres mesurent la quantité cumulée de radiations à laquelle une personne a été exposée au fil du temps. Ceci est important car le risque d'intoxication par radiations augmente avec l'exposition cumulée, même à des niveaux de radiations plus faibles.

Comment utiliser un dosimètre : portez le dosimètre sur votre corps tout au long de la journée. L'appareil suivra la quantité totale de radiations que vous avez reçue. À la fin de chaque journée, vérifiez la lecture pour voir la quantité de radiations que vous avez accumulée.

Interprétation des mesures du dosimètre : les dosimètres mesurent l'exposition totale en millisieverts (mSv). Une dose cumulée inférieure à 100 mSv sur une année est considérée comme à faible risque. Les doses comprises entre 100 et 250 mSv augmentent le risque de cancer et d'autres effets à long terme sur la santé, tandis que les doses supérieures à 250 mSv peuvent provoquer un mal des radiations si elles sont absorbées sur une courte période.

Complémenter avec des filtres à air et des masques

En plus de surveiller les niveaux de rayonnement avec des compteurs Geiger et des dosimètres, il est important de réduire votre exposition aux particules radioactives dans l'air. Les retombées peuvent contenir des particules dangereuses qui peuvent être inhalées, entraînant une contamination interne.

Filtres à air : si possible, utilisez des filtres à air avec des filtres HEPA (High-Efficiency Particulate Air) pour éliminer les particules radioactives de l'air dans votre abri. Ces filtres peuvent capturer des particules jusqu'à une très petite taille, réduisant ainsi votre exposition aux radiations en suspension dans l'air.

Masques : portez des respirateurs N95 ou P100 lorsque vous voyagez dans des zones à fortes retombées. Ces masques sont conçus pour filtrer les particules fines, notamment les poussières radioactives. Ils ne vous protègent pas des rayons gamma, mais peuvent réduire le risque d'inhalation de particules radioactives.

Interpréter les mises à jour sur les radiations et prendre des décisions

Une fois que vous avez accès aux actualités, aux mises à jour et aux données sur les radiations provenant de vos outils de détection, l'étape suivante consiste à interpréter ces informations et à prendre des décisions pour vous protéger et protéger votre communauté. Voici comment comprendre les mises à jour sur les radiations et utiliser ces informations pour survivre.

Comprendre les niveaux de radiation sûrs et dangereux

Les niveaux de radiation varient en fonction de votre emplacement, de la distance par rapport à la zone d'explosion et du temps écoulé depuis l'événement nucléaire. Comprendre ce qui constitue un niveau de radiation sûr ou dangereux est essentiel pour minimiser l'exposition.

Niveaux sûrs : en général, les niveaux de radiation inférieurs à 0,1 µSv/h sont considérés comme sûrs pour une exposition à long terme. Les niveaux compris entre 0,1 et 1 µSv/h sont gérables sur de courtes périodes, mais peuvent présenter des risques pour la santé si l'exposition est prolongée sur plusieurs jours ou semaines.

Niveaux dangereux : les niveaux de radiation supérieurs à 1 µSv/h sont considérés comme dangereux, en particulier s'ils sont maintenus pendant plusieurs heures. Une exposition prolongée à des niveaux supérieurs à 1 µSv/h augmente le risque d'intoxication par radiation et d'effets à long terme sur la santé. Dans ces cas, limitez votre temps passé à l'extérieur ou dans des zones exposées et mettez-vous immédiatement à l'abri.

Doses de radiation aiguës : dans les cas où les niveaux de radiation augmentent (au-dessus de 10 µSv/h ou plus), évitez l'exposition autant que possible. Une exposition de courte durée à des niveaux de radiation élevés peut entraîner une maladie aiguë due aux radiations, qui peut mettre la vie en danger.

Utilisation des mises à jour pour la planification des déplacements

Lors de la planification des déplacements ou des itinéraires d'évacuation, les mises à jour des radiations sont essentielles pour déterminer les zones que vous pouvez traverser en toute sécurité et celles que vous devez éviter. Utilisez les stratégies suivantes pour planifier un déplacement en toute sécurité :

Évitez les zones chaudes : si les mises à jour des radiations indiquent des niveaux élevés de retombées dans des zones spécifiques (souvent appelées « zones chaudes »), évitez de traverser ces régions. Même une courte exposition dans une zone chaude peut être dangereuse.

Surveillez la décroissance : les niveaux de radiation diminuent progressivement au fil du temps en raison de la désintégration des isotopes radioactifs. Les mises à jour indiquant une baisse des niveaux de radiation peuvent vous aider à déterminer quand il est sécuritaire de pénétrer dans des zones précédemment contaminées.

Vérifiez le long de l'itinéraire : si vous prévoyez un voyage, rassemblez les mises à jour sur les radiations pour l'ensemble de l'itinéraire, pas seulement pour le point de départ et la destination. Les niveaux de radiation peuvent varier considérablement d'un endroit à l'autre, il est donc important de connaître les conditions tout au long du trajet.

Réagir aux pics de radiation

Dans les jours, les semaines et les mois qui suivent un événement nucléaire, il est possible que les niveaux de radiation augmentent en raison des conditions météorologiques, de nouvelles retombées ou d'autres facteurs. Rester informé de ces pics vous permet de prendre des mesures pour vous protéger.

Restez à l'abri : si un pic de radiation est signalé dans votre région, restez à l'abri jusqu'à ce que les niveaux diminuent. Fermez toutes les fenêtres et les portes, scellez les évents avec du plastique ou du ruban adhésif et utilisez des filtres à air si possible. Évitez de sortir pendant les pics de radiation, sauf en cas d'absolue nécessité.

Attendez des rapports clairs : si vous n'êtes pas sûr des niveaux de radiation, attendez les rapports officiels ou utilisez vos propres outils de détection pour confirmer si le pic est temporaire ou permanent. Ne vous précipitez pas dans les zones à forte exposition sans vérifier que c'est sans danger.

Il est essentiel de rester informé des niveaux de radiation et des mises à jour pour survivre dans un monde post-nucléaire. En utilisant les émissions de radio, les mises à jour gouvernementales ou militaires et les systèmes de surveillance communautaire, vous pouvez rester au courant des conditions changeantes et prendre des décisions éclairées concernant votre sécurité. En complétant ces informations avec vos propres outils de détection des radiations, tels que les compteurs Geiger et les dosimètres, vous obtenez des données en temps réel qui vous aident à vous protéger d'une exposition dangereuse. Que vous prévoyiez de voyager, de vous abriter sur place ou de surveiller vos réserves de nourriture et d'eau, comprendre et interpréter les nouvelles et les mises à jour sur les radiations vous donnera les connaissances dont vous avez besoin pour naviguer dans un environnement dangereux et assurer votre survie à long terme.

# Le rôle du gouvernement dans la survie post-nucléaire

Après une catastrophe nucléaire, le rôle du gouvernement dans la fourniture de conseils, de ressources et d'ordre peut être un facteur essentiel pour savoir si la société survit et se reconstruit ou sombre dans le chaos. Les gouvernements sont responsables de l'organisation des interventions d'urgence, de la gestion des ressources, de la coordination des efforts de secours et de la garantie de la sécurité et du bien-être des survivants. Cependant, dans un monde post-nucléaire, l'infrastructure, le leadership et la capacité des gouvernements peuvent être gravement compromis, ce qui amène les individus et les communautés à se demander dans quelle mesure ils peuvent compter sur l'aide gouvernementale. Ce chapitre explore le rôle du gouvernement dans la survie post-nucléaire, les limites et les défis auxquels les gouvernements peuvent être confrontés, et la façon dont les survivants peuvent gérer l'implication du gouvernement tout en restant autonomes.

Le rôle immédiat du gouvernement après un événement nucléaire

Au lendemain d'un événement nucléaire, le rôle du gouvernement est de protéger les citoyens, de gérer les retombées et de stabiliser la situation le plus rapidement possible. Cela implique généralement l'activation des systèmes d'intervention d'urgence, l'organisation des évacuations et la diffusion d'informations critiques sur les niveaux de radiation, les zones de sécurité et les risques de retombées. La capacité du gouvernement à réagir efficacement dépend de l'état de ses infrastructures et de l'ampleur de la catastrophe nucléaire.

Intervention d'urgence et évacuation

L'un des principaux rôles du gouvernement après un événement nucléaire est d'organiser et de mettre en œuvre les évacuations d'urgence des personnes vivant dans ou à proximité de la zone d'explosion ou des zones de retombées. Cela implique d'identifier les itinéraires d'évacuation les plus sûrs, d'établir des abris temporaires et de fournir un transport à ceux qui ne peuvent pas évacuer par eux-mêmes.

Zones d'évacuation : les gouvernements peuvent désigner des zones d'évacuation spécifiques en fonction de la proximité de l'explosion et des schémas de retombées attendus. Les citoyens seront invités à s'éloigner des zones à haut risque et à se diriger vers des abris préétablis ou des zones de sécurité, souvent situés loin de la trajectoire des retombées.

Abris : dans certains cas, les gouvernements peuvent avoir déjà construit des abris antiatomiques publics en prévision de telles catastrophes. Ces abris sont généralement conçus pour protéger les personnes des retombées radioactives et fournir des produits de première nécessité comme la nourriture, l'eau et les soins médicaux.

Diffusion d'informations critiques

La capacité du gouvernement à communiquer des informations précises et opportunes est essentielle pour aider les citoyens à éviter une exposition dangereuse aux radiations et à prendre des décisions éclairées. Cela comprend la diffusion des niveaux de radiation, le conseil aux personnes de s'abriter sur place ou d'évacuer et la fourniture de mises à jour sur les zones touchées par les retombées radioactives.

Diffusion d'informations d'urgence : les gouvernements utilisent souvent la radio, la télévision et les systèmes de sonorisation pour diffuser des informations d'urgence. Ces diffusions sont conçues pour informer le public de la conduite la plus sûre à tenir, de l'endroit où trouver un abri et de la façon de se protéger des radiations.

Surveillance des radiations : de nombreux gouvernements ont mis en place des systèmes de surveillance des radiations pour suivre les retombées radioactives et les niveaux de contamination. Ces données sont essentielles pour conseiller les personnes sur les endroits où il est sûr de voyager et quand il est sûr de rentrer chez elles.

Maintien de l'ordre et de la loi

Dans la période chaotique qui suit une catastrophe nucléaire, le maintien de l'ordre public devient une responsabilité essentielle du gouvernement. Des pillages, des violences et des troubles civils peuvent éclater lorsque les ressources se raréfient et que le désespoir s'installe. Les forces de l'ordre, notamment la police locale, les forces militaires et la garde nationale, peuvent être mobilisées pour prévenir les activités criminelles et protéger les survivants.

Couvre-feux et restrictions : les gouvernements peuvent imposer des couvre-feux ou des restrictions de mouvement pour empêcher les pillages, assurer la sécurité publique et contrôler le flux de personnes entrant et sortant des zones contaminées.

Loi martiale : dans les cas extrêmes, la loi martiale peut être déclarée, donnant aux forces militaires le pouvoir de prendre le contrôle des fonctions civiles pour rétablir l'ordre et gérer la catastrophe. En vertu de la loi martiale, les civils peuvent être soumis à des réglementations strictes en matière de déplacements, de couvre-feux et de distribution des ressources.

Le rôle à long terme du gouvernement dans la survie post-nucléaire

Une fois la crise immédiate sous contrôle, les gouvernements doivent se concentrer sur la survie et le rétablissement à long terme. Cela implique d'organiser la reconstruction des infrastructures, de fournir de la nourriture et des fournitures médicales, de coordonner les efforts de secours et d'aider les citoyens à gérer les risques sanitaires à long terme liés à l'exposition aux radiations.

Distribution et gestion des ressources

La pénurie de ressources essentielles comme la nourriture, l'eau potable, les fournitures médicales et le carburant sera l'un des défis les plus urgents dans un monde post-nucléaire. Les gouvernements joueront probablement un rôle central dans la gestion et la distribution de ces ressources pour garantir que la population ait accès aux besoins de base.

Systèmes de rationnement : les gouvernements peuvent mettre en œuvre des systèmes de rationnement pour empêcher la thésaurisation et garantir une répartition équitable des ressources. Les citoyens peuvent recevoir des cartes de rationnement ou des jetons pour accéder à la nourriture, à l'eau et aux fournitures médicales dans les centres de distribution gouvernementaux.

Chaînes d'approvisionnement : le gouvernement devra rétablir les chaînes d'approvisionnement pour acheminer les ressources nécessaires depuis les zones non touchées ou les partenaires internationaux. Cela comprend la coordination des expéditions de nourriture, de médicaments et de carburant vers les régions touchées et la collaboration avec les organisations d'aide internationales pour obtenir des ressources supplémentaires.

Soins de santé et gestion de l'exposition aux radiations

Les gouvernements devront également fournir des soins de santé aux personnes affectées par l'exposition aux radiations et aux autres blessures subies lors de l'accident nucléaire. L'intoxication aux radiations, les brûlures, les blessures causées par des explosions et les traumatismes psychologiques nécessiteront une attention médicale importante.

Triage et traitement médicaux : les gouvernements peuvent mettre en place des installations médicales d'urgence pour traiter l'intoxication aux radiations et les blessures. Ces installations donneront la priorité aux personnes les plus gravement touchées, tout en gérant les risques sanitaires à long terme pour les survivants qui ont été exposés à des niveaux de radiation plus faibles.

Tests et surveillance des radiations : des tests et une surveillance continus des radiations seront essentiels pour gérer la santé publique. Les gouvernements peuvent déployer des unités mobiles de test des radiations pour vérifier l'exposition des individus aux radiations et déterminer s'ils ont besoin d'un traitement. Une surveillance à long terme sera également nécessaire pour suivre les effets des radiations sur la santé au fil du temps.

Reconstruction des infrastructures et des communautés

Une fois le danger initial passé, les gouvernements se concentreront sur la reconstruction des infrastructures endommagées ou détruites par l'accident nucléaire. Cela comprend la restauration des réseaux électriques, des systèmes d'eau, des réseaux de transport et des systèmes de communication.

Logement et abris : de nombreux survivants ont peut-être perdu leur maison ou ne peuvent pas y retourner en raison de la contamination radioactive. Les gouvernements devront fournir des logements temporaires et, éventuellement, aider à reconstruire ou à reloger les communautés.

Efforts de reconstruction : les gouvernements joueront un rôle central dans l'organisation de la reconstruction des infrastructures essentielles. Cela impliquera probablement des efforts à grande échelle pour dégager les décombres, réparer les routes, rétablir l'approvisionnement en eau et reconstruire les centrales électriques et d'autres systèmes essentiels.

Nettoyage environnemental à long terme

L'un des plus grands défis auxquels sont confrontés les gouvernements après une catastrophe nucléaire est le nettoyage environnemental à long terme nécessaire pour rendre les zones à nouveau habitables. Les retombées radioactives peuvent contaminer le sol, l'eau et l'air, les rendant dangereux pendant des années, voire des décennies. Les gouvernements devront mener des efforts pour décontaminer ces zones.

Projets de décontamination : la décontamination peut impliquer l'enlèvement de la couche arable, le nettoyage des sources d'eau et l'utilisation de produits chimiques ou d'agents biologiques pour neutraliser les radiations. Dans les zones fortement contaminées, des régions entières peuvent devoir être évacuées et bouclées pendant des décennies.

Surveillance des radiations : la surveillance des radiations à long terme sera essentielle pour déterminer quelles zones sont sûres pour la réinstallation et lesquelles restent dangereuses. Les gouvernements établiront probablement des zones « interdites » dans les zones hautement radioactives, similaires à la zone d'exclusion autour de Tchernobyl.

Défis auxquels les gouvernements pourraient être confrontés

Bien que les gouvernements joueront un rôle central dans la survie post-nucléaire, ils seront également confrontés à des défis importants. L'ampleur d'une catastrophe nucléaire pourrait submerger les infrastructures et les dirigeants existants, laissant les gouvernements en difficulté pour répondre aux besoins de leurs citoyens.

Dégâts aux infrastructures

Les explosions nucléaires pourraient détruire des installations gouvernementales clés, des bases militaires, des hôpitaux et des centres de communication. Sans accès à ces ressources essentielles, le gouvernement pourrait avoir du mal à coordonner une réponse cohérente. Dans de tels cas, les gouvernements locaux ou les unités militaires peuvent jouer un rôle plus important dans la gestion des efforts de survie, tandis que les gouvernements nationaux se concentrent sur la reconstruction.

Une demande écrasante de ressources

Une catastrophe nucléaire de grande ampleur entraînerait des pénuries massives de nourriture, d'eau, de fournitures médicales et de carburant. Les gouvernements seraient confrontés à une pression immense pour répondre aux demandes d'une population désespérément en manque de ressources. Sans une gestion prudente, un rationnement et une coopération avec les organisations d'aide internationales, les pénuries de ressources pourraient conduire à des troubles civils et à des souffrances généralisées.

Pannes de communication

Dans un monde post-nucléaire, les réseaux de communication peuvent être en panne, ce qui rend difficile la communication entre les gouvernements et les citoyens. Les tours radio, l'infrastructure Internet et les lignes téléphoniques étant endommagées ou détruites, les gouvernements peuvent devoir s'appuyer sur des méthodes de communication plus anciennes et peu technologiques, telles que la radio amateur ou les panneaux d'affichage physiques, pour relayer des informations importantes.

Capacité médicale limitée

Même avant un événement nucléaire, la plupart des systèmes de santé ne sont pas équipés pour gérer une exposition aux radiations à grande échelle ou des victimes massives. Après une catastrophe nucléaire, les hôpitaux et le personnel médical peuvent être débordés, obligeant les gouvernements à prendre des décisions difficiles sur les personnes à traiter. Cela peut entraîner de la frustration et du désespoir chez ceux qui ne peuvent pas accéder aux soins médicaux nécessaires.

À quoi s'attendre de l'aide gouvernementale et comment s'y préparer

Bien que les gouvernements jouent un rôle important dans la gestion de la survie post-nucléaire, ils ne seront peut-être pas en mesure de répondre à tous vos besoins. Il est important d'être prêt à survivre seul ou au sein d'une communauté pendant de longues périodes. Voici quelques mesures pratiques que vous pouvez prendre pour vous préparer à un monde post-nucléaire où l'aide gouvernementale pourrait être limitée ou retardée :

Constituez des réserves essentielles

Constituez des réserves de nourriture, d'eau, de fournitures médicales et de carburant avant que la catastrophe ne survienne. Cela réduit votre dépendance aux ressources gouvernementales et vous assure d'avoir suffisamment de ressources pour survivre dans les premières semaines ou les premiers mois, lorsque l'aide peut tarder à arriver.

Construisez ou identifiez des abris

Si vous vivez dans une zone susceptible d'être touchée par les retombées nucléaires, identifiez ou construisez un abri antiatomique. Les abris gouvernementaux peuvent être surpeuplés ou difficiles d'accès après une catastrophe, donc avoir votre propre abri garantit que vous et votre famille pouvez rester à l'abri des radiations.

Établissez des réseaux de communication

Bien que les émissions gouvernementales soient une source importante d'informations, vous devez également établir vos propres réseaux de communication. Les radios amateurs, les radios à ondes courtes et les talkies-walkies peuvent vous aider à rester en contact avec d'autres survivants et à recevoir des mises à jour lorsque les systèmes de communication gouvernementaux tombent en panne. Apprenez à utiliser ces appareils et assurez-vous d'avoir des appareils de secours, comme des radios à manivelle ou des chargeurs solaires, pour les faire fonctionner en cas de panne de courant.

Créez une communauté autonome

Bien que le gouvernement puisse fournir une assistance, la survie à long terme nécessitera un certain degré d'autosuffisance. Former une communauté de survie avec des voisins, des amis ou d'autres préparateurs peut aider à répartir le fardeau des tâches de survie. Ensemble, vous pouvez mettre en commun des ressources, partager des compétences et vous défendre contre les menaces extérieures.

Production alimentaire : établissez des systèmes pour cultiver votre propre nourriture, comme le jardinage à petite échelle, la culture hydroponique ou la cueillette. Cela réduit la dépendance à l'aide alimentaire gouvernementale, qui peut être imprévisible ou rare.

Collecte et purification de l'eau : apprenez à collecter et à purifier l'eau en utilisant des méthodes telles que la récupération des eaux de pluie, la filtration ou la distillation. Les gouvernements peuvent donner la priorité à la distribution d'eau dans les zones plus densément peuplées, il est donc essentiel de disposer de votre propre source d'eau propre pour la survie à long terme.

Échange de compétences : organisez votre communauté de manière à ce que chaque personne contribue en fonction de son expertise. Une personne ayant des connaissances médicales peut aider dans le domaine des soins de santé, tandis que d'autres peuvent être qualifiés en agriculture, en sécurité ou en mécanique. La spécialisation au sein d'une communauté augmente les chances de survie globale.

Restez informé mais méfiez-vous de la désinformation

Si les gouvernements peuvent être une source d'information fiable, il est également important d'être conscient de la possibilité de désinformation ou de confusion, en particulier dans le chaos qui suit une catastrophe. Les gouvernements peuvent minimiser les risques de radiation pour éviter la panique, ou les autorités locales peuvent ne pas disposer des informations les plus récentes. Utilisez vos propres compteurs Geiger et dosimètres pour vérifier de manière indépendante les niveaux de radiation et faites confiance à des sources fiables au sein de votre communauté.

Utilisez plusieurs sources : essayez d'obtenir des informations auprès de diverses sources, notamment des émissions gouvernementales, des opérateurs radioamateurs et des efforts de surveillance communautaire. Vérifiez ces informations pour vous assurer de prendre des décisions éclairées basées sur les données les plus précises disponibles.

Méfiez-vous des rumeurs : dans un monde post-nucléaire, les rumeurs peuvent se propager rapidement, en particulier dans les zones où la communication est limitée. Avant d'agir sur la base de toute information, notamment concernant les niveaux de radiation ou l'aide gouvernementale, essayez de confirmer les détails auprès de plusieurs sources.

Ayez un plan pour le cas où l'aide gouvernementale est retardée ou indisponible

Bien que l'aide gouvernementale soit cruciale, surtout à long terme, il existe toujours le risque qu'elle soit retardée, insuffisante ou qu'elle n'atteigne pas certaines zones. Il est important d'avoir des plans d'urgence pour survivre sans aide gouvernementale pendant des périodes prolongées.

Préparez-vous à l'autosuffisance : prévoyez d'être autosuffisant pendant au moins les premières semaines ou les premiers mois après une catastrophe nucléaire. Cela signifie avoir suffisamment de nourriture, d'eau et de fournitures pour survivre sans dépendre des rations gouvernementales.

Adaptez-vous aux circonstances changeantes : soyez flexible dans votre approche de la survie. L'aide gouvernementale peut ne pas se présenter sous la forme que vous attendez ou être rationnée de manière inégale. Soyez prêt à ajuster vos plans en fonction de la disponibilité des ressources et de l'évolution de la situation sur le terrain.

Initiatives potentielles menées par le gouvernement pour la survie à long terme

Si un gouvernement fonctionnel reste en place après la phase initiale de la catastrophe nucléaire, il peut mettre en œuvre des initiatives de survie à long terme visant à reconstruire la société. Ces efforts seront essentiels pour restaurer les infrastructures, fournir des soins de santé et remédier aux dommages environnementaux causés par les retombées nucléaires. Les initiatives potentielles menées par le gouvernement pourraient inclure :

Programmes de réinstallation

Après les efforts de décontamination dans certaines zones, les gouvernements peuvent organiser des programmes de réinstallation pour réinstaller les survivants dans des zones sûres. Ce processus pourrait impliquer la reconstruction des logements, le rétablissement des services de base comme l'électricité et l'eau, et la garantie que les niveaux de radiation sont suffisamment bas pour une habitation sûre.

Zones sûres : les gouvernements désigneront probablement des zones spécifiques où les niveaux de radiation sont suffisamment bas pour que les gens puissent y retourner. Ces zones peuvent être prioritaires pour les efforts de reconstruction, et les survivants seront encouragés à s'y installer.

Programmes d'assistance : les gouvernements peuvent fournir des matériaux, une aide financière ou un soutien logistique pour aider les survivants à reconstruire leurs maisons et leurs entreprises dans les zones réinstallées.

Projets de décontamination des radiations

Des projets de décontamination à long terme seront nécessaires pour rendre de vastes étendues de terres à nouveau habitables. Les gouvernements peuvent déployer des équipes spécialisées pour retirer les matières radioactives des zones contaminées, en particulier celles nécessaires à l'agriculture ou au logement.

Décontamination des sols : des techniques telles que l'enlèvement de la couche arable, la plantation de plantes spécifiques pouvant absorber les radiations (connues sous le nom de phytoremédiation) ou l'utilisation de produits chimiques pour lier les particules radioactives peuvent être utilisées pour nettoyer les terres contaminées.

Purification de l'eau : les gouvernements donneront probablement la priorité à la décontamination des sources d'eau critiques, en utilisant des techniques de filtration avancées pour garantir que l'eau propre soit disponible pour les survivants.

Programmes de relance économique

La restauration de l'économie sera un défi important après un événement nucléaire. Les gouvernements peuvent mettre en œuvre des programmes conçus pour relancer les industries, créer des emplois et encourager le commerce. Ces programmes peuvent inclure des subventions aux entreprises, des contrats gouvernementaux pour les efforts de reconstruction ou une formation professionnelle pour les survivants.

Systèmes de troc et d'échanges commerciaux : dans les premières phases de la reconstruction, les gouvernements peuvent encourager ou réglementer les systèmes de troc dans les régions où la monnaie a perdu sa valeur. Les communautés peuvent compter sur le commerce pour accéder aux ressources qui leur manquent, et les gouvernements peuvent faciliter ces échanges en créant des pôles commerciaux ou des marchés de troc.

Aide et collaboration internationales

Si les gouvernements internationaux restent intacts, la coopération mondiale pourrait jouer un rôle crucial dans la reconstruction. Les organisations d'aide internationales, les pays voisins ou les coalitions multinationales peuvent envoyer des ressources, des fournitures médicales et une expertise technique pour contribuer aux efforts de reconstruction.

Secours international : les gouvernements peuvent collaborer avec des organisations internationales telles que les Nations Unies ou la Croix-Rouge pour fournir de la nourriture, des soins médicaux et un abri aux survivants. Ces efforts peuvent compléter les programmes nationaux qui ont du mal à répondre à la demande d'aide.

Partage des connaissances : la collaboration internationale peut également fournir des connaissances précieuses pour la décontamination, les soins de santé et la reconstruction. Les pays ayant une expertise dans la reconstruction après une catastrophe nucléaire peuvent partager les meilleures pratiques et technologies avec les gouvernements qui s'efforcent de se relever d'un événement nucléaire.

Le rôle du gouvernement dans la survie post-nucléaire est multiforme, allant de la réponse d'urgence immédiate au rétablissement et à la reconstruction à long terme. Les gouvernements sont responsables de l'organisation des évacuations, de la diffusion des informations essentielles, de la gestion des ressources et du maintien de l'ordre public. Cependant, l'ampleur et l'efficacité de l'aide gouvernementale dépendront de l'ampleur de la catastrophe et de la résilience des infrastructures gouvernementales. Si l'aide gouvernementale sera vitale, les survivants ne doivent pas compter uniquement sur l'aide extérieure. Que l'aide gouvernementale soit tardive, insuffisante ou indisponible, le fait d'être proactif dans la gestion de votre propre survie vous donnera les meilleures chances de surmonter la crise et de contribuer à la reconstruction de la société à long terme.

# Rester vigilant : se défendre contre les personnes désespérées

Après une catastrophe nucléaire, les ressources telles que la nourriture, l'eau et les abris se raréfient, créant un environnement tendu et potentiellement dangereux. À mesure que le désespoir augmente, les individus et les groupes peuvent recourir à la violence ou au vol pour obtenir ce dont ils ont besoin pour survivre. Ce chapitre met l'accent sur l'importance de rester vigilant et de vous protéger, ainsi que votre famille et votre communauté, des personnes désespérées qui peuvent représenter une menace dans le monde post-nucléaire. Nous explorerons des stratégies pour sécuriser votre maison ou votre abri, élaborer un plan de défense et gérer les interactions avec les étrangers de manière à minimiser les risques tout en préservant votre propre survie.

Comprendre la menace : pourquoi le désespoir mène au danger

Au lendemain d'une catastrophe nucléaire, la plupart des gens se concentrent sur la survie : trouver un abri, se procurer de la nourriture et de l'eau et se protéger des radiations. Cependant, à mesure que le temps passe et que les ressources se raréfient, la situation peut dégénérer en chaos. Les citoyens respectueux des lois avant la catastrophe pourraient être suffisamment désespérés pour se livrer au vol, à la violence ou à d'autres formes d'agression. Il est essentiel de comprendre que la force motrice derrière ce comportement est la survie, et que les personnes désespérées peuvent agir de manière irrationnelle ou agressive si elles pensent que leur vie ou celle de leur famille est en jeu.

L'effondrement de l'ordre social

Lorsque les structures normales de la société s'effondrent – forces de l'ordre, services d'urgence et aide gouvernementale – les gens peuvent avoir le sentiment qu'ils n'ont d'autre choix que de prendre les choses en main. À mesure que les ressources diminuent, l'ordre civil peut s'effondrer, entraînant des pillages, des vols et des violences généralisés. Dans une telle situation, la protection de soi et de ses ressources devient une priorité absolue.

Concurrence pour les ressources

Dans un monde post-nucléaire, les ressources seront très demandées et certains individus ou groupes pourraient tenter de prendre ce dont ils ont besoin par la force. Cela est particulièrement vrai si les gens pensent que d'autres ont stocké de la nourriture, de l'eau, des médicaments ou des fournitures précieuses. Les individus désespérés peuvent considérer des groupes ou des foyers bien approvisionnés comme des cibles, ce qui peut entraîner des conflits potentiels pour des ressources limitées.

Groupes organisés

Bien que de nombreuses menaces proviennent d'individus agissant par désespoir, certains groupes peuvent s'organiser pour survivre et devenir agressifs ou territoriaux. Des bandes organisées de survivants peuvent patrouiller dans des zones, attaquer des maisons ou prendre le contrôle de ressources clés comme des sources d'eau ou des réserves de nourriture. Traiter avec des groupes organisés nécessite une planification minutieuse et, dans certains cas, une négociation ou une évitement.

Sécuriser votre maison ou votre abri

La première ligne de défense contre les personnes désespérées est de sécuriser votre maison ou votre abri. Que vous soyez dans une maison, un bunker ou un abri improvisé, prendre des mesures pour fortifier votre emplacement peut dissuader les intrus potentiels et vous donner une meilleure chance de défendre vos ressources.

Renforcez les entrées et les fenêtres

Les portes et les fenêtres sont les points d'entrée les plus courants pour les intrus. Il est donc essentiel de renforcer ces zones pour sécuriser votre maison.

Portes : renforcez les portes avec des serrures à pêne dormant, des barres métalliques ou des barricades. Si possible, utilisez des portes robustes en bois massif ou en métal, plus difficiles à casser. Pensez à installer des traverses ou des systèmes de renfort pour empêcher l'ouverture forcée des portes.

Fenêtres : recouvrez les fenêtres de contreplaqué ou de tôle pour éviter qu'elles ne soient brisées. Si vous avez toujours besoin de lumière naturelle, utilisez du grillage métallique ou des barres métalliques pour couvrir les fenêtres tout en permettant une certaine visibilité. Des rideaux ou du tissu occultant peuvent également aider à cacher votre maison à la vue de tous la nuit.

Entrées secondaires : n'oubliez pas de sécuriser les entrées secondaires, telles que les portes arrière, les sous-sols ou les portes de garage. Ces points d'entrée sont souvent négligés mais peuvent être vulnérables aux intrus.

Établissez un périmètre

Sécuriser le périmètre autour de votre maison ou de votre abri est tout aussi important que renforcer la structure elle-même. Un périmètre bien établi peut fournir un avertissement précoce des menaces qui approchent et dissuader les intrus de s'approcher trop près.

Clôtures et barrières : installez des barrières physiques telles que des clôtures, des murs ou des barricades autour de votre propriété. Même des barrières improvisées comme des tas de débris, des piquets en bois ou du fil de fer barbelé peuvent ralentir les intrus potentiels et vous donner le temps de vous préparer.

Dispositifs anti-bruit : utilisez des dispositifs sonores, tels que des canettes sur des ficelles, des cloches ou d'autres alarmes de fortune, pour vous alerter de tout mouvement en dehors de votre périmètre. Ceux-ci peuvent être placés aux points d'entrée, aux portes ou le long des chemins que les intrus pourraient emprunter.

Éclairage : si vous avez accès à l'électricité ou à des lampes solaires, utilisez-les de manière stratégique autour de votre propriété pour éclairer les zones clés la nuit. Les lumières activées par le mouvement peuvent surprendre les intrus et fournir un avertissement précoce de leur approche. Cependant, veillez à ne pas attirer l'attention avec un éclairage trop fort, car cela peut signaler que votre emplacement est occupé et bien approvisionné.

Créez des pièces sécurisées

Si des intrus parviennent à franchir votre périmètre ou à entrer dans votre maison, une pièce sécurisée peut être la dernière ligne de défense. Les pièces sécurisées sont des zones fortifiées où vous et votre famille pouvez vous retirer si votre maison est attaquée.

Murs renforcés : utilisez des matériaux épais et renforcés comme le béton ou le métal pour créer une pièce sécurisée qui résiste aux intrusions.

Fournitures : gardez les fournitures essentielles comme la nourriture, l'eau et les kits médicaux à l'intérieur de la pièce sécurisée au cas où vous auriez besoin de vous y abriter pendant une période prolongée.

Communication et voies d'évacuation : équipez la pièce sécurisée d'un moyen de communication, comme une radio ou un téléphone portable, pour appeler à l'aide si possible. De plus, planifiez des voies d'évacuation au cas où vous auriez besoin de fuir complètement votre abri.

Élaborer un plan de défense

Dans un monde où des personnes désespérées peuvent essayer de prendre ce que vous avez, il est essentiel d'avoir un plan de défense bien pensé qui comprend des stratégies pour sécuriser votre maison, protéger vos ressources et vous défendre si nécessaire. Ce plan doit impliquer tous les membres de votre foyer ou de votre communauté et inclure des protocoles clairs pour faire face aux menaces potentielles.

Entraînez-vous à l'autodéfense

Il est essentiel de savoir comment vous défendre et défendre votre groupe dans un monde post-nucléaire. S'il est important d'éviter la violence autant que possible, il peut y avoir des situations où vous devez vous protéger contre les blessures physiques.

Techniques d'autodéfense : Entraînez-vous aux techniques d'autodéfense de base qui peuvent vous aider à désarmer ou à neutraliser un agresseur. Les arts martiaux, les techniques de combat rapproché ou même les techniques d'évasion de base peuvent sauver des vies en cas de crise.

Formation aux armes : Si vous avez accès à des armes à feu ou à d'autres armes, assurez-vous que tous les adultes responsables de votre groupe sont formés à leur utilisation sûre et efficace. Les armes à feu peuvent être un puissant moyen de dissuasion, mais elles doivent être utilisées de manière responsable pour éviter les accidents ou une escalade inutile.

Options non létales : Dans certains cas, des méthodes non létales telles que le gaz poivré, les pistolets paralysants ou les matraques peuvent être préférables aux armes à feu, en particulier si l'objectif est de dissuader les intrus plutôt que de s'engager dans un combat mortel.

Organisez des défenses de groupe

Si vous faites partie d'une communauté de survie ou si vous avez des voisins qui se concentrent également sur la défense, l'organisation en groupe peut augmenter considérablement vos chances de vous défendre avec succès contre les intrus.

Tours de garde rotatifs : Établissez un calendrier pour les tours de garde afin que quelqu'un garde toujours un œil sur votre périmètre. Cela garantit que votre groupe reste vigilant, même lorsque les autres se reposent ou s'occupent d'autres tâches.

Plans de communication : Établissez un système de communication au sein de votre groupe pour alerter rapidement les autres en cas de menace. Cela peut être aussi simple que des signaux manuels, des sifflets ou des talkies-walkies.

Positions défensives : Identifiez les positions défensives clés autour de votre maison ou de votre communauté où les membres du groupe peuvent se mettre à couvert ou défendre les points d'entrée. Ces positions doivent offrir à la fois visibilité et protection contre les attaquants potentiels.

Établissez des règles pour traiter avec les étrangers

Dans un monde post-nucléaire, toutes les personnes que vous rencontrerez ne constitueront pas une menace. Certaines personnes peuvent demander de l'aide, rejoindre votre groupe ou proposer d'échanger des ressources. Il est important d'avoir des règles claires sur la façon dont votre groupe traite les étrangers afin d'éviter des risques inutiles.

Premier contact : Approchez toujours les étrangers avec prudence. Gardez-les à distance jusqu'à ce que vous ayez évalué s'ils représentent une menace. Évitez d'amener des inconnus dans votre abri ou de leur montrer vos ressources jusqu'à ce que vous ayez établi une relation de confiance.

Négociation et commerce : Si vous vous engagez dans des échanges ou des négociations avec des personnes extérieures, faites-le dans un endroit neutre en dehors de votre périmètre. Cela minimise le risque qu'elles en apprennent trop sur vos défenses ou vos ressources.

Avertissement et désescalade : Si quelqu'un devient agressif ou essaie de prendre ce que vous avez, votre première action doit être de l'avertir et d'essayer de désamorcer la situation. Faites-lui comprendre que vous êtes prêt à vous défendre, mais offrez-lui la possibilité de partir pacifiquement.

Ayez un plan d'évacuation

Si la défense de votre abri devient impossible ou si la menace est trop grande, vous devrez peut-être évacuer. Ayez un plan d'évacuation en place qui comprend des abris alternatifs ou des endroits où vous pouvez vous retirer si nécessaire.

Fournitures préemballées : Gardez des « sacs de secours » prêts avec des fournitures essentielles comme de la nourriture, de l'eau, des kits médicaux et des vêtements chauds au cas où vous auriez besoin de quitter votre abri rapidement.

Voies d'évacuation : Identifiez plusieurs voies d'évacuation depuis votre maison ou votre abri. Connaissez les chemins les plus sûrs vers les zones proches où vous pouvez vous cacher ou vous regrouper si votre emplacement principal est compromis.

Abris secondaires : prévoyez des abris secondaires au cas où vous devriez quitter votre emplacement principal. Il peut s'agir d'endroits éloignés, de bunkers cachés ou d'abris temporaires qui vous offrent une couverture pendant que vous évaluez la situation.

Gérer la vigilance mentale et émotionnelle

Le stress d'être constamment sur ses gardes peut nuire à votre bien-être mental et émotionnel. Dans un monde post-nucléaire, rester vigilant tout en gérant l'anxiété et la peur est essentiel pour votre santé globale et votre survie. Voici quelques conseils pour maintenir votre résilience mentale :

Équilibrez la vigilance et le repos

Bien qu'il soit essentiel de rester vigilant, l'épuisement peut nuire à votre capacité à prendre des décisions éclairées ou à réagir aux menaces. Assurez-vous que tous les membres de votre groupe se reposent suffisamment en alternant les quarts de travail et en prenant des pauses lorsque cela est possible.

Créez un réseau de soutien

Appuyez-vous sur votre communauté ou votre groupe pour obtenir un soutien émotionnel. Partagez le fardeau de la prise de décision et de la planification de la défense afin que personne ne se sente dépassé par la responsabilité de garantir la sécurité de tous.

Pratiquez la connaissance de la situation

La connaissance de la situation, c'est-à-dire savoir ce qui se passe autour de vous à tout moment, est essentielle pour rester en sécurité. Entraînez-vous à observer votre environnement, à noter les menaces potentielles et à rester calme dans les situations stressantes. Au fil du temps, cette prise de conscience deviendra une seconde nature, vous permettant de réagir rapidement et efficacement à tout danger.

Se défendre contre des personnes désespérées dans un monde post-nucléaire exige une vigilance constante, une préparation et une planification minutieuse. En sécurisant votre maison ou votre abri, en élaborant un plan de défense et en vous organisant avec votre communauté, vous pouvez protéger vos ressources et rester en sécurité dans un environnement de plus en plus dangereux. Équilibrer l'autodéfense avec la négociation et la désescalade peut vous aider à éviter les conflits inutiles, mais soyez toujours prêt à agir de manière décisive si votre survie est en jeu.

# Techniques de conservation des aliments dans un monde de retombées nucléaires

Dans un monde post-nucléaire, où les sources de nourriture sont rares et les systèmes traditionnels de distribution alimentaire sont en panne, la conservation du peu de nourriture dont vous disposez devient essentielle à la survie. Les radiations, la contamination et l'effondrement des infrastructures modernes rendront difficile la culture de nouvelles cultures ou la chasse à la viande non contaminée, ce qui rend les techniques de conservation des aliments essentielles pour maintenir un approvisionnement constant en nourriture. Ce chapitre explorera les méthodes les plus pratiques et les plus efficaces pour conserver les aliments dans un monde de retombées nucléaires, en se concentrant sur les techniques qui nécessitent un minimum de ressources et s'appuient sur des pratiques sûres pour éviter la contamination et la détérioration.

L'importance de la conservation des aliments dans un monde de retombées nucléaires

La conservation des aliments jouera un rôle clé dans votre survie après une catastrophe nucléaire. Les aliments frais seront difficiles à trouver, et tout aliment récolté, cultivé ou récupéré doit être conservé pour durer le plus longtemps possible. Sans méthodes de conservation appropriées, les aliments se gâteront rapidement, entraînant des pénuries qui pourraient mettre la vie en danger dans un environnement où la production alimentaire est sévèrement limitée.

Principales raisons pour lesquelles la conservation des aliments est essentielle dans un monde post-nucléaire :

Accès limité aux aliments frais : la contamination par les retombées rendra dangereuse la cueillette ou la culture d'aliments frais dans de nombreuses régions. La conservation des aliments vous permet de constituer un stock et de prolonger la durée de vie des sources alimentaires sûres et non contaminées.

Gestion des ressources : dans une situation de survie, il est essentiel d'éviter le gaspillage. La conservation des aliments garantit que rien ne se perde par détérioration, ce qui vous permet d'optimiser vos ressources.

Défis saisonniers : si vous pouvez cultiver des cultures ou récolter du fourrage, certains aliments peuvent n'être disponibles que de façon saisonnière. La conservation des aliments vous permet de conserver ces aliments pour les périodes où ils ne sont pas de saison ou lorsque les réserves alimentaires s'épuisent.

Risques de contamination : dans un monde pollué par les retombées, les aliments frais peuvent contenir des radiations ou d'autres contaminants. Des méthodes de conservation appropriées peuvent aider à éliminer ou à réduire ces risques, en particulier lorsqu'elles sont associées à un nettoyage ou une cuisson minutieuse.

Méthodes clés de conservation des aliments dans un monde de retombées nucléaires

Vous trouverez ci-dessous certaines des techniques de conservation des aliments les plus pratiques qui peuvent être utilisées dans un environnement de retombées nucléaires, en mettant l'accent sur les méthodes qui nécessitent un minimum d'énergie et de ressources tout en maximisant la longévité de vos réserves alimentaires.

Séchage et déshydratation

Le séchage est l'une des méthodes de conservation des aliments les plus anciennes et les plus simples. L'élimination de l'humidité des aliments inhibe la croissance des bactéries, des moisissures et des levures, ce qui permet aux aliments séchés de durer des mois, voire des années. Dans un monde de retombées nucléaires, où la réfrigération n'est peut-être pas disponible, le séchage peut être un moyen très efficace de conserver les fruits, les légumes, la viande et les céréales.

Séchage au soleil : dans les zones où les retombées et les radiations ne sont pas une préoccupation majeure, le séchage au soleil peut être utilisé pour déshydrater les aliments. Posez de fines tranches de fruits, de légumes ou de viande sur une surface propre (comme un séchoir ou un chiffon) à la lumière directe du soleil, en veillant à une bonne circulation de l'air. Cependant, évitez cette méthode dans les zones fortement contaminées, car les particules de retombées peuvent se déposer sur les aliments.

Séchage à l'air libre en intérieur : dans un environnement de retombées, où la contamination de l'extérieur est un problème, le séchage à l'air libre en intérieur est une option plus sûre. Suspendez les herbes, les fruits ou la viande dans une pièce bien ventilée, à l'abri de la poussière ou des particules de retombées. Vous pouvez créer un séchoir simple à l'aide de ficelle ou de fil de fer et placer les aliments en fines couches pour favoriser la circulation de l'air.

Déshydrateurs solaires : si vous avez accès à des matériaux, la construction d'un déshydrateur solaire peut aider à sécher les aliments plus efficacement tout en les protégeant de la contamination par les retombées. Un déshydrateur solaire utilise une enceinte en verre ou en plastique pour piéger la lumière du soleil et sécher les aliments dans un environnement contrôlé. Des plans de construction d'un déshydrateur solaire simple peuvent être trouvés dans des guides de survie ou des ressources en ligne.

Séchage au four ou au four : Si vous avez accès à un poêle à bois ou à d'autres sources de chaleur, vous pouvez déshydrater les aliments en les plaçant au four à basse température (environ 120-140°F). Cette méthode nécessite une attention particulière pour éviter de trop cuire ou de brûler les aliments.

Aliments pouvant être séchés : Les fruits comme les pommes, les baies et les abricots ; les légumes comme les tomates, les oignons et les poivrons ; les viandes comme la viande séchée ; et les céréales ou les haricots peuvent tous être conservés grâce à la déshydratation.

Fumer

Le fumage est une autre méthode traditionnelle de conservation des aliments, en particulier de la viande et du poisson. En exposant les aliments à une faible chaleur et à la fumée, vous pouvez à la fois sécher les aliments et ajouter des propriétés antimicrobiennes de la fumée qui aident à prévenir la détérioration.

Fumer à froid ou à chaud : Il existe deux principales méthodes de fumage : le fumage à froid et le fumage à chaud. Le fumage à froid (moins de 85 °F) est un processus plus lent qui sèche principalement les aliments, tandis que le fumage à chaud (entre 160 °F et 225 °F) cuit les aliments tout en les préservant.

Construire un fumoir : Si vous n'avez pas encore de fumoir, il est possible d'en construire un en utilisant des matériaux de base comme du bois, du métal ou même des briques. Un fumoir simple peut être fabriqué en creusant une fosse, en allumant un petit feu et en plaçant une grille au-dessus du feu pour contenir les aliments. La clé est de contrôler la fumée et la chaleur pour éviter de trop cuire ou de brûler les aliments.

Types de bois : Différents types de bois peuvent être utilisés pour parfumer les aliments pendant le fumage. Les bois durs comme le noyer, le chêne, le pommier et le cerisier produisent une excellente fumée pour conserver la viande. Évitez d'utiliser des bois tendres comme le pin, qui peuvent donner un goût amer et produire des toxines nocives.

Aliments fumables : Les viandes comme le poisson, la volaille, le bœuf et le porc sont idéales pour le fumage. Le fumage peut également être utilisé pour conserver le fromage ou certains légumes, bien que cela soit moins courant.

Salage et affinage

Le salage est un moyen efficace de conserver la viande et le poisson en éliminant l'humidité des aliments et en créant un environnement qui inhibe la croissance des bactéries. En l'absence de réfrigération, le salage peut prolonger la durée de conservation de la viande de plusieurs mois.

Salage à sec : Le salage à sec consiste à frotter du gros sel directement sur la surface de la viande ou du poisson, en s'assurant que toute la pièce soit enrobée. Une fois salée, la viande doit être conservée dans un endroit frais et sec pendant plusieurs jours ou semaines, selon la taille de la coupe. Comme le sel absorbe l'humidité, il crée un environnement hostile aux bactéries.

Saumurage : Le saumurage est une méthode similaire qui utilise une solution d'eau salée pour conserver les aliments. Plongez la viande, le poisson ou les légumes dans une saumure d'eau salée (généralement 1 tasse de sel par gallon d'eau) et conservez le récipient dans un endroit frais et sombre. La saumure aidera à extraire l'humidité des aliments tout en les protégeant de la détérioration.

Aliments salés : Le poisson, le porc, le bœuf et même certains légumes peuvent être salés. Les plats traditionnels comme la morue salée ou le jambon sont conservés selon cette méthode depuis des siècles, et le salage reste un moyen fiable de conserver les aliments sans réfrigération.

Fermentation

La fermentation est une méthode de conservation naturelle qui utilise des bactéries bénéfiques pour convertir les sucres des aliments en acides, en alcool ou en gaz. Ces sous-produits aident à conserver les aliments tout en ajoutant des nutriments et des saveurs.

Lacto-fermentation : La lacto-fermentation est le processus d'utilisation du sel pour créer un environnement où les bactéries lactiques se développent. Cette méthode est couramment utilisée pour conserver les légumes comme le chou (choucroute), les concombres (cornichons) et les poivrons. Le sel non seulement inhibe les bactéries nocives, mais permet également au processus de fermentation de commencer.

Comment faire fermenter les aliments : Pour faire fermenter les légumes, emballez-les hermétiquement dans un récipient (comme un bocal en verre) et ajoutez du sel ou une saumure d'eau salée. Les légumes doivent être entièrement immergés dans la saumure pour éviter la formation de moisissures. Conservez le récipient dans un endroit frais et sombre et laissez le processus de fermentation se dérouler sur plusieurs jours à plusieurs semaines, selon la saveur et la texture souhaitées.

Fermentation alcoolique : La fermentation alcoolique peut être utilisée pour conserver les fruits, notamment en fabriquant des alcools à base de fruits comme le cidre ou le vin. Dans un monde de retombées, cela peut être une méthode utile à la fois pour conserver les fruits et pour produire une source alternative de liquide propre et sûr.

Aliments fermentés : la choucroute, le kimchi, les cornichons et le yaourt sont tous des exemples d'aliments conservés par fermentation. Les aliments fermentés peuvent se conserver pendant des mois, ce qui en fait une source importante de vitamines et de nutriments en cas de pénurie alimentaire.

Mise en conserve

La mise en conserve consiste à conserver les aliments dans des récipients hermétiques qui sont chauffés à haute température pour tuer les bactéries et autres micro-organismes. Les aliments correctement mis en conserve peuvent se conserver pendant des années s'ils sont stockés correctement, ce qui en fait l'une des méthodes de conservation à long terme les plus fiables.

Mise en conserve au bain-marie : la mise en conserve au bain-marie est particulièrement adaptée aux aliments très acides comme les fruits, les tomates et les cornichons. Pour mettre en conserve en utilisant cette méthode, remplissez les bocaux de nourriture, fermez-les avec des couvercles et plongez-les dans de l'eau bouillante pendant une durée déterminée (généralement 10 à 30 minutes). La chaleur tue les bactéries nocives et le joint sous vide empêche toute nouvelle contamination.

Mise en conserve sous pression : la mise en conserve sous pression est nécessaire pour les aliments peu acides comme les viandes, les légumes et les soupes. L'utilisation d'un autocuiseur, qui atteint des températures supérieures à celles de l'eau bouillante, est essentielle pour empêcher le botulisme et d'autres bactéries nocives de survivre au processus de mise en conserve. Les autocuiseurs sont plus complexes que les autocuiseurs à bain-marie, mais sont essentiels pour conserver les aliments riches en protéines.

Aliments en conserve : les viandes, les ragoûts, les fruits, les légumes et même les confitures peuvent être conservés à l'aide de méthodes de mise en conserve. En cas de catastrophe, la mise en conserve est idéale pour stocker de grandes quantités de nourriture qui doivent être stockées pendant une période prolongée.

Mise en cave des racines

La mise en cave des racines est une méthode de conservation des aliments à faible technologie et à faible consommation d'énergie qui repose sur des températures et des niveaux d'humidité frais et stables pour conserver les aliments frais pendant des mois. Bien qu'elle ne prolonge pas la durée de conservation des aliments aussi longtemps que d'autres méthodes, la mise en cave des racines peut être un excellent moyen de conserver les légumes-racines et les cultures résistantes pendant les mois les plus froids.

Construire une cave à racines : une cave à racines peut être creusée dans le sol, en utilisant l'isolation naturelle de la terre pour maintenir une température fraîche et constante. Alternativement, vous pouvez convertir un sous-sol ou une zone de stockage souterraine en une cave à racines de fortune en ajoutant une ventilation et des étagères pour stocker les produits.

Aliments stockés dans des caves à racines : les pommes de terre, les carottes, les oignons, l'ail, les betteraves et autres légumes-racines sont idéaux pour être stockés dans une cave à racines. Les pommes et les courges d'hiver peuvent également être stockées de cette manière, à condition que la cave soit fraîche et ventilée.

Gérer les risques de contamination dans un monde pollué par les retombées nucléaires

Dans un monde pollué par les retombées nucléaires, la contamination est une menace constante, et la conservation des aliments en toute sécurité nécessite des précautions supplémentaires pour éviter l'exposition aux particules radioactives ou à d'autres substances nocives.

Lavage minutieux : avant de conserver un aliment, lavez-le soigneusement avec de l'eau propre et non contaminée pour éliminer les particules de retombées qui pourraient s'être déposées à la surface. Frottez les légumes et les fruits et rincez les céréales ou les haricots pour réduire le risque de contamination.

Peler et parer : pour les légumes-racines ou les fruits, peler la couche extérieure peut aider à éliminer la contamination de surface. De plus, tailler les extrémités et les sommets des légumes peut réduire la quantité de matière absorbée par les radiations.

Filtrage de l'eau : si vous utilisez de l'eau pour la conservation (par exemple pour la mise en conserve ou le saumurage), assurez-vous que l'eau est purifiée ou filtrée pour éliminer les contaminants radioactifs. L'ébullition, la distillation ou l'utilisation d'un filtre à eau de haute qualité peuvent contribuer à garantir que l'eau utilisée pour la conservation est sûre.

Dans un monde post-nucléaire, la conservation des aliments sera l'une des compétences les plus importantes pour la survie. Avec les bonnes techniques (séchage, fumage, salage, fermentation, mise en conserve et conservation des racines), vous pouvez prolonger la durée de vie de votre approvisionnement alimentaire et constituer un stock qui vous permettra de traverser les périodes les plus difficiles. Bien que les risques de contamination soient toujours présents dans un environnement de retombées radioactives, prendre les précautions appropriées peut aider à minimiser l'exposition et à garder vos aliments en conserve propres à la consommation. En maîtrisant ces méthodes de conservation, vous pouvez augmenter vos chances de survie dans un monde où les aliments frais sont rares et où chaque bouchée compte.

# Zones sûres : où peut-on aller après une guerre nucléaire ?

Après une guerre nucléaire, trouver un endroit sûr où vivre devient une tâche cruciale. Les retombées radioactives, les environnements contaminés et la destruction des infrastructures rendent de vastes étendues de terre inhabitables. Les zones sûres, des zones où les niveaux de radiation sont suffisamment faibles pour la survie humaine, deviennent des refuges pour les survivants qui cherchent à éviter les dangers de l'exposition aux radiations, de la pénurie de ressources et de l'effondrement de la société. Ce chapitre explore les endroits où vous pourriez être en mesure d'aller après une guerre nucléaire, ce qu'il faut rechercher dans une zone sûre et comment évaluer si une zone est adaptée à une habitation à long terme.

Qu'est-ce qu'une zone sûre ?

Une zone sûre est une zone où les niveaux de radiation sont tombés à des niveaux survivables, où les ressources comme la nourriture et l'eau sont accessibles et où l'environnement est suffisamment stable pour soutenir la vie humaine. Ces zones ne sont pas nécessairement exemptes de tous les dangers, mais offrent une option relativement plus sûre par rapport aux régions fortement irradiées et dévastées après un conflit nucléaire.

Caractéristiques d'une zone sûre :

Faibles niveaux de radiation : les zones sûres ont des niveaux de radiation suffisamment faibles pour minimiser les risques à long terme pour la santé. Cela signifie que l'exposition se situe dans des limites gérables pour la survie humaine.

Environnement stable : les zones sûres ont accès à des sources d'eau relativement non contaminées, à des terres fertiles pour la culture des aliments et à un abri contre les dangers environnementaux tels que les tempêtes de retombées radioactives.

Ressources suffisantes : l'accès à la nourriture, à l'eau et aux fournitures médicales est essentiel. Les zones sûres doivent disposer de ressources naturelles ou d'infrastructures pouvant être réparées ou entretenues pour la survie.

Sécurité : la sécurité contre les dangers environnementaux et contre les autres survivants désespérés est essentielle. Les zones sûres doivent être défendables et exemptes de violence généralisée ou d'anarchie.

Déterminer les zones sûres après une guerre nucléaire

L'identification d'une zone sûre après une guerre nucléaire implique l'évaluation de plusieurs facteurs, notamment les niveaux de radiation, les caractéristiques géographiques, la proximité des zones de retombées radioactives et l'accès aux ressources essentielles. Savoir où les radiations sont susceptibles d'être plus faibles et comment tester les zones pour en vérifier la sécurité vous aidera à déterminer où aller.

Distance des zones d'explosion

Plus vous êtes loin des sites d'explosion nucléaire, moins le risque de niveaux de radiation dangereux est élevé. Les zones proches des épicentres des détonations nucléaires subiront les niveaux de radiation les plus élevés, en particulier immédiatement après l'explosion. Ces zones resteront inhabitables pendant des années, voire des décennies.

Cibles principales : les grandes villes, les installations militaires et les principales zones industrielles sont susceptibles d'être les principales cibles d'une guerre nucléaire. Les zones sûres doivent être situées loin de ces zones pour minimiser l'exposition à des niveaux élevés de retombées.

Danger sous le vent : les retombées se propagent sous le vent des zones d'explosion, transportées par les vents dominants. Les zones directement sous le vent d'une détonation nucléaire subiront des niveaux de radiation plus élevés à mesure que les particules de retombées se déposent. Évitez les régions situées sur la trajectoire directe des vents dominants des sites d'explosion connus.

Test des niveaux de radiation : utilisez un compteur Geiger ou un dosimètre pour tester les niveaux de radiation dans toute zone que vous considérez comme une zone potentiellement sûre. Les niveaux de rayonnement inférieurs à 0,1 µSv/h sont généralement sans danger pour une habitation à long terme, tandis que tout niveau supérieur à 1 µSv/h peut présenter de graves risques.

Caractéristiques géographiques et barrières naturelles

La géographie joue un rôle crucial pour déterminer si une zone peut servir de zone sûre. Les barrières naturelles telles que les montagnes, les collines et les forêts peuvent protéger les zones des retombées radioactives et fournir un abri contre les éléments.

Montagnes : les chaînes de montagnes peuvent agir comme des boucliers naturels contre les retombées radioactives transportées par les vents. Les zones de haute altitude sont moins susceptibles d'accumuler de lourdes retombées radioactives, ce qui en fait des zones potentiellement sûres. Le terrain offre également des fortifications naturelles contre les menaces humaines.

Vallées et bassins : les zones à plus basse altitude, telles que les vallées ou les bassins, peuvent être moins affectées par les retombées directes, mais peuvent accumuler de la poussière radioactive au fil du temps en raison des régimes de vent naturels. Évaluez soigneusement ces zones et testez régulièrement les niveaux de rayonnement.

Forêts : les forêts denses peuvent aider à réduire l'exposition aux retombées radioactives en agissant comme une barrière, en piégeant les particules radioactives dans les arbres et le sol. Cependant, les forêts proches des zones d'explosion peuvent être fortement contaminées, elles ne conviennent donc que si elles sont éloignées des sites de détonation.

Sources d'eau : une eau propre et non contaminée est essentielle pour toute zone sûre. Choisissez des zones proches de sources d'eau douce comme des rivières, des lacs ou des sources naturelles, situées loin des zones de retombées radioactives. Testez régulièrement l'eau pour vous assurer qu'elle est propre à la consommation.

Zones éloignées et moins peuplées

Les zones éloignées, en particulier celles à faible densité de population, sont plus susceptibles de rester épargnées par les frappes nucléaires et les retombées radioactives. Ces régions peuvent offrir les meilleures chances de trouver une zone sûre après une guerre nucléaire.

Zones rurales et sauvages : les zones rurales, en particulier celles éloignées des grandes villes ou des centres industriels, sont moins susceptibles d'être ciblées par une attaque nucléaire. Ces zones peuvent avoir des niveaux de radiation plus faibles et offrir plus de possibilités de chasse, de cueillette ou d'agriculture.

Îles : les îles situées loin du continent et des grands centres urbains peuvent éviter le pire des retombées radioactives. Les îles éloignées peuvent servir de zones sûres idéales, à condition qu'elles aient accès à de l'eau propre, à des terres arables et à une certaine forme de ressources renouvelables comme des poissons ou des plantes marines.

Parcs et réserves nationales : les réserves naturelles, les parcs et les zones sauvages peuvent offrir des refuges sûrs, en particulier s'ils sont éloignés des zones d'explosion. Ces zones sont souvent moins peuplées et ont un meilleur accès aux ressources naturelles, ce qui les rend adaptées à la survie à long terme.

S'abriter sous terre ou dans des grottes naturelles

L'un des moyens les plus sûrs d'éviter les radiations à court terme est de s'abriter sous terre. Les radiations des retombées radioactives sont plus dangereuses lorsque vous y êtes directement exposé, et les abris souterrains peuvent offrir une protection tandis que les niveaux de radiations diminuent au fil du temps.

Grottes naturelles : les grottes peuvent servir d'excellents abris temporaires ou permanents dans un monde de retombées radioactives. La roche épaisse offre une protection naturelle contre les radiations, et les grottes maintiennent souvent une température interne stable, ce qui les rend confortables pour une habitation à long terme.

Bunkers souterrains : si vous pouvez trouver ou construire un bunker souterrain, c'est l'un des meilleurs moyens de rester à l'abri des radiations. Les bunkers doivent être renforcés et équipés d'une ventilation et de fournitures adéquates pour une survie à long terme. Ces abris offrent une excellente protection contre les retombées radioactives et constituent un choix de premier ordre pour ceux qui doivent rester dans des zones à haut risque.

Zones de sécurité internationales

Selon l'ampleur du conflit nucléaire, certains pays ou régions peuvent être moins touchés par les retombées radioactives et offrir un environnement plus sûr aux survivants. Certaines zones de sécurité internationales peuvent être des pays neutres ou des régions éloignées qui n'ont pas été impliquées dans le conflit.

Hémisphère sud : historiquement, une grande partie de l'arsenal nucléaire est concentrée dans l'hémisphère nord. Les pays de l'hémisphère sud, comme l'Australie, la Nouvelle-Zélande et certaines régions d'Amérique du Sud, sont susceptibles de subir moins de retombées radioactives directes. Ces pays peuvent devenir des refuges pour ceux qui peuvent parcourir de longues distances.

Régions isolées : les pays ou territoires géographiquement isolés, comme l'Islande, le Groenland ou certaines parties de l'Arctique, peuvent éviter une grande partie des retombées radioactives et rester plus sûrs que les zones fortement peuplées.

Zones de secours internationales : après un conflit nucléaire, les organisations internationales peuvent établir des zones de sécurité dans les régions moins touchées. Ces zones de secours peuvent être conçues pour accueillir les réfugiés des zones fortement irradiées et leur donner accès à l'eau potable, à la nourriture et aux soins médicaux.

Évaluation d'une zone de sécurité potentielle

Avant de s'installer dans une nouvelle zone, il est important d'évaluer minutieusement si l'endroit est vraiment sûr pour la survie à long terme. Cela implique non seulement de tester les radiations, mais aussi d'évaluer la disponibilité des ressources essentielles et la durabilité globale de l'environnement.

## Test des niveaux de radiation

À l'aide d'un compteur Geiger ou d'un dosimètre, testez régulièrement les niveaux de radiation de la zone. Prenez plusieurs mesures à différents moments de la journée et dans différentes parties de la zone pour vous assurer que la zone est toujours sûre. Évitez toute zone où les mesures sont constamment élevées, car une exposition prolongée aux radiations peut entraîner de graves problèmes de santé.

## Évaluation des sources d'eau et de nourriture

L'accès à l'eau potable est le facteur le plus important pour déterminer si une zone est adaptée à la sécurité. Assurez-vous qu'il existe des sources fiables d'eau douce, telles que des rivières, des lacs, des sources ou des puits. Testez l'eau pour détecter toute contamination, car les particules peuvent facilement pénétrer dans les réserves d'eau.

En ce qui concerne la nourriture, vérifiez si la zone dispose d'un sol fertile pour la culture ou de possibilités de chasse et de pêche. Si vous cherchez de la nourriture, faites attention à la contamination et nettoyez et inspectez soigneusement toute nourriture avant de la consommer.

## Sécurité contre les menaces humaines

En plus des dangers environnementaux, les zones de sécurité doivent également offrir une protection contre d'autres survivants qui peuvent être désespérés ou violents. Assurez-vous que la zone que vous avez choisie est défendable, que ce soit par des barrières naturelles, la distance par rapport aux régions fortement peuplées ou la disponibilité d'armes et de fournitures pour l'autodéfense.

## Déplacement vers une zone de sécurité : timing et stratégie

Il est essentiel de savoir quand et comment se déplacer vers une zone de sécurité pour minimiser l'exposition aux radiations et autres dangers. Au lendemain d'une guerre nucléaire, il est préférable de s'abriter sur place pendant au moins les 24 à 48 premières heures, lorsque les niveaux de radiation sont à leur maximum. Une fois que les niveaux de radiation diminuent, vous pouvez commencer à planifier votre voyage vers une zone plus sûre.

## Abritez-vous d'abord sur place

Pendant les premiers jours suivant une détonation nucléaire, les niveaux de retombées seront extrêmement élevés. Restez à l'intérieur, dans un sous-sol ou dans une autre zone protégée jusqu'à ce que les retombées initiales se stabilisent et que les niveaux de radiation chutent à des niveaux plus sûrs. Déménager trop tôt peut vous exposer à des doses mortelles de radiations.

## Planifiez votre itinéraire

Si vous devez vous déplacer vers une zone sûre, planifiez soigneusement votre itinéraire pour éviter les zones fortement contaminées. Utilisez des outils de surveillance des radiations tout au long de votre voyage pour tester chaque zone que vous traversez. Traversez des zones rurales moins peuplées, car elles sont moins susceptibles d'avoir été ciblées lors des premières frappes.

Voyagez léger mais préparé

N'emportez que l'essentiel pour votre voyage : nourriture, eau, compteur Geiger, carte, vêtements chauds et fournitures de premiers secours. Voyagez léger pour vous déplacer rapidement et efficacement, mais assurez-vous d'avoir suffisamment de provisions pour survivre au voyage.

Dans un monde post-nucléaire, trouver et vous déplacer vers une zone sûre est essentiel pour votre survie à long terme. En comprenant les schémas de rayonnement, en évaluant les caractéristiques géographiques et en testant la contamination, vous pouvez identifier les zones qui sont plus susceptibles d'être à l'abri des effets immédiats et à long terme des retombées nucléaires.

# Construire un enclos pour le bétail dans les zones de retombées nucléaires

Dans un monde post-nucléaire, le bétail peut être une ressource essentielle pour fournir de la nourriture, de la main-d'œuvre et même de la compagnie. Cependant, élever des animaux dans une zone de retombées nucléaires comporte des défis importants. La contamination radioactive de l'environnement peut présenter de graves risques pour la santé du bétail et des humains, et il devient essentiel de gérer les animaux de manière sûre et contrôlée. Ce chapitre explore comment construire un enclos pour le bétail dans une zone de retombées nucléaires, y compris les stratégies pour protéger les animaux de l'exposition aux radiations, sécuriser leur approvisionnement en nourriture et en eau et assurer leur santé et leur sécurité. En mettant en œuvre ces pratiques, vous pouvez maintenir un système d'élevage durable qui contribue à soutenir votre survie à long terme.

L'importance du bétail dans un monde de retombées nucléaires

Au lendemain d'une guerre nucléaire, les sources de nourriture se raréfient et l'agriculture traditionnelle peut être difficile en raison de la contamination des sols et de l'eau. Le bétail offre une alternative précieuse pour produire de la nourriture et d'autres ressources, telles que du lait, des œufs et de la laine. De plus, les animaux peuvent fournir de la main-d'œuvre, comme le transport de fournitures, et du fumier pour fertiliser les cultures.

Principaux avantages de l'élevage de bétail dans un monde où les retombées nucléaires sont présentes :

Approvisionnement alimentaire : le bétail peut fournir une source renouvelable de protéines, notamment de viande, de lait et d'œufs, ce qui contribue à subvenir aux besoins de votre groupe en période de pénurie alimentaire.

Engrais : le fumier du bétail peut être utilisé pour fertiliser le sol, en particulier dans les zones où la culture est possible, contribuant ainsi à régénérer l'agriculture.

Travail et transport : les animaux de plus grande taille, comme les chèvres ou les ânes, peuvent aider à des tâches telles que tirer des charrettes ou transporter des fournitures.

Durabilité : le bétail peut aider à créer un système de survie autonome, réduisant ainsi la dépendance aux sources de nourriture externes.

Cependant, pour profiter de ces avantages, le bétail doit être maintenu en bonne santé et protégé des radiations et de la contamination présentes dans l'environnement des retombées nucléaires.

Choisir du bétail pour les zones de retombées nucléaires

Tous les animaux ne sont pas adaptés à la survie dans un monde post-nucléaire. Certaines espèces sont plus résistantes au stress environnemental et plus faciles à gérer dans des conditions difficiles. Lors de la sélection du bétail, privilégiez les animaux qui peuvent survivre avec des ressources minimales, qui sont robustes dans des environnements difficiles et qui se reproduisent rapidement.

Espèces de bétail robustes

Certaines espèces de bétail sont plus adaptables et résistantes aux défis posés par une zone de retombées. Ces animaux ont tendance à nécessiter moins de soins intensifs et peuvent survivre dans des environnements où la nourriture et l'eau sont limitées.

Poulets : Les poulets sont très polyvalents et résilients. Ils nécessitent relativement peu d'espace, produisent des œufs régulièrement et peuvent survivre grâce à une variété de sources d'alimentation, notamment des plantes fourragères, des insectes et des restes de nourriture. Ils se reproduisent également rapidement, ce qui en fait une source de nourriture durable.

Chèvres : Les chèvres sont connues pour leur robustesse et leur capacité à prospérer dans une grande variété d'environnements. Elles fournissent du lait, de la viande et peuvent même être utilisées pour le travail. Les chèvres sont d'excellentes butineuses et peuvent survivre sur une végétation résistante que d'autres animaux pourraient éviter.

Moutons : les moutons sont une autre bonne option pour les zones de retombées. Ils fournissent de la viande, de la laine pour les vêtements et du fumier pour les cultures. Les moutons sont également relativement faciles à gérer en termes d'alimentation et d'abris.

Porcs : les porcs sont efficaces pour convertir les déchets alimentaires en viande, ce qui en fait une ressource précieuse dans un scénario de survie. Ils peuvent également être nourris de plantes fourragères et de restes de nourriture, bien qu'ils nécessitent une gestion prudente pour éviter la contamination.

Lapins : les lapins sont faciles à élever, grandissent rapidement et nécessitent peu d'espace, ce qui les rend idéaux pour les systèmes de survie à petite échelle. Leur fumier est un excellent engrais pour les cultures, et ils peuvent être nourris de fourrage simple comme de l'herbe ou des légumes à feuilles vertes.

Adaptation du bétail dans les zones de retombées

Le principal défi pour le bétail dans une zone de retombées est l'exposition aux radiations, soit par contact direct avec des particules radioactives, soit par consommation d'aliments et d'eau contaminés. Les animaux élevés dans ces conditions nécessiteront des soins particuliers pour prévenir le mal des radiations et assurer leur santé à long terme.

Résistance aux radiations : certains animaux, comme les poulets et les chèvres, sont plus résistants à l'exposition aux radiations que d'autres. Bien qu'aucun animal ne soit à l'abri des radiations, les espèces plus petites, qui se reproduisent rapidement et qui peuvent chercher de la nourriture ont plus de chances de survivre dans des environnements contaminés.

Accès à un abri : les animaux qui peuvent être hébergés dans des environnements couverts ou intérieurs, tels que des granges ou des abris, sont mieux protégés des retombées radioactives. Les gros animaux qui doivent passer beaucoup de temps à l'extérieur peuvent être plus exposés à la contamination.

Construction d'un enclos pour le bétail dans une zone de retombées radioactives

Lors de la construction d'un enclos pour le bétail dans un environnement de retombées radioactives, il est essentiel de protéger vos animaux des radiations, de la contamination et des prédateurs. L'enclos doit être conçu pour minimiser l'exposition aux retombées radioactives tout en offrant un espace, une ventilation et un accès adéquats à la nourriture et à l'eau. Vous trouverez ci-dessous les étapes clés de la construction d'un enclos pour le bétail qui aidera vos animaux à s'épanouir dans un environnement difficile.

Choix d'un emplacement

L'emplacement de votre enclos pour le bétail est essentiel pour minimiser l'exposition aux retombées radioactives et aux autres dangers environnementaux. Lors du choix d'un site, tenez compte de facteurs tels que la proximité des zones contaminées, les barrières naturelles et l'abri contre les éléments.

Évitez les points chauds de retombées radioactives : placez votre enclos à bétail aussi loin que possible des sites d'explosion connus ou des zones à niveaux de radiation élevés. Évitez de placer l'enclos dans des zones basses où les particules de retombées peuvent s'accumuler ou où le ruissellement des zones contaminées pourrait atteindre.

Utilisez des barrières naturelles : si possible, placez l'enclos à proximité de barrières naturelles telles que des collines, des forêts denses ou des formations rocheuses qui peuvent aider à protéger les animaux de la poussière radioactive ou des retombées radioactives transportées par le vent. Ces barrières peuvent également protéger contre les vents forts ou les tempêtes.

Abri contre les éléments : choisissez un emplacement qui offre une protection contre les conditions météorologiques difficiles. Outre les radiations, le bétail a toujours besoin d'être protégé du vent, de la pluie et des températures extrêmes. Des abris naturels ou des zones proches de structures existantes peuvent contribuer à assurer cette protection.

Construction de la structure de l'enclos

L'enclos lui-même doit fournir un équilibre entre protection contre les radiations et ventilation et éclairage adéquats pour les animaux. Vous pouvez utiliser divers matériaux pour construire un enclos, en fonction de ce qui est disponible.

Protection contre les radiations : pour minimiser l'exposition aux radiations, l'enclos doit inclure des éléments qui bloquent ou réduisent la quantité de retombées qui atteint les animaux. Utilisez des matériaux comme le béton, les tôles ou le bois pour créer des murs ou des toits qui protègent les animaux de la poussière radioactive. Si le béton n'est pas disponible, d'épaisses couches de bois, de terre ou même des sacs de sable peuvent fournir une protection efficace.

Enclos couverts : construisez des enclos couverts où les animaux peuvent être gardés pendant les périodes de fortes retombées ou de niveaux de radiation élevés. Ces abris doivent être entièrement fermés et équipés de portes ou de volets pour empêcher les retombées de pénétrer. Lorsque les retombées ne sont pas aussi graves, les animaux peuvent être autorisés à se déplacer dans des zones extérieures fermées avec une certaine protection.

Ventilation et drainage : assurez-vous que l'enclos dispose d'une ventilation adéquate pour éviter l'accumulation de gaz nocifs, d'humidité et de chaleur à l'intérieur de la structure. Cependant, veillez à ne pas laisser d'ouvertures où les retombées pourraient se déposer. Installez des écrans ou des filtres sur les évents pour bloquer la poussière. De plus, assurez-vous que l'enclos dispose d'un drainage adéquat pour empêcher l'eau de s'accumuler, car l'eau contaminée peut être une source de radiation.

Protection des réserves de nourriture et d'eau

Dans une zone de retombées, l'approvisionnement en nourriture et en eau de votre bétail doit être soigneusement géré pour éviter toute contamination. Les aliments ou l'eau contaminés peuvent rapidement entraîner une maladie due aux radiations et la mort des animaux, il est donc nécessaire de prendre les précautions appropriées.

Filtration de l'eau : si l'approvisionnement en eau disponible est potentiellement contaminé, utilisez des systèmes de filtration pour éliminer les particules radioactives de l'eau avant de la donner au bétail. L'ébullition de l'eau peut éliminer les bactéries, mais pas les matières radioactives. Utilisez plutôt des filtres à eau spécialisés conçus pour éliminer les métaux lourds et les particules radioactives.

Stockage couvert des aliments : stockez les aliments pour animaux dans des récipients hermétiques et couverts pour les protéger de la poussière et de l'humidité des retombées. Évitez de nourrir les animaux provenant de champs ouverts ou de pâturages où les retombées peuvent s'être déposées. Au lieu de cela, fournissez des aliments fourragers provenant de sources non contaminées ou cultivez les aliments à l'intérieur où ils sont protégés des radiations.

Considérations relatives à la recherche de nourriture et au pâturage : si le pâturage est nécessaire, limitez le temps que les animaux passent à chercher de la nourriture dans les zones exposées. Au lieu de cela, alternez les zones de pâturage et envisagez de planter des cultures ou des herbes dans des environnements intérieurs comme des serres ou des jardins clos où l'exposition aux radiations est réduite.

Gestion de la santé animale

Le maintien de la santé de votre bétail dans une zone de retombées est un processus continu. Cela nécessite une surveillance régulière des signes d'exposition aux radiations et la prise de mesures proactives pour réduire les risques.

Contrôles de santé quotidiens : surveillez quotidiennement vos animaux pour détecter tout signe de maladie, en particulier les symptômes d'exposition aux radiations, tels que la léthargie, la perte d'appétit ou la perte de poils. Une détection précoce est essentielle pour traiter les animaux affectés ou abattre ceux qui sont trop malades pour se rétablir.

Décontamination : Si vos animaux sont exposés aux retombées radioactives, décontaminez-les en lavant leur fourrure, leurs plumes ou leur peau avec de l'eau propre et non contaminée. Utilisez un savon doux pour éliminer la poussière ou les particules qui peuvent s'être déposées sur leur corps. Portez une attention particulière à leur bouche, leurs yeux et leurs narines, où la contamination peut facilement se produire.

Soins médicaux : Faites des réserves de fournitures vétérinaires de base pour traiter les blessures ou les maladies de vos animaux. Les antibiotiques, les antiseptiques et les pansements sont essentiels pour gérer les affections courantes. Si possible, apprenez à effectuer des soins vétérinaires de base, comme soigner les plaies ou administrer des médicaments.

Considérations à long terme pour l'élevage du bétail

Bien que l'élevage du bétail dans une zone de retombées radioactives présente de nombreux défis, avec une planification minutieuse, il peut devenir un moyen durable de fournir de la nourriture et des ressources pour la survie. Voici quelques considérations à long terme pour assurer le succès de votre système d'élevage :

Élevage et gestion de la population

À long terme, la gestion de l'élevage et de la reproduction de votre bétail est essentielle pour maintenir une population stable. Sélectionnez les animaux les plus sains pour la reproduction, en vous concentrant sur ceux qui résistent au stress environnemental et aux maladies. Évitez la consanguinité en maintenant la diversité génétique, en particulier si votre cheptel est petit.

Rotation des pâturages et des zones d'alimentation

Pour minimiser l'exposition aux radiations, faites alterner votre bétail entre différentes zones de pâturage. Cela empêche les animaux de trop se nourrir dans les zones contaminées et réduit l'accumulation de particules radioactives dans le sol. Si possible, créez des zones d'alimentation fermées ou abritées pour mieux protéger les animaux de la contamination.

Complémenter l'alimentation avec des cultures d'intérieur

La culture d'aliments à l'intérieur, dans des serres ou des environnements fermés, est une solution viable à long terme pour fournir au bétail une nourriture sûre. Des cultures comme l'herbe, la luzerne ou les céréales peuvent être cultivées dans des conditions contrôlées, les protégeant de la contamination par les retombées. Ce système permet également de réduire la dépendance au pâturage et à la recherche de nourriture en plein air, qui peuvent être compromis par les radiations.

Construire un enclos à bétail dans une zone de retombées est une tâche difficile mais réalisable, qui peut améliorer considérablement vos chances de survie en fournissant une source de nourriture renouvelable et des ressources précieuses. En sélectionnant soigneusement du bétail robuste, en construisant un enclos bien protégé et en protégeant les réserves de nourriture et d'eau de toute contamination, vous pouvez maintenir une population animale en bonne santé même dans les environnements les plus difficiles. Un suivi sanitaire régulier, des pratiques de décontamination et des stratégies d'élevage à long terme garantiront que vos animaux restent productifs et durables, contribuant ainsi à la résilience globale de votre plan de survie. Avec les précautions adéquates, le bétail peut devenir un pilier essentiel de votre stratégie pour prospérer dans un monde post-nucléaire.

# Rationner la nourriture et l'eau pour une survie à long terme

Dans un monde post-nucléaire, la nourriture et l'eau deviennent des ressources inestimables. L'effondrement des chaînes d'approvisionnement, la contamination par les radiations et la destruction des infrastructures rendent difficile la recherche de nouveaux approvisionnements. Il est essentiel de rationner soigneusement la nourriture et l'eau dont vous disposez pour assurer votre survie à long terme. En gérant ces ressources avec sagesse, vous pouvez étendre votre approvisionnement, réduire le risque de famine ou de déshydratation et maintenir suffisamment de moyens de subsistance pour vous et votre groupe jusqu'à ce que de nouvelles sources de nourriture et d'eau soient disponibles. Ce chapitre explore des stratégies efficaces pour rationner la nourriture et l'eau, déterminer les besoins quotidiens et créer un plan qui équilibre la nutrition et la conservation.

Pourquoi le rationnement est essentiel dans un environnement de retombées nucléaires

Dans une situation de survie, en particulier après une catastrophe nucléaire, la pénurie de nourriture et d'eau propre peut rapidement devenir un problème mortel. Les retombées nucléaires peuvent contaminer les cultures, les sources d'eau et les animaux, rendant de nombreuses sources traditionnelles de subsistance indisponibles ou dangereuses à consommer. Le rationnement garantit que vos réserves disponibles durent le plus longtemps possible, ce qui vous aide à étirer vos ressources pendant la crise immédiate et pendant la période de rétablissement plus longue.

Raisons principales pour lesquelles le rationnement est essentiel :

Réapprovisionnement limité : dans les premiers temps après un événement nucléaire, il peut être impossible de réapprovisionner les réserves de nourriture ou d'eau. Le rationnement vous permet de ne pas manquer de ressources vitales trop rapidement.

Gestion des risques de contamination : il sera difficile de se procurer de la nourriture et de l'eau salubres, en particulier en raison du risque de contamination radioactive. Le rationnement vous permet de compter sur des réserves connues et non contaminées le plus longtemps possible.

Prévention du gaspillage : sans rationnement, il est facile de consommer plus que nécessaire, ce qui entraîne des pénuries et une famine potentielle par la suite.

Évaluation de vos réserves de nourriture et d'eau

Avant de créer un plan de rationnement, il est important de faire l'inventaire de vos réserves actuelles de nourriture et d'eau. Cela vous aidera à comprendre la quantité dont vous disposez et combien de temps elles peuvent durer si elles sont rationnées correctement.

Inventaire des aliments

Faites l'inventaire de tous les aliments disponibles, y compris les conserves, les aliments séchés, les viandes en conserve, les céréales et tous les produits frais qui peuvent encore être consommés sans danger. Classez vos aliments par durée de conservation et valeur nutritionnelle, en donnant la priorité aux articles qui expireront bientôt ou qui fournissent des nutriments essentiels.

Aliments à longue durée de conservation : les conserves, les haricots secs, le riz, les pâtes et les plats lyophilisés doivent être vos principales sources de nourriture. Ces aliments sont riches en calories et peuvent durer des mois, voire des années, s'ils sont stockés correctement.

Aliments frais : si vous avez accès à des fruits, des légumes ou de la viande frais, ceux-ci doivent être consommés en premier, car ils se gâteront le plus rapidement. Après un événement nucléaire, les aliments frais seront difficiles à trouver, alors profitez au maximum de ce que vous avez avant qu'ils ne se gâtent.

Nourriture récupérée ou récupérée : si vous pouvez chercher de la nourriture ou chasser, incluez ces sources de nourriture dans votre inventaire, mais faites toujours attention à la contamination. Nettoyez et faites cuire soigneusement tout aliment sauvage pour réduire le risque de radiation ou d'autres toxines.

Inventaire de l'eau

L'eau est encore plus essentielle que la nourriture pour la survie à long terme. Les humains ne peuvent survivre que quelques jours sans eau, et trouver de l'eau propre et non contaminée dans un environnement de retombées peut être difficile. Faites l'inventaire de toute l'eau disponible, y compris l'eau en bouteille, l'eau filtrée ou l'eau recueillie de la pluie ou d'autres sources.

Eau stockée : si vous vous êtes préparé à l'avance, vous pouvez avoir plusieurs gallons d'eau stockée. Comptez le nombre de gallons dont vous disposez et assurez-vous que les contenants sont scellés et non contaminés.

Sources d'eau naturelles : si vous vivez près de rivières, de lacs ou d'autres sources d'eau naturelles, celles-ci peuvent compléter votre approvisionnement. Cependant, vous aurez besoin d'un moyen fiable de tester et de purifier cette eau avant de la consommer, car les retombées peuvent facilement contaminer les plans d'eau naturels.

Systèmes de filtration de l'eau : Si vous avez des filtres à eau ou des comprimés de purification, incluez-les dans votre inventaire. Ces outils vous permettront de rendre l'eau contaminée potable, augmentant ainsi le nombre de sources d'eau viables.

Déterminer les besoins quotidiens en nourriture et en eau

Une fois que vous avez évalué votre inventaire, l'étape suivante consiste à déterminer la quantité de nourriture et d'eau dont chaque personne de votre groupe aura besoin par jour. Le rationnement nécessite de trouver un équilibre entre fournir suffisamment de nourriture pour survivre tout en conservant les ressources le plus longtemps possible.

Besoins caloriques quotidiens

Dans une situation de survie, votre corps aura besoin de suffisamment de calories pour maintenir son niveau d'énergie, mais vous devrez peut-être réduire votre apport par rapport à des conditions de vie normales. L'adulte moyen a besoin de 2 000 à 2 500 calories par jour dans des conditions normales. Cependant, dans un scénario de survie, vous pouvez réduire cet apport pour conserver la nourriture, bien qu'il soit important d'éviter la malnutrition.

Hommes : visez 1 800 à 2 000 calories par jour s'ils sont physiquement actifs, ou 1 500 à 1 800 calories s'ils sont sédentaires.

Femmes : visez 1 600 à 1 800 calories par jour si vous êtes physiquement active, ou 1 200 à 1 600 calories si vous êtes sédentaire.

Enfants : les enfants auront besoin de moins de calories, généralement entre 1 000 et 2 000 calories selon l'âge et le niveau d'activité.

Équilibrer les calories et les nutriments : privilégiez les aliments riches en calories comme le riz, les haricots et les graisses, mais ne négligez pas les nutriments comme les vitamines et les protéines. Une alimentation équilibrée aide à maintenir l'énergie et le fonctionnement du système immunitaire.

Besoins en eau

Chaque personne a besoin d'au moins 1 gallon d'eau par jour pour boire et assurer l'hygiène de base. Dans un scénario de rationnement, vous devrez peut-être réduire cette quantité, mais boire moins d'un demi-gallon par jour peut rapidement entraîner une déshydratation. Si l'eau est extrêmement rare, donnez la priorité à l'eau potable par rapport à d'autres utilisations, telles que l'hygiène.

Besoins en eau des adultes : 1 gallon par jour est idéal, mais aussi peu que 0,5 gallon par jour peut suffire dans des conditions extrêmes pour boire uniquement.

Besoins en eau des enfants : les enfants auront besoin de moins d'eau, généralement autour de 0,5 à 1 gallon par jour, selon l'âge et le niveau d'activité.

Chaleur et activité : si votre environnement est chaud ou si vous vous engagez dans une activité intense (comme rassembler des provisions ou construire des abris), les besoins en eau augmenteront.

Créer un plan de rationnement

Un plan de rationnement décrit la quantité de nourriture et d'eau qui sera consommée quotidiennement, la manière dont les provisions seront distribuées et la manière dont vous gérerez les circonstances particulières telles qu'une maladie ou une activité physique accrue. L'objectif est de s'assurer que vos réserves durent le plus longtemps possible tout en fournissant suffisamment de nourriture pour vous maintenir en bonne santé, vous et votre groupe.

Rationnement alimentaire

Lorsque vous rationnez la nourriture, répartissez vos besoins caloriques quotidiens entre les sources alimentaires disponibles, en veillant à ce que chacun reçoive un mélange adéquat de calories, de protéines, de lipides et de vitamines. Voici comment mettre en place un plan de rationnement alimentaire de base :

Divisez les repas : prévoyez deux ou trois petits repas par jour plutôt qu'un seul gros repas. Cela permet d'éviter la faim et de maintenir les niveaux d'énergie plus stables tout au long de la journée.

Concentrez-vous sur les denrées non périssables : comptez sur les aliments non périssables comme le riz, les haricots, les pâtes et les conserves comme base de votre régime alimentaire. Utilisez d'abord les aliments frais, mais conservez les denrées non périssables pour une utilisation à long terme.

Sources de protéines : assurez-vous que tout le monde consomme une certaine forme de protéines chaque jour, comme des haricots, de la viande en conserve ou du poisson conservé. Les protéines aident à maintenir le fonctionnement des muscles et du système immunitaire.

Suppléments : si disponibles, envisagez de rationner les multivitamines ou autres compléments nutritionnels pour éviter les carences.

Rationnement de l'eau

L'eau est essentielle à la survie. Votre plan de rationnement doit donc tenir compte de la quantité d'eau consommée chaque jour. Voici comment aborder le rationnement de l'eau :

Distribution quotidienne : attribuez à chaque personne une quantité d'eau définie par jour en fonction de vos réserves disponibles. Cela peut aller d'un demi-gallon à un gallon, selon la situation.

Donnez la priorité à la consommation : l'eau potable est prioritaire sur les autres utilisations. L'hygiène, le lavage et la cuisine peuvent être gérés avec de plus petites quantités d'eau si nécessaire.

Économie d'eau : Réduisez votre consommation d'eau en pratiquant une hygiène efficace (par exemple, en vous lavant les mains avec une éponge au lieu de vous laver complètement) et en réutilisant l'eau à des fins multiples (par exemple, en utilisant l'eau de cuisson pour nettoyer).

Considérations particulières

Certaines circonstances peuvent nécessiter des ajustements à votre plan de rationnement. Par exemple :

Maladie : Si une personne tombe malade, elle peut avoir besoin de plus d'eau pour rester hydratée ou d'un régime alimentaire spécial pour récupérer. Prévoyez des rations supplémentaires en cas d'urgence médicale.

Activité accrue : Si vous êtes physiquement actif (par exemple, si vous construisez des abris, si vous rassemblez des provisions), vous devrez peut-être augmenter légèrement votre apport calorique et hydrique pour maintenir votre niveau d'énergie.

Enfants et personnes vulnérables : Ajustez les rations pour les enfants, les personnes âgées ou les personnes souffrant de problèmes de santé spécifiques afin de garantir que leurs besoins nutritionnels sont satisfaits.

Gestion et adaptation de votre plan de rationnement

Le rationnement est un processus continu qui nécessite un suivi et des ajustements réguliers. Au fil du temps, vos ressources disponibles changeront et de nouvelles sources de nourriture ou d'eau pourront devenir disponibles grâce à la recherche de nourriture, à la récupération ou au commerce.

Suivre la consommation

Tenez un journal quotidien de la quantité de nourriture et d'eau consommée par chaque personne. Cela vous aide à surveiller vos réserves et à identifier quand vous devrez peut-être ajuster les rations ou chercher d'autres sources de nourriture.

Vérification des stocks : vérifiez régulièrement votre inventaire pour voir la quantité de nourriture et d'eau restante. Calculez combien de temps il durera avec vos niveaux de rationnement actuels et ajustez le plan si nécessaire.

Trouver de nouvelles sources de nourriture et d'eau

À mesure que vos réserves diminuent, il est important de rechercher de nouvelles sources de nourriture et d'eau. Cela peut inclure :

La cueillette : dans les zones peu touchées par les retombées, la cueillette de plantes sauvages, de baies, de noix ou de racines comestibles peut aider à compléter votre approvisionnement alimentaire. Soyez prudent face à la contamination et testez ou nettoyez toujours soigneusement les aliments avant de les manger.

La chasse ou la pêche : si vous avez les compétences et l'équipement nécessaires, la chasse au petit gibier ou la pêche peuvent fournir des protéines supplémentaires. Cependant, assurez-vous de vérifier les signes de contamination radioactive chez les animaux que vous capturez.

Récupération de l'eau : installez des systèmes de récupération des eaux de pluie si possible. L'eau de pluie peut être filtrée et purifiée pour être potable, ce qui permet d'obtenir une source d'eau renouvelable.

Ajustez les rations selon les besoins

À mesure que votre situation évolue, soyez prêt à ajuster votre plan de rationnement. Si vos réserves de nourriture s'épuisent, envisagez de réduire votre apport calorique quotidien ou de réduire votre consommation d'aliments moins essentiels. Si vous trouvez de nouvelles sources de nourriture, augmentez les rations pour que tout le monde soit en bonne santé et énergique.

La clé d'un rationnement réussi est l'équilibre : fournir suffisamment de nourriture pour rester en bonne santé tout en conservant les réserves pour assurer la survie à long terme. Grâce à une planification et une adaptation minutieuses, vous pouvez relever les défis des pénuries de nourriture et d'eau et en sortir plus fort face à l'adversité.

# Reconstruire la société : un avenir après les retombées nucléaires

Reconstruire la société après une retombée nucléaire peut sembler un objectif intimidant et lointain, mais c'est une considération essentielle pour la survie et le rétablissement à long terme. Les conséquences immédiates d'une guerre ou d'une catastrophe nucléaire seront chaotiques, avec des destructions généralisées, des radiations et une pénurie de ressources qui domineront le paysage. Cependant, à mesure que les radiations se désintègrent et que les survivants commencent à s'organiser, l'accent se déplacera de la survie de base vers la tâche plus vaste de reconstruction des communautés, des infrastructures et, finalement, des sociétés entières.

Ce chapitre explorera ce qu'il faut pour reconstruire la société après une retombée nucléaire, de l'établissement de petites communautés et de la restauration des services essentiels au rétablissement de la gouvernance, du commerce et de la durabilité à long terme. L'objectif est de comprendre comment l'humanité peut aller au-delà de la survie et entamer le processus de création d'une société stable et fonctionnelle à nouveau.

Les conséquences immédiates : de la survie à la stabilisation

Dans les jours, les semaines et les mois qui suivent une catastrophe nucléaire, la survie est l'objectif principal. Lorsque la poussière retombe et que les survivants commencent à former des communautés, la transition de la simple survie à la stabilité à long terme peut commencer. La première étape de la reconstruction de la société consiste à établir de petits groupes fonctionnels de personnes qui peuvent travailler ensemble pour un bénéfice mutuel.

Formation de communautés de survivants

Les survivants commenceront probablement à former de petits groupes ou communautés par nécessité. Ces groupes peuvent être constitués de familles, d'amis, de voisins ou d'étrangers réunis par les circonstances. La création d'une communauté coopérative est essentielle pour mettre en commun les ressources, partager les compétences et se défendre contre les menaces.

Leadership et prise de décision : dès le début, les communautés devront établir un leadership ou une forme de gouvernance pour prendre des décisions sur la distribution des ressources, la défense et la planification à long terme. Le leadership n'a pas besoin d'être autoritaire : il peut être démocratique, avec des décisions prises collectivement ou basées sur l'expertise et les compétences.

Mise en commun des ressources : immédiatement après la catastrophe, la mise en commun des ressources (comme la nourriture, l'eau, les fournitures médicales et les outils) garantit que l'ensemble du groupe en bénéficie et augmente les chances de survie. Une communauté qui partage et coopère s'en sortira mieux que des individus qui accumulent des provisions.

Sécurité et défense : les petites communautés devront se défendre contre les menaces extérieures, notamment les autres survivants désespérés, les pillards et même la faune sauvage. L'organisation de patrouilles de sécurité, la mise en place de défenses et la formation à l'autodéfense sont toutes des tâches essentielles dans cette phase initiale.

Rétablissement des services de base

Une fois qu'une communauté stable est établie, la priorité suivante sera de rétablir les services de base tels que l'eau potable, la production alimentaire, les abris et les soins médicaux. En l'absence d'infrastructures modernes, les survivants devront s'appuyer sur des méthodes primitives et des solutions innovantes.

Eau : l'eau potable est essentielle à la survie. Les communautés devront mettre en place des systèmes de collecte et de purification de l'eau, en utilisant l'eau de pluie, les rivières, les lacs ou les puits. Les méthodes de filtration et de purification seront cruciales pour éviter la contamination par les retombées.

Alimentation : les communautés devront se concentrer sur la culture de nourriture dans des zones sûres et non contaminées. Cela peut impliquer de planter des cultures dans des serres fermées ou de démarrer une petite agriculture avec des animaux comme des poulets ou des chèvres. La cueillette, la chasse et la pêche peuvent compléter les réserves alimentaires, mais doivent être pratiquées avec prudence pour éviter les zones contaminées.

Abri : dans de nombreux cas, les survivants peuvent vivre dans des maisons endommagées ou des abris de fortune. Les communautés devront réparer et fortifier les structures pour fournir un logement sûr et à long terme. La construction de bunkers souterrains ou l'utilisation de grottes naturelles peut être nécessaire dans les zones où les radiations restent une menace.

Soins médicaux : les ressources médicales seront limitées, de sorte que les survivants devront gérer les blessures, les maladies et le mal des radiations avec un minimum de fournitures. Les communautés devront peut-être compter sur les premiers soins de base, la phytothérapie et les compétences des professionnels de la santé survivants.

Reconstruction des infrastructures : poser les fondations de la société

À mesure que la phase de survie immédiate se termine et que les communautés se stabilisent, l'accent sera mis sur la reconstruction des infrastructures et la mise en place de systèmes capables de soutenir une société plus vaste. Cette phase implique le rétablissement des communications, des transports et des sources d'énergie, ainsi que le développement d'une économie durable basée sur le commerce et la production.

Rétablir la communication

Dans un monde post-nucléaire, les systèmes de communication comme Internet, les téléphones et même les radios peuvent être hors service ou sévèrement limités. Le rétablissement de la communication est essentiel pour connecter les communautés, partager des informations et coordonner les efforts.

Réseaux radio : les survivants peuvent mettre en place des réseaux radio locaux ou régionaux à l'aide de radios amateurs, de talkies-walkies ou d'autres appareils de communication de faible technologie. Ces réseaux permettent aux communautés de rester en contact, d'avertir des dangers et d'échanger des informations vitales.

Messagers et coursiers : en l'absence de technologie, les communautés peuvent avoir besoin de messagers ou de coursiers pour livrer des informations et des marchandises entre les colonies voisines. Cette méthode primitive mais efficace a été utilisée tout au long de l'histoire avant l'apparition des systèmes de communication modernes.

Reconstruire les transports

Le transport est essentiel pour déplacer les personnes, les marchandises et les ressources entre les communautés. Cependant, les routes étant endommagées, les véhicules détruits et les réserves de carburant limitées, les survivants devront trouver des moyens de transport alternatifs.

Vélos et charrettes : les vélos et les charrettes propulsés par le travail humain ou animal deviendront probablement les principaux moyens de transport, en particulier dans les zones où le carburant n'est pas disponible. Ces solutions à faible technologie sont durables et peuvent couvrir des distances courtes à moyennes.

Réparation des routes : à mesure que les communautés s'étendent, la réparation et l'entretien des routes deviendront une priorité pour le commerce et les déplacements. Cela peut impliquer le déblaiement des débris, le remplissage des nids-de-poule et la construction de ponts simples ou de passages au-dessus des rivières.

Énergies renouvelables et sources d'énergie

En l'absence de réseaux électriques à grande échelle, les communautés devront trouver des sources d'énergie alternatives. Les solutions d'énergie renouvelable, telles que l'énergie solaire, éolienne et hydraulique, peuvent fournir de l'énergie à petite échelle pour l'éclairage, la communication et les outils de base.

Énergie solaire : les panneaux solaires sont relativement faciles à entretenir et peuvent fournir de petites quantités d'électricité pour les besoins de base comme l'éclairage, les radios et les pompes à eau. Les communautés doivent récupérer les panneaux solaires et les batteries disponibles pour créer des micro-réseaux électriques.

Énergie éolienne et hydraulique : si la communauté est située près d'une rivière ou dans une zone venteuse, de petites éoliennes ou des roues hydrauliques peuvent être construites pour produire de l'électricité ou de l'énergie mécanique.

Commerce et troc

Dans un monde post-nucléaire, la monnaie traditionnelle pourrait perdre sa valeur et l'économie passera probablement à un système de troc. Les communautés échangeront directement des biens et des services, en s'appuyant sur la production d'articles essentiels comme la nourriture, l'eau, les outils et les vêtements.

Marchés de troc : les communautés peuvent mettre en place des marchés de troc locaux où les individus échangent des biens et des services. Ces marchés permettent la distribution des ressources en fonction des besoins et de la disponibilité.

Compétences et travail : en plus des biens, les compétences et le travail deviendront des produits de valeur. Les personnes possédant des connaissances spécialisées, comme les forgerons, les médecins, les charpentiers ou les agriculteurs, seront très demandées et leurs services pourront être échangés contre de la nourriture, un abri ou d'autres produits de première nécessité.

Rétablir la gouvernance et le droit

Alors que la société commence à se reconstruire, des questions de gouvernance et de droit surgiront inévitablement. Les communautés devront développer des systèmes pour prendre des décisions collectives, résoudre les conflits et maintenir l'ordre.

Gouvernance locale

Au début de la reconstruction, la gouvernance sera probablement locale, basée sur de petites communautés ou des groupes de survivants. Les décisions concernant la gestion des ressources, la défense et la justice seront prises au niveau communautaire, souvent par le biais de la démocratie directe ou par des dirigeants de confiance.

Conseils communautaires : Un modèle possible de gouvernance est la formation de conseils communautaires, où des représentants de différents groupes au sein de la communauté se réunissent pour discuter et prendre des décisions. Ces conseils peuvent être élus ou nommés en fonction des compétences, de la confiance et de la capacité de leadership.

Prise de décision partagée : certaines communautés adoptent des processus de prise de décision plus collectifs, dans lesquels tous les membres ont voix au chapitre dans les décisions importantes. Cette approche démocratique garantit que les besoins et les préoccupations de chacun sont pris en compte.

Établir des lois et des règles

Au fur et à mesure que les communautés se développent, elles devront établir des lois ou des règles pour maintenir l'ordre et résoudre les conflits. Ces lois peuvent concerner la distribution des ressources, la sécurité, les conflits interpersonnels et les responsabilités communautaires.

Lois fondamentales : les premières lois sont susceptibles de se concentrer sur la protection de la survie de la communauté. Cela comprend les lois sur le partage des ressources, le vol, la violence et le maintien des normes d'hygiène et de sécurité.

Application de la loi : en l'absence d'une force de police officielle, l'application de la loi sera probablement assurée par les membres de la communauté eux-mêmes, éventuellement par l'intermédiaire d'un conseil ou de soldats de la paix désignés.

Gestion des conflits

Dans toute société, les conflits sont inévitables et les communautés devront développer des méthodes pour résoudre les conflits de manière pacifique. Cela peut impliquer la médiation, la discussion communautaire ou des systèmes de justice formalisés.

Médiation : la médiation par des membres ou des dirigeants de confiance de la communauté peut aider à résoudre les conflits interpersonnels avant qu'ils ne dégénèrent en violence ou en ressentiment. La mise en place d'un système de résolution des conflits est essentielle pour maintenir l'harmonie.

Systèmes judiciaires : au fil du temps, les communautés peuvent établir des systèmes judiciaires plus formels pour gérer les crimes ou les conflits graves. Les sanctions seront probablement axées sur la justice réparatrice, par exemple en exigeant des individus qu'ils contribuent au travail ou aux ressources de la communauté en guise de réparation.

Reconstruire la culture et la société

À mesure que les communautés se stabilisent et que les infrastructures sont restaurées, l'attention se portera sur la reconstruction des aspects sociaux et culturels de la vie. Cela comprend l'éducation, les arts, les traditions et le sentiment d'identité et de but.

Éducation et formation professionnelle

L'éducation est essentielle à la reconstruction de la société. Les survivants devront transmettre aux générations futures des compétences de survie essentielles, telles que l'agriculture, la construction et la médecine. Lorsque la stabilité reviendra, des formes d'éducation plus traditionnelles pourront également reprendre, en se concentrant sur la science, l'histoire et la technologie.

Éducation à la survie : dans les premières étapes, l'éducation se concentrera sur les compétences pratiques de survie. Cela comprend l'enseignement aux enfants et aux jeunes adultes de la culture des aliments, de la purification de l'eau et de la construction d'abris.

Formation professionnelle : les communautés peuvent mettre en place des programmes de formation aux compétences essentielles, telles que la menuiserie, la forge et les soins médicaux, en veillant à ce que chaque personne contribue à la survie de la communauté.

Reconstruire l'identité culturelle

Les traditions culturelles, les arts et les liens sociaux joueront un rôle crucial dans la reconstruction d'un sentiment d'appartenance à la communauté et à l'identité. La musique, les contes et les rituels peuvent aider les survivants à surmonter le traumatisme, à se souvenir de leur histoire et à créer un sentiment d'appartenance au nouveau monde.

Contes et histoire orale : en l'absence de documents écrits, les contes et l'histoire orale aideront à préserver le passé de la communauté et à transmettre les connaissances aux générations futures. Les contes peuvent également apporter réconfort et unité dans les moments difficiles.

Arts et artisanat : à mesure que les sociétés se reconstruisent, les arts et l'artisanat serviront à la fois d'exutoire créatif et de moyen de produire des biens pratiques comme des vêtements, des outils et des décorations. L'expression créative jouera également un rôle important dans la guérison du traumatisme de la catastrophe nucléaire.

Religion et spiritualité

Pour de nombreux survivants, la religion et la spiritualité apporteront un sentiment d'espoir et de détermination dans un monde dévasté. Les communautés peuvent se tourner vers la foi ou les pratiques spirituelles pour faire face à la perte, guider les décisions morales et reconstruire la cohésion sociale.

Rituels communautaires : les rituels religieux ou spirituels partagés peuvent renforcer les liens sociaux et procurer un sentiment de normalité face au chaos. Ces rituels peuvent impliquer des prières pour les morts, des célébrations de la vie ou des rituels de renouveau pendant que la communauté se reconstruit.

La reconstruction d'une société après une catastrophe nucléaire est un processus long et ardu qui commence par la survie et évolue lentement vers le rétablissement des communautés, des infrastructures, de la gouvernance et de la culture. Si les défis seront immenses, la résilience, la coopération et l'ingéniosité humaines joueront un rôle clé pour surmonter les obstacles. En s'unissant pour former de petites communautés fonctionnelles, en rétablissant les services essentiels et en créant de nouveaux systèmes de gouvernance, les survivants jetteront les bases d'une société future. En mettant l'accent sur la coopération, la gestion des ressources, l'éducation et la reconstruction culturelle, l'humanité pourra aller au-delà des retombées de la catastrophe et se diriger vers un avenir plus prometteur.

# Les radiations et les enfants : protéger la prochaine génération

Après une catastrophe nucléaire, les enfants sont parmi les plus vulnérables aux effets nocifs des radiations. Leurs corps en développement, leur petite taille et leurs taux de division cellulaire plus élevés les rendent plus sensibles aux maladies liées aux radiations, aux effets à long terme sur la santé et aux dangers environnementaux. Protéger la prochaine génération dans un monde de retombées nucléaires nécessite des précautions, des stratégies et une planification minutieuse spécifiques pour minimiser leur exposition aux radiations et garantir qu'elles puissent grandir et s'épanouir dans un environnement dangereux. Ce chapitre explore la manière dont les radiations affectent les enfants différemment des adultes, les risques sanitaires immédiats et à long terme auxquels ils sont confrontés et comment les protéger physiquement, mentalement et émotionnellement.

Comprendre l'impact des radiations sur les enfants

L'exposition aux radiations affecte les enfants plus gravement que les adultes en raison de plusieurs facteurs physiologiques. Leur corps en croissance absorbe plus facilement les radiations et les effets peuvent perturber leur développement, augmenter les risques de cancer et provoquer des dommages génétiques qui peuvent ne devenir apparents que des années plus tard.

Pourquoi les enfants sont-ils plus vulnérables ?

Plusieurs facteurs contribuent à la vulnérabilité accrue des enfants à l'exposition aux radiations :

Division cellulaire plus rapide : le corps des enfants grandit et leurs cellules se divisent plus rapidement que celles des adultes. Les radiations causent des dommages en perturbant les processus cellulaires, et les cellules à division rapide sont plus susceptibles de devenir cancéreuses ou de développer des anomalies.

Corps plus petits : la masse corporelle plus petite des enfants signifie que les doses de radiations sont plus concentrées, ce qui augmente l'impact global sur leurs organes et leurs tissus.

Développement du système immunitaire : le système immunitaire des enfants est encore en cours de maturation, ce qui les rend plus difficiles à combattre les infections ou les maladies causées par l'exposition aux radiations. Cela les rend plus vulnérables à la fois aux maladies immédiates liées aux radiations et aux effets à long terme sur la santé comme le cancer.

Absorption de contaminants : les enfants sont plus susceptibles d'absorber des particules radioactives de l'environnement car ils ont tendance à s'engager dans des jeux plus physiques, peuvent ingérer accidentellement de la terre, de la poussière ou de la nourriture contaminées et ont souvent un contact plus étroit avec le sol.

Effets à court terme des radiations sur les enfants

L'exposition aux radiations peut entraîner une série d'effets immédiats sur la santé des enfants, en particulier s'ils sont exposés à des niveaux élevés immédiatement après un événement nucléaire.

Maladie des radiations : le syndrome d'irradiation aiguë (SRA) peut survenir lorsque les enfants sont exposés à une dose élevée de radiations sur une courte période. Les symptômes comprennent des nausées, des vomissements, de la diarrhée, de la fatigue et des brûlures cutanées. Les enfants sont plus sujets aux cas graves de SRA en raison de leur petite taille.

Brûlures et lésions cutanées : les radiations peuvent endommager la peau, entraînant des brûlures, des lésions ou des éruptions cutanées. La peau plus fine et plus sensible des enfants les rend particulièrement vulnérables aux brûlures par radiation.

Suppression immunitaire immédiate : les radiations affaiblissent le système immunitaire, ce qui est particulièrement dangereux pour les enfants, car elles les rendent plus vulnérables aux infections, aux maladies et ralentissent leur rétablissement après des blessures.

Risques à long terme pour la santé des enfants

Les effets à long terme de l'exposition aux radiations sont plus graves pour les enfants en raison de leur stade de développement. Ces effets peuvent prendre des années, voire des décennies, à se manifester, mais ils augmentent considérablement le risque de problèmes de santé graves.

Cancer : le risque à long terme le plus important de l'exposition aux radiations est une probabilité accrue de développer des cancers, en particulier la leucémie et le cancer de la thyroïde. Comme les enfants ont plus de temps devant eux pour que ces cancers se développent, leur risque de cancer au cours de leur vie est nettement plus élevé que celui des adultes exposés aux mêmes niveaux de rayonnement.

Dommages génétiques : les radiations peuvent provoquer des mutations génétiques qui peuvent ne pas affecter directement l'enfant, mais peuvent entraîner des malformations congénitales dans les générations futures. Ces changements génétiques peuvent également augmenter le risque de maladies chroniques ou de problèmes de développement.

Retards de croissance et de développement : l'exposition aux radiations, en particulier à des niveaux élevés, peut perturber la croissance et le développement normaux, ce qui peut entraîner un retard de croissance, des retards de développement ou des troubles cognitifs.

Protection des enfants contre l'exposition aux radiations

Étant donné leur vulnérabilité accrue, la protection des enfants contre les radiations doit être une priorité absolue dans un environnement de retombées radioactives. Cela implique à la fois des mesures immédiates pour réduire l'exposition et des stratégies à long terme pour assurer leur sécurité et leur santé.

Création d'abris sûrs pour les enfants

La première ligne de défense pour protéger les enfants contre les radiations est de créer un abri sûr et bien protégé où ils peuvent rester pendant les périodes de fortes retombées radioactives. Il est essentiel de veiller à ce que les enfants passent le plus de temps possible à l'intérieur, loin des radiations directes et des surfaces contaminées.

Abri intérieur : gardez les enfants à l'intérieur, en particulier pendant les premiers jours ou les premières semaines après un événement nucléaire, lorsque les niveaux de radiation sont les plus élevés. Idéalement, votre abri doit être souterrain ou bien protégé par des murs épais en béton, en terre ou en métal.

Aires de jeu désignées : Dans votre abri, créez des zones de sécurité désignées où les enfants peuvent jouer, apprendre et interagir sans risque de contamination. Assurez-vous que ces zones ne sont pas exposées à la poussière, à la saleté ou aux particules radioactives extérieures.

Filtration de l'air : Utilisez des systèmes de filtration de l'air, tels que des filtres HEPA, pour garder l'air intérieur aussi propre que possible. Cela réduira le risque d'inhalation de particules radioactives qui peuvent s'accumuler à l'intérieur au fil du temps.

Vêtements et décontamination

Les enfants auront besoin de vêtements de protection lorsqu'ils seront à l'extérieur ou exposés à des retombées potentielles. Les décontaminer après l'exposition est également crucial pour empêcher la propagation de particules radioactives dans des zones sûres.

Vêtements de protection : chaque fois que les enfants doivent quitter l'abri, assurez-vous qu'ils portent un équipement de protection tel que des manches longues, des pantalons, des chapeaux et, si possible, des combinaisons ou des masques anti-radiations. Ces vêtements doivent être jetés ou soigneusement nettoyés après chaque utilisation pour éviter d'introduire des contaminants à l'intérieur.

Procédures de décontamination : après avoir passé du temps à l'extérieur, les enfants doivent être immédiatement décontaminés en retirant tous leurs vêtements et en les lavant soigneusement à l'eau propre et non contaminée. Faites très attention à leurs cheveux, à leurs mains et à leur peau exposée. Pour les petits enfants, les personnes qui s'occupent d'eux doivent aider à assurer un nettoyage complet.

Assurer une alimentation et une eau propres aux enfants

Fournir de la nourriture et de l'eau non contaminées est essentiel pour garder les enfants en bonne santé. Les radiations peuvent facilement contaminer les sources d'eau et les aliments, il faut donc prendre des précautions pour s'assurer que ce qu'ils consomment est sans danger.

Purification de l'eau : utilisez de l'eau filtrée, distillée ou en bouteille pour toutes les boissons, la cuisine et l'hygiène des enfants. Si vous devez utiliser de l'eau provenant de sources naturelles, filtrez-la et purifiez-la toujours avant de l'utiliser pour éliminer les particules radioactives.

Aliments sans contaminants : évitez de donner aux enfants des aliments cultivés dans un sol contaminé ou exposés aux retombées radioactives. Privilégiez plutôt les denrées non périssables stockées, les conserves et tous les aliments cultivés dans des environnements intérieurs contrôlés comme les serres. Si vous cueillez ou chassez, assurez-vous que les aliments sont soigneusement nettoyés et cuits pour réduire la contamination.

Compléments alimentaires : si les réserves de nourriture sont limitées, envisagez d'utiliser des multivitamines ou des compléments pour vous assurer que les enfants reçoivent les nutriments essentiels nécessaires à leur croissance et à leur développement.

Surveillance des radiations et bilans de santé

Une surveillance régulière des niveaux de radiations et des bilans de santé sont essentiels pour protéger les enfants des effets nocifs de l'exposition aux radiations. La détection précoce de l'exposition peut aider à atténuer les risques pour la santé à long terme.

Détection des radiations : utilisez des détecteurs de radiations, tels que des compteurs Geiger ou des dosimètres, pour tester régulièrement l'environnement pour détecter les niveaux de radiations. Surveillez les zones où les enfants passent la plupart de leur temps et limitez leur exposition en fonction des relevés. Idéalement, les niveaux de rayonnement dans les zones sûres devraient être inférieurs à 0,1 µSv/h.

Surveillance de la santé : surveillez tout changement dans la santé des enfants, y compris les signes de maladie des rayons tels que nausées, fatigue, éruptions cutanées ou ecchymoses inhabituelles. Vérifiez régulièrement l'absence de perte de poids, de retard de croissance ou de comportements inhabituels qui pourraient indiquer des problèmes de développement.

Soins médicaux : si vous avez accès à des professionnels de la santé, assurez-vous que les enfants bénéficient d'examens de santé réguliers pour détecter les premiers signes d'exposition aux rayonnements ou de maladies associées. Si vous suspectez une maladie des rayons, consultez un médecin dès que possible pour éviter d'autres complications.

Soutien mental et émotionnel pour les enfants

En plus de protéger physiquement les enfants, il est essentiel de soutenir leur bien-être mental et émotionnel dans l'environnement chaotique et effrayant d'un monde post-nucléaire. Les enfants peuvent avoir du mal à comprendre ce qui se passe, et le traumatisme d'une catastrophe peut avoir des effets psychologiques durables.

Offrir du réconfort et de la stabilité

Les enfants s'épanouissent dans la routine et la stabilité, même dans des circonstances extrêmes. L'établissement d'une routine quotidienne peut les aider à se sentir plus en sécurité et leur donner un sentiment de normalité au milieu du chaos.

Routines quotidiennes : Créez une routine quotidienne structurée qui comprend du temps pour l'apprentissage, le jeu et le repos. Même dans un scénario de survie, le maintien d'une certaine cohérence peut aider à réduire l'anxiété et donner un sentiment de contrôle aux enfants.

Rassurement émotionnel : Les enfants se tourneront vers les adultes pour se rassurer pendant les périodes d'incertitude. Soyez honnête avec eux sur la situation, mais offrez-leur du réconfort et de la réassurance chaque fois que cela est possible. Encouragez les conversations ouvertes où les enfants peuvent exprimer leurs peurs et leurs sentiments.

Créer un environnement émotionnel sûr

Dans un environnement post-nucléaire stressant, les enfants peuvent ressentir une anxiété, une peur ou une dépression accrues. Les aider à gérer ces émotions de manière saine est essentiel pour leur santé mentale à long terme.

Exutoires créatifs : Offrez aux enfants des occasions d'exprimer leurs émotions par le biais d'exutoires créatifs comme le dessin, l'écriture ou la narration. Cela leur permet de traiter leurs expériences de manière constructive et peut être thérapeutique.

Jeu physique : Encouragez le jeu physique et le mouvement, même dans les petits espaces intérieurs. Cela aide à évacuer le stress et l'énergie accumulée, ce qui est particulièrement important pour les jeunes enfants qui peuvent avoir du mal à rester assis pendant de longues périodes.

Interactions sociales positives : Encouragez les interactions sociales positives entre les enfants et les adultes ou les autres enfants du refuge. Cela contribue à créer un sentiment de communauté et à réduire les sentiments d'isolement ou de solitude.

Soutien psychologique à long terme

Les enfants qui survivent à une catastrophe nucléaire subiront probablement des conséquences psychologiques à long terme, telles que le syndrome de stress post-traumatique (SSPT) ou l'anxiété face à l'avenir. Un soutien émotionnel continu est essentiel à leur rétablissement.

Conseil et thérapie : Si possible, donnez accès à un conseil ou à une thérapie psychologique, en particulier aux enfants qui présentent des signes de traumatisme. En l'absence de soutien professionnel en matière de santé mentale, créez un espace sûr pour que les enfants puissent parler de leurs peurs, de leurs expériences et de leurs espoirs pour l'avenir.

Éducation sur l'avenir : aider les enfants à comprendre que la vie peut continuer, même après une catastrophe, peut leur donner de l'espoir. Apprenez-leur des techniques de survie et insistez sur l'importance de la résilience. À mesure que l'environnement se stabilise, concentrez-vous sur la création d'un sentiment d'objectif pour l'avenir.

Préparer les enfants à un avenir post-nucléaire

En fin de compte, protéger les enfants dans un monde post-nucléaire signifie les préparer à survivre et à s'épanouir dans la nouvelle réalité. Leur enseigner des techniques de survie pratiques, favoriser la résilience et leur donner les outils pour affronter les dangers d'un environnement de retombées sont des étapes cruciales pour assurer la survie de la prochaine génération.

Enseigner des techniques de survie

Au fur et à mesure que les enfants grandissent, ils devront apprendre à prendre soin d'eux-mêmes et à contribuer à la communauté. Enseigner des techniques de survie adaptées à leur âge peut les responsabiliser et leur donner un sens à leur vie.

Techniques de survie de base : Apprenez aux enfants à trouver et à purifier l'eau, à cultiver des aliments, à chercher de la nourriture en toute sécurité et à se défendre. Ces compétences deviendront essentielles à mesure qu'ils grandiront et assumeront davantage de responsabilités dans une communauté de survie.

Sécurité radiologique : Aidez les enfants à comprendre les dangers des radiations et à éviter l'exposition. Apprenez-leur à utiliser un équipement de protection, à suivre les procédures de décontamination et à reconnaître les zones contaminées.

Renforcer la résilience

Face à l'adversité, la résilience est l'une des qualités les plus précieuses que les enfants puissent développer. Aidez-les à développer leur résilience mentale et émotionnelle en encourageant la résolution de problèmes, le travail d'équipe et la persévérance.

Résolution de problèmes : encouragez les enfants à participer à la résolution des problèmes quotidiens, qu'il s'agisse d'aider à la préparation des repas, de réparer du matériel ou d'organiser les fournitures. Cela contribue à renforcer la confiance et favorise un sentiment d'indépendance.

Travail d'équipe : soulignez l'importance de travailler ensemble en tant que communauté. Les enfants doivent apprendre à compter sur les autres tout en contribuant au bien-être du groupe.

Planifier l'avenir

Malgré les défis immédiats liés à la vie dans un environnement de retombées nucléaires, il est important d'inculquer de l'espoir pour l'avenir aux enfants. Apprenez-leur qu'ils participent à la reconstruction de la société et que leurs efforts peuvent créer un monde meilleur.

Éducation et connaissances : à mesure que la société se stabilise, veillez à ce que les enfants reçoivent une éducation, même si elle est informelle. Apprendre à lire, à écrire et à comprendre les sciences les préparera à reconstruire la société et à faire progresser la technologie.

Espoir et objectif : encouragez les enfants à penser à l'avenir, même dans des circonstances difficiles. Parlez de la reconstruction des maisons, des écoles et des communautés une fois que l'environnement sera plus sûr, et confiez-leur des tâches qui contribueront à la survie et au succès à long terme du groupe.

La protection des enfants contre les dangers des radiations et les difficultés d'un monde frappé par les retombées nucléaires est un aspect essentiel de la survie à long terme après une catastrophe nucléaire. Les défis sont immenses, mais avec une planification minutieuse et une attention à la fois portée à la sécurité à court terme et au développement à long terme, les enfants peuvent survivre et même s'épanouir dans un monde post-nucléaire, devenant ainsi les dirigeants et les bâtisseurs d'une société renouvelée.

# Premiers intervenants en cas de crise nucléaire : à quoi s'attendre

Au lendemain d'une catastrophe nucléaire, le rôle des premiers intervenants est à la fois essentiel et semé d'immenses défis. Ces personnes (équipes médicales d'urgence, pompiers, forces de l'ordre, personnel militaire et bénévoles) sont chargées de sauver des vies, de stabiliser les situations dangereuses et de coordonner la réponse initiale aux retombées. Cependant, les crises nucléaires sont uniques par leur ampleur, leur complexité et les dangers extrêmes qu'elles présentent, notamment l'exposition aux radiations, les victimes en masse et l'effondrement des infrastructures. Comprendre à quoi s'attendre de la part des premiers intervenants en cas de crise nucléaire peut vous aider à mieux vous préparer à leur arrivée (si jamais ils arrivent) et à savoir comment collaborer ou agir de manière indépendante si la situation l'exige.

Ce chapitre examinera le rôle attendu des premiers intervenants lors des catastrophes nucléaires, leurs priorités, les limites auxquelles ils sont confrontés et ce à quoi les individus et les communautés doivent se préparer si les secours arrivent ou s'ils doivent agir seuls.

Le rôle des premiers intervenants en cas de crise nucléaire

En cas de catastrophe, les premiers intervenants sont chargés de fournir une assistance immédiate aux personnes touchées, de stabiliser les environnements dangereux et de coordonner les premières étapes du rétablissement. En cas de crise nucléaire, leur rôle s'élargit pour inclure la gestion de l'exposition aux radiations, la prise en charge des victimes en masse et la tentative de rétablissement des services de base dans un environnement probablement submergé par le chaos et la destruction.

Intervention médicale d'urgence

Les premiers intervenants médicaux seront parmi les premiers sur les lieux, se concentrant sur le sauvetage de vies, le traitement des blessures et la gestion de l'impact sanitaire de l'exposition aux radiations.

Triage : En cas de crise nucléaire, les premiers intervenants doivent prioriser les patients en fonction de la gravité de leurs blessures et de la probabilité de survie. Des systèmes de triage seront utilisés pour classer les victimes en groupes tels que celles nécessitant une attention immédiate, celles qui peuvent attendre et celles dont les blessures sont trop graves pour survivre avec les ressources disponibles.

Traitement du mal des radiations : L'exposition aux radiations provoque un syndrome d'irradiation aiguë (SRA) dans les cas graves. Les premiers intervenants traiteront les symptômes tels que les nausées, les vomissements et les brûlures, mais des soins médicaux spécialisés seront nécessaires pour les cas d'exposition graves. La capacité à fournir ces soins peut être limitée, surtout si l'infrastructure médicale a été endommagée.

Transport des blessés : dans les zones fortement touchées, une évacuation médicale peut être nécessaire. Les premiers intervenants coordonneront le transport des personnes gravement blessées vers les hôpitaux ou les postes médicaux de campagne, bien que des infrastructures débordées puissent ralentir ce processus.

Lutte contre les incendies et interventions en cas de matières dangereuses (HAZMAT)

En plus des dommages causés par l'explosion nucléaire elle-même, des incendies, des déversements de produits chimiques et des explosions secondaires peuvent se produire. Les pompiers et les équipes de lutte contre les matières dangereuses s'efforceront de contenir ces risques, d'empêcher la propagation des retombées et de protéger les survivants de dommages supplémentaires.

Extinction des incendies : les incendies sont fréquents à la suite d'explosions nucléaires en raison de la chaleur intense et de l'onde de choc. Les pompiers tenteront d'éteindre les incendies, en particulier à proximité des infrastructures clés telles que les hôpitaux, les centrales électriques et les centres d'évacuation, pour éviter de nouvelles victimes.

Équipes HAZMAT : Les équipes spécialisées dans les matières dangereuses se concentreront sur le confinement et la décontamination des zones où des substances dangereuses, notamment des retombées radioactives, ont été libérées. Ces équipes tenteront également de sécuriser ou de sceller les infrastructures critiques, telles que les centrales nucléaires, afin d'éviter des fuites ou des explosions supplémentaires.

Contrôle de la propagation des retombées : Une partie de la réponse HAZMAT consistera à surveiller les niveaux de radiation et à tenter de contenir la contamination par les retombées dans les zones urbaines ou peuplées. Cela peut impliquer la décontamination de zones clés comme les hôpitaux, les écoles ou les abris pour s'assurer qu'ils sont sûrs pour les survivants.

Application de la loi et contrôle des foules

Les forces de l'ordre jouent un rôle essentiel dans le maintien de l'ordre, la garantie de la sécurité publique et la coordination des efforts d'évacuation. En cas de catastrophe nucléaire, des troubles civils, de la panique et des pillages sont probables, et les forces de l'ordre devront gérer ces situations tout en donnant la priorité à la sécurité publique.

Maintien de l'ordre : Dans le chaos qui suit une catastrophe nucléaire, la panique, le pillage et la violence peuvent survenir alors que les survivants se bousculent pour trouver des ressources. Le rôle principal des forces de l'ordre sera de maintenir l'ordre, de prévenir la criminalité et de protéger les civils et les infrastructures critiques.

Coordination des évacuations : la police et les forces militaires seront probablement impliquées dans la gestion des évacuations, en dirigeant les survivants vers des zones sûres et en coordonnant le transport hors des zones à haut risque. Elles pourront établir des points de contrôle pour contrôler les mouvements et empêcher les individus de pénétrer dans les zones dangereuses.

Protection des infrastructures critiques : les forces de l'ordre seront également chargées de sécuriser les infrastructures critiques telles que les hôpitaux, les centres de communication et les plateformes de transport. Ces sites deviendront des points focaux pour les efforts de secours et devront être protégés contre les menaces physiques et le pillage.

Opérations de recherche et de sauvetage

Les équipes de recherche et de sauvetage joueront un rôle essentiel dans la localisation et le sauvetage des survivants coincés sous les débris ou dans les zones affectées par les radiations. Ces équipes travaillent souvent aux côtés du personnel médical d'urgence pour extraire les individus de situations dangereuses et leur fournir des soins médicaux immédiats.

Localisation des survivants : après une explosion nucléaire, les bâtiments peuvent être endommagés ou s'effondrer, piégeant les individus sous les débris. Les équipes de recherche et de sauvetage se concentreront sur la localisation de ces survivants à l'aide d'outils tels que l'imagerie thermique, les drones et les chiens de recherche.

Gestion des zones de radiation : de nombreuses équipes de recherche et de sauvetage seront équipées de détecteurs de radiations pour éviter de pénétrer dans des zones hautement radioactives ou pour y travailler en toute sécurité pendant de courtes périodes. Une formation spécialisée leur permet d'extraire les survivants tout en minimisant leur propre exposition aux radiations.

Assistance médicale : les équipes de recherche et de sauvetage prodiguent souvent les premiers soins immédiats aux survivants une fois qu'ils sont localisés, en particulier si les équipes médicales tardent à arriver sur les lieux.

Implication militaire et loi martiale

En cas de catastrophe nucléaire de grande ampleur, les forces militaires peuvent être mobilisées pour participer aux opérations de sauvetage, distribuer l'aide et maintenir l'ordre. Dans les situations extrêmes, la loi martiale peut être déclarée, donnant aux forces militaires le contrôle direct des fonctions civiles.

Évacuations et sécurité : l'armée peut établir et faire respecter des zones d'évacuation, protéger les infrastructures clés et assurer la sécurité dans les abris ou les centres de secours. Elle aidera également les forces de l'ordre à maintenir l'ordre et à contrôler l'accès aux zones à haut risque.

Distribution de l'aide : le personnel militaire jouera probablement un rôle clé dans la distribution de nourriture, d'eau, de fournitures médicales et d'autres ressources aux survivants. Il peut également mettre en place des abris temporaires et des hôpitaux de campagne dans des zones sûres pour fournir des soins d'urgence.

Loi martiale : si les autorités civiles sont débordées ou incapables de maintenir le contrôle, le gouvernement peut déclarer la loi martiale, confiant à l'armée la responsabilité du maintien de l'ordre, de l'application des couvre-feux et du contrôle de l'accès aux ressources. Cela peut inclure la restriction des déplacements des civils et la suspension temporaire de certaines libertés civiles pour assurer la sécurité publique.

Défis et limites auxquels sont confrontés les premiers intervenants

Les premiers intervenants en cas de crise nucléaire sont confrontés à d'immenses défis qui peuvent limiter leur capacité à aider efficacement les survivants. L'ampleur des destructions, l'exposition aux radiations, les infrastructures endommagées et le nombre considérable de victimes peuvent submerger même les équipes d'intervention les mieux préparées. Les survivants doivent comprendre ces limites et être prêts à agir de manière indépendante si l'aide est retardée ou indisponible.

Exposition aux radiations

L'un des défis les plus importants pour les premiers intervenants est le danger de l'exposition aux radiations. Bien qu'ils puissent être équipés d'équipements de protection, les niveaux de radiation immédiatement après un événement nucléaire peuvent être extrêmement élevés, limitant la durée pendant laquelle ils peuvent opérer en toute sécurité dans les zones touchées.

Équipement de protection : les premiers intervenants porteront probablement des combinaisons de protection contre les radiations et utiliseront des dosimètres pour surveiller leur exposition. Cependant, même avec une protection, leur capacité à opérer dans des zones à haut rayonnement sera limitée par la nécessité de minimiser leur propre exposition.

Évacuation des zones à haut rayonnement : dans certains cas, les premiers intervenants peuvent être incapables d'entrer dans certaines zones jusqu'à ce que les niveaux de radiation baissent, ce qui pourrait retarder les efforts de sauvetage. Les survivants dans ces zones devront peut-être évacuer eux-mêmes ou attendre de l'aide.

Dommages aux infrastructures

Les explosions nucléaires causent des dommages aux infrastructures, notamment la destruction des routes, des ponts, des réseaux de communication et des hôpitaux. Les premiers intervenants devront relever ces défis pour atteindre les survivants et coordonner leurs efforts.

Problèmes de transport : les routes bloquées, les ponts effondrés et les réseaux de transport endommagés ralentiront l'arrivée de l'aide et les efforts d'évacuation. Les survivants peuvent être privés d'aide pendant de longues périodes.

Panne de communication : les systèmes de communication endommagés compliquent la tâche des premiers intervenants pour coordonner leurs efforts ou transmettre des informations importantes au public. Les survivants risquent de ne pas recevoir de mises à jour en temps opportun sur les plans d'évacuation ou les zones de sécurité.

Des victimes écrasantes

Le grand nombre de victimes lors d'une crise nucléaire peut submerger les équipes médicales, les hôpitaux et les opérations de sauvetage. Les premiers intervenants devront prendre des décisions difficiles sur la manière d'allouer des ressources limitées.

Limites du triage : dans une situation de pertes massives, les premiers intervenants peuvent être obligés de se concentrer sur les personnes les plus susceptibles de survivre, laissant les personnes gravement blessées sans traitement. Les survivants doivent être prêts à prendre eux-mêmes les mesures de premiers secours de base si l'aide médicale tarde.

Hôpitaux de campagne et soins de fortune : si les hôpitaux sont débordés ou détruits, les premiers intervenants peuvent mettre en place des hôpitaux de campagne pour fournir des soins de base. Cependant, ces installations de fortune auront probablement des ressources limitées et pourront donner la priorité à la stabilisation plutôt qu'au traitement à long terme.

Ressources et fournitures limitées

Les premiers intervenants seront confrontés à d'importantes pénuries de ressources en cas de crise nucléaire. Les fournitures médicales, les équipements de protection, la nourriture et l'eau seront en quantité limitée et la distribution pourrait être retardée en raison des dommages aux infrastructures et des pannes de communication.

Pénuries médicales : les hôpitaux et les équipes médicales pourraient manquer de fournitures essentielles comme les antibiotiques, les traitements de radiothérapie, les bandages et les liquides intraveineux. Cela pourrait limiter leur capacité à traiter les maladies dues aux radiations, les brûlures ou les blessures traumatiques.

Distribution de nourriture et d'eau : les premiers intervenants donneront la priorité à la distribution de nourriture et d'eau aux survivants, mais des pénuries peuvent survenir. Les survivants doivent être prêts à rationner leurs propres provisions jusqu'à ce que l'aide leur parvienne.

## À quoi s'attendre des premiers intervenants

Bien que les premiers intervenants fassent tout ce qui est en leur pouvoir pour aider les survivants, les crises nucléaires sont imprévisibles et difficiles. Il est important de savoir à quoi s'attendre et comment se préparer aux retards ou aux limitations potentiels de la réponse.

### Priorisation des zones critiques

Les premiers intervenants donneront probablement la priorité aux zones où se trouvent la plus forte concentration de survivants ou d'infrastructures critiques, telles que les hôpitaux, les écoles et les principales zones d'évacuation. Si vous vous trouvez dans une zone plus éloignée, l'arrivée des secours peut prendre plus de temps.

### Délais de réponse retardés

Les niveaux de radiation, les routes bloquées et les pannes de communication ralentiront probablement les délais de réponse. Les survivants doivent être prêts à s'abriter sur place ou à évacuer par eux-mêmes si l'aide tarde à arriver.

### Se concentrer sur la stabilisation et l'évacuation

Au début de la crise, les premiers intervenants se concentreront sur la stabilisation de la situation : éteindre les incendies, soigner les blessures et évacuer les survivants des zones dangereuses. Les efforts de rétablissement à long terme peuvent ne pas commencer tant que la crise immédiate n'est pas sous contrôle.

### Se préparer à agir de manière autonome

Étant donné les limites et les défis auxquels sont confrontés les premiers intervenants en cas de crise nucléaire, il est important que les individus et les communautés soient prêts à agir de manière autonome si nécessaire. Cela implique de disposer des compétences, des ressources et des connaissances nécessaires pour survivre sans aide immédiate.

### Premiers secours et fournitures médicales

Assurez-vous d'avoir des fournitures de premiers secours de base, notamment des bandages, des antiseptiques, des analgésiques et, si possible, des comprimés d'iodure de potassium pour vous protéger contre l'exposition aux radiations. Apprenez les techniques de premiers secours de base pour stabiliser les blessures jusqu'à l'arrivée des secours.

### Protection contre les radiations

Préparez-vous en ayant un équipement de protection, comme des masques anti-poussière, des manches longues, des pantalons et, si possible, des combinaisons de protection contre les radiations. Sachez comment vous décontaminer et décontaminer votre environnement après une exposition aux retombées radioactives.

### Plans d'auto-évacuation

Si vous vous trouvez dans une zone à haut risque, soyez prêt à évacuer par vous-même. Connaissez les itinéraires les plus sûrs pour vous éloigner de la zone de retombées et prévoyez où aller, que ce soit vers un abri désigné par le gouvernement ou un endroit sûr préétabli.

Fournitures de survie à long terme

Faites des réserves de nourriture, d'eau et de fournitures essentielles pour au moins plusieurs semaines. En cas de catastrophe nucléaire, l'aide peut être retardée et il peut s'écouler beaucoup de temps avant que les chaînes d'approvisionnement normales ne soient rétablies.

Les premiers intervenants joueront un rôle essentiel dans la gestion des conséquences immédiates d'une crise nucléaire, mais leur capacité à aider peut être limitée par les défis uniques posés par les radiations, les dommages aux infrastructures et le nombre élevé de victimes. Bien qu'ils se concentrent sur le sauvetage de vies, la stabilisation des situations dangereuses et l'apport d'aide, les survivants doivent être prêts à agir de manière autonome si l'aide est retardée ou indisponible. Comprendre le rôle des premiers intervenants, leurs priorités et les défis auxquels ils sont confrontés peut vous aider à mieux vous préparer aux réalités de la survie et de la reconstruction après une catastrophe nucléaire.

# Faire face aux retombées nucléaires avec un budget limité : conseils de survie pour les préparateurs économes

En cas de catastrophe nucléaire, se préparer à la survie ne doit pas forcément coûter une fortune. Pour beaucoup, se préparer avec un budget limité est une nécessité, mais avec une planification réfléchie, de l'ingéniosité et une compréhension des principes clés de survie, même le préparateur économe peut se préparer efficacement à faire face aux retombées nucléaires. Ce chapitre se concentre sur des conseils et des stratégies pratiques et rentables pour se préparer à une retombée nucléaire tout en respectant un budget serré. De la construction d'abris abordables à la création de systèmes de filtration d'eau à faible coût et au stockage de nourriture bon marché, nous explorerons des moyens d'optimiser vos ressources et vos chances de survie.

L'importance d'une préparation économique

La préparation n'a pas besoin d'être coûteuse. La clé pour survivre aux retombées nucléaires réside dans le fait de faire des choix intelligents avec vos ressources limitées. En vous concentrant sur des solutions abordables et des stratégies de bricolage, vous pouvez élaborer un plan de survie solide qui vous protège, vous et votre famille, sans nécessiter d'investissements coûteux. La préparation frugale consiste à comprendre l'essentiel et à prioriser les besoins les plus critiques : abri, eau potable, nourriture et protection contre les radiations.

Prioriser les besoins essentiels avec un budget limité

La clé de la survie dans un scénario de retombées est de répondre aux besoins fondamentaux : abri, eau, nourriture et protection contre les radiations. Voici comment aborder chacune de ces priorités sans dépenser une fortune.

Solutions abordables pour les abris antiatomiques

Il est essentiel de disposer d'un espace sûr pour s'abriter pendant les premières retombées, et bien que la construction d'un bunker haut de gamme soit idéale, elle n'est souvent pas financièrement réalisable pour le préparateur moyen. Cependant, il existe des moyens économiques de se protéger des radiations et des éléments.

Utilisez les espaces existants : si vous n'avez pas les fonds nécessaires pour construire un bunker souterrain, envisagez d'utiliser des parties de votre maison, comme les sous-sols, les pièces intérieures ou même les placards. Les sous-sols offrent une excellente protection car ils sont situés sous le niveau du sol, ce qui réduit l'exposition aux radiations. Renforcez les murs du sous-sol avec des sacs de sable ou des blocs de béton si possible pour augmenter le blindage.

Français:Protection anti-radiations à faire soi-même : pour créer un abri plus abordable, ajoutez des couches de matériaux épais comme de la terre, des sacs de sable, des blocs de béton ou même des livres empilés pour absorber les radiations. Plus la masse entre vous et les retombées est importante, mieux vous serez protégé. Des murs épais ou des barrières de fortune peuvent contribuer à réduire considérablement l'exposition.

Construisez une pièce sécurisée à l'intérieur : même si vous n'avez pas de sous-sol, vous pouvez construire une petite « pièce sécurisée » dans votre maison. Utilisez des meubles lourds ou des étagères pour renforcer les murs et remplissez-les de matériaux denses pour faire office de barrières. Tapissez les fenêtres et les portes de feuilles de plastique, de ruban adhésif ou de bâches pour empêcher les particules radioactives d'entrer.

Créez un bunker « en appentis » : si vous avez un espace extérieur et des fonds limités, envisagez de construire un abri en appentis. Creusez une tranchée d'environ 60 à 90 cm de profondeur et recouvrez-la de terre ou de sacs de sable pour vous protéger des radiations. Couvrez le dessus avec un matériau solide comme des planches de bois ou des tôles et empilez de la terre pour une protection supplémentaire.

Purification de l'eau à petit prix

L'eau propre est essentielle dans tout scénario de catastrophe, et bien que l'achat de systèmes de filtration d'eau coûteux soit idéal, il existe des alternatives abordables pour garantir une eau potable sûre.

Faire bouillir l'eau : L'un des moyens les plus simples et les plus économiques de purifier l'eau est de la faire bouillir. Si vous pouvez faire bouillir l'eau, elle tuera la plupart des bactéries et des agents pathogènes. Bien que l'ébullition n'élimine pas les particules radioactives, elle rendra l'eau plus potable si elle est filtrée au préalable.

Filtration à faire soi-même : Vous pouvez créer un système de filtration d'eau maison en utilisant des matériaux courants. Un filtre simple peut être fabriqué en superposant du sable, du gravier et du charbon de bois dans une bouteille en plastique ou un seau percé de trous au fond. Ce filtre à faire soi-même aidera à éliminer les particules et les sédiments, bien qu'il soit toujours essentiel de purifier l'eau par la suite, par exemple en la faisant bouillir ou en la traitant chimiquement.

Désinfection à l'eau de Javel : L'eau de Javel domestique non parfumée peut être utilisée pour désinfecter l'eau. Ajoutez 8 gouttes d'eau de Javel par gallon d'eau, remuez et laissez reposer pendant 30 minutes avant de la boire. Assurez-vous que l'eau de Javel ne contient que de l'hypochlorite de sodium (à 6 %) et aucun produit chimique supplémentaire comme du parfum ou des colorants.

Collecte des eaux de pluie : la collecte des eaux de pluie est une autre solution peu coûteuse. Installez des bâches, des bâches en plastique propres ou des gouttières pour diriger l'eau de pluie dans des récipients propres. Purifiez toujours l'eau recueillie avant de la boire.

Stockage de l'eau à petit budget : réutilisez de grands récipients en plastique, tels que des bouteilles de soda ou des seaux de qualité alimentaire, pour stocker de l'eau propre. Assurez-vous qu'ils sont correctement désinfectés avant utilisation et étiquetez les récipients pour savoir quand ils ont été remplis.

Stockage de nourriture à faible coût

Le stockage de nourriture est essentiel pour la survie à long terme, mais il n'est pas nécessaire qu'il soit coûteux. Concentrez-vous sur l'achat d'articles bon marché et non périssables qui offrent un bon équilibre entre calories et nutriments.

Aliments de base bon marché : Certains des aliments les plus rentables pour la survie comprennent le riz, les haricots secs, les lentilles, l'avoine, les pâtes et la farine. Ces aliments de base sont riches en calories, ont une longue durée de conservation et peuvent être achetés en vrac à faible coût.

Conserves : Faites des réserves de conserves abordables, notamment de légumes, de haricots, de viande et de fruits. Les aliments en conserve peuvent se conserver des années et constituent une excellente solution de secours pour les aliments frais ou surgelés. Recherchez les soldes ou achetez en gros pour économiser de l'argent.

Conservation à faire soi-même : Apprenez les techniques de base de conservation des aliments, telles que la déshydratation, le fumage ou la fermentation, pour prolonger la durée de vie des produits frais et de la viande. Un déshydrateur solaire ou un fumoir maison peuvent être fabriqués à partir de matériaux bon marché ou récupérés, et ces méthodes vous permettent de conserver les aliments sans électricité.

Cueillette et jardinage : Cultiver vos propres aliments est un moyen abordable de compléter vos réserves. Même dans un environnement de retombées nucléaires, de petits jardins intérieurs ou le jardinage en conteneurs peuvent produire des légumes-feuilles, des herbes et des légumes-racines. La cueillette de plantes et de baies sauvages comestibles est une autre source de nutrition gratuite, mais assurez-vous que l'environnement est à l'abri de la contamination par les radiations avant de consommer des aliments cueillis.

Rationnement pour une survie à long terme : prévoyez de rationner soigneusement votre nourriture pour qu'elle dure plus longtemps. Réduisez la taille des portions, combinez des aliments de base bon marché avec des aliments à haute valeur nutritive comme des protéines en conserve ou des fruits secs, et privilégiez les repas riches en nutriments qui vous rassasient plus longtemps.

Protection contre les radiations à petit budget

La protection contre les radiations est une priorité, mais les combinaisons anti-radiations complètes et les équipements de protection de qualité professionnelle sont coûteux. Heureusement, il existe des moyens plus économiques de vous protéger des retombées radioactives.

Équipement de protection à faire soi-même : vous pouvez improviser des vêtements de protection en utilisant des objets que vous possédez déjà. Portez des chemises à manches longues, des pantalons, des chapeaux et des gants pour couvrir la peau exposée. Utilisez des bâches en plastique résistantes ou des sacs poubelles sur les vêtements pour créer une barrière protectrice, et portez des lunettes de protection ou un masque anti-poussière pour éviter d'inhaler des particules radioactives.

Méthodes de décontamination : si vous êtes exposé aux retombées radioactives, décontaminez-vous immédiatement en retirant vos vêtements et en vous lavant soigneusement la peau avec du savon et de l'eau propre. Gardez à portée de main des lingettes humides ou des lingettes humides pour une décontamination rapide si l'eau est rare.

Qualité de l'air intérieur : utilisez des bâches en plastique, des bâches ou des sacs poubelles pour sceller les fenêtres, les portes et les évents afin d'empêcher les particules radioactives de pénétrer dans votre espace de vie. Si vous n'avez pas accès à des filtres à air coûteux, fabriquez vous-même des purificateurs d'air à l'aide de ventilateurs à caisson avec des filtres HEPA collés à l'arrière.

Comprimés d'iodure de potassium (KI) : si vous ne pouvez pas vous permettre de grandes quantités de traitements de radiothérapie coûteux, faites le plein de comprimés d'iodure de potassium abordables, qui protègent la glande thyroïde de l'iode radioactif en cas de retombées radioactives. Ces comprimés sont peu coûteux et faciles à stocker.

Autosuffisance et solutions de bricolage

Dans un monde post-retombées radioactives, l'autosuffisance est cruciale. L'apprentissage de compétences pratiques et économiques et de solutions de bricolage peut vous aider à survivre sans outils ou fournitures coûteux.

Troc pour les fournitures : créez un réseau de préparateurs ou de voisins partageant les mêmes idées avec lesquels vous pouvez troquer des biens et des services. Si vous avez des compétences en menuiserie, en agriculture ou en mécanique, vous pouvez échanger votre main-d'œuvre contre de la nourriture, des fournitures médicales ou d'autres produits de première nécessité.

Réutiliser et récupérer des matériaux : récupérez et réutilisez des matériaux comme le bois, le métal et le plastique pour créer des outils, réparer des structures ou construire des solutions de stockage. Les vieux meubles, la ferraille et d'autres objets mis au rebut peuvent souvent être utilisés pour renforcer des abris, fabriquer des conteneurs ou créer des appareils simples comme des cuiseurs solaires.

Outils de bricolage : apprenez à fabriquer des outils de base à partir de matériaux disponibles. Par exemple, un four solaire peut être fabriqué à partir de carton, de papier d'aluminium et de verre ou de plastique, ce qui vous permet de cuire des aliments sans combustible. De même, vous pouvez créer du matériel de pêche improvisé ou des pièges de chasse en utilisant des matériaux courants comme de la ficelle, du fil de fer et du bois.

Solutions d'éclairage économiques : utilisez des lampes de jardin à énergie solaire ou des lampes de poche à manivelle comme options d'éclairage économiques. Elles sont peu coûteuses, durables et ne nécessitent ni piles ni électricité, ce qui les rend idéales pour les situations de survie.

Santé et hygiène à petit prix

Le maintien de la santé et de l'hygiène est essentiel en cas de catastrophe, et vous pouvez vous y préparer sans dépenser beaucoup d'argent.

Fournitures de premiers secours peu coûteuses : faites le plein de fournitures de premiers secours de base comme des bandages, des antiseptiques, des analgésiques et de la gaze. Vous pouvez souvent les trouver dans des magasins discount ou les acheter en gros à faible coût. Concentrez-vous sur les articles qui peuvent traiter les blessures, coupures et brûlures courantes.

Produits d'hygiène à faire soi-même : vous pouvez fabriquer votre propre savon en utilisant des ingrédients bon marché comme de la lessive et de la graisse, ou faire des réserves de savon en barre bon marché, qui a une longue durée de conservation. Le bicarbonate de soude peut être utilisé comme dentifrice, déodorant et agent nettoyant.

Assainissement improvisé : installez des installations sanitaires de base en utilisant des seaux en plastique, des sacs poubelles et de la sciure de bois pour des toilettes improvisées. Cela permet de contenir les déchets et d'éviter la contamination de votre espace de vie. Ayez une réserve d'eau de Javel ou de désinfectants bon marché pour nettoyer les surfaces et contrôler les germes.

Stratégies de survie à long terme pour le prepper économe

Survivre aux retombées nucléaires ne se résume pas à un abri et à des provisions immédiates : il s'agit de durabilité à long terme. Voici quelques stratégies économiques pour se préparer à long terme :

Apprentissage des techniques de survie

Investir du temps dans l'apprentissage des techniques de survie essentielles telles que la conservation des aliments, les premiers secours, la recherche de nourriture et la purification de l'eau. La connaissance est souvent la ressource la plus précieuse dans une situation de survie, et l'apprentissage de ces compétences ne coûte rien ou presque rien.

Construire une communauté

Établir un réseau de preppers ou de voisins partageant les mêmes idées qui peuvent partager des ressources, des connaissances et du travail. La création d'une communauté vous permet de mettre en commun des ressources, de faire du troc et de vous offrir un soutien mutuel en cas de besoin.

Autonomie grâce à l'autonomie

L'autonomie (cultiver sa propre nourriture, élever du bétail et créer des ressources renouvelables) est l'un des moyens les plus durables de survivre avec un budget limité. Même si vous avez un espace ou des fonds limités, démarrer un petit jardin, élever des poulets ou apprendre à composter peut améliorer considérablement vos perspectives de survie à long terme.

Troc et commerce

Envisagez d'apprendre un métier précieux comme la menuiserie, la forge ou la mécanique de base. Ces compétences peuvent être utilisées pour le troc dans un monde post-atomique où la monnaie traditionnelle risque de perdre sa valeur.

Survivre aux retombées nucléaires avec un budget limité nécessite de l'ingéniosité, une planification minutieuse et la volonté d'utiliser ce qui est disponible. Avec les bonnes stratégies, vous pouvez vous protéger des radiations, vous assurer de la nourriture et de l'eau et créer un plan de survie durable sans dépenser une fortune. En se concentrant sur des solutions abordables, des méthodes de bricolage et en construisant un style de vie autonome, même le prepper le plus frugal peut être bien préparé aux défis d'un monde post-nucléaire.

# Apprendre de l'histoire : catastrophes nucléaires et leçons de survie

Tout au long de l'histoire, l'humanité a été témoin de plusieurs catastrophes nucléaires, chacune offrant des leçons de survie cruciales pour l'avenir. Des bombardements d'Hiroshima et de Nagasaki aux fusions de centrales nucléaires comme Tchernobyl et Fukushima, ces événements ont façonné notre compréhension des radiations, des retombées et des immenses défis auxquels sont confrontés les survivants. L'étude de ces crises nucléaires passées peut fournir des informations précieuses sur ce qui fonctionne – et ce qui ne fonctionne pas – en termes de préparation, de stratégies de survie et de rétablissement à long terme.

Ce chapitre se penche sur les principales catastrophes nucléaires de l'histoire, en explorant ce que nous en avons appris et comment leurs leçons peuvent être appliquées pour survivre à une future retombée nucléaire. En analysant ces événements, les préparateurs peuvent acquérir des connaissances pratiques sur la façon de faire face aux radiations, de gérer les retombées et de gérer les conséquences physiques, émotionnelles et sociétales d'une catastrophe nucléaire.

Les bombardements d'Hiroshima et de Nagasaki (1945)

Les bombardements atomiques d'Hiroshima et de Nagasaki pendant la Seconde Guerre mondiale ont marqué la première et la seule utilisation d'armes nucléaires dans une guerre. Ces deux événements catastrophiques ont tué des centaines de milliers de personnes et ont laissé des séquelles durables chez les survivants, appelés « hibakusha », qui ont dû faire face à des maladies dues aux radiations, à des cancers et à des défis sociétaux pendant des années après les bombardements.

Leçons de survie d'Hiroshima et de Nagasaki

Bien que Hiroshima et Nagasaki soient uniques en raison de leur contexte de guerre, elles offrent plusieurs leçons clés sur la survie à une explosion nucléaire et à ses conséquences immédiates :

Distance par rapport à l'explosion : plus on était loin du centre de l'explosion, plus les chances de survie étaient élevées. Ceux qui ont pu s'abriter dans des bâtiments solides ou des structures souterraines avaient des taux de survie nettement plus élevés. Cela souligne l'importance de chercher un abri immédiat en cas d'événement nucléaire.

Abri immédiat : de nombreux survivants des bombardements se sont réfugiés dans des sous-sols, des bâtiments en béton ou derrière d'épaisses barrières. Ces structures ont protégé non seulement de l'explosion initiale, mais aussi de la chaleur et des radiations qui ont suivi. La leçon essentielle est que les premières minutes après une explosion sont cruciales : trouver l'abri le plus proche et le plus solide peut faire la différence entre la vie et la mort.

Décontamination : après l'explosion des bombes, les survivants qui ont pu se débarrasser des particules de retombées (comme la suie, les cendres et la poussière radioactive) ont rapidement réduit leur exposition aux radiations. L'un des principaux enseignements est de décontaminer dès que possible après l'exposition aux retombées afin de minimiser l'absorption des radiations.

Risques sanitaires à long terme : les survivants d'Hiroshima et de Nagasaki ont dû faire face à des conséquences sanitaires à long terme, notamment des cancers et des maladies liées aux radiations. Des examens médicaux réguliers et une surveillance des symptômes d'exposition aux radiations sont essentiels pour toute personne exposée aux retombées nucléaires.

La catastrophe de Tchernobyl (1986)

La catastrophe nucléaire de Tchernobyl en Ukraine reste l'un des pires accidents nucléaires de l'histoire. Un réacteur de la centrale nucléaire de Tchernobyl a explosé, libérant d'énormes quantités de matières radioactives dans l'environnement. Les conséquences à long terme de la catastrophe, à la fois environnementales et humaines, ont fourni d'importantes leçons en matière de sécurité nucléaire, d'évacuation et de gestion de l'exposition aux radiations.

Leçons de survie de Tchernobyl

Tchernobyl nous a montré comment une catastrophe nucléaire dans une centrale électrique peut avoir des effets de grande envergure, avec des radiations se propageant au-delà des frontières et affectant des millions de personnes. Les principales leçons de Tchernobyl sont les suivantes :

Évacuation et calendrier : la ville de Pripyat, située près de Tchernobyl, n'a été évacuée que près de deux jours après l'explosion. De nombreux habitants ont été exposés à des niveaux de radiation dangereux avant que les autorités n'émettent l'ordre d'évacuation. La leçon à tirer de cette expérience est qu'une évacuation rapide est essentielle. Si vous vous trouvez dans une zone de radiation et que les ordres d'évacuation ne sont pas immédiats, prenez la décision de partir par vous-même pour réduire votre exposition.

Rester confiné : Bien que l'évacuation soit idéale, il peut arriver qu'elle ne soit pas possible. À Tchernobyl, les habitants qui sont restés à l'intérieur pendant les premières retombées et ont fermé leurs fenêtres et leurs portes étaient mieux protégés de l'exposition aux radiations que ceux qui sont restés à l'extérieur. Il faut en conclure que si l'évacuation est retardée ou impossible, rester confiné avec des mesures de protection peut réduire considérablement l'exposition.

Surveillance et nettoyage des radiations : Après l'explosion, des efforts considérables ont été déployés pour surveiller les niveaux de radiations et nettoyer les zones contaminées. Bien que les individus ne puissent pas reproduire les efforts gouvernementaux à grande échelle, les préparateurs peuvent en tirer des leçons en s'assurant d'avoir accès à des détecteurs de radiations et à des équipements de protection. Une surveillance régulière des niveaux de radiations peut aider à éviter les zones hautement contaminées.

Contamination des aliments et de l'eau : Les radiations se sont propagées dans les zones agricoles, contaminant les réserves de nourriture et d'eau. Les survivants de Tchernobyl ont dû faire attention à ce qu'ils consommaient. La leçon à tirer ici est de disposer d'un stock d'aliments et d'eau non contaminés et d'utiliser des méthodes de filtration ou de purification pour garantir la salubrité de l'eau potable.

Effets à long terme : Les effets à long terme de la catastrophe de Tchernobyl sur la santé comprennent une augmentation des cancers de la thyroïde et d'autres maladies induites par les radiations, en particulier chez les enfants. La surveillance de la santé et la vigilance quant aux conséquences à long terme sont des éléments essentiels de la survie après une exposition aux radiations.

Catastrophe nucléaire de Fukushima Daiichi (2011)

En 2011, un tremblement de terre et un tsunami massifs ont provoqué la fusion des réacteurs de la centrale nucléaire de Fukushima Daiichi au Japon. L'événement a provoqué une contamination radioactive généralisée, forcé des évacuations à grande échelle et entraîné des conséquences environnementales et sanitaires durables. Fukushima a mis en évidence les risques associés aux catastrophes naturelles et à l'énergie nucléaire, et a souligné l'importance de la préparation et de la rapidité d'action pour atténuer les dommages.

Leçons de survie de Fukushima

La catastrophe de Fukushima fournit des informations clés sur la manière de gérer les urgences nucléaires aggravées par des catastrophes naturelles :

Préparation aux catastrophes naturelles : Fukushima enseigne l'importance de se préparer à des catastrophes multiples et aggravantes. Les accidents nucléaires peuvent être déclenchés par des événements naturels tels que des tremblements de terre ou des inondations, ce qui rend essentiel de disposer d'un plan de survie complet qui tienne compte de divers scénarios.

Planification de l'évacuation : les autorités japonaises ont ordonné l'évacuation des personnes vivant dans un rayon de 20 km de la centrale de Fukushima. De nombreux survivants ont été confrontés au chaos et à la confusion pendant l'évacuation. La leçon à en tirer est qu'avoir un plan d'évacuation personnel, connaître les voies d'évacuation et garder une trousse d'urgence prête peut aider à éviter la panique et à assurer un processus d'évacuation plus fluide.

Propagation des radiations par le vent et l'eau : L'un des défis de Fukushima était la propagation des matières radioactives par le vent et l'eau. Cela souligne l'importance de comprendre comment les retombées se propagent et de prendre des mesures de protection en conséquence. Vivre sous le vent ou à proximité de sources d'eau reliées à une zone contaminée augmente le risque d'exposition aux radiations.

Gestion des aliments et de l'eau contaminés : Après Fukushima, les radiations se sont propagées dans les régions agricoles et les zones de pêche, contaminant les cultures et les fruits de mer. Les survivants ont dû compter sur des sources de nourriture alternatives. Cela renforce l'importance de disposer d'un stock fiable de nourriture et d'eau non contaminée, en particulier dans les régions proches des centrales nucléaires ou des cibles potentielles d'attaques nucléaires.

Pannes de communication : Pendant la crise de Fukushima, il y a eu des problèmes de communication entre les agences gouvernementales, les exploitants de centrales nucléaires et le public. Lors d'une catastrophe nucléaire, les pannes de communication sont fréquentes. Il est donc important de disposer d'un plan pour rester informé, comme une radio à piles ou des réseaux locaux, pour vous aider à recevoir des informations critiques.

L'accident de Three Mile Island (1979)

L'accident de Three Mile Island, qui a eu lieu en Pennsylvanie, aux États-Unis, est souvent considéré comme l'accident nucléaire le plus grave aux États-Unis. Bien qu'il n'ait pas entraîné de rejets massifs de radiations comme à Tchernobyl ou à Fukushima, la fusion partielle d'un réacteur a suscité une peur généralisée, des ordres d'évacuation et des débats sur la sécurité nucléaire.

Leçons de survie de Three Mile Island

Bien que la catastrophe de Three Mile Island ait été contenue avant qu'elle ne s'aggrave, elle offre d'importantes leçons de survie, notamment en ce qui concerne la perception du public, la préparation et la réponse aux situations d'urgence :

Préparation du public et panique : même si le rejet de radiations de Three Mile Island a été minime, la confusion et la peur ont provoqué la panique dans la population environnante. Des milliers de personnes ont évacué malgré l'absence d'ordre officiel. Cet incident souligne l'importance de disposer d'informations claires et fiables en cas de crise nucléaire. Évitez la panique en restant informé, en vérifiant les faits et en vous préparant à la fois à l'évacuation et à la mise à l'abri sur place, en fonction de la situation.

Faites confiance aux informations gouvernementales, mais vérifiez-les : le gouvernement a d'abord minimisé la gravité de l'incident, ce qui a suscité la méfiance du public. Les préparateurs doivent être prêts à faire confiance aux informations officielles, mais aussi à prendre des mesures indépendantes s'ils estiment que la situation le justifie. Avoir accès à des outils indépendants, comme un compteur Geiger, peut vous aider à vérifier vous-même les niveaux de radiation.

Systèmes d'alerte précoce : bien que Three Mile Island n'ait pas émis de niveaux élevés de radiation, la peur a souligné l'importance des systèmes d'alerte précoce. Aujourd'hui, de nombreux gouvernements et communautés proches des centrales nucléaires ont mis en place des systèmes d'alerte d'urgence. Savoir comment recevoir les alertes et où trouver des informations en cas d'urgence est essentiel pour survivre.

Leçons de l'ère de la guerre froide

Pendant la guerre froide, la menace d'une guerre nucléaire a conduit à une préparation généralisée du public aux retombées potentielles, en particulier aux États-Unis et en Union soviétique. Les gouvernements ont construit des abris antiatomiques, ont éduqué le public sur la sécurité nucléaire et ont élaboré des plans pour survivre à une guerre nucléaire. Bien que nous n'ayons pas connu de dévastation nucléaire mondiale pendant la guerre froide, cette période offre de précieuses leçons aux préparateurs d'aujourd'hui.

Les leçons de survie de la guerre froide

L'époque de la guerre froide nous a appris que la préparation et l'éducation sont essentielles pour survivre à un événement nucléaire :

Abris antiatomiques : de nombreuses personnes ont construit des abris antiatomiques personnels pendant la guerre froide, soit à la maison, soit dans des espaces publics. Ces abris ont été conçus pour se protéger des radiations et des effets des explosions. Bien que les préparateurs modernes n'aient peut-être pas besoin de bunkers de type guerre froide, le principe d'avoir un abri sûr et bien approvisionné reste essentiel.

Éducation et exercices : les écoles et les communautés ont organisé des exercices nucléaires et ont fourni aux citoyens des informations sur la façon de survivre à une attaque nucléaire. Les préparateurs d'aujourd'hui peuvent tirer des leçons de ces efforts en s'instruisant, en organisant des exercices familiaux et en ayant des plans d'évacuation et d'abri détaillés.

Stockage des produits de première nécessité : l'époque de la guerre froide mettait l'accent sur le stockage des produits essentiels comme la nourriture, l'eau et les fournitures médicales. Le stockage reste l'un des moyens les plus efficaces de se préparer à une catastrophe nucléaire, garantissant que vous pouvez rester autonome pendant une période prolongée.

Préparation à long terme : les préparatifs de la guerre froide n'étaient pas à court terme ; les gens comprenaient que la récupération après une guerre nucléaire pouvait prendre des années, voire des décennies. Les préparateurs d'aujourd'hui doivent se concentrer non seulement sur la survie immédiate, mais aussi sur la durabilité à long terme, notamment la production de nourriture, la production d'énergie et la reconstruction des communautés.

Les catastrophes nucléaires, qu'elles soient d'origine humaine ou naturelle, ont enseigné à l'humanité de précieuses leçons sur la survie, la préparation et la résilience. Qu'il s'agisse de la destruction immédiate d'une explosion nucléaire ou des conséquences à long terme de l'exposition aux radiations, l'étude de ces événements historiques nous aide à comprendre ce qui fonctionne et ce qui ne fonctionne pas pour survivre à de telles catastrophes.

# Armes à feu et défense dans un monde post-apocalyptique

Dans un monde post-apocalyptique, où l'effondrement de l'ordre public est une possibilité réelle, l'autodéfense devient l'un des éléments les plus essentiels de la survie. Bien qu'il existe de nombreuses façons de se défendre et de défendre sa communauté, les armes à feu sont souvent considérées comme les outils les plus efficaces pour se protéger contre les menaces humaines et animales. Dans un monde où les ressources sont rares, les tensions sont élevées et la violence peut devenir monnaie courante, avoir les bonnes armes à feu – et savoir les utiliser de manière sûre et responsable – peut faire une différence significative dans vos chances de survie.

Ce chapitre explore le rôle des armes à feu dans un monde post-apocalyptique, en abordant les types d'armes à feu les mieux adaptées à la survie, les considérations pratiques pour leur utilisation et leur entretien, et les aspects éthiques et juridiques de l'utilisation des armes à feu pour la défense. En outre, il aborde la manière de créer une stratégie de défense complète qui comprend plus que de simples armes, en soulignant l'importance de la communauté, de la fortification et de la préparation.

Le rôle des armes à feu dans la survie post-apocalyptique

Dans un scénario post-apocalyptique, les armes à feu remplissent plusieurs fonctions essentielles, notamment la protection contre les individus hostiles, la chasse pour se nourrir et la défense contre les animaux sauvages. Elles peuvent également servir d'outils d'intimidation, aidant à dissuader les menaces sans avoir recours à une confrontation directe. Cependant, les armes à feu ne sont qu'une partie d'une stratégie de survie plus vaste, et elles s'accompagnent de responsabilités et de risques potentiels qui doivent être soigneusement pris en compte.

Autodéfense contre les menaces humaines

Dans le chaos qui suit une catastrophe nucléaire ou un autre événement apocalyptique, l'ordre civil peut s'effondrer, entraînant des risques accrus de pillage, de banditisme et de conflits violents pour les ressources. Les armes à feu offrent un moyen de vous protéger, de protéger votre famille et votre communauté de ceux qui pourraient essayer de prendre ce que vous avez par la force.

Dissuasion : la simple présence d'une arme à feu peut souvent dissuader les agresseurs potentiels. De nombreuses personnes réfléchiront à deux fois avant d'attaquer quelqu'un qu'elles savent armé, surtout si elles ne sont pas elles-mêmes armées.

Défense rapprochée et à longue portée : les armes à feu vous permettent de vous défendre à la fois contre les attaques rapprochées et les menaces à longue portée. Que vous soyez confronté à des intrus essayant de pénétrer dans votre maison ou à des groupes hostiles en plein air, la possibilité d'engager le combat à distance offre un avantage tactique important.

Protection contre les animaux sauvages

Dans un environnement post-apocalyptique, vous pouvez être confronté à des menaces d'animaux sauvages, en particulier si vous vivez dans des zones rurales ou sauvages. À mesure que les populations humaines diminuent ou reculent, les animaux peuvent se déplacer plus librement dans des régions autrefois peuplées, et la chasse ou la recherche de nourriture peuvent conduire à des rencontres dangereuses avec des prédateurs.

Défense contre les prédateurs : les prédateurs de plus grande taille tels que les ours, les loups ou les chiens sauvages peuvent constituer une menace importante si la nourriture se raréfie. Les armes à feu offrent un moyen pratique de vous défendre contre les attaques d'animaux lorsque l'évitement ou la dissuasion n'est pas une option.

Protection du bétail : Si vous élevez du bétail pour vous nourrir, les armes à feu peuvent vous aider à protéger vos animaux des prédateurs qui pourraient les attaquer, garantissant ainsi que votre approvisionnement en nourriture reste intact.

Chasser pour se nourrir

Dans un monde où les épiceries ne sont plus une option, la chasse peut devenir l'une de vos principales méthodes d'acquisition de nourriture. Les armes à feu, en particulier les fusils, sont des outils très efficaces pour chasser le gibier, des petits animaux comme les lapins et les écureuils aux plus gros animaux comme les cerfs ou les wapitis.

Chasse durable : Savoir chasser de manière efficace et responsable vous permettra de subvenir aux besoins de votre famille sans épuiser les populations fauniques locales. La capacité à atteindre des cibles à distance avec précision peut réduire la nécessité de longues poursuites et économiser de l'énergie.

Gestion des munitions : Dans un monde post-apocalyptique, les munitions peuvent devenir une ressource limitée, il est donc essentiel de chasser intelligemment. Ne tirez que les coups dont vous êtes sûr qu'ils réussiront et envisagez des méthodes de chasse alternatives (comme le piégeage ou la chasse à l'arc) pour le petit gibier afin de conserver les munitions.

Choisir les bonnes armes à feu pour la survie

Toutes les armes à feu ne sont pas également adaptées à un environnement post-apocalyptique. Les meilleures armes à feu pour la survie sont celles qui sont polyvalentes, fiables et faciles à entretenir. Vous trouverez ci-dessous quelques-uns des principaux types d'armes à feu à prendre en compte, ainsi que leurs avantages et inconvénients.

Fusils

Les fusils sont les armes à feu les plus polyvalentes pour la survie, offrant portée, puissance et précision. Ils sont idéaux pour la chasse, la défense d'une propriété et l'engagement des menaces à distance.

Fusils à verrou : les fusils à verrou sont connus pour leur fiabilité et leur précision, ce qui en fait d'excellents choix pour la chasse et la défense à longue portée. Ils sont simples à entretenir et comportent souvent moins de pièces susceptibles de mal fonctionner que les fusils semi-automatiques.

Fusils semi-automatiques : les fusils semi-automatiques offrent une cadence de tir plus élevée et des tirs de suivi plus rapides que les fusils à verrou. Les modèles populaires comme l'AR-15 ou l'AK-47 offrent une polyvalence pour la défense et la chasse. Cependant, les fusils semi-automatiques nécessitent plus d'entretien et peuvent être plus complexes à réparer.

Fusils à levier : Les fusils à levier sont un bon compromis entre les fusils à verrou et les fusils semi-automatiques. Ils offrent un cycle rapide des balles tout en conservant la simplicité. Les fusils à levier sont populaires pour la chasse et la défense du domicile dans les zones rurales.

Fusils de chasse

Les fusils de chasse sont très efficaces pour la défense rapprochée et peuvent être utilisés pour chasser aussi bien le petit gibier que les gros animaux comme les cerfs ou les oiseaux. La possibilité d'utiliser différents types de munitions (comme la chevrotine, la grenaille ou les balles) ajoute de la polyvalence.

Fusils à pompe : Les fusils à pompe sont extrêmement fiables et faciles à entretenir. Ils sont excellents pour la défense du domicile, vous permettant d'engager plusieurs cibles rapidement. Le bruit du chargement d'un fusil de chasse est également un moyen de dissuasion bien connu.

Fusils à bascule : ce sont les fusils de chasse les plus simples, nécessitant peu d'entretien et peu de pièces mobiles. Cependant, leur capacité limitée (généralement deux cartouches) les rend moins efficaces lors d'engagements prolongés.

Pistolets

Les pistolets sont utiles pour la protection personnelle, en particulier lorsque la mobilité est importante. Bien qu'ils n'aient pas la portée et la puissance d'arrêt des carabines et des fusils de chasse, ils sont faciles à transporter et à dissimuler.

Pistolets semi-automatiques : les pistolets semi-automatiques, tels que les Glocks ou les 1911, sont le choix le plus courant pour la défense personnelle. Ils offrent un bon équilibre entre puissance de feu et portabilité, avec des capacités de chargeur allant généralement de 7 à 17 cartouches.

Revolvers : les revolvers sont connus pour leur simplicité et leur fiabilité. Ils contiennent généralement moins de cartouches que les pistolets semi-automatiques, mais sont plus faciles à entretenir et moins susceptibles de se bloquer.

Carabines et pistolets-mitrailleurs

Les carabines, qui sont des versions plus courtes des fusils, et les pistolets-mitrailleurs, qui tirent des balles de calibre pistolet, sont efficaces pour le combat rapproché et la défense du domicile. Leur taille compacte les rend idéales pour les espaces restreints et les mouvements rapides.

Carabines de calibre pistolet : ces armes à feu sont faciles à contrôler et leurs balles de plus petit calibre (comme le 9 mm ou le .45 ACP) sont plus faciles à stocker. Elles sont efficaces pour la défense du domicile, mais n'ont pas la portée et la puissance d'arrêt des fusils de taille normale.

Pistolets-mitrailleurs : les véritables pistolets-mitrailleurs, comme l'Uzi ou le MP5, sont des armes entièrement automatiques ou à tir en rafale, généralement réservées à un usage militaire. Cependant, il existe des versions semi-automatiques légales pour les civils. Leur principal avantage est la portabilité et la cadence de tir élevée, bien que la consommation de munitions puisse être élevée.

Considérations sur les munitions et leur conservation

Dans un monde post-apocalyptique, les munitions pourraient devenir plus précieuses que l'or. La capacité à conserver et à gérer efficacement vos munitions sera essentielle à votre survie à long terme. Le stockage des bons types de munitions et l'apprentissage du rechargement des douilles usagées peuvent considérablement augmenter votre approvisionnement.

Stocker des munitions

Lorsque vous stockez des munitions, concentrez-vous sur la polyvalence et la disponibilité. Choisissez des calibres courants qui sont largement utilisés, car ils seront plus faciles à trouver ou à échanger après une catastrophe.

Calibres de fusil courants : .223/5,56 mm (utilisé dans les fusils AR-15), 7,62x39 mm (utilisé dans les fusils AK-47) et .308 Winchester/7,62 OTAN sont des choix populaires. Ces cartouches offrent un équilibre entre portée, puissance et disponibilité.

Calibres d'armes de poing courants : 9 mm, .45 ACP et .38 Special sont largement utilisés et efficaces pour l'autodéfense. Leur taille plus petite vous permet également de transporter plus de cartouches.

Cartouches de fusil de chasse : les calibres de fusil de chasse les plus courants sont les calibres 12 et 20. Faites des réserves de grenaille, de chevrotine et de balles pour une polyvalence maximale.

Recharger des munitions

Apprendre à recharger des douilles de munitions usagées est une compétence précieuse dans un monde post-apocalyptique. Le rechargement vous permet de réutiliser des douilles en laiton, à condition de disposer des composants nécessaires : poudre, amorces et balles.

Équipement de rechargement : investissez dans une presse de rechargement de base, des balances à poudre et des matrices pour les calibres que vous avez choisis. Bien que l'investissement initial puisse être coûteux, il peut vous faire économiser de l'argent et prolonger votre approvisionnement en munitions au fil du temps.

Récupérer du laiton : même si vous ne rechargez pas immédiatement, récupérez les douilles en laiton usagées dès que vous le pouvez. Celles-ci peuvent être réutilisées ou échangées avec d'autres personnes qui savent recharger.

Entretien et réparation des armes à feu

Dans un monde sans armuriers ni chaînes d'approvisionnement régulières, il est essentiel de savoir comment entretenir et réparer vos armes à feu. Les armes à feu négligées ou mal entretenues finiront par tomber en panne, vous laissant sans défense.

Nettoyage et entretien

Un nettoyage régulier est essentiel pour maintenir les armes à feu en état de marche. La saleté, les débris et l'humidité peuvent provoquer des dysfonctionnements, tandis que la négligence de la lubrification peut entraîner la rouille et l'usure des pièces métalliques.

Kits de nettoyage : Investissez dans un kit de nettoyage de base comprenant des brosses, des rustines, des tiges de nettoyage et de l'huile. Ces outils vous permettront de nettoyer le canon, l'action et les pièces mobiles de vos armes à feu.

Lubrification : Gardez vos armes à feu correctement lubrifiées, en particulier dans les environnements humides ou mouillés où la rouille est un problème. Utilisez de l'huile pour armes à feu ou d'autres lubrifiants conçus pour les armes à feu pour assurer un fonctionnement fluide.

Démontage sur le terrain : Apprenez à démonter vos armes à feu sur le terrain, ce qui signifie les démonter en composants principaux pour les nettoyer et les inspecter. Cette compétence est particulièrement importante pour les armes semi-automatiques qui peuvent se salir après une utilisation prolongée.

Réparations simples et pièces de rechange

Dans un monde post-apocalyptique, vous devrez peut-être réparer vos armes à feu sans l'aide d'un armurier. Garder une petite réserve de pièces de rechange pour les problèmes courants peut vous aider à éviter de vous retrouver avec une arme inutile.

Pièces de rechange : pour les armes à feu semi-automatiques, gardez des pièces de rechange comme les percuteurs, les ressorts et les extracteurs, qui sont les composants les plus susceptibles de s'user ou de se casser. Pour les fusils à verrou, des verrous de rechange ou des pièces de verrou peuvent être utiles.

Réparations improvisées : en l'absence de pièces de rechange, vous devrez peut-être improviser des réparations. Savoir utiliser des outils de base et comprendre la mécanique de votre arme à feu peut vous aider à effectuer des réparations temporaires sur le terrain.

Considérations éthiques et juridiques

Bien que les armes à feu puissent fournir protection et nourriture dans un monde post-apocalyptique, leur utilisation s'accompagne de considérations éthiques et juridiques importantes. Il est important de comprendre la gravité du recours à la force létale et de considérer les conséquences de vos actes, tant moralement que pratiquement.

L'éthique de la légitime défense

Dans un monde sans loi, l'utilisation d'armes à feu pour se défendre peut devenir une nécessité, mais elle ne doit toujours être utilisée qu'en dernier recours. Prendre une vie, même pour se défendre, peut avoir de profonds effets émotionnels et psychologiques.

La désescalade d'abord : Dans la mesure du possible, essayez de désamorcer les confrontations ou d'éviter complètement le conflit. Vous ne devez utiliser une arme que lorsqu'il n'existe aucun autre moyen de vous protéger ou de protéger les autres d'un danger imminent.

Protection des biens contre la vie : Soyez prudent lorsque vous utilisez la force meurtrière pour protéger vos biens. Bien qu'il puisse être tentant de défendre vos fournitures ou vos ressources par la force meurtrière, réfléchissez aux conséquences potentielles et à la question de savoir si cela vaut la peine de risquer des vies.

Armes à feu et dynamique communautaire

Les armes à feu peuvent changer la dynamique au sein d'un groupe de survie ou d'une communauté. Bien qu'elles assurent la sécurité, elles peuvent également créer des tensions si elles ne sont pas gérées correctement.

Formation et responsabilité : Assurez-vous que toute personne armée de votre groupe est correctement formée à l'utilisation et au maniement sécuritaires des armes à feu. Les décharges accidentelles ou l'utilisation inappropriée peuvent entraîner des blessures ou des décès inutiles.

Autorité et confiance : dans un scénario post-apocalyptique, les communautés devront établir des règles claires concernant qui peut porter des armes à feu, quand elles peuvent être utilisées et comment les conflits sont résolus. La confiance est essentielle, et une mauvaise utilisation des armes à feu peut rapidement éroder cette confiance.

Au-delà des armes à feu : stratégies de défense complètes

Bien que les armes à feu soient un outil précieux pour la défense, elles doivent faire partie d'une stratégie plus vaste qui comprend la fortification, la vigilance et la coopération.

Fortifier votre abri

Les fortifications physiques peuvent fournir une défense importante sans avoir besoin d'une vigilance armée constante. Renforcez les portes et les fenêtres, créez des barrières et établissez des lignes de visée claires pour la visibilité. L'objectif est de rendre difficile l'entrée des intrus tout en vous laissant le temps de réagir.

Défense communautaire

Dans une situation de survie, travailler avec d'autres pour établir un plan de défense communautaire peut augmenter les chances de survie de chacun. La mise en commun des ressources et des compétences permet une meilleure protection des personnes et des biens.

Patrouilles partagées : organisez des patrouilles ou des quarts de surveillance pour surveiller le périmètre de votre zone de vie. Cela réduit le risque d'attaques surprises et répartit la charge de la sécurité sur l'ensemble du groupe.

Zones fortifiées : désignez des zones sûres au sein de votre communauté où les personnes vulnérables, comme les enfants et les personnes âgées, peuvent rester protégées. Assurez-vous que ces zones sont bien défendues et approvisionnées en provisions.

Les armes à feu jouent un rôle crucial dans la survie post-apocalyptique, offrant une défense contre les menaces humaines et animales, ainsi que permettant la chasse pour se nourrir. Cependant, elles ne constituent qu'une partie d'une stratégie de défense globale qui comprend la fortification, la coopération communautaire et une utilisation responsable.

# Reconquérir la Terre : combien de temps faudra-t-il avant qu'elle ne redevienne sûre ?

Après une catastrophe nucléaire, la question de savoir combien de temps il faudra pour que la Terre redevienne sûre est cruciale. Les radiations des retombées peuvent persister dans l'environnement pendant des années, des décennies, voire des siècles, selon le type de matières radioactives libérées. Le délai de rétablissement varie en fonction de la gravité de l'événement nucléaire, des isotopes spécifiques impliqués et de la zone géographique touchée. Comprendre comment les radiations se désintègrent, quels facteurs influencent la persistance de la contamination et comment gérer le processus de rétablissement peut aider les survivants à planifier l'avenir.

Ce chapitre explorera les différentes phases de la désintégration des radiations, l'impact environnemental des retombées et ce à quoi on peut s'attendre en termes de calendrier de réhabitation humaine et de rétablissement environnemental. En comprenant la science derrière la désintégration des radiations et la contamination, les préparateurs peuvent mieux estimer quand et où il sera sûr de reconquérir la Terre après une catastrophe nucléaire.

La science de la désintégration des radiations

Après une explosion ou un accident nucléaire, des isotopes radioactifs sont libérés dans l'atmosphère, le sol et l'eau. Ces isotopes sont instables et émettent des radiations lorsqu'ils se désintègrent en formes plus stables. La vitesse à laquelle ils se désintègrent est mesurée par leur demi-vie, qui est le temps nécessaire à la désintégration de la moitié des atomes radioactifs d'une substance.

Demi-vie et isotopes radioactifs

Les différents isotopes radioactifs ont des demi-vies très différentes, et il est essentiel de comprendre quels isotopes sont présents après un événement nucléaire pour déterminer quand une zone sera à nouveau sûre.

Iode 131 : L'un des isotopes les plus dangereux libérés lors d'un événement nucléaire est l'iode 131, qui a une demi-vie d'environ 8 jours. Bien que cet isotope se désintègre relativement rapidement, il peut être extrêmement nocif à court terme, en particulier lorsqu'il est inhalé ou ingéré, car il se concentre dans la glande thyroïde.

Césium 137 : Le césium 137 a une demi-vie beaucoup plus longue, d'environ 30 ans. Cet isotope est très soluble dans l'eau, ce qui signifie qu'il peut se propager dans l'environnement et contaminer les cultures, les sols et les réserves d'eau. Il constitue une préoccupation majeure en matière de contamination à long terme des régions agricoles.

Strontium 90 : Avec une demi-vie de 29 ans, le strontium 90 se comporte de manière similaire au calcium dans le corps humain, s'accumulant dans les os et les dents. Cet isotope peut provoquer des effets à long terme sur la santé, comme le cancer et les troubles osseux, ce qui en fait une menace environnementale persistante.

Plutonium 239 : L'un des isotopes les plus dangereux, le plutonium 239, a une demi-vie de 24 000 ans. Bien qu'il ne se disperse pas aussi facilement que le césium ou l'iode, son extrême toxicité et sa longévité signifient que les zones contaminées par le plutonium peuvent rester dangereuses pendant des millénaires.


Phases de la désintégration des radiations

Le processus de désintégration des radiations suit une chronologie prévisible, mais le taux de désintégration et les dangers qu'il représente pour la vie humaine varient en fonction des isotopes spécifiques impliqués.

Retombées immédiates (48 premières heures) : Au cours des deux premiers jours suivant une explosion nucléaire, les niveaux de radiations sont à leur maximum. Les particules de retombées se déposent dans l'atmosphère, contaminant tout ce qu'elles touchent.

Durant cette phase, l'exposition à l'air libre peut être mortelle et ceux qui ne cherchent pas à s'abriter courent un risque important de souffrir d'une maladie aiguë due aux radiations.

Désintégration initiale (2 premières semaines) : Au cours des deux semaines suivantes, les niveaux de radiation chutent considérablement. Par exemple, les niveaux de radiation peuvent diminuer de 90 % dans les sept premières heures et de 99 % après 48 heures. Cependant, certaines zones restent fortement contaminées, en particulier celles situées sous le vent du site de l'explosion.

Récupération à court terme (3 premiers mois) : Dans les mois qui suivent une catastrophe nucléaire, de nombreux isotopes radioactifs les plus volatils, comme l'iode 131, se seront désintégrés. Cela réduit les risques immédiats pour la santé, mais les isotopes à plus longue durée de vie comme le césium 137 et le strontium 90 continueront de représenter des menaces importantes.

Désintégration à long terme (des années à des siècles) : Au cours des décennies suivantes, les niveaux de radiation continueront de diminuer à mesure que le césium 137 et d'autres isotopes à plus longue durée de vie se désintègrent. Cependant, les zones fortement contaminées par du plutonium ou d'autres isotopes à longue durée de vie peuvent rester dangereuses pendant des siècles, voire des millénaires.

Impact environnemental des retombées nucléaires

Les retombées nucléaires affectent l'environnement de plusieurs façons, de la contamination des sols à la pollution de l'eau. La capacité de récupérer les terres et de vivre en sécurité dans des zones précédemment contaminées dépend de l'ampleur des retombées et du type de matière radioactive impliquée.

Contamination des sols

La contamination des sols est l'un des effets les plus durables des retombées nucléaires. Les isotopes radioactifs comme le césium 137 et le strontium 90 se lient aux particules du sol, ce qui rend difficile leur élimination de l'environnement. Les sols contaminés représentent un risque important pour l'agriculture, car les particules radioactives peuvent être absorbées par les plantes et entrer dans la chaîne alimentaire.

Techniques d'assainissement : Au fil du temps, le sol peut être assaini à l'aide de techniques telles que l'élimination de la couche supérieure du sol contaminé, l'ajout de terre propre par-dessus ou la plantation de certains types de végétation qui absorbent les matières radioactives (un processus connu sous le nom de phytoremédiation). Cependant, ces méthodes sont coûteuses et chronophages, et elles ne sont pas toujours efficaces pour les isotopes à longue durée de vie comme le plutonium.

Contamination de l'eau

La contamination de l'eau est une préoccupation majeure après une catastrophe nucléaire, car des particules radioactives peuvent être transportées dans les rivières, les lacs et les nappes phréatiques. Le césium 137, en particulier, est très soluble dans l'eau et peut parcourir de longues distances, affectant des zones bien au-delà de la zone de retombées initiale.

Purification de l'eau : il est possible de purifier l'eau contaminée, mais il faut des systèmes de filtration avancés capables d'éliminer les particules radioactives. Les méthodes de filtration de base, comme l'ébullition, n'élimineront pas les radiations de l'eau. Les systèmes de distillation et d'échange d'ions sont plus efficaces pour purifier l'eau, mais l'accès à ces technologies pourrait être limité dans un monde post-apocalyptique.

Récupération de la faune et des écosystèmes

Les radiations peuvent avoir des effets dévastateurs sur la faune locale, provoquant des mutations, des problèmes de reproduction et des déclins de population. Cependant, certains écosystèmes ont montré une résilience remarquable en se rétablissant de l'exposition aux radiations. Par exemple, la faune de la zone d'exclusion de Tchernobyl s'est rétablie malgré les niveaux élevés de radiations, car l'absence d'activité humaine a permis aux animaux de repeupler la région.

Mutation et adaptation : Si certains animaux et plantes peuvent souffrir de mutations induites par les radiations, d'autres peuvent s'adapter à l'environnement au fil du temps. Les écosystèmes finiront par se rétablir, mais ce processus peut prendre des décennies ou plus, selon la gravité de la contamination.

Santé humaine et réhabitation

L'une des préoccupations les plus critiques lors de la reconquête de la Terre après une catastrophe nucléaire est de savoir quand les humains pourront retourner en toute sécurité dans les zones contaminées. Le délai de réhabitation en toute sécurité dépend des niveaux de radiation, du type d'isotopes radioactifs présents et de l'efficacité des efforts de décontamination.

Seuils de radiation pour la sécurité humaine

L'exposition aux radiations est mesurée en unités appelées sieverts (Sv), et les risques pour la santé augmentent avec la quantité de radiation absorbée par le corps. Il est essentiel de comprendre les seuils de sécurité pour l'exposition aux radiations afin de déterminer quand une zone peut être habitée en toute sécurité.

Sécurité à court terme (1 à 2 mois) : immédiatement après un événement nucléaire, les niveaux de radiation peuvent être suffisamment élevés pour provoquer une maladie aiguë due aux radiations avec une exposition de courte durée. Une fois que les niveaux de radiation tombent en dessous de 1 sievert par heure, il devient possible de pénétrer à nouveau dans une zone pendant de courtes périodes, mais une exposition à long terme reste dangereuse.

Sécurité à long terme (6 à 12 mois) : après plusieurs mois, les niveaux de radiation peuvent avoir suffisamment baissé pour permettre une réhabitation limitée, à condition que des mesures de protection soient prises. Une zone est généralement considérée comme sûre pour une habitation à long terme lorsque les niveaux de radiation tombent en dessous de 0,1 sievert par an. Cependant, vivre dans une zone où les niveaux de radiation sont élevés augmente toujours le risque de cancer et d'autres problèmes de santé au fil du temps.

Surveillance de la santé et radioprotection

Même lorsqu'une zone est jugée sûre pour la réhabilitation, les survivants doivent rester vigilants quant à la surveillance de l'exposition aux radiations. Une exposition prolongée à de faibles niveaux de radiations peut entraîner un risque accru de cancer, de troubles thyroïdiens et d'autres complications de santé.

Détecteurs de radiations : les dosimètres personnels et les compteurs Geiger sont des outils essentiels pour surveiller les niveaux de radiations. Ces appareils vous permettent de suivre l'exposition en temps réel et d'éviter les zones hautement contaminées.

Vêtements de protection et décontamination : lorsque vous retournez dans des zones contaminées, le port de vêtements de protection et la décontamination régulière de vous-même et de votre environnement de vie peuvent contribuer à réduire l'exposition. Le lavage des particules de retombées, l'évitement des aliments et de l'eau contaminés et le fait de rester à l'intérieur pendant les périodes de fortes retombées peuvent minimiser les risques pour la santé.

Le calendrier de remise en état des zones contaminées

La remise en état de la Terre après une catastrophe nucléaire est un processus à long terme qui exige de la patience, de la persévérance et une planification minutieuse. Le calendrier de remise en état et de rétablissement de l'environnement en toute sécurité varie en fonction de l'ampleur de la catastrophe, des isotopes spécifiques impliqués et de l'efficacité des efforts de remise en état.

Remise en état à court terme (1 à 3 ans)

Au cours des premières années suivant une catastrophe nucléaire, l'accent sera mis sur la stabilisation de l'environnement et la décontamination des zones clés pour l'habitation humaine. Pendant cette période :

Efforts de décontamination : l'élimination ou l'isolement des zones les plus fortement contaminées, comme l'enlèvement du sol ou la purification de l'eau, sera essentiel. C'est la période où les infrastructures de base peuvent commencer à revenir et où une réhabitation limitée des zones à faible risque peut se produire.

Agriculture à court terme : il peut être possible de cultiver des aliments dans des systèmes clos ou hydroponiques, où les cultures sont protégées des sols et de l'eau contaminés. L'agriculture en plein champ sera probablement limitée aux zones avec des retombées minimales.

Réhabilitation à moyen terme (10 à 30 ans)

Au cours des prochaines décennies, les niveaux de radiation continueront de diminuer et de nombreuses zones deviendront sûres pour l'habitation humaine. Au cours de cette période :

Agriculture et élevage : l'agriculture peut reprendre dans les zones où les niveaux de radiation sont suffisamment faibles pour assurer une production alimentaire sûre. Cependant, des tests et une surveillance continus seront nécessaires pour empêcher les cultures contaminées de pénétrer dans l'approvisionnement alimentaire.

Rétablissement des écosystèmes : les populations d'animaux sauvages continueront de se rétablir et les zones précédemment contaminées pourraient commencer à montrer des signes de régénération naturelle. Les efforts de reforestation et de remise en état des sols peuvent accélérer le processus de rétablissement.

Réhabilitation à long terme (50 à 100 ans et plus)

Pour les zones les plus fortement contaminées, telles que celles affectées par le plutonium ou d'autres isotopes à longue durée de vie, le rétablissement complet peut prendre des siècles. À long terme :

Zones abandonnées : certaines zones peuvent rester interdites à l'habitation humaine pendant des centaines, voire des milliers d'années en raison de la présence d'isotopes à longue durée de vie. Ces zones peuvent être désignées comme zones d'exclusion, à l'image de la zone d'exclusion de Tchernobyl, où l'activité humaine est minimale.

Adaptation culturelle : les sociétés peuvent avoir besoin de s'adapter à la vie dans un monde post-nucléaire, où certaines régions sont définitivement inhabitables et d'autres soumises à une surveillance stricte des radiations. Les communautés peuvent développer de nouveaux modes de vie, comme la construction de maisons surélevées ou fermées pour réduire l'exposition.

La reconquête de la Terre après une catastrophe nucléaire est un processus long et complexe, mais il est possible avec une planification minutieuse, des efforts de décontamination et une compréhension de la décroissance des radiations. Si certaines zones peuvent redevenir sûres pour la réhabitation en quelques années, d'autres resteront dangereuses beaucoup plus longtemps, en particulier celles contaminées par des isotopes à longue durée de vie comme le plutonium. En surveillant les niveaux de radiation, en prenant des mesures de protection et en se concentrant sur la remédiation, les survivants peuvent progressivement reconquérir leur monde et commencer le processus de reconstruction de la société après un événement nucléaire.

# Le bilan psychologique de l'hiver nucléaire : survivre à la tension mentale

Un hiver nucléaire menace non seulement la survie avec des conditions environnementales extrêmes, l'exposition aux radiations et la pénurie de ressources, mais pose également d'immenses défis psychologiques. La tension mentale de la survie dans un monde post-apocalyptique peut être aussi dangereuse que les menaces physiques, car le stress prolongé, la peur, l'isolement et les traumatismes pèsent lourdement sur les survivants. Comprendre comment faire face aux effets psychologiques de l'hiver nucléaire est essentiel pour maintenir la santé mentale et la résilience face à une adversité écrasante.

Ce chapitre explore le bilan psychologique de l'hiver nucléaire, en se concentrant sur les problèmes de santé mentale auxquels les survivants sont susceptibles d'être confrontés et sur les stratégies de gestion de la tension mentale. Il couvre les réactions émotionnelles courantes, les effets à long terme des traumatismes et les techniques pratiques pour favoriser la résilience et le bien-être émotionnel dans un monde dévasté.

Comprendre l'impact psychologique de l'hiver nucléaire

Dans un monde où la vie normale a été brisée, l'impact psychologique de l'hiver nucléaire est profond. Les survivants sont confrontés à une combinaison de traumatisme aigu, de stress à long terme et d'incertitude profonde quant à l'avenir. Il est essentiel de reconnaître ces défis psychologiques et de développer des mécanismes d'adaptation pour y faire face.

Choc initial et traumatisme

Les conséquences immédiates d'un événement nucléaire peuvent déclencher un choc psychologique intense. Le fait d'être témoin d'une destruction généralisée, de perdre des êtres chers ou de vivre un danger mortel peut laisser les survivants dans un état de traumatisme aigu, caractérisé par des sentiments d'incrédulité, d'engourdissement et de dépassement émotionnel.

Réaction de stress aigu : au début, de nombreux survivants peuvent ressentir des réactions de stress aigu, qui comprennent un engourdissement émotionnel, des difficultés à penser clairement et des symptômes physiques tels qu'une accélération du rythme cardiaque, une transpiration et une hypervigilance. Ces réactions sont naturelles et peuvent être le moyen utilisé par le corps pour se protéger d'un préjudice psychologique immédiat.

Culpabilité du survivant : les personnes qui vivent une catastrophe nucléaire peuvent ressentir la culpabilité du survivant, un état dans lequel les individus ressentent une culpabilité ou une honte intense d'avoir survécu alors que d'autres n'y sont pas parvenus. Cela peut conduire à un retrait émotionnel, à une dépression ou à des comportements autodestructeurs.

Stress psychologique à long terme

Alors que la réalité de l'hiver nucléaire s'installe, le stress permanent de la survie peut entraîner une tension psychologique à long terme. Des facteurs tels que la menace constante des radiations, la pénurie de ressources, le froid extrême et l'isolement contribuent à un état d'anxiété et de peur accru.

Stress chronique : l'exposition prolongée à des conditions potentiellement mortelles et la lutte pour assurer les besoins de base comme la nourriture, l'eau et un abri peuvent entraîner un stress chronique. Au fil du temps, cela peut se manifester par de l'irritabilité, de la fatigue, des difficultés de concentration et des symptômes physiques comme des maux de tête ou des problèmes digestifs.

Dépression et désespoir : la désolation de l'hiver nucléaire, avec son ciel assombri, ses températures glaciales et ses paysages arides, peut favoriser un sentiment de désespoir. Les survivants peuvent se sentir piégés dans une réalité immuable, ce qui conduit à la dépression, à la perte de motivation et au retrait des autres.

Isolement et solitude

Après une catastrophe nucléaire, les survivants peuvent être coupés de leur famille, de leurs amis et de leurs réseaux de soutien social. L'isolement et la solitude peuvent avoir de graves répercussions sur la santé mentale, car les humains sont des créatures sociales par nature qui dépendent des liens pour leur bien-être émotionnel.

Retrait social : la peur de l'exposition aux radiations ou des interactions dangereuses avec d'autres survivants peut forcer des individus ou des familles à s'isoler. Si l'isolement physique peut être nécessaire à la survie, des périodes prolongées de solitude peuvent exacerber les sentiments de désespoir et de désespoir.

Perte de communauté : la destruction des structures sociales, telles que les quartiers, les communautés et les villes, laisse les survivants déconnectés du tissu social familier de la vie. L'absence de rituels, de rassemblements et de soutien communautaires peut intensifier les sentiments d'aliénation.

Traumatisme et trouble de stress post-traumatique (TSPT)

Les survivants de l'hiver nucléaire sont susceptibles de souffrir d'un trouble de stress post-traumatique (TSPT), un état qui survient après avoir vécu ou été témoin d'événements traumatisants. Le syndrome de stress post-traumatique peut se manifester de diverses manières, notamment par des flashbacks, des cauchemars, un engourdissement émotionnel et une hyperactivité.

Éléments déclencheurs et flashbacks : les survivants peuvent avoir des flashbacks ou des souvenirs intrusifs de la catastrophe initiale, déclenchés par des images, des sons ou des situations qui leur rappellent l'événement traumatisant. Ces flashbacks peuvent provoquer une détresse émotionnelle intense et rendre difficile la poursuite du processus.

Engourdissement émotionnel : certains survivants peuvent faire face au traumatisme en se fermant émotionnellement. Cet engourdissement émotionnel peut entraîner des sentiments de détachement, des difficultés à nouer des relations et un manque d'intérêt pour des activités qui leur procuraient autrefois de la joie.

Fatigue du survivant

Au fil du temps, la lutte continue pour la survie peut conduire à la fatigue du survivant, un état d'épuisement physique, émotionnel et mental. Vivre constamment en « mode survie », où chaque jour est une bataille pour rester en vie, épuise la résilience et conduit à l'épuisement professionnel.

Épuisement mental : la nécessité de prendre quotidiennement des décisions de vie ou de mort, combinée au stress permanent dû à la pénurie de ressources et aux dangers environnementaux, peut entraîner une surcharge cognitive et une fatigue mentale. Les survivants peuvent avoir du mal à se concentrer, à prendre des décisions ou même à garder espoir.

Engourdissement ou explosions émotionnelles : lorsque la fatigue des survivants s'installe, certains peuvent ressentir un détachement émotionnel, tandis que d'autres peuvent avoir des explosions émotionnelles soudaines en raison de l'accumulation de stress et de frustration.

Stratégies d'adaptation pour gérer la tension mentale

Bien que le bilan psychologique de l'hiver nucléaire soit lourd, il existe des stratégies que les survivants peuvent employer pour gérer la tension mentale et favoriser la résilience émotionnelle. Développer des mécanismes d'adaptation, bâtir une communauté et donner la priorité à la santé mentale peuvent aider les individus à surmonter les défis de la vie dans un monde post-nucléaire.

Établir une routine et une structure

L'un des moyens les plus efficaces pour lutter contre le chaos et l'incertitude de l'hiver nucléaire est d'établir une routine quotidienne. La création d'une structure dans votre journée procure un sentiment de normalité et de contrôle, ce qui peut aider à atténuer les sentiments d'impuissance et d'anxiété.

Tâches quotidiennes : même dans les situations de survie, réserver du temps pour des tâches de base comme le nettoyage, l'organisation des fournitures ou la préparation des repas peut procurer un sentiment d'accomplissement et de détermination. Cela permet également de rompre la monotonie d'une survie sans fin.

Fixer des objectifs : se fixer chaque jour de petits objectifs réalisables, comme ramasser du bois de chauffage, réparer un abri ou rationner la nourriture, donne aux survivants un sentiment de progrès. Se concentrer sur des objectifs immédiats et tangibles permet de détourner l'attention de la réalité accablante de l'hiver nucléaire.

Entretenir les liens sociaux

Les liens humains sont essentiels au bien-être mental, même dans les circonstances les plus difficiles. Donner la priorité à l'interaction sociale, que ce soit au sein d'un petit groupe de survivants ou par des moyens plus créatifs, peut atténuer les sentiments de solitude et d'isolement.

Soutien de groupe : si vous survivez avec d'autres personnes, prenez le temps de discuter, de travailler en équipe et de vous soutenir mutuellement. Partager le fardeau de la survie et travailler ensemble peut créer un sentiment de solidarité et réduire l'isolement émotionnel.

Communication créative : en l'absence d'une communauté physique, trouver des moyens de communiquer avec les autres (par le biais de radios, de notes manuscrites ou d'autres formes de sensibilisation) peut favoriser un sentiment de connexion. Même une brève communication avec d'autres peut procurer un soulagement émotionnel.

Pratiquer la pleine conscience et la méditation

La pleine conscience et la méditation sont des outils puissants pour gérer le stress, l'anxiété et les traumatismes. Bien que cela puisse sembler contre-intuitif dans une situation de survie, prendre le temps de vous recentrer mentalement peut vous aider à rester concentré, calme et lucide face au danger.

Exercices de respiration : de simples exercices de respiration, comme la respiration lente et profonde, peuvent aider à réduire l'anxiété et à diminuer les niveaux de stress. Prendre quelques minutes chaque jour pour se concentrer sur sa respiration peut apporter un sentiment de calme, même au milieu du chaos.

Techniques d'ancrage : les techniques d'ancrage, qui consistent à se concentrer sur les sensations physiques ou sur votre environnement, peuvent aider les survivants à gérer des émotions accablantes. Par exemple, se concentrer sur la texture d'un objet, le bruit du vent ou la sensation du sol sous les pieds peut vous ramener au moment présent et réduire la panique.

Débouchés créatifs et expression personnelle

Trouver des moyens d'exprimer ses émotions de manière créative peut être un moyen thérapeutique de traiter un traumatisme, un deuil et une peur. Même dans un scénario de survie, prendre le temps de s'exprimer peut aider à alléger les fardeaux émotionnels.

Tenir un journal : écrire sur vos expériences, vos pensées et vos sentiments peut vous aider à gérer la tension psychologique de la survie. Tenir un journal vous permet d'exprimer des émotions dont il peut être difficile de parler et procure un sentiment de libération.

Art et musique : dessiner, peindre ou jouer de la musique, même avec des ressources limitées, peuvent offrir une évasion émotionnelle et un moyen de gérer des sentiments complexes. Ces activités créatives offrent un répit face à la dureté de la survie quotidienne et peuvent être une activité partagée avec d'autres.

Développer la résilience et la force mentale

La résilience est la capacité à s'adapter à l'adversité et à se remettre de situations difficiles. Dans un monde post-nucléaire, le développement de la résilience est essentiel pour la survie à long terme, tant mentale que physique.

Concentrez-vous sur ce que vous pouvez contrôler : un élément clé de la résilience consiste à se concentrer sur ce qui est sous votre contrôle, plutôt que de s'attarder sur l'incertitude ou l'incontrôlabilité de la situation globale. Identifiez les domaines dans lesquels vous pouvez agir, qu'il s'agisse de rassembler des provisions, de sécuriser un abri ou de prendre soin de votre santé, et dirigez votre énergie vers ces domaines.

Trouver un but : même dans les moments les plus sombres, trouver un but peut entretenir la résilience mentale. Qu'il s'agisse de protéger ses proches, de reconstruire une communauté ou simplement de survivre un autre jour, avoir un objectif peut vous garder motivé et engagé dans la vie.

Faire face au deuil et à la perte

Les survivants d'une catastrophe nucléaire sont susceptibles de vivre un deuil et une perte importants, que ce soit en raison de la mort d'êtres chers, de la destruction de leur maison ou de la perte de leur mode de vie. Gérer le deuil de manière saine est essentiel pour la santé mentale.

Reconnaître le deuil : il est important de vous autoriser à ressentir le deuil plutôt que de le réprimer. Reconnaître la perte et vous donner la permission de faire le deuil peut éviter l'engourdissement émotionnel ou les futures dépressions.

Honorer les souvenirs : trouver des moyens d'honorer ceux que vous avez perdus, que ce soit par des rituels, des récits ou la création d'un mémorial physique, peut vous permettre de tourner la page et de gérer le deuil.

Rechercher l'aide d'un professionnel (si disponible)

Bien qu'il puisse être difficile de trouver un soutien professionnel en matière de santé mentale dans un monde post-apocalyptique, si vous avez accès à un thérapeute, un conseiller ou un psychologue, demander leur aide peut être inestimable. Ils peuvent vous fournir des stratégies d'adaptation, une thérapie du traumatisme et un soutien émotionnel pour surmonter les défis psychologiques de l'hiver nucléaire.

Soutien par les pairs : en l'absence de services professionnels de santé mentale, le soutien par les pairs peut combler le manque. Le partage d'expériences et de difficultés émotionnelles avec d'autres survivants crée un réseau de compréhension mutuelle et de solidarité.

Reconnaître les signes de détresse mentale

Il est essentiel d'être conscient des signes de détresse mentale chez soi et chez les autres pour éviter que des problèmes psychologiques graves ne s'aggravent. Une intervention précoce peut faire une différence significative dans les résultats en matière de santé mentale.

Signes de dépression

Les symptômes de la dépression peuvent inclure une tristesse persistante, une perte d'intérêt pour les activités, de la fatigue, des changements dans l'appétit ou les habitudes de sommeil et des pensées de désespoir ou de suicide. Dans une situation de survie, ces symptômes peuvent gravement entraver votre capacité à fonctionner, d'où l'importance de les traiter rapidement.

Signes d'anxiété

L'anxiété se manifeste souvent par de l'agitation, de l'irritabilité, des difficultés de concentration, des tensions musculaires ou des crises de panique. L'anxiété chronique peut altérer la prise de décision et conduire à un mauvais jugement, ce qui est dangereux dans un contexte de survie.

Signes de TSPT

Les symptômes du TSPT comprennent des flashbacks, des cauchemars, une hypervigilance, un engourdissement émotionnel et l'évitement des situations qui rappellent à l'individu le traumatisme. Si vous ou quelqu'un d'autre présentez des signes de TSPT, il est important de pratiquer des techniques de mise à la terre et de demander de l'aide si possible.

Le bilan psychologique de l'hiver nucléaire est immense, mais comprendre les défis de santé mentale et développer des stratégies d'adaptation efficaces peut vous aider à survivre non seulement physiquement mais aussi émotionnellement. La tension mentale de l'isolement, des traumatismes et du stress prolongé est inévitable dans un monde post-apocalyptique, mais en développant la résilience, en maintenant les liens sociaux et en prenant soin de votre santé mentale, vous pouvez traverser les dures réalités de l'hiver nucléaire avec plus de force et d'endurance. Par-dessus tout, favoriser l'espoir, le sens et la connexion est essentiel pour survivre aux fardeaux psychologiques de la vie après une catastrophe nucléaire.

# Dernières réflexions sur la survie à l'hiver nucléaire

Survivre à un hiver nucléaire exige plus que l'endurance physique pour résister à des conditions extrêmes ; cela exige une force mentale, une planification minutieuse et une compréhension approfondie des défis à venir. La combinaison des retombées radioactives, du froid extrême, de la pénurie de ressources et de l'effondrement social présente l'un des scénarios de survie les plus intimidants imaginables. Pourtant, la survie est possible avec le bon état d'esprit, les bonnes connaissances et la bonne préparation.

Alors que nous concluons notre exploration de la survie à un hiver nucléaire, il est important de réfléchir aux principaux points à retenir qui peuvent vous guider à travers les aspects les plus difficiles d'un tel scénario. Que vous vous prépariez au pire ou que vous cherchiez simplement à comprendre ce que la survie exigerait, ces dernières réflexions peuvent servir de modèle pour savoir comment traverser les conséquences dévastatrices d'un événement nucléaire.

Préparez-vous à faire face aux menaces immédiates

La première étape pour survivre à un hiver nucléaire consiste à faire face aux dangers immédiats : les radiations, les retombées et le chaos initial qui suit un événement nucléaire. Il est essentiel de comprendre comment vous protéger de l'exposition aux radiations et de vous assurer d'avoir un abri, de la nourriture et de l'eau adéquats au cours des premiers jours et des premières semaines.

Trouvez ou créez un abri adéquat : votre première priorité doit être de trouver un espace qui offre une protection contre les radiations et le froid extrême. Qu'il s'agisse d'un bunker souterrain, d'un sous-sol fortifié ou d'une pièce sécurisée bien protégée, la qualité de votre abri déterminera vos chances de survivre aux retombées initiales.

Faites des réserves de ressources essentielles : la nourriture, l'eau et les fournitures médicales sont la base de la survie à long terme. Concentrez-vous sur l'acquisition d'articles non périssables, d'outils de radioprotection (tels que des comprimés d'iodure de potassium et des compteurs Geiger) et de matériaux pour purifier l'eau et décontaminer les surfaces.

Évitez l'exposition immédiate aux retombées : les 48 premières heures après un événement nucléaire sont les plus dangereuses. Restez à l'abri pendant cette période critique et prenez des mesures pour vous décontaminer si vous êtes exposé à des particules radioactives.

Élaborez une stratégie de survie à long terme

Si la survie immédiate est essentielle, l'hiver nucléaire est un défi à long terme. Les changements environnementaux extrêmes causés par l'hiver nucléaire, notamment la chute des températures, l'obscurité prolongée et les perturbations de l'agriculture, nécessitent une approche durable de la survie.

Planifiez la production alimentaire : l'agriculture traditionnelle est peut-être impossible, mais la culture hydroponique, le jardinage en intérieur et l'élevage de petits animaux peuvent fournir une source de nourriture dans un monde frappé par les retombées nucléaires. Vous devrez adapter vos techniques de production alimentaire pour éviter la contamination et maximiser l'espace et les ressources limités.

Créez un approvisionnement en eau durable : les sources d'eau peuvent être contaminées, il est donc essentiel de développer un système de filtration fiable ou de collecter l'eau de pluie. Assurez-vous d'avoir les outils et les connaissances nécessaires pour purifier l'eau en continu sur le long terme.

Conservez l'énergie et les ressources : dans les conditions difficiles de l'hiver nucléaire, la conservation de l'énergie sera essentielle à la survie. Qu'il s'agisse de rationner la nourriture et l'eau ou de trouver d'autres moyens de chauffer votre abri, une gestion prudente des ressources limitées est essentielle pour une endurance à long terme.

Restez informé et adaptez-vous

La survie dans un hiver nucléaire est une question d'adaptation. Le monde que vous connaissiez autrefois n'existe peut-être plus, et la flexibilité de vos plans déterminera votre réussite. Il est essentiel de rester informé de votre environnement, des niveaux de radiation et des conditions changeantes pour prendre des décisions éclairées.

Utilisez des outils pour surveiller les radiations : les niveaux de radiation fluctuent et il est essentiel de savoir quand il est sécuritaire de sortir, de chercher de la nourriture ou de chasser. Un détecteur de radiations fiable sera votre bouée de sauvetage pour prendre des décisions concernant les déplacements et la collecte de ressources.

Adaptez-vous aux conditions changeantes : le froid extrême et le manque de lumière du soleil pendant l'hiver nucléaire peuvent rendre les tâches quotidiennes plus difficiles. Soyez prêt à vous adapter aux environnements à faible luminosité, aux températures glaciales et aux paysages changeants. Votre capacité à rester flexible et inventif sera essentielle.

La résilience mentale est essentielle

Le défi le plus difficile pour survivre à un hiver nucléaire est peut-être de maintenir votre santé mentale et votre résilience émotionnelle. L'isolement, la perte, les traumatismes et la désolation de l'environnement peuvent avoir de lourdes conséquences psychologiques. Développer la force mentale est aussi important que la préparation physique.

Restez connecté si possible : les relations humaines, que ce soit avec la famille, un groupe de survie ou même par communication radio, peuvent apporter un soutien émotionnel et réduire le sentiment d'isolement. Partagez le fardeau de la survie et travaillez ensemble pour créer un sentiment de communauté et d'objectif.

Pratiquez l'auto-soin émotionnel : prenez le temps de gérer le deuil, la peur et le stress de manière saine. Des routines simples, des exutoires créatifs et des pratiques de pleine conscience peuvent vous aider à gérer les émotions accablantes et à garder espoir.

Concentrez-vous sur les petites victoires : survivre dans une situation aussi extrême peut sembler être une lutte sans fin, mais se concentrer sur les petits succès (s'assurer de l'eau potable, rassembler de la nourriture, renforcer un abri) peut remonter le moral et fournir la motivation pour continuer.

Le rôle de la communauté et de la collaboration

À long terme, survivre et reconstruire après un hiver nucléaire peut nécessiter une collaboration avec d'autres. L'isolement et la rareté des ressources peuvent pousser les gens à se rassembler, soit pour former de nouvelles communautés, soit pour reconstruire celles qui existent déjà. Bien que l'interaction avec les autres puisse comporter des risques, en particulier dans un environnement chaotique et sans loi, la coopération peut augmenter vos chances de survie.

Établir des réseaux d'entraide : le partage des compétences, des connaissances et des ressources au sein d'un groupe peut faciliter la gestion des tâches de survie. Un groupe offre sécurité, division du travail et possibilité de reconstruire un sentiment de normalité.

Soyez prudent avec les inconnus : la confiance est essentielle dans un monde post-apocalyptique, mais elle doit être gagnée. Évaluez soigneusement les personnes extérieures à votre cercle immédiat avant de décider de collaborer ou de partager des ressources.

Planifiez la reprise à long terme : si la survie est l'objectif immédiat, il est également important de réfléchir à la manière de reconstruire la société à l'avenir. L'élaboration de plans de restauration de l'agriculture, de l'éducation et des infrastructures peut jeter les bases d'un nouveau départ.

L'hiver nucléaire dresse un sombre tableau de l'avenir, mais même dans les circonstances les plus extrêmes, l'espoir et la résilience de l'esprit humain peuvent briller. Reconstruire un monde après une catastrophe nucléaire peut sembler impossible, mais se concentrer sur de petites étapes concrètes vers le rétablissement peut donner un sens à la vie.

Tirez des leçons de l'histoire : les catastrophes nucléaires passées comme Tchernobyl et Fukushima ont montré que la nature et l'humanité peuvent se rétablir au fil du temps, même face à des radiations extrêmes. Bien que l'hiver nucléaire soit un événement beaucoup plus important et plus destructeur, ces exemples historiques offrent l'espoir d'un rétablissement environnemental à long terme.

Concentrez-vous sur la prochaine génération : si des enfants ou des générations futures font partie de votre groupe, leur enseigner des techniques de survie, préserver les connaissances et leur inculquer des valeurs de résilience et de coopération sera essentiel pour reconstruire la société une fois la crise immédiate passée.

Survivre à un hiver nucléaire est un défi extraordinaire, mais ce n'est pas impossible. En vous préparant mentalement et physiquement, en vous adaptant aux conditions changeantes et en vous concentrant sur la durabilité à long terme, vous pouvez augmenter vos chances de survivre à cet événement catastrophique. Même si le chemin vers la guérison sera long et semé d'embûches, il sera essentiel de nourrir l'espoir, de créer un esprit de communauté et de faire preuve de résilience pour affronter les dures réalités d'un monde post-nucléaire.

L'esprit humain, mis à l'épreuve par l'adversité tout au long de l'histoire, a montré à maintes reprises qu'il est possible de survivre même dans les circonstances les plus extrêmes. Le voyage à travers l'hiver nucléaire mettra à l'épreuve tous les aspects de votre être – votre ingéniosité, votre force et votre volonté de vivre – mais avec de la préparation et de la persévérance, vous pourrez en sortir, prêt à reconquérir un monde nouveau.

# Liste complète de nourriture et d'équipement pour survivre à un hiver nucléaire pendant deux ans

Survivre à un hiver nucléaire nécessite une préparation et une planification minutieuses, en particulier en ce qui concerne la nourriture et l'équipement essentiels nécessaires pour maintenir la vie pendant une période prolongée. Après un événement nucléaire, les ressources se raréfient et les moyens traditionnels d'obtenir de la nourriture, de l'eau et des fournitures sont limités, voire impossibles. Ce chapitre présente une liste complète de nourriture et d'équipement de survie qui vous aidera à vous préparer aux conditions difficiles de l'hiver nucléaire, en vous assurant d'avoir tout ce dont vous avez besoin pour survivre pendant deux ans.

L'importance de la planification à long terme

Un hiver nucléaire, caractérisé par un froid extrême, une lumière solaire réduite et une contamination généralisée, présente des défis de survie uniques. Se préparer à deux ans de survie signifie que vous devez vous concentrer sur la durabilité à long terme, le rationnement et une gestion prudente des ressources. Votre réserve doit non seulement couvrir vos besoins de base, mais également prendre en compte la difficulté de réapprovisionner les réserves et les impacts sur la santé d'une survie prolongée dans un tel environnement.

Voici une liste détaillée de nourriture et d'équipement qui serviront de base à votre survie à long terme. La liste ci-dessous est principalement conçue pour une personne pour une période de survie de deux ans. Cependant, elle peut facilement être adaptée pour accueillir des personnes supplémentaires en multipliant les quantités en fonction du nombre d'individus dans votre groupe.

Par exemple, si vous préparez une famille de quatre personnes, vous multiplierez approximativement la plupart des aliments et des quantités essentielles par quatre, bien que certains articles, comme le matériel de cuisine ou les outils, n'aient pas besoin d'être dupliqués et puissent être partagés au sein du groupe.

Il est également important de se rappeler que les besoins individuels varient, notamment en termes d'apport calorique (selon l'âge, le sexe et le niveau d'activité), vous devrez donc peut-être ajuster légèrement les quantités en fonction des besoins spécifiques de votre groupe. De plus, c'est toujours une bonne idée d'avoir un peu plus en cas d'urgences imprévues ou de retards dans le réapprovisionnement des fournitures.

Fournitures alimentaires essentielles pour 2 ans

Les aliments que vous stockez doivent être non périssables, riches en calories et capables de fournir des nutriments essentiels sur une période prolongée. Vous aurez besoin d'un équilibre de glucides, de protéines, de lipides, de vitamines et de minéraux pour rester en bonne santé dans des conditions difficiles.

Glucides (aliments de base pour l'énergie)

Les glucides sont la principale source d'énergie et, dans une situation de survie, vous aurez besoin d'une variété de céréales, d'amidons et d'aliments riches en calories.

Riz (300 lb) : Le riz blanc à grains longs a une durée de conservation presque indéfinie et constitue une base solide pour de nombreux repas.

Pâtes (150 lb) : Les pâtes sèches sont faciles à conserver et à préparer. Elles peuvent être mélangées à divers ingrédients pour créer des repas riches en calories.

Avoine (100 lb) : L'avoine est une céréale polyvalente qui peut être utilisée pour le petit-déjeuner, la pâtisserie ou même comme garniture dans d'autres plats.

Haricots et lentilles séchés (200 lb) : Les haricots et les lentilles regorgent de protéines et de fibres. Ils sont essentiels à la fois pour la nutrition et la conservation à long terme.

Farine (100 lb) : Stockée dans des contenants hermétiques, la farine peut être utilisée pour faire du pain, des nouilles ou créer d'autres aliments de base. La farine de blé se conserve jusqu'à un an, mais les alternatives à la farine comme la farine d'amande ou de noix de coco peuvent avoir une durée de conservation plus longue.

Protéines (éléments constitutifs des muscles et de la vitalité)

Les protéines sont essentielles au maintien de la masse musculaire et de la santé générale, en particulier dans les situations de survie physiquement exigeantes.

Viande en conserve (200 boîtes) : Faites des réserves de bœuf, de poulet, de thon et de saumon en conserve. Ces sources de protéines ont une longue durée de conservation et sont faciles à préparer.

Viande séchée (100 lb) : La viande séchée ou le poisson séché peuvent fournir une source pratique de protéines qui ne nécessite pas de réfrigération.

Œufs en poudre (50 lb) : Les œufs en poudre sont légers, ont une longue durée de conservation et constituent une source de protéines et de matières grasses.

Noix et graines (50 lb) : les amandes, les graines de tournesol et les arachides sont riches en protéines et en graisses saines. Elles doivent être scellées sous vide pour éviter qu'elles ne se gâtent.

Poudre de protéines (20 lb) : une option de secours pour un apport rapide en protéines, surtout si les réserves de viande fraîche ou en conserve s'épuisent.

Matières grasses (à forte densité énergétique et essentielles à la survie)

Les matières grasses sont essentielles à la survie à long terme, car elles fournissent une énergie concentrée et aident le corps à absorber les vitamines.

Huile végétale (20 gallons) : à utiliser pour cuisiner et ajouter des calories aux repas. L'huile d'olive et l'huile de coco ont également une durée de conservation plus longue.

Beurre d'arachide (50 lb) : riche en calories, en protéines et en matières grasses, le beurre d'arachide est un aliment de base pour la survie.

Saindoux ou ghee (10 lb) : ces graisses stables à température ambiante peuvent être utilisées pour la friture, la cuisson au four ou pour ajouter de la saveur aux repas.

Fruits et légumes (vitamines et fibres)

Il est essentiel d'avoir une réserve de fruits et de légumes pour éviter les carences nutritionnelles.

Légumes en conserve (300 boîtes) : Faites le plein de légumes en conserve variés comme les pois, les carottes, les haricots verts et les tomates.

Fruits en conserve (200 boîtes) : Les fruits sont une source de vitamines et de sucres naturels. Privilégiez les pêches, les ananas, les poires et la compote de pommes.

Fruits secs (22,7 kg) : Les fruits secs comme les raisins secs, les abricots et les pommes constituent une source durable de vitamines et de sucres.

Légumes déshydratés (22,7 kg) : Ils peuvent être réhydratés et utilisés dans les soupes, les ragoûts et les casseroles.

Produits laitiers et substituts

Bien que les produits laitiers frais ne soient pas disponibles, il existe plusieurs alternatives durables.

Lait en poudre (100 lb) : source essentielle de calcium, de protéines et de matières grasses, le lait en poudre peut être utilisé en cuisine ou comme boisson.

Poudre de fromage (20 lb) : la poudre de fromage peut ajouter de la saveur et de la matière grasse aux repas et a une longue durée de conservation.

Lait d'amande ou de soja longue conservation (40 cartons) : ils sont utiles pour cuisiner ou comme substitut au lait.

Les essentiels de la pâtisserie et de la cuisine

Ces ingrédients vous permettront de cuisiner une variété de repas et de maintenir un semblant de normalité dans votre alimentation.

Levure chimique et bicarbonate de soude (10 lb chacun) : essentiels pour faire du pain, des crêpes et d'autres produits de boulangerie.

Sucre (100 lb) : ajoute des calories à votre alimentation et est essentiel pour la cuisson et la conservation des aliments.

Sel (50 lb) : utilisé pour conserver les aliments et les assaisonner.

Épices (diverses) : faites le plein d'épices variées pour rehausser la saveur et maintenir le moral.

Équipement essentiel pour 2 ans de survie

La nourriture seule ne garantit pas la survie ; Vous aurez besoin d'une gamme d'équipements pour gérer la préparation des aliments, la purification de l'eau, l'abri et la sécurité personnelle. Vous trouverez ci-dessous une liste d'équipements de survie essentiels.

Équipement de cuisine

Réchaud au propane et combustible (50 petits réservoirs de propane) : fiable, portable et essentiel pour cuisiner lorsque l'électricité n'est pas disponible.

Batterie de cuisine en fonte : durable et polyvalente, la fonte peut être utilisée sur un feu ouvert ou sur une cuisinière.

Ouvre-boîte manuel : assurez-vous d'avoir plusieurs ouvre-boîtes robustes pour accéder à vos conserves.

Four solaire : un four solaire vous permet de cuire les aliments en utilisant uniquement la lumière du soleil, ce qui en fait une ressource précieuse lorsque le combustible est rare.

Purification et stockage de l'eau

La contamination de l'eau est une préoccupation majeure après une catastrophe nucléaire. Ces articles vous aideront à garantir une eau potable propre.

Filtres à eau (2 filtres haute capacité) : les systèmes de filtration de l'eau par gravité (comme un filtre Berkey) peuvent fournir une eau potable sûre.

Comprimés de purification de l'eau (500 comprimés) : utilisez-les en conjonction avec des filtres pour purifier l'eau provenant de sources douteuses.

Récipients d'eau pliables (capacité totale de 10 gallons) : pour stocker l'eau, ces récipients sont légers et peu encombrants.

Système de collecte des eaux de pluie : installez un système pour collecter l'eau de pluie pour la boisson, le lavage et l'irrigation.

Chauffage et abri

Avec la baisse des températures pendant l'hiver nucléaire, le maintien de la chaleur est une priorité absolue.

Poêle à bois ou poêle à fusée : un poêle à bois sera essentiel pour chauffer votre abri et cuisiner. Les poêles à fusée sont portables, efficaces et nécessitent un minimum de carburant.

Couvertures thermiques (10) : les couvertures de survie aident à conserver la chaleur corporelle et sont légères.

Vêtements d'hiver : faites des réserves de sous-vêtements thermiques, de chaussettes en laine, de bottes isolantes et de vêtements d'extérieur imperméables pour chaque membre de votre foyer.

Matériaux isolants : utilisez des bâches, des bâches en plastique et des matériaux isolants pour renforcer votre abri.

Fournitures médicales

Maintenir la santé pendant deux ans nécessite plus que de simples premiers soins ; vous aurez besoin d'une gamme de fournitures médicales.

Trousse de premiers soins : une trousse complète avec des bandages, des antiseptiques, des analgésiques et des articles de soin des plaies.

Médicaments sur ordonnance : si possible, faites des réserves de médicaments essentiels pour les maladies chroniques.

Médicaments en vente libre : inclure des analgésiques, des antihistaminiques, des médicaments contre le rhume et des pilules antidiarrhéiques.

Traitements contre le mal des radiations : faites des réserves de comprimés d'iodure de potassium et d'autres traitements contre l'exposition aux radiations.

Outils et équipements divers

Ces outils seront essentiels pour les tâches de survie, les réparations et l'entretien de votre abri.

Outil multifonction : un outil multifonction de haute qualité peut aider à une variété de tâches, des réparations à la préparation des aliments.

Hache et scie : indispensables pour couper du bois de chauffage, construire et effectuer des réparations générales.

Allume-feu (100) : faites des réserves d'allumettes, de briquets et de kits d'allumage de feu.

Radio à manivelle et lampes de poche : restez informé et gardez votre espace éclairé sans dépendre des piles.

Chargeur solaire : pour charger de petits appareils comme des radios, des lampes de poche et des piles.

Ruban adhésif et corde : utiles pour les réparations, la fixation des bâches et la construction de structures.

# Conclusion : survivre et prospérer après l'accident

Survivre à un hiver nucléaire est un défi sans précédent, qui nécessite une combinaison de préparation physique, de résilience mentale et de coopération communautaire. Comme nous l'avons vu tout au long de ce livre, survivre dans des conditions aussi extrêmes ne se résume pas à stocker des provisions ou à construire un abri. Il s'agit de s'adapter à un monde en mutation, de garder espoir face à une adversité écrasante et de planifier à la fois la survie immédiate et la durabilité à long terme.

Principes clés de la survie

Si l'on doit retenir une chose essentielle de ce livre, c'est que la survie est un défi à multiples facettes. Votre capacité à endurer un hiver nucléaire dépendra de la qualité de votre préparation, de la rapidité avec laquelle vous pourrez vous adapter et de la façon dont vous ferez face aux exigences psychologiques et physiques d'un environnement post-apocalyptique. En comprenant les différents éléments que nous avons abordés (protection contre les radiations, sécurité alimentaire et hydrique, santé mentale, renforcement de la communauté et rétablissement à long terme), vous serez mieux équipé pour faire face à la réalité de la vie après un événement nucléaire.

Une action immédiate sauve des vies

Les premières heures et les premiers jours qui suivent une catastrophe nucléaire sont les plus critiques. Il est essentiel de savoir comment se protéger des retombées immédiates, de l'exposition aux radiations et du chaos qui s'ensuit. Trouver un abri adéquat, savoir comment vous décontaminer et décontaminer votre environnement et rester informé par tous les moyens de communication disponibles vous donnera les meilleures chances de survivre à ces premiers jours dangereux.

Point clé à retenir : avoir un plan préétabli et les bons outils, comme un compteur Geiger, des comprimés d'iodure de potassium et un abri d'urgence, peut faire la différence entre la vie et la mort immédiatement après la catastrophe.

L'autosuffisance est l'objectif

Alors que l'hiver nucléaire se prolonge, votre attention se déplacera de la survie immédiate à la durabilité à long terme. Il est essentiel de stocker suffisamment de nourriture, d'eau et de fournitures médicales pour deux ans, mais l'objectif ultime est d'atteindre un niveau d'autosuffisance qui vous permettra de tenir encore plus longtemps si nécessaire. Cela signifie apprendre à cultiver des aliments en intérieur, à purifier l'eau et à tirer le meilleur parti des ressources limitées.

À retenir : plus vous deviendrez autonome, que ce soit grâce au jardinage hydroponique, à l'élevage de petits animaux ou à l'exploitation de sources d'énergie alternatives, plus votre survie sera indépendante et sûre.

La résilience mentale est essentielle

Si la préparation physique est essentielle, survivre à la tension psychologique de l'hiver nucléaire peut être encore plus difficile. L'isolement, les traumatismes et le stress incessant de la survie quotidienne peuvent avoir de lourdes conséquences sur votre santé mentale. Maintenir des liens sociaux, même avec un petit groupe, pratiquer la pleine conscience et trouver des moyens de faire face au fardeau émotionnel sont essentiels pour votre bien-être mental à long terme.

Point clé à retenir : la résistance mentale est tout aussi importante que la préparation physique. Vérifier régulièrement votre état émotionnel, nourrir l'espoir et vous concentrer sur les petites victoires peut vous aider à maintenir la volonté de survivre.

La communauté et la coopération augmentent les chances de survie

Bien qu'il existe des risques associés à l'interaction avec les autres dans un monde post-apocalyptique, la communauté et la coopération offrent souvent la plus grande sécurité à long terme. Le partage des compétences, des ressources et du travail au sein d'un groupe de survivants de confiance peut augmenter considérablement vos chances de survie. Cela vous permet de mettre en commun vos connaissances et vos fournitures, ainsi que d'établir un réseau de soutien qui peut vous aider à faire face aux exigences physiques et émotionnelles d'un hiver nucléaire.

Point clé : Constituez un groupe fiable de survivants ou exploitez les réseaux existants. Une communauté forte vous donnera accès à davantage de ressources, vous apportera un soutien émotionnel et augmentera votre résilience collective face à l'adversité.

Planifier le rétablissement et la reconstruction

La survie ne consiste pas seulement à endurer le présent, mais à planifier l'avenir. Même face à un hiver nucléaire, il viendra un moment où les dangers immédiats s'estomperont et où les pensées de reconstruction émergeront. Votre capacité à planifier le rétablissement, en préservant les connaissances, en préservant les outils et en entretenant l'étincelle d'espoir, déterminera votre capacité à passer de la survie à la reconstruction.

Point clé : Reconstruire la société après un événement nucléaire demandera du temps, des efforts et de l'ingéniosité. Que vous préserviez des semences pour les cultures futures, que vous entreteniez des équipements pour une utilisation future ou que vous créiez des stratégies de reconstruction communautaire, les mesures que vous prenez maintenant poseront les bases d'un avenir au-delà de l'hiver nucléaire.

Le chemin à suivre

La vie après minuit n'est pas seulement un guide de survie, c'est un témoignage de la résilience humaine. L'histoire a montré que même dans les moments les plus sombres, l'humanité peut endurer, s'adapter et se reconstruire. Alors que l'hiver nucléaire présente des défis extrêmes et sans précédent, les principes décrits dans ce livre fournissent une feuille de route pour survivre à ces défis et, finalement, prospérer à nouveau.

Le chemin à suivre ne sera pas facile, mais avec le bon état d'esprit, la bonne préparation et les bonnes compétences, vous pouvez affronter l'inconnu en toute confiance. Que vous soyez un préparateur chevronné ou quelqu'un qui commence tout juste à réfléchir à la survie, n'oubliez pas que les connaissances, la planification et l'adaptabilité sont vos outils les plus puissants.

Le monde peut changer de manière irrévocable, mais tant que vous garderez la volonté de survivre, les connaissances que vous avez acquises ici vous guideront à travers les épreuves à venir. La nuit sera peut-être longue et froide, mais l'aube reviendra.

Réflexions finales

L'hiver nucléaire est le pire scénario auquel aucun d'entre nous ne souhaite être confronté, mais si c'est le cas, être préparé est le meilleur moyen de vous protéger, de protéger vos proches et votre avenir. Prenez au sérieux les étapes décrites dans ce livre, constituez vos réserves, aiguisez vos compétences et cultivez la résilience nécessaire pour faire face à ce qui vous attend.

En fin de compte, la survie ne consiste pas seulement à rester en vie, mais à créer la possibilité d'un avenir. Et quelle que soit l'obscurité qui semble régner après minuit, avec préparation et détermination, un nouveau jour finira par arriver.

# Don't miss out!

Visit the website below and you can sign up to receive emails whenever Andrew Parry publishes a new book. There's no charge and no obligation.

https://books2read.com/r/B-A-FROLC-PNRBF

**BOOKS 2 READ**

Connecting independent readers to independent writers.